"十二五"职业教育国家规划教材
经全国职业教育教材审定委员会审定

"十三五"江苏省高等学校重点教材
（编号：2018-1-078）

医药卫生类
专业适用

"十四五"职业教育江苏省规划教材

分析化学
第三版

石慧　刘德秀　主　编
郝利娜　郭幼红　赵忠喜　副主编
薛满　主　审

U0258849

化学工业出版社
·北京·

内 容 提 要

本书以党的二十大精神为引领，内容设计遵循专业教学规律，尊重学生认知特点，实现岗课赛证融通，着力培养高素质技能型人才。本书共十九章，第一章至第四章主要介绍绪论、分析天平与称量方法、误差与分析数据的处理、样品的采集及常见的预处理方法；第五章至第十一章主要介绍常见的化学分析法，包括：重量分析法、滴定分析法概论、酸碱滴定法、非水溶液的酸碱滴定法、沉淀滴定法、配位滴定法和氧化还原滴定法等内容；第十二章至第十九章主要介绍仪器分析法，包括：电化学分析法、紫外-可见分光光度法、原子吸收分光光度法、分子荧光光谱法、液相色谱法、气相色谱法、高效液相色谱法和多谱联用技术等内容。本教材实验部分有 25 个实验。书后还附有试剂的规格、常用实验试剂的配制、常用基准物质的干燥温度和应用范围、常见弱酸和弱碱的离解常数、常见化合物的分子量表、标准电极电位和条件电极电位等内容，以方便读者查阅。本书每章配自测题，可扫描二维码进行在线测试或下载试题。

本书可作为高中后三年制高职高专医学检验、临床检验、卫生检验、药学、中药、药物制剂和医学营养等专业学习分析化学课程的教材，也可供初中后五年制高职相关专业学生使用。

图书在版编目（CIP）数据

分析化学/石慧，刘德秀主编 . —3 版 . —北京：
化学工业出版社，2020.6（2025.2 重印）
"十二五"职业教育国家规划教材 . 医药卫生类
专业适用
ISBN 978-7-122-36080-9

Ⅰ.①分⋯ Ⅱ.①石⋯②刘⋯ Ⅲ.①分析化学-高
等职业教育-教材 Ⅳ.①O65

中国版本图书馆 CIP 数据核字（2020）第 053761 号

责任编辑：窦 臻 林 媛　　　　　　　　　装帧设计：刘丽华
责任校对：边 涛

出版发行：化学工业出版社（北京市东城区青年湖南街 13 号　邮政编码 100011）
印　　装：河北延风印务有限公司
787mm×1092mm　1/16　印张 19¾　字数 472 千字　2025 年 2 月北京第 3 版第 7 次印刷

购书咨询：010-64518888　　　　　　　　售后服务：010-64518899
网　　址：http：//www.cip.com.cn
凡购买本书，如有缺损质量问题，本社销售中心负责调换。

定　　价：49.00 元　　　　　　　　　　　　　　　　　　版权所有　违者必究

编写说明

　　无机化学、有机化学和分析化学是医学相关类各专业的基础课，本系列教材包括《无机化学》《有机化学》《分析化学》三个分册。自出版以来，以"贴近专业、贴近学生、贴近生活"、体现"浅、宽、新"为特色，受到广大师生的欢迎。第二版均被教育部评审为"十二五"职业教育国家规划教材。该系列教材第三版在"不断完善、不断优化"和"服务专业、学以致用"的思想指导下，在原有教材基础上进行了完善和优化，并结合专业需要适当增加了部分内容。

　　根据"化学直接为医学相关类各专业课程奠定必要的理论和实践基础；同时体现化学在人们日常生活中指导科学饮食、预防疾病、环境保护等方面的重要作用"的课程定位，在教材修订过程中，注重理论与实践的联系，突出职业能力的培养，弱化其理论性；依据专业课和岗位的需求，筛选教材内容；依据认知规律和学生的实际情况对教材内容进行组织编排。从专业角度出发，以相应的职业资格为导向，吸纳新知识、新技术、新方法。围绕必需的知识点组织编排教材内容，内容简明扼要，便于学生接受，充分体现高职教学的特点，体现以学生为主的教学理念。

　　本系列教材适用于高中后三年制高职高专医学检验、临床检验、卫生检验、药学、中药、药物制剂和医学营养等专业学生；初中后五年制高职相关专业学生也可选用。

　　本系列教材的三个分册既有一定的联系，在内容编排上又具有各自的完整性与独立性，各学校可以整体配套使用，也可以根据不同专业课程设置的需要单独选择使用。

教材编写组

2020 年 1 月

前言

"分析化学"是医学相关类（医学检验、卫生检验、药学、中药学、医学营养等）专业的专业基础课，它的主要任务是为学习后续专业课奠定必要的理论和实践基础。通过本课程的学习，学生可掌握多种分析方法的基本原理、基础知识和基本的操作技能，培养学生创新、获取信息以及终身学习的能力。本教材自2010年出版和2014年再版以来，经全国十多家高职院校使用，一致认为本教材结构严谨、条理清楚、语言简洁，紧密结合医药卫生类专业介绍分析化学的理论知识和实践基础，体现分析化学在人们日常生活中指导科学饮食、预防疾病、环境保护方面的重要作用；教材内容编排上紧紧围绕专业培养目标要求，充分体现"三基""五性""三特定"（三基：基本知识、基本理论、基本技能；五性：思想性、科学性、先进性、启发性、适用性；三特定：特定目标、特定对象、特定限制）的原则，学生学、教师讲都得心应手，是一本比较理想的教材。但随着化学学科的发展和信息化技术的发展，教学内容需要进行适当调整，教学方法需要与时俱进。

本次修订，编者们虚心接受了各院校在使用中的意见和建议，同时考虑分析方法迅速发展的现实，对各章内容作了不同程度的修改，并进行适当的增补。在原有教材的基础上，每章开始均增设了"知识导图"，清晰梳理章节内容，便于学生学习、理解和记忆；每章结尾均增设了"二维码"，学生利用智能手机扫二维码，通过在线测试完成自测题，检查学习效果，还可下载自测题，方便复习和巩固；在适当的章节增加了"知识链接"，对接国家技能大赛的操作考核内容和评分细则，学以致用，以学促赛，以赛促教，着力培养高素质技能型人才；增加了"思政小课堂"，融入课程思政，实现课程育人；仪器分析部分增加一个章节"分子荧光光谱法"，反映新知识、新技术和新方法，延伸知识的时效性；制作配套的电子教案，对教学课件进行优化，更加方便学生和老师使用，使用本教材的学校可以和化学工业出版社联系（cipedu@163.com）免费索取。

本教材的内容和设计适应时代需求，贯彻落实《国家职业教育改革实施方案》主要内涵和精神实质，遵循专业教学规律，尊重学生认知特点，体现社会主义核心价值观，实现岗课赛证融通，着力培养高素质技能型人才，符合党的二十大报告"实施科教兴国战略，强化现代化建设人才支撑"的要求；尽量选择无毒、无污染的实验，培养学生环保意识，形成绿色发展理念，符合党的二十大报告"推动绿色发展，促进人与自然和谐共生"的要求；突破传统纸质教材的限制和局限，融入了互联网＋元素，使之更加生动、新颖，增强对学生的吸引力。

本教材由苏州卫生职业技术学院石慧和刘德秀任主编，苏州卫生职业技术学院郝利娜、泉州医学高等专科学校郭幼红和湖北三峡职业技术学院赵忠喜担任副主编，苏州卫生职业技术学院庞芬只和鞍山卫生学校丁宇参加了编写工作。

本教材在编写过程中，参考了国内外出版的优秀教材，应用了其中某些数据、图表和案例等，在此向有关作者表示衷心感谢！

本教材在修订过程中得到苏州卫生职业技术学院院领导和行业专家的支持和鼓励，在此表示衷心感谢！虽然我们编写组尽心尽力，但限于编者水平，疏漏和不当之处在所难免，恳请使用本书的师生批评指正，以便不断修改，更臻完善。

编者

第一版前言

随着高等职业教育的普及与深入发展，作为高职高专类医学检验、药学、医学营养等专业的一门重要的课程——分析化学课程建设也面临着新的挑战。高职高专类的医学检验、药学、医学营养等相关医学专业，既不同于本科类专业，也不同于中专类专业，不仅学生的知识水平发生了变化，教学的内容和要求也有了重要变化。针对这一情况，我们在江苏省卫生厅卫生职业技术教育研究课题"三年制检验、药学、营养专业化学类课程标准定位与教学方法研究"成果的基础上，成立了由具有多年丰富教学经验的一线教师组成的《分析化学》教材编写组，对职业教育课程模式进行全面和深入的调查，在充分了解相关医药专业的现状、水平、发展趋势，以及后续专业课程对分析化学课程需求的基础上，依据分析化学课程标准，编写了本教材。

本教材着重介绍定量分析方法，删去了化学分析法中的定性分析部分，删除了各章中较复杂的数学推导，降低了分析化学理论的难度，强化了对分析结果处理的要求，在教学和实践中，树立"量"的概念，重在培养学生分析问题和解决问题的能力。

本教材共有十五章，第一章到第四章主要介绍绪论、分析天平、分析数据的处理、分析结果的评价，第五章到第九章主要介绍常见化学分析法（酸碱滴定法、沉淀滴定法、配位滴定法和氧化还原滴定法），第十章到第十五章主要介绍仪器分析法（电化学分析法、紫外-可见分光光度法、气相色谱法、高效液相色谱法和原子吸收分光光度法）等内容。

本教材后附有 19 个实验，其中包括 1 个分析天平的练习实验，11 个化学分析实验（氯化钡结晶水含量的测定、常见酸碱的配制和标定、硼砂含量的测定等），7 个仪器分析实验（酸度计、紫外-可见分光光度计、气相色谱、高效液相色谱和原子色谱等），还附有化学实验室规则、实验室安全规则、试剂的规格、常用实验试剂的配制、常用基准物质的干燥温度和应用范围、常见弱酸和弱碱的离解常数、常见化合物的相对分子质量表、标准电极电位表等内容。

为方便教学，本书配有 PPT 课件以及思考与练习参考答案，使用本教材的学校可以与化学工业出版社联系（cipedua@163.com），免费索取。

本教材由苏州卫生职业技术学院石慧、刘德秀任主编、鞍山师范学院附属卫生学校刘珉任副主编，苏州卫生职业技术学院吴斐、仇玲凤，泉州医学高等专科学校郭幼红参加了编写工作。

本教材在编写过程中，得到了苏州卫生职业技术学院检验药学系的老师和临床专家的大力帮助和支持，在此表示衷心感谢！对本书所引用文献资料的作者表示深深的谢意！

限于编者水平和编写时间有限，若有疏漏和不当之处，恳请使用本书的师生批评指正，以便不断修改，更臻完善。

编者

2010 年 4 月

第二版前言

"分析化学"是医学相关类（医学检验、卫生检验、药学、中药、医学营养等）专业的专业基础课，它的主要任务是为学习后续专业课奠定必要的理论和实践基础。通过本课程的学习，学生可掌握多种分析方法的基本原理、基本知识和基本操作技能，培养学生创新、获取信息以及终身学习的能力。本教材自2010年出版以来，经全国十多家高职院校使用，一致认为本教材结构严谨、条理清楚、语言简洁，集合专业介绍分析化学的理论知识和实践基础，体现分析化学在人们日常生活中指导科学饮食、预防疾病、环境保护方面的重要作用；教材内容安排上，符合各专业学生培养目标的需要，反映新知识、新技术、新工艺和新方法；能从高职高专学生的实际出发，在各章中删去了较复杂的数学推导及较深的理论知识，知识的介绍由浅入深、循序渐进，降低化学理论的难度和要求，适当放宽知识面，充分体现"浅、宽、新"的原则。学生学、教师讲都得心应手，是一本比较理想的教材。但随着近年来国际化学学科的发展，教育教学改革的进行，教材内容需要进一步调整，增加一些新的知识和新的配套资料将会更完美。

本次修订，编者们虚心接受了各院校在使用中的意见和建议，同时考虑分析方法发展迅速的现实，对各章内容作了不同程度的修改，并进行适当的增补。在原有教材的基础上，每个章节增加"学习目标""知识拓展"，将原来的"思考与练习"改为"目标测试"，将"目标测试"的内容设计成公共题和选做题，与专业进一步衔接；结合专业需要增加了样品的采集及预处理方法和重量分析法；增加了仪器分析法中的多谱联用技术，反映新知识、新技术和新方法，延伸知识的时效性，同时为拓展学生的知识面，为学生开展科研工作服务；对实验内容适当进行了调整，增加了一些与专业关系密切的实验，强化规范操作训练和动手能力的培养；制作了配套的电子教案、教学课件等，更加方便学生和教师使用。选用本教材的学校，可以与化学工业出版社联系（cipedu@163.com）免费索取。

本教材由苏州卫生职业技术学院石慧、刘德秀任主编，泉州医学高等专科学校郭幼红任副主编，扬州职业大学张珩参加了编写工作。

本教材在修订过程中，得到了苏州卫生职业技术学院等院校领导和专家的支持和帮助，在此表示衷心的感谢。此外，虽然我们尽了最大的努力，但限于编者水平，疏漏和不当之处在所难免，恳请使用本书的师生批评指正，以便不断修改，更臻完善。

编者

2014年4月

目 录

第一章　绪　论

 **知识导图**

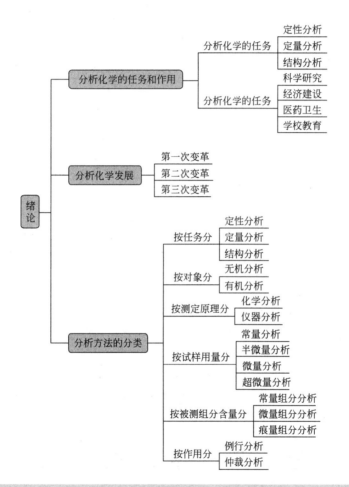

第一节　分析化学的任务和作用

　　分析化学（analytical chemistry）是研究物质化学组成的分析方法、有关理论和技术的一门学科。分析化学的内容包括：定性分析、定量分析和结构分析三个方面。定性分析（qualitative analysis）的任务是鉴定物质由哪些元素、离子、原子团、官能团或化合物组成；定量分析（quantitative analysis）的任务是测定试样中各组分的相对含量；结构分析（structural analysis）的任务是确定物质的分子结构。

　　分析化学是一门重要科学，它对于化学的发展起着重要的作用，并且在科学研究、经济建设、医药卫生及学校教育等方面都起着十分重要的作用。

　　在科学研究方面，分析化学的作用已经超出化学领域，在生命科学、材料科学、能源科学、环境科学、物理学等许多领域，都需要知道物质的组成、含量、结构等各种信息。如在当今以生物科学技术和生物工程为基础的绿色革命中，分析化学在细胞工程、基因工程、发酵工程及纳米技术的研究方面也发挥着重要的作用。因此，分析化学的发展水平也是衡量一个国家科学技术水平发展的重要标志之一。

　　在经济建设方面，分析化学具有重要的实际意义。如在自然资源开发中，矿样的分析；在农业生产中，土壤的成分和性质的测定，化肥、农药和粮食的分析及作物生长过程的研究；在工业生产中的原料、中间体和成品的分析，以及原子能材料、半导体材料、超纯物质中微量杂质的分析等，都需要分析化学的理论、知识和技术。因此，分析化学是工农业生产的"眼睛"，经济建设的"参谋"和产品质量的保证。

　　在医药卫生方面，临床检验、疾病的诊断、病因的调查、新药的研制、药品的质量控制、环境分析及"三废"处理等都离不开分析化学。例如，通过定量测定血清中游离钙离子的浓度可以对甲亢进行诊断。

　　在学校教育方面，通过分析化学的学习，学生能掌握分析方法的有关理论、知识和技术，同时还可提高观察和判断问题的能力，建立"量"的概念，并能增强实验的操作技能。在医药卫生教育中，分析化学是一门重要的专业必修课，其理论知识和实验技能在药物化学、药物分析、药剂学、天然药物化学、生物化学、卫生理化检验、临床检验等各个学科中都有广泛应用。

　　总之，因科学研究的需要，分析化学在医药学中发挥着重要的作用，随着临床分析的项目不断增加，分析方法也会不断更新。我们应当认真学习分析化学的基本理论，加强实验技能的培养，为以后的工作打下扎实的基础。

第二节　分析化学的发展

　　分析化学是一门古老的科学，它的起源可以追溯到古代炼金术。16世纪出现了第一个使用天平的试金实验室，那时的实验开始具有分析化学的内涵。但是，直到19世纪末，人们还认为分析化学尚无成熟的理论体系，还只能算一门技术。20世纪以来，由于现代科学技术的发展，相邻学科间的相互渗透，使分析化学迅速发展起来，其发展经历了三次巨大变革。

　　第一次变革在20世纪初到30年代。物理化学中溶液理论的发展，为分析化学提供了理论基础，建立了溶液四大平衡理论，对分析反应过程中各种平衡的状态、各成分的浓度变化和反应的完全程度有较高的预见性，使分析化学由一门技术发展成为一门科学。

第二次变革在 40～60 年代，物理学与电子学的发展，促进了分析化学中物理分析法和物理化学分析法的发展。出现了以光谱分析、极谱分析为代表的简便、快速的仪器分析方法，同时丰富了这些分析方法的理论体系，分析化学从以化学分析为主的经典分析化学，发展到以仪器分析为主的现代分析化学。

第三次变革从 70 年代末至今，以计算机应用为主要标志的信息时代的来临，给科学技术的发展带来巨大的活力。第三次变革要求不仅能确定分析对象中的元素、基团和含量，而且能回答原子的价态、分子的结构和聚集态、固体的结晶形态、短寿命反应中间产物的状态。不但能提供空间分析的数据，而且可作表面、内层和微区分析，甚至三维空间的扫描分析和时间分辨数据，尽可能快速、全面和准确地提供丰富的信息和有用的数据。现代分析化学的目标是要求消耗少量材料，缩短分析测试时间，减小风险，降低经费而获得更多有效的化学信息。分析化学的发展方向是高灵敏度（达到原子级、分子级水平）、高选择性（复杂体系）、快速、自动、简便、经济、分析仪器自动化、数字化、分析方法的联用和计算机化，并向智能化、信息化纵深发展。

现代分析化学已经远远超出化学学科的领域，它正把化学与数学、物理学、计算机科学、生物学及精密仪器制造科学等结合起来，发展成为一门多学科性的综合性科学。

第三节　分析方法的分类

分析化学的内容十分丰富，分析方法的种类较多，可根据分析任务、分析对象、测定原理、试样用量、被测组分含量、分析方法所起的作用的不同等，分为许多不同的类型。

一、定性分析、定量分析和结构分析

这是按照分析的任务分类。定性分析（qualitative analysis）的任务是鉴定试样由哪些元素、离子、基团或化合物组成；定量分析（quantitative analysis）的任务是测定试样中某一或某些组分的含量；结构分析（structural analysis）的任务是研究物质的分子结构或晶体结构。

在试样的成分已知时，可以直接进行定量分析，否则需先进行定性分析，弄清试样是什么，而后进行定量分析。对于新发现的化合物，需首先进行结构分析，以确定分子结构。

二、无机分析和有机分析

这是按照分析的对象分类。无机分析（inorganic analysis）的对象是无机物，由于组成无机物的元素多种多样，因此在无机分析中要求鉴定试样是由哪些元素、离子、原子团或化合物组成，以及各组分的相对含量。

有机分析（organic analysis）的对象是有机物，虽然组成有机物的元素种类不多，主要是碳、氢、氧、氮、硫和卤素等，但有机物的化学结构却很复杂，化合物的种类有数百万之多，因此，有机分析不仅需要元素分析，更重要的是进行官能团分析及结构分析。

三、化学分析和仪器分析

这是按照分析方法的测定原理分类。化学分析法（chemical analysis）是以被测物质与某种试剂发生化学反应为基础的分析方法。化学分析法包括定性分析法和定量分析法。

在定性分析法中，根据被测组分在化学反应中产生的现象和特征，作为鉴定物质化学组成的依据。在定量分析法中，根据样品和试剂的用量测定样品中各组分的相对含量。由于采用的测量方法不同，定量分析法又分为重量分析法和滴定分析法。

重量分析法是通过物质在化学反应前后的称量来测定被测组分含量的方法。滴定分析法是将样品制成溶液后，滴加已知准确浓度的试剂溶液，当反应完全时，根据试剂的浓度和消耗的体积，计算出被测组分的含量。

化学分析法所用仪器简单，结果准确，因而应用范围广泛。但对试样中微量组分的定性或定量分析往往不够灵敏，也常常不能满足快速分析的要求。

仪器分析法（instrumental analysis）是以物质的物理性质或物理化学性质为基础的分析方法。根据物质的某种物理性质（如密度、折射率、沸点、熔点、颜色等）与组分的关系，不经化学反应直接进行定性或定量分析的方法，称为物理分析（physical analysis）。根据被测物质在化学反应中的某种物理性质与组分之间的关系，而进行定性或定量分析的方法，称为物理化学分析（physicochemical analysis），如电位分析法。因为物理分析和物理化学分析大都需要较精密的仪器，故又称为仪器分析法。仪器分析法主要包括电化学分析、光学分析、色谱分析等。

仪器分析法以其灵敏度高、分析速度快、选择性好、易于自动化等优点已成为当代分析化学的主要分析手段，但化学分析法依然重要。仪器分析常常是在化学分析的基础上进行的，如试样的预处理、溶解、干扰物质的分离与掩蔽等。此外，仪器分析大多需要化学纯品作标准，而这些化学纯品的成分，大多需要化学分析方法来确定，所以化学分析法和仪器分析法是相辅相成、互相配合的。

四、 常量分析、半微量分析、微量分析和超微量分析

这是根据试样用量的多少分类。各种分析方法所需试样用量见表1-1。化学定性分析一般为半微量分析，化学定量分析一般为常量分析，进行微量分析及超微量分析时，常常需要采用仪器分析方法。

此外，还可根据被测组分含量的高低粗略地分为常量组分（>1%）分析、微量组分（0.01%~1%）分析及痕量组分（<0.01%）分析。

表 1-1　各种分析方法所需的试样用量

分析方法	试样质量	试液体积/mL
常量分析法	>0.1g	>10
半微量分析法	0.1~0.01g	10~1
微量分析法	10~0.1mg	1~0.01
超微量分析法	<0.1mg	<0.01

五、例行分析和仲裁分析

这是根据分析方法所起的作用分类。例行分析（routine analysis）是指一般实验室日常

生产或工作中的分析，又称为常规分析。例如药厂质检室的日常分析工作即是例行分析。仲裁分析（arbitral analysis）是指不同单位对分析结果有争议时，要求某仲裁单位（如一定级别的药检所、法定检验单位等）用法定方法，进行裁判的分析。

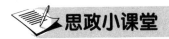 **思政小课堂**

"青蒿素"之母——屠呦呦

疟疾自古以来就是一种具有全球影响的衰竭性疾病，至今仍是传播最广泛和最具破坏性的传染病之一。1967 年国家集中全国医学研究力量，联合研发抗疟疾新药，成立了由屠呦呦任课题组长的"523"抗疟疾新药项目组，致力于在中药中筛选抗疟新药。在经历初筛 2000 多种草药，测试了近 200 种化合物，历经了 380 多次失败之后，最终确定了青蒿素的抗疟功效。为了加快临床试验进程，屠呦呦及其同事主动试药，成为毒性和剂量探索试验的受试者，成功确认了青蒿提取物对人体的安全性。经历数年的试验和验证后，青蒿素终于问世。青蒿素的发现拯救了数百万人的生命，意味着中国中医学研究为抗疟疾研究打开了新局面。2015 年，屠呦呦获得诺贝尔生理学或医学奖，成为第一个获得诺贝尔自然科学奖的中国人。

屠呦呦这种"择一业，精一事，终一生，不为繁华易匠心"的情怀值得同学们认真学习，摒弃浮躁的外部干扰，坚定专业信念，尽心尽力完成学业，做到学有所成，学有所用。

 **目标测试**

1. 什么叫分析化学？其任务是什么？
2. 分析方法的分类依据及类型有哪些？
3. 随着时代的发展，仪器分析是否可以完全取代化学分析？为什么？
4. 分析化学发展经历了哪三次变革？
5. 什么叫例行分析和仲裁分析（检验专业）？

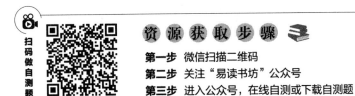

扫码做自测题

资源获取步骤

第一步　微信扫描二维码
第二步　关注"易读书坊"公众号
第三步　进入公众号，在线自测或下载自测题

第二章 分析天平与称量方法

 **知识导图**

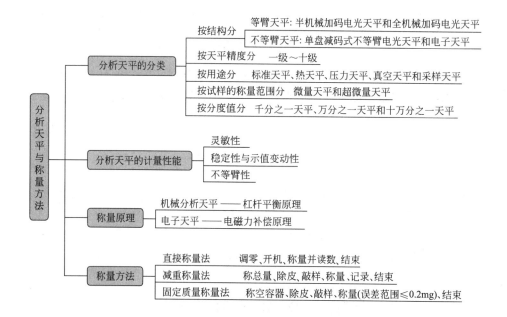

学习目标

1. 掌握直接称量法与减重称量法称量样品。
2. 熟悉分析天平的称量原理、方法及使用。
3. 了解分析天平的分类。

分析天平（analytical balance）是各类分析测定中一种基本的计量工具。试样、基准物等物质称量结果的准确度，直接影响到各种类型定量分析的结果。因此必须熟悉分析天平的称量原理、结构和性能，学会正确地使用分析天平。

第一节　分析天平的分类和构造

一、分析天平的分类

1. 按天平的结构分类

分析天平依据结构特点，可分为等臂双盘机械加码电光天平、不等臂单盘减码式电光天平及电子天平。目前常用的几种分析天平的型号和主要规格如表 2-1 所示。

表 2-1　常用的几种分析天平的型号和主要规格

名　称	型　号	主　要　规　格	
		最大载荷/g	分度值/mg
半机械加码电光天平	TG-328B	200	0.1
全机械加码电光天平	TG-328A	200	0.1
单盘减码式不等臂电光天平	TG-729B	100	1 游标分度值 0.05
电子天平	AEG-220	220	0.1

2. 按天平的校正方式分类

分析天平按校正方式可以分为内校型、外校型。所谓内校，就是电子天平带有内部标定砝码，方便随时调取，一键进行标定。外校型必须要按校正键，从外部放砝码进行人工校正。

3. 其他分类方法

分析天平按照用途，可分为标准天平、热天平、压力天平、真空天平和采样天平；按照试样的称量范围，可分为微量天平和超微量天平等；按照天平的分度值分为千分之一天平、万分之一天平和十万分之一天平等。

二、分析天平的构造

分析天平种类很多，但基本结构类似，本节主要介绍 TG-328B 型双盘半机械加码电光天平和 AEG-220 型电子天平的结构。

1. 双盘半机械加码电光天平

此类天平主要结构包括：天平梁、天平柱、天平箱、机械加码装置和砝码、光学投影装置六大部分，见图 2-1。

（1）天平梁　包括梁本身、三棱体、平衡调节螺丝、重心调节螺丝、指针、吊耳、阻尼器、天平盘。

① 天平梁　梁体由质轻而坚硬的铝合金制成，起平衡和承重物体的作用。

② 三棱体　梁上装有三个三棱形的玛瑙刀，装在梁正中的称为支点刀，刀口向下；左右两边各有一个承重刀，刀口向上。这三个刀口棱边相互平行并在同一个水平线上，同时要求两个承重刀口到支点刀口的距离（即天平臂长）相等。在使用天平时，要特别注意保护刀口，尽量避免刀口的磨损，否则对天平的灵敏度有很大的影响。

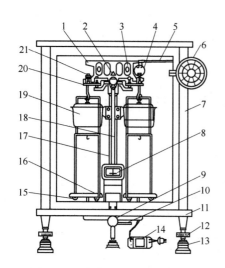

图 2-1　双盘半机械加码电光天平
1—横梁；2—支点刀；3—平衡螺丝；4—环码；
5—加码杠杆；6—指数盘；7—天平箱；8—光
幕；9—升降枢；10—调零杆；11—底板；
12—天平脚；13—脚垫；14—变压器；
15—盘托；16—天平箱；17—天平柱；
18—指针；19—阻尼器；20—翼翅板；
21—吊耳

③ **重心调节螺丝**　装在天平梁背后螺杆上，将它上下移动可以调节天平的重心，改变天平的灵敏度和稳定性。

④ **平衡调节螺丝**　装在天平梁两侧对称的孔中，左右移动平衡螺丝，可以调节天平的零点。

⑤ **指针**　固定在天平梁的中央，指针的下端装有微分刻度标尺，称量时标尺经光学系统放大投影在光幕上，可供读数。

⑥ **吊耳**　由十字架、支架、挂钩组成，上钩挂天平盘，下钩挂阻尼器内筒。

⑦ **阻尼器**　由两个内径不同的圆筒组成，小的内筒挂在吊耳的挂钩上，大的外筒固定在天平柱的托架上。两筒之间要有一均匀的缝隙，使天平摆动时内筒可以上下浮动且与外筒不发生摩擦。称量时，由于空气阻力的作用，使天平较快地停止摆动，缩短称量时间。

⑧ **天平盘**　天平左右两个天平盘挂在两个吊耳的挂钩上，称量时，左盘放称量物，右盘放砝码。

（2）**天平柱**　包括柱本身、升降枢纽、翼翅板、刀承、气泡水平仪、盘托。

① **天平柱**　是空心内联升降拉杆的金属圆柱体，垂直固定在底板中央作为天平梁的支架。柱顶中间嵌有一块玛瑙平板，作为支点刀的刀承。

② **升降枢纽**　是升降联动的控制钮。使用时，顺时针转动升降枢纽，称为"启动"天平；逆时针转动升降枢纽，使天平处于"休止"状态。

③ **气泡水平仪**　位于天平柱的后上部，用来检查天平底座的水平位置。

（3）**天平箱**　包括玻璃外罩、底板、天平脚。

① **天平箱**　起保护天平的作用。称量时可以减少外界湿度、灰尘、空气流通等对天平的影响。天平箱前面有可以向上开启的门，供装配、调整和修理用，称量时不准打开；两侧各有一个侧门，供取放称量物和砝码用。

② **底板**　由大理石制成的天平基座。底板下面装有三只脚，前面两只脚供调节天平水平位置使用。

（4）**机械加码装置**　用来加减 1g 以下、10mg 以上的砝码。它位于天平箱右上方，由指数盘、联动控制环码升降杠杆、骑放环码的横杆三部分组成（见图 2-2）。环码按一定顺序置于天平梁右侧的加码钩上，当指数盘转动时，相应的环码便落在横杆上，相当于将环码加在右盘上，所加减的环码值可以从指数盘上读出。指数盘的读数范围为 10～990mg，里圈读数为 10～90mg，外圈读数为 100～900mg。

（5）**砝码**　每台天平配有一盒砝码。砝码组合通常采用 5、2、2、1 制，即 100、50、20、20*、10、5、2、2*、1，共九个克以上砝码。取放时必须用镊子夹取。

（6）**光学投影装置**　光学投影装置见图 2-3。从光源发出的光经聚光管变成平行光束，通过天平柱下的小洞射在指针下端的微分标尺上，再经透镜把影像放大，最后反射在光幕

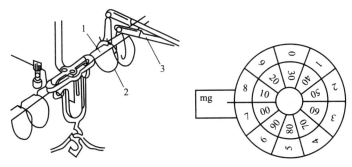

图 2-2 机械加码装置

1—横杆；2—环码；3—加码杠杆

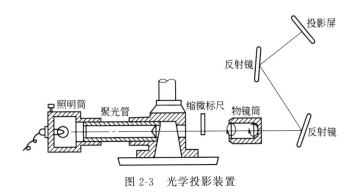

图 2-3 光学投影装置

上，根据光幕上的标线读取 10mg 以下的质量。

TG-328B 型天平的微分标尺上左边刻有 10 大格，每大格相当于 1mg，每大格又分为 10 小格，每小格相当于 0.1mg。根据微分标尺在光幕上的投影可以直接读取数据。微分标尺在光幕上的读数见图 2-4。

图 2-4 微分标尺在光幕上的读数

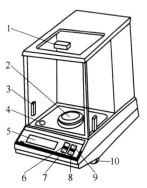

图 2-5 电子分析天平

1—顶门；2—天平盘；3—边门；4—水准仪；

5—显示屏；6—打印键；7—模式键；

8—除皮键；9—开关键；10—水平调节螺丝

2. 电子分析天平

电子分析天平是近年来发展迅速的最新一代天平，是基于电磁学原理制造的。一般的电子分析天平都装有微处理器，具有数字显示、自动调零、自动校准、扣除皮重、输出打印等功能，有些产品还具备数据储存与处理功能。电子分析天平具有操作简便、称量速度快、准确度高等优点。电子分析天平的主要结构，见图2-5。

第二节　分析天平的称量原理和称量方法

一、分析天平的称量原理

1. 机械分析天平

机械分析天平是根据杠杆原理设计的。图2-6所示为等臂分析天平的原理图，图中 ABC 为杠杆，B 为支点，L_1、L_2 分别为天平的臂长，A 与 C 上分别载有质量为 m_1 的被称物及质量为 m_2 的砝码，平衡时两侧力矩相等，即：$F_1 L_1 = F_2 L_2$。

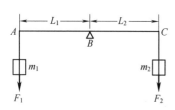

F_1、F_2 分别为被称物和砝码的重量，由于等臂分析天平的 $L_1 = L_2$，则：$F_1 = F_2$

$$F_1 = m_1 g \quad F_2 = m_2 g$$

$$m_1 g = m_2 g \quad m_1 = m_2$$

因此，可由砝码的质量 m_2 求得被称物的质量 m_1。对于不等臂天平，$L_1 \neq L_2$，m_1 与 m_2 成比例关系。

图2-6　等臂天平的原理图

2. 电子分析天平

电子分析天平是根据电磁力补偿平衡原理设计的，它是利用电子装置完成电磁力补偿的调节，或通过电磁力矩的调节，使物体在重力场中实现力的平衡。图2-7所示为电子分析天平的原理图。

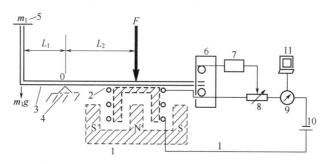

图2-7　电子分析天平的原理图

1—永久磁铁；2—电磁力补偿线圈；3—杠杆；4—弹性簧片；5—秤盘；6—零位指示器；

7—放大器；8—模拟电流开关调节器；9—电流检测器；10—控制电路电源；11—显示器、打印机

把通电导线放在磁场中时，导线将产生电磁力，力的方向可以用左手定则来判定。当磁场强度不变时，力的大小与流过线圈的电流成正比。如果使电磁力的方向向上，并与物体的重力相平衡，则通过导线的电流与被称物体的质量成正比。

秤盘通过支架与线圈相连，线圈置于磁场中，秤盘与被称物体的磁力通过连杆支梁作用于线圈上，方向向下。线圈内电流通过时，产生一个向上作用的电磁力，与秤盘重力方向相反，大小相等。位移传感器处于预定的中心位置，当秤盘上的物体质量发生变化时，位移传感器检出位移信号，经调节器和放大器改变线圈的电流大小，直至线圈回到中心位置为止。

最后，通过数字显示出物体质量。

二、分析天平的称量方法

分析天平常用的称量方法有直接称量法、减重称量法和固定质量称量法。以电子天平为例讨论。

1. 直接称量法

① 调整水平调节脚，使水平仪内气泡位于圆环中央。

② 接通电源，轻按"除皮"键，当显示器显示"0.0000g"时，电子称量系统自检过程结束。

分析天平的使用

③ 将被称物放于秤盘中央，并关闭天平侧门，待显示器显示稳定的数值，即为被称物的质量。

④ 称量完毕，按"开关"键，关闭显示器，此时天平处于待机状态。

2. 减重称量法

这种方法称取试样的质量是由两次称量之差而求得的。称出试样的质量不要求是固定的数值，只需在要求的范围内即可。

① 将适量试样置于称量瓶中，盖上瓶盖。准确称出称量瓶加试样的总质量。

② 待读数稳定，不需记录称量数据，按"除皮"键，待显示器显示"0.0000g"。

③ 将称量瓶取出，在接收器上方，倾斜瓶身，用称量瓶盖轻敲瓶口上部，使试样缓缓落于容器中。

④ 当敲出的试样已接近所需要的质量时，一边继续用瓶盖轻敲瓶口，一边逐渐将瓶身竖直，使黏附在瓶口的试样落下。

⑤ 然后盖好瓶盖，将称量瓶放回秤盘后，天平显示出的数值即为已敲出的样品的质量。若一次未达到所需样品的质量，可重复上述操作，此时不需再按任何键。

⑥ 关闭天平侧窗，待显示数值稳定后读数，即为差减所得样品的实际质量。

3. 固定质量称量法

这种方法是为了称取指定质量的试样。在分析化学实验中，需要用直接法配制指定浓度的滴定液时，常用此法来称取基准物质。该法只能用来称取在空气中性质稳定、不易吸湿的粉末状试样，不适用于块状物质的称量。

① 在分析天平上准确称出接收称量物的器皿（洁净干燥的表面皿或小烧杯）的质量。

② 待读数稳定，不需记录称量数据，按"除皮"键，待显示器显示"0.0000g"。

③ 用角匙将试样缓缓加到接收容器的中央，直到天平读数与所需样品的质量要求基本一致（误差范围≤0.2mg）。

④ 关闭天平侧窗，待显示数值稳定后读数，即为称得样品的实际质量。

目标测试

1. 半机械加码电光天平由哪几大部分组成？

2. 用半机械加码电光天平称量时，何时用指数盘的外圈？何时用指数盘的内圈？何时用微分标尺的刻度？

3. 分析天平的计量性能包括哪些？

4. 什么是天平的灵敏度？电光天平的灵敏度一般应在什么范围？它与分度值的关系如何？

5. 某 TG-328B 型半机械加码电光天平，在一盘加 10mg 标准砝码，指针偏移 100 分度，其分度值是多少？

6. 直接称量法、减重称量法及固定质量称量法的操作方法有何异同点？

第三章 误差与分析数据的处理

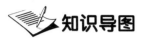知识导图

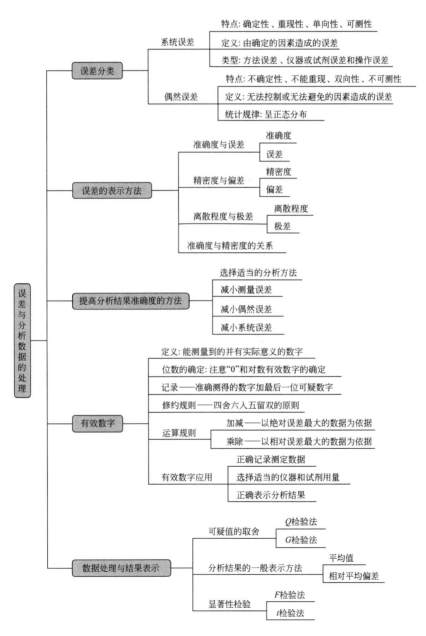

学习目标

1. 掌握误差的概念、产生的原因及减免方法。
2. 掌握误差、偏差的相关计算。
3. 掌握有效数字的记录规则、修约规则、运算规则及其在定量分析中的应用。
4. 熟悉准确度和精密度的表示方法及两者之间的关系。
5. 熟悉一般分析结果的表示方法。
6. 了解可疑值的取舍方法。

　　定量分析的任务是通过实验确定试样中被测组分的准确含量。但由于受分析方法、测量仪器、试剂和分析工作者主观因素等方面的影响，使测得的结果不可能与真实值完全一致，即使是技术熟练的分析工作者，使用最精密的仪器，在完全相同的条件下，对同一试样进行多次测定，也不可能得到完全一致的分析结果。这说明误差是客观存在的，也是难以避免的，任何测定结果都不会绝对正确。因此，在进行定量分析时，不仅要测得待测组分的含量，而且还要对分析结果的可靠性作出合理的评价，并给予准确的表示，同时还要采取有效措施减小误差，提高分析结果的准确程度。

第一节　误　差

一、误差及其类型

　　定量分析中将测得值与真实值之差称为误差。根据误差产生的原因和性质，可将误差分为系统误差和偶然误差。

1. 系统误差

　　系统误差（systematic error）也称可定误差（determinate error），是由分析过程中某些确定的原因造成的误差。它的特点是：①确定性，引起误差的原因通常是确定的；②重现性，由于造成误差的原因是固定的，当平行测定时它会重复出现；③单向性，误差的方向一定，即误差的正或负通常是固定的；④可测性，误差的大小基本固定，通过实验通常可以测定其大小，因而是可以校正的。系统误差按产生的原因可分为方法误差、仪器或试剂误差、操作误差等。

　　（1）方法误差　由于分析方法本身的某些不足所引起的误差。例如，在滴定分析法中，由于指示剂选择不当，使滴定终点不在滴定突跃范围内；由于反应条件不完善而导致化学反应进行不完全等。

　　（2）仪器或试剂误差　由于仪器不够精确或所用的天平、砝码、容量器皿等未经校正，所使用的化学试剂和蒸馏水不纯，滴定液浓度不准等，均能产生这种误差。

　　（3）操作误差　主要指在正常操作情况下，由于操作者掌握的基本操作规程与正规要求稍有出入所造成的误差。例如，滴定管读数偏高或偏低，对终点颜色的确定偏深或偏浅，对某种颜色的辨别不够敏锐等所造成的误差。

2. 偶然误差

　　偶然误差（accidental error）又称随机误差（random error）或不可定误差（indeterminate error），是由某些难以控制或无法避免的偶然因素造成的误差。如测量时温度、湿度、电压及气压的偶然变化，以及分析人员对平行试样处理的微小差异等，均可引起偶然误差。偶然误差的大小、正负都不固定，是较难预测和控制的。

但是，如果在相同条件下对同一试样进行多次测定，并将测定数据进行统计和处理，则可发现，偶然误差的分布规律可用图 3-1 所示的正态分布曲线表示。

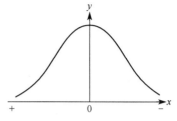

图 3-1　标准正态分布曲线

图中横坐标 x 表示偶然误差，纵坐标 y 表示偶然误差出现的概率。从图形上可以看出其规律性为：①小误差出现的概率大，大误差出现的概率小，特别大的误差出现的概率极小；②绝对值相同的正、负误差出现的概率大体相等，它们之间常能完全或部分抵消。所以在消除系统误差的前提下，随着测定次数的增加，偶然误差的算术平均值将趋于零，即测量值的算术平均值越接近于真实值 μ。所以，在分析工作中常用"适当增加平行测定次数，取平均值表示分析结果"的方法来减免偶然误差。

此外，由于分析人员粗心大意或工作过失所产生的差错，例如，溶液溅失、加错试剂、读错刻度、记录和计算差错等，不属于误差范畴。

二、误差的表示方法

1. 准确度与误差

准确度（accuracy）是指测量值与真实值接近的程度。准确度通常用误差（error）来表示。误差越小，表示测量值与真实值越接近，准确度越高。误差有绝对误差（absolute error）和相对误差（relative error）两种表示方法。

$$绝对误差(E) = 测量值(X) - 真实值(\mu) \tag{3-1}$$

$$相对误差(RE) = \frac{绝对误差(E)}{真实值(\mu)} \times 100\% \tag{3-2}$$

【例 3-1】　用万分之一的分析天平称量某样品两份，其质量分别为 2.1751g 和 0.2176g。假定两份试样的真实质量各为 2.1750g 和 0.2175g，分别计算两份试样称量的绝对误差和相对误差。

解：称量的绝对误差分别为：

$E_1 = 2.1751 - 2.1750 = 0.0001$（g），$E_2 = 0.2176 - 0.2175 = 0.0001$（g）

称量的相对误差分别为：

$$RE_1 = \frac{0.0001}{2.1750} \times 100\% = 0.005\%, \quad RE_2 = \frac{0.0001}{0.2175} \times 100\% = 0.05\%$$

由此可见，两份试样称量的绝对误差相等，但相对误差不相等。第一份称量结果的相对误差是第二份称量结果的相对误差的 1/10，即第一份称量的准确度比第二份称量的准确度高 10 倍。因此当绝对误差一定时，称量的质量越大，相对误差越小，准确度越高。所以在定量分析中常用相对误差来表示测量结果的准确度。

绝对误差和相对误差都有正、负值，正值表示分析结果偏高，负值表示分析结果偏低。

2. 精密度与偏差

精密度（precision）是指平行测量的各测量值之间相互接近的程度。精密度的高低常用偏差表示，偏差（deviation）越小，表示各测定结果之间越接近，测定结果的精密度越高。因此，偏差的大小是衡量测定结果精密度高低的尺度，精密度反映了测定结果的重现性。偏差又分为绝对偏差（absolute deviation）、平均偏差（average deviation）、相对平均偏差（relative average deviation）、标准偏差（standard deviation）和相对标准偏差（relative standard deviation）。

（1）绝对偏差（d）　表示各单个测量值（X_i）与平均值（$\overline{X}$）之差。d 有正、有负。

$$d_i = X_i - \overline{X} \tag{3-3}$$

（2）平均偏差（$\overline{d}$）　表示各单个偏差绝对值的平均值。

$$\overline{d} = \frac{\sum\limits_{i=1}^{n} |X_i - \overline{X}|}{n} \tag{3-4}$$

式中，n 表示测量次数。平均偏差均为正值。

（3）相对平均偏差（$R\overline{d}$）　表示平均偏差占测量平均值的百分率。

$$R\overline{d} = \frac{\overline{d}}{\overline{X}} \times 100\% \tag{3-5}$$

在滴定分析中，分析结果的相对平均偏差一般应≤0.2%。使用相对平均偏差表示精密度比较简单、方便，但不能反映一组数据的分散程度。对要求较高的分析结果常采用标准偏差来表示精密度。

（4）标准偏差（S）　当测定次数不多时（$n < 20$），测量样本的标准偏差是指各单个绝对偏差的平方和除以测定次数减1的平方根。

$$S = \sqrt{\frac{\sum\limits_{i=1}^{n} (X_i - \overline{X})^2}{n-1}} \tag{3-6}$$

例如，有两批数据，各次测量的绝对偏差分别是：

第一批　+0.3，-0.2，-0.4，+0.2，+0.1，+0.4，0.0，-0.3，+0.2，-0.3；

第二批　0.0，+0.1，-0.7，+0.1，-0.1，-0.2，+0.9，0.0，+0.1，-0.2。

两批数据平均偏差相同，都是 0.24，但明显可以看出，第二批数据较第一批分散，精密度差一些，因为其中有两个较大的偏差，此时只有用标准偏差才能分辨出这两批数据的精密程度，它们的标准偏差分别为：$S_1 = 0.28$，$S_2 = 0.40$；可见第一批数据精密度较第二批好。

（5）相对标准偏差（RSD）　表示标准偏差占测量平均值的百分率。

$$RSD = \frac{S}{\overline{X}} \times 100\% \tag{3-7}$$

【例 3-2】　四次标定 NaOH 溶液的浓度，结果为 0.2041mol/L、0.2049mol/L、0.2039mol/L 和 0.2043mol/L，试计算平均值、平均偏差、相对平均偏差、标准偏差和相对标准偏差。

解：
$$\overline{X} = \frac{0.2041 + 0.2049 + 0.2039 + 0.2043}{4} = 0.2043 \text{mol/L}$$

$$\overline{d} = \frac{|-0.0002| + |+0.0006| + |-0.0004| + |0.0000|}{4} = 0.0003$$

$$R\overline{d} = \frac{\overline{d}}{\overline{X}} \times 100\% = \frac{0.0003}{0.2043} \times 100\% = 0.15\%$$

$$S = \sqrt{\frac{\sum\limits_{i=1}^{n}(X_i - \overline{X})^2}{n-1}} = \sqrt{\frac{(-0.0002)^2 + (+0.0006)^2 + (-0.0004)^2 + (0.0000)^2}{4-1}} = 0.0004$$

$$RSD = \frac{S}{\overline{X}} \times 100\% = \frac{0.0004}{0.2043} \times 100\% = 0.2\%$$

3. 准确度与精密度的关系

准确度与精密度的概念不同，准确度表示测量结果的准确性，精密度表示分析结果的重现性。系统误差是定量分析中误差的主要来源，它影响分析结果的准确度，偶然误差影响分析结果的精密度。测定结果的好坏应从精密度和准确度两个方面衡量。

图 3-2 表示采用四种不同的方法测定同一试样中某组分含量时所得的结果，每种方法均测定 6 次，试样的真实含量为 10.00%。由图可看出，方法 1 的精密度高，说明偶然误差小，但平均值与真实值之间相差较大，说明它的准确度不高，存在较大的系统误差；方法 2 的精密度、准确度都高，说明它的系统误差和偶然误差都很小，测量结果准确可靠；方法 3 的精密度很差，说明偶然误差大，其平均值虽然接近真实值，但这是由于大的正、

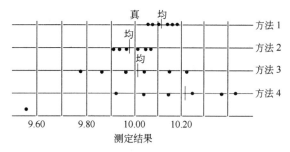

图 3-2　定量分析中的准确度和精密度

负误差相互抵消的结果，纯属偶然，测量结果并不可取；方法 4 的准确度、精密度都不高，说明系统误差和偶然误差都大，测量结果更不可取。

由此可见：

① 准确度高一定需要精密度好，但精密度好不一定准确度高；

② 精密度是保证准确度的先决条件。精密度差，所测得结果不可靠，失去了衡量准确度的前提；

③ 在消除系统误差的前提下，精密度高，准确度也会高。

三、提高分析结果准确度的方法

要想得到准确的分析结果，必须设法减免在分析过程中带来的各种误差。下面介绍一些减免分析误差的主要方法。

1. 选择适当的分析方法

不同分析方法的灵敏度和准确度不同。化学分析法的灵敏度虽然不高，但对常量组分的测定，能获得比较准确的分析结果（相对误差≤0.2%），而对微量或痕量组分则无法准确测定。仪器分析法灵敏度高、绝对误差小，虽然其相对误差较大，不适合常量组分的测定，但能满足微量或痕量组分测定准确度的要求。另外，选择分析方法时还应考虑共存物质的干扰。总之，应根据分析对象、试样情况及对分析结果的要求，选择恰当的分析方法。

2. 减小测量误差

为了获得分析结果的准确度，必须尽量减免各步测量误差。例如，一般分析天平称量的绝对误差为±0.0001g，用减重称量法称量一份试样，要称量两次，可能引起的最大误差

是±0.0002g，为了使称量的相对误差小于0.1%，取样量就不能小于0.2g；在滴定分析中，一般滴定管读数的绝对误差为±0.01mL，一次滴定需两次读数，因此可能产生的最大误差是±0.02mL，为了使滴定读数的相对误差小于0.1%，消耗滴定液的体积就不能小于20mL。

3. 减小偶然误差

根据偶然误差的分布规律，在消除系统误差的前提下，平行测定次数越多，其平均值越接近于真实值。因此，增加平行测定次数，可以减小偶然误差对分析结果的影响。在实际工作中，一般对同一试样平行测定3~4次，其精密度即可符合要求。

4. 减小测量中的系统误差

（1）对照试验　常用的对照试验分为标准品对照法和标准方法对照法。

标准品对照法：是用已知准确含量的标准试样或纯物质代替待测试样，在完全相同的条件下进行定量分析，得出与待测试样测量结果的差值，求出分析结果的系统误差，用此误差对测量值进行校正，便可减免系统误差。

标准方法对照法：是用可靠（法定）分析方法与被检验的方法，对同一试样进行对照分析。两种测量方法的测定结果越接近，则说明被检验的方法越可靠。

对照试验是检查系统误差的有效方法，对照试验可检查试剂是否失效、反应条件是否正常、测量方法是否可靠。

（2）空白试验　在不加样品的情况下，按照与分析试样同样的方法、条件、步骤进行定量分析，所得结果称为空白值。从试样的分析结果中减掉空白值，就可以消除由于试剂、蒸馏水、实验器皿和环境带入的杂质所引起的系统误差，使实验的测量值更接近于真实值。

（3）校正仪器　系统误差中的仪器误差可以用校准仪器来消除。例如在精密分析中，砝码、移液管、滴定管、容量瓶等必须进行校准，并在计算结果时采用其校正值。一般情况下，简单而有效的方法是在一系列操作过程中使用相同的仪器，这样可以抵消部分仪器误差。

（4）回收试验　如果无标准试样做对照试验，或对试样的组成不太清楚，可做回收试验。这种方法是向试样中加入已知量的待测物质，然后用与待测试样相同的方法进行分析。根据分析结果中待测组分的增大值与加入量之差，便能计算出分析结果的系统误差，并对分析结果进行校正。

第二节　有效数字及其应用

在定量分析中，为了得到准确的测量结果，不仅要准确地测定各种数据，而且还要正确地表示和计算各种数据。因此必须了解有效数字的有关问题。

一、有效数字的定义

在定量分析工作中，能测量到的并有实际意义的数字称为有效数字（significant figure）。有效数字是由准确数字和最后一位可疑数字组成。在记录测量数据的位数（有效数字的位数）时，必须与所使用的测量仪器和分析方法的准确程度相适应。例如，用万分之一的分析天平称量某试样的质量为1.3548g，是五位有效数字，这一数值中，1.354是准确的，最后一位"8"存在误差，是可疑数字，根据所用分析天平的准确程度，该试样的实际质量应为（1.3548±0.0001）g；又如，记录滴定管读数为 24.42mL，是四位有效数字，这一数值中，24.4 是准确的，最后一位"2"存在误差，是可疑数字，根据滴定管的准确程度，该溶液的体积应为（24.42±0.01）mL。

在确定有效数字位数时，数字中的"0"有双重意义。若作为普通数字使用，它就是有效数字，若作为定位用，则不是有效数字。例如在数据 0.06060g 中，6 后面的两个 0 都是有效数字，而 6 前面的两个 0 只起定位作用，都不是有效数字，因此该数据为四位有效数字。

再如：3.0007、20.105　　　　　　　五位有效数字

　　　0.6000、5.028×10^{-12}　　　　四位有效数字

　　　0.0580、1.86×10^{9}　　　　　三位有效数字

　　　0.062、0.30%　　　　　　　二位有效数字

　　　0.5、0.04%　　　　　　　　一位有效数字

分析化学中还经常遇到 pH、pK 等对数值，它们的有效数字位数仅取决于小数部分数字的位数，因为其整数部分的数字只代表原值的幂次。例如，pH＝12.68，即 $[H^+] = 2.1 \times 10^{-13} mol/L$，其有效数字只有两位，而不是四位。

变换单位时，有效数字的位数必须保持不变。例如，10.00mL 应写成 0.01000L；0.1200g 应写成 120.0mg。首位为 8 或 9 的数字，其有效数字的位数在运算过程中可多算一位。例如，9.46 实际上只有三位有效数字，但它已接近 10.00，故在运算过程中可以认为它是四位有效数字。

二、有效数字的记录、修约及运算规则

在计算分析结果时，经常会遇到一些准确程度不相同的测量数据间的相互运算。为了不影响分析结果准确度的正确表示，必须按一定规则进行记录、修约及运算，一方面可以节省时间，另一方面又可避免得出不合理的结论。具体规则如下。

1. 记录规则

在确定数据的有效数字位数时，应根据所选用的方法和仪器的准确度要求确定位数，但只能保留一位可疑数字。例如用量筒和移液管各取 20mL 盐酸溶液，其有效数字的位数表示不同，前者记录为 20mL，两位有效数字；后者记录为 20.00mL，四位有效数字。其最后一位都是可疑数字。

2. 数字的修约规则

在处理数据时，应合理保留有效数字的位数，按要求舍入多余的尾数，称为数字的修约。数字的修约规则如下。

（1）采取"四舍六入五留双"的原则

① 被修约的数字小于或等于 4 时，则舍去该数字；被修约的数字大于或等于 6 时，则进位。

② 被修约的数字等于 5 时（5 后无数字或为 0），若 5 前一位为偶数（包括 0），则舍弃；若 5 前一位为奇数，则进位；若 5 的后面还有不为 0 的数字时，则进位。

例如，将下列测量值修约为四位数：

　　　3.4864　　　　　　3.486

　　　0.37426　　　　　0.3743

6.38450	6.384
4.3835	4.384
2.38451	2.385

(2) 修约方法　修约数字时，只允许对原测量值一次修约到所需位数，不能分次修约。如将 4.54918 修约为两位数，不应 4.54918→4.5492→4.549→4.55→4.6，而应一次修约为 4.5。

(3) 可多保留一位有效数字参加计算　运算过程中对参加运算的数字可多保留一位有效数字，在算出结果后，再将结果的位数修约成与误差最大的数据位数一致。

3. 有效数字运算规则

(1) 加减法　几个数据相加或相减时，它们的和或差的有效数字的保留位数，应以小数点后位数最少（绝对误差最大）的数据为依据。

例如，0.0121＋25.64＋1.05782，确定这三个数之和的有效数字的位数应以绝对误差最大的数据 25.64 为依据，其计算结果应保留两位小数。将三个数据修约成 0.01＋25.64＋1.06，相加得 26.71。

(2) 乘除法　几个数相乘除时，积或商的有效数字位数的保留，应以有效数字位数最少（相对误差最大）的数据为依据。

例如，0.0121×25.64×1.05782，其积的有效数字位数的保留应以 0.0121 为依据，确定其他数据的位数，将三个数据修约成 0.0121×25.6×1.06，相乘得 0.328。

三、有效数字在定量分析中的应用

1. 正确记录测量数据

记录测量数据时，应保留几位数字，必须根据测定方法和测量仪器的准确程度来确定。如用万分之一的分析天平进行称量时，称量结果必须记录到小数点后四位。例如，1.2500g 不能写成 1.25g，也不能写成 1.250g。记录滴定管数据时，必须记录到小数点后二位，例如，消耗滴定液体积为 22mL 时，要写成 22.00mL。

2. 正确选择适当的测量仪器和试剂的用量

例如，万分之一的分析天平，其绝对误差为 ±0.0001g，为了使称量的相对误差在 0.1% 以下，试样称取量应为多少克才能达到上述要求？计算如下：

$$RE = \frac{E}{m} \times 100\%$$

$$m = \frac{0.0001}{0.1\%} \times 100\% = 0.1g$$

由此可见，试样称取的质量不能低于 0.1g，如果称取试样质量在 1g 以上时，选用千分之一分析天平进行称量，准确度也可达到 0.1% 的要求。计算如下：

$$RE = \frac{0.001}{1} \times 100\% = 0.1\%$$

3. 正确表示分析结果

如分析某试样中氯的含量时，用万分之一的分析天平称取试样 0.5000g。测定结果：甲报告含量为 30.00%，乙报告为 30.001%。应采用哪种结果？

甲的准确度：$\frac{0.01}{30.00} \times 100\% = 0.03\%$

乙的准确度：$\dfrac{0.001}{30.001} \times 100\% = 0.003\%$

称样准确度：$\dfrac{0.0001}{0.5000} \times 100\% = 0.02\%$

可以看出，甲的准确度和称样准确度一致，而乙的准确度超过了称样准确度，是没有意义的，因此应采用甲的结果。

定量分析的结果，一般要求准确到四位有效数字；在表示分析结果的准确度和精密度时，一般要求保留一到两位有效数字。使用计算器分析结果时，由于计算器上显示位数较多，特别要注意分析结果的有效数字的位数。

第三节　分析数据的处理与分析结果的表示方法

在定量分析中，得到一组分析数据后，必须对这些数据进行处理。数据处理的任务是通过对少量或有限次实验数据的合理分析，对分析结果作出正确、科学的评价，并用一定的方式表示分析结果。

一、可疑测量值的取舍

在所获得的一组平行测定的数据中，常有个别数据与其他数据偏离较远，这一数据称为可疑值或逸出值（outlier）。例如，分析某一含铜试样时，平行测定四次，其结果分别为：20.12%、20.36%、20.40%和20.38%，显然，第一个测量值可视为可疑值，如该数值确系实验中的过失造成，则可舍去，否则就应按一定的统计学方法进行处理，决定其取舍。目前常用的方法是 Q 检验法和 G 检验法。

1. Q 检验法

在测定次数较少时（$n = 3 \sim 10$），用 Q 检验法决定可疑值的舍弃是比较合理的。其检验步骤如下：

① 将所有测量数据按大小顺序排列，算出测定值的极差（即最大值与最小值之差）；
② 计算出可疑值与其邻近值之差；
③ 计算舍弃商：

$$Q_{计} = \frac{|x_{疑} - x_{邻}|}{x_{最大} - x_{最小}} \tag{3-8}$$

④ 查 $Q_{表}$ 值（见表 3-1），如果 $Q_{计} \geqslant Q_{表}$，将可疑值舍去，否则应当保留。

表 3-1　不同置信度下的 Q 值

n	3	4	5	6	7	8	9	10
$Q_{90\%}$	0.94	0.76	0.64	0.56	0.51	0.47	0.44	0.41
$Q_{95\%}$	0.97	0.84	0.73	0.64	0.59	0.54	0.51	0.49
$Q_{99\%}$	0.99	0.93	0.82	0.74	0.68	0.63	0.60	0.57

【例 3-3】标定某一滴定液时，测得以下 5 个数据（mol/L）：0.1014、0.1012、0.1019、0.1026 和 0.1016，其中数据 0.1026mol/L 可疑，试用 Q 检验法确定该数据是否应舍弃？（置信度为 90%）

解：按递增序列排序：0.1012、0.1014、0.1016、0.1019、0.1026。可疑数据在序列的

末尾。计算 Q 值：$Q_{计}=\dfrac{x_5-x_4}{x_5-x_1}=\dfrac{0.1026-0.1019}{0.1026-0.1012}=0.5$

查表 3-1，当测定次数 n 为 5 时，$Q_{90\%}=0.64$。由于 $Q_{计}<Q_{90\%}$，所以数据 0.1026mol/L 不应舍弃。

2. G 检验法

G 检验法的适用范围较 Q 检验法广泛，效果也更好。其检验步骤如下：

① 计算包括可疑值在内的平均值 $\bar{x}$；

② 计算可疑值 x_q 与平均值 $\bar{x}$ 之差的绝对值；

③ 计算包括可疑值在内的标准偏差 S；

④ 按下式计算 G 值：

$$G_{计}=\frac{|x_q-\bar{x}|}{S} \tag{3-9}$$

⑤ 查 $G_{表}$ 值（见表 3-2），如果 $G_{计}\geqslant G_{表}$，将可疑值舍弃，否则应保留。

表 3-2　95％置信度的 G 临界值

n	3	4	5	6	7	8	9	10
$G_{表}$	1.15	1.48	1.71	1.89	2.02	2.13	2.21	2.29

【例 3-4】 用气相色谱法测定一冰醋酸试样中的微量水分，测得值如下：0.747％、0.738％、0.747％、0.750％、0.745％、0.750％，其中数据 0.738％可疑，试用 G 检验法确定该数据是否应舍弃？

解：$\bar{x}=0.746\%$，$S=4.4\times10^{-3}\%$

$$G_{计}=\frac{|0.738-0.746|}{4.4\times10^{-3}}=1.82$$

查表 3-2，当测定次数 n 为 6 时，$G_{表}=1.89$，$G_{计}<G_{表}$，故 0.738％应保留。

二、分析结果的表示方法

1. 一般分析结果的表示方法

在系统误差忽略的情况下，进行定量分析实验，一般是对每种试样平行测定 3～4 次。首先观察是否有可疑值，判断可疑值是否应舍去，然后计算测定结果的平均值 $\bar{x}$，再计算出结果的相对平均偏差 $R\bar{d}$。如果 $R\bar{d}$ 小于或等于 0.2％，可认为符合要求，取其平均值报告分析结果。否则，此次实验不符合要求，需重做。

但是对于要求非常准确的分析，如制定分析标准、涉及重大问题的试样分析、科研成果所需要的精确数据，就不能只作这样简单的处理，需要多次对试样进行平行测定，将取得的多次测量结果用统计方法进行处理。

2. 平均值的精密度

平均值的精密度可用平均值的标准偏差（$S_{\bar{x}}$）表示，而平均值的标准偏差与测量次数 n 的平方根成反比：

$$S_{\bar{x}}=\frac{S}{\sqrt{n}} \tag{3-10}$$

该式说明，n 次测量平均值的标准偏差是 1 次测量标准偏差的 $\dfrac{1}{\sqrt{n}}$ 倍，即 n 次测量的可靠性是 1 次测量的 $\sqrt{n}$ 倍。由此推算，4 次测量的可靠性是 1 次测量的 2 倍，25 次测量的可靠性是 1 次测量的 5 倍，可见测量次数的增加与可靠性的增加不成正比。因此，过多增加测量次数并不能使精密度显著提高，反而费时费力。

3. 测定平均值的置信区间

在准确度要求较高的分析工作中，提出分析报告时，需对测定平均值作出估计，即真实值 μ 所在的范围称为置信区间。在对 μ 的取值区间作出估计时，还应指明这种估计的可靠性或概率，将 μ 落在此范围内的概率称为置信概率或置信度，用 P 表示，借以说明测定平均值的可靠程度。

估计真实值 μ 的置信区间，实际上是对偶然误差进行统计处理，但这种统计处理必须要在消除或校正系统误差的前提下进行。

在实际分析工作中，通常对试样进行的是有限次数测定，其平均值的置信区间为：

$$\mu = \overline{X} \pm t_{(P,f)} S_{\overline{X}} = \overline{X} \pm t_{(P,f)} \times \frac{S}{\sqrt{n}} \tag{3-11}$$

式中，$t_{(P,f)}$ 为统计量。与置信度 P、自由度 f 有关。

不同置信度 P 及自由度 f 所对应的值已计算出来，见表 3-3。

表 3-3　t 值分布

项　　目	P	90%	95%	99%
	3	2.35	3.18	5.84
	4	2.13	2.78	4.60
	5	2.01	2.57	4.03
	6	1.94	2.45	3.71
$f = (n-1)$	7	1.90	2.36	3.50
	8	1.86	2.31	3.36
	9	1.83	2.26	3.25
	10	1.81	2.23	3.17
	20	1.72	2.09	2.84
	∞	1.64	1.96	2.58

【例 3-5】　用邻二氮菲测定某样品中铁的含量，10 次测定的 $S = 0.04\%$，$\overline{X} = 10.80\%$，估计在 95% 和 99% 的置信度时平均值的置信区间？

解： 查表 3-3：$P = 95\%$，$f = 10 - 1 = 9$ 时，$t = 2.26$

$\qquad\qquad P = 99\%$，$f = 10 - 1 = 9$ 时，$t = 3.25$

（1）95% 置信度时，置信区间为：

$$\mu = \overline{X} \pm t_{(P,f)} \times \frac{S}{\sqrt{n}} = 10.80\% \pm 2.26 \times \frac{0.04\%}{\sqrt{10}} = 10.80\% \pm 0.029\%$$

（2）99% 置信度时，置信区间为：

$$\mu = 10.80\% \pm 3.25 \times \frac{0.04\%}{\sqrt{10}} = 10.80\% \pm 0.041\%$$

通过计算表明，上例总体平均值（真实值）在 $10.77\% \sim 10.83\%$ 间的概率为 95%；在 $10.76\% \sim 10.84\%$ 间的概率为 99%。即真实值在上述两个区间分别有 95% 及 99% 的可能。

由此可见，增加置信度需扩大置信区间。另一方面，在相同的置信度下，增加 n 可缩小置信区间。

三、显著性检验

在定量分析中，常常需要对两份试样或两种分析方法的分析结果的平均值与精密度，是否存在显著性差别作出判断，这些问题都属于统计检验的内容，称为显著性检验或差别检验。统计检验的方法很多，在定量分析中最常用的是 t 检验与 F 检验，分别主要用于检验两个分析结果是否存在显著的系统误差与偶然误差等。

1. F 检验法

F 检验法是比较两组数据的方差 S^2（标准偏差的平方），以确定它们的精密度是否有显著性差异，即偶然误差是否有显著性差异。具体做法如下：

① 根据两组实验的测量数据，计算两个样本的标准偏差 S_1 和 S_2 的方差 S_1^2 和 S_2^2；

② 按下式计算 F 值：

$$F_{计}=\frac{S_1^2}{S_2^2}(S_1>S_2) \tag{3-12}$$

③ 查表 3-4，若 $F_{计}<F_{表}$，则表示两组数据的精密度无显著性差异；反之，则有显著性差异。

表 3-4　95% 置信度时的 F 分布值

f_2	f_1（S 大的自由度）									
	2	3	4	5	6	7	8	9	10	∞
2	19.00	19.16	19.25	19.30	19.33	19.35	19.37	19.38	19.39	19.50
3	9.55	9.28	9.12	9.01	8.94	8.89	8.85	8.81	8.87	8.53
4	6.94	6.59	6.39	6.26	6.16	6.09	6.04	6.00	5.96	5.63
5	5.79	5.41	5.19	5.05	4.95	4.88	4.82	4.77	4.74	4.36
6	5.14	4.76	4.53	4.39	4.28	4.21	4.15	4.10	4.06	3.67
7	4.74	4.35	4.12	3.97	3.87	3.79	3.37	3.68	3.64	3.23
8	4.46	4.07	3.84	3.69	3.58	3.50	3.44	3.39	3.35	2.93
9	4.26	3.86	3.63	3.48	3.37	3.29	3.23	3.18	3.15	2.71
10	4.10	3.71	3.48	3.33	3.22	3.14	3.07	3.02	2.98	2.54
∞	3.00	2.60	2.37	2.21	2.10	2.01	1.94	1.88	1.83	1.00

【例 3-6】 某分析人员用两种方法测定试样中某组分的含量，第一种方法共测定 6 次，$S_1=0.055\%$；第二种方法共测定 4 次，$S_2=0.022\%$。两种方法测定结果的精密度有无显著性差异？

解： $f_1=6-1=5$，$f_2=4-1=3$ 时，查表 3-4，得 $F_{表}=9.01$

$$F_{计}=\frac{S_1^2}{S_2^2}=\frac{(0.055\%)^2}{(0.022\%)^2}=6.25$$

因为 $F_{计}<F_{表}$，故 S_1 和 S_2 无显著性差异，即两种方法的精密度相当。

2. t 检验法

（1）平均值与标准值的比较　在实际工作中，为检验某一分析方法或某操作过程是否存在较大的系统误差，可对标准试样进行若干次平行测定，并计算出平均值 $\overline{x}$ 与标准试样的标准值 μ 之间是否存在显著性差异。检验步骤：

① 按下式计算 $t_计$ 值

$$t_计 = \frac{|\bar{x} - \mu|}{S} \times \sqrt{n} \tag{3-13}$$

② 查表 3-3 t 分布表，得 $t_表$ 值。

③ 若 $t_计 \geqslant t_表$，则 $\bar{x}$ 与 μ 间存在显著性差异，表示该方法有系统误差；若 $t_计 < t_表$，则无显著性差异，虽然 $\bar{x}$ 与 μ 不完全一致，但这种差异不是由于系统误差引起的，而是偶然误差造成的。

【例 3-7】 某化验室测定某药物的含量，结果如下 （％）：20.60，20.50，20.70，20.60，20.80，21.00，已知该药物的真实含量为 20.10％，问该测定是否存在系统误差 （$P = 95\%$）？

解： $\bar{x} = 20.70\%$，$S = 0.18\%$，$n = 6$

$$t_计 = \frac{|\bar{x} - \mu|}{S} \times \sqrt{n} = \frac{|20.70 - 20.10|\%}{0.18\%} \sqrt{6} = 8.16$$

查表 3-3 得，$t_表 = 2.57$。因 $t_计 > t_表$，说明该测定存在系统误差。

（2）两组平均值的比较　不同分析人员或同一分析人员采用不同方法分析同一试样，所得到的平均值，一般是不相等的。要判断这两组数据之间是否存在系统误差，或者两个试样，用同一方法测得两组数据的平均值，要解决两个样本平均值之间是否有显著性差异的问题，也可用 t 检验。检验步骤：

① 计算合并标准偏差 （或组合标准偏差）S_R：

$$S_R = \sqrt{\frac{S_1^2(n_1 - 1) + S_2^2(n_2 - 1)}{(n_1 - 1) + (n_2 - 1)}} \tag{3-14}$$

② 若已知 S_1 和 S_2 之间无显著性差异，可按下式计算 $t_计$

$$t_计 = \frac{|\bar{x}_1 - \bar{x}_2|}{S_R} \sqrt{\frac{n_1 n_2}{n_1 + n_2}} \tag{3-15}$$

③ 查表 3-3，若 $t_计 \geqslant t_表$，则 $\bar{x}$ 与 μ 间存在显著性差异，表示该方法有系统误差；若 $t_计 < t_表$，则无显著性差异。

【例 3-8】 用两种方法分析某试样中碳酸钠的含量，所得分析结果为：

方法一　$n_1 = 5$，$\bar{x}_1 = 23.35\%$，$S_1 = 0.061\%$

方法二　$n_2 = 4$，$\bar{x}_2 = 23.40\%$，$S_2 = 0.038\%$

试用 t 检验法检验这两种方法之间是否存在显著性差异 （置信度 95％）？

解：（1）F 检验

$$F_计 = \frac{S_1^2}{S_2^2} = \frac{(0.061\%)^2}{(0.038\%)^2} = 2.58$$

查表 3-4，$P = 95\%$，$f_1 = 5 - 1$，$f_2 = 4 - 1$ 时，$F_表 = 9.12$，故 $F_计 < F_表$，两种方法精密度之间无显著性差异。可以求合并标准偏差，进行 t 检验。

（2）t 检验

$$S_R = \sqrt{\frac{S_1^2(n_1-1)+S_2^2(n_2-1)}{(n_1-1)+(n_2-1)}} = \sqrt{\frac{(0.061\%)^2 \times (5-1)+(0.038\%)^2 \times (4-1)}{(5-1)+(4-1)}} = 0.05\%$$

$$t_{计} = \frac{|\bar{x}_1 - \bar{x}_2|}{S_R}\sqrt{\frac{n_1 n_2}{n_1 + n_2}} = \frac{|23.35\% - 23.49\%|}{0.05\%}\sqrt{\frac{5 \times 4}{5+4}} = 1.49$$

$F = 5 + 4 - 2 = 7$，由表 3-3 查得 $t_表 = 2.36$，因 $t_计 < t_表$，所以上述两种分析方法无显著性差异。

 **知识拓展**   变异系数、偏倚及不确定度

医学研究及临床上质控，对实验数据的评价经常用到变异系数、偏倚及不确定度。

变异系数是指标准差与平均值的比值，符号为 CV（批内变异系数 CV_w：是同一次测定的精密度。通常采用高、中、低三种浓度的同一样品各 7~10 份，每种浓度的样品按所拟定的分析方法操作，一次开机后，测定后计算。批间变异系数 CV_b：是不同次测定的精密度。通常采用高、中、低三种浓度的同一样品，每种浓度配制 7~10 份，置冰箱冷冻。自配制样品之日开始，按所拟定的分析方法操作，每天取出一份测定后计算），变异系数的计算公式为：$CV = \dfrac{S}{x} \times 100\%$。它是衡量资料中各观察值变异程度的一个统计量。变异系数可以消除单位和（或）平均数不同对两个或多个资料变异程度比较的影响。

偏倚是指一切测量值对真值的偏离，符号为 CV_{bias}，偏倚的计算公式为：$CV_{bias} = \sqrt{(\bar{d}/2)^2 + S}$。偏倚包括测量仪器的不准，样本过小，试验设计不合理，分配或分组不均衡，抽样未随机，测量者有主观倾向等，主要用于研究系统误差。

不确定度是指由于测量误差的存在而对被测量值不能肯定的程度，符号为 U，扩展不确定度的计算公式为：$U\% = 2\sqrt{CV_w^2 + CV_b^2 + CV_{bias}^2}$。不确定度的评估可使不同实验室对同一测量结果进行有意义的比较，可使测定结果与技术规范或标准中的参考值进行比较。

 **思政小课堂**

"哈勃望远镜"的传奇

被称为地球轨道上最大光学望远镜的哈勃望远镜，在 1990 年发射后，传回的图象很不清晰，被戏称为"近视眼"。导致该问题的根本原因是主镜被打磨成的形状存在"较大的误差"。打磨要求形状误差为 10nm，但实际上主镜周边形状误差却为 2200nm。主镜形状误差导致光的损失大，严重降低了望远镜成像清晰度。1993 年至 2009 年，哈勃望远镜进行过 5 次太空维修升级，最终满足了设计要求，变得更加精密。

该案例充分说明了只有具备严谨求实、精益求精的工作作风和科学精神，才能创造奇迹。

目标测试

1. 指出下列各种误差是系统误差还是偶然误差。

（1）砝码被腐蚀；（2）天平的两臂不等长；（3）容量瓶和移液管未经校准；（4）试样在

称量过程中吸湿；（5）试剂中含有微量被测组分；（6）读取滴定管读数时，最后一位数字估计不准；（7）天平的零点突然有变动。

2. 说明准确度与精密度的区别和联系。

3. 提高分析结果准确度的方法有哪些？所采取的方法中哪些是消除系统误差，哪些是减小偶然误差？

4. 下列数据包括几位有效数字？

（1）1.052；（2）0.0234；（3）0.00330；（4）10.030；（5）8.7×10^{-3}；（6）$pK_a=$ 4.74；（7）1.02×10^{-3}；（8）40.02%；（9）0.50%；（10）0.0003%。

5. 将下列数据处理成四位有效数字。

（1）28.475；（2）26.635；（3）10.0654；（4）0.386550；（5）2.3451×10^{-3}；（6）108.445；（7）328.45；（8）9.9864。

6. 滴定管的读数误差为$\pm0.02mL$，如果滴定时消耗滴定液2.50mL，相对误差是多少？如果消耗25.00mL，相对误差又是多少？这些数值说明了什么问题？

7. 根据有效数字保留规则，计算下列结果

（1）$213.64+4.4+0.3244$

（2）$0.0325\times5.103\times60.06\div139.8$

（3）$7.9936\div0.9967-5.02$

8. 测定某试样中Cl^-的含量，得到下列结果：10.48%、10.37%、10.47%、10.43%、10.40%，计算测定的平均值、平均偏差、相对平均偏差、标准偏差和相对标准偏差。

9. 对某铁矿的含铁量进行10次测定，得到下列结果：15.48%、15.51%、15.52%、15.52%、15.53%、15.53%、15.54%、15.56%、15.56%、15.68%，试用Q检验法判断数据15.68%是否需弃去（置信度为90%）。

10. 分析某试样中铝的含量时，得到以下结果：33.73%、33.73%、33.74%、33.77%、33.79%、33.81%、33.81%、33.82%、33.86%，试用G检验法确定，当置信度为95%时，数据33.86%是否应弃去？

11. 对某未知试样中Cl^-的含量进行测定，得到4次测定结果：47.64%、47.69%、47.52%、47.55%。分别计算在95%和99%的置信度时，平均值的置信区间。

12. 用草酸钠作基准物质，对高锰酸钾溶液的浓度进行标定，共做了六次，测得其浓度为：0.1029mol/L、0.1060mol/L、0.1036mol/L、0.1032mol/L、0.1018mol/L 和 0.1034mol/L。问上述六次测定值中，是否有可疑值（用G检验法）？它们的平均值、标准偏差和置信度为95%时平均值的置信区间各为多少？

第四章 样品的采集及常见的预处理方法

 知识导图

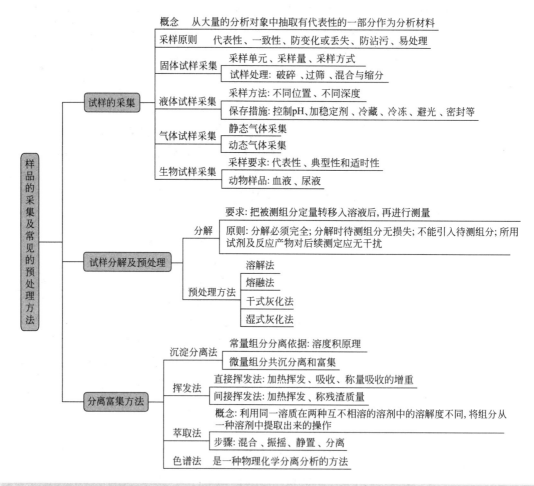

在分析工作中，常需要测定大量物料中某些组分的平均含量。但在实际分析中，只能称取几克甚至更少的试样进行分析。取这样少的试样，其分析结果要能反映整体物料的真实情况，分析试样的组成必须能代表全部物料的平均组成，即试样必须具有代表性。

定量分析的一般步骤为：样品采集，样品的分解与预处理，测定方法的选择及含量测定，分析数据的记录、处理及结果的计算，每一个环节都是非常重要的。在实际应用中，绝大多数样品需要进行预处理，将样品转化为可以测定的形态以及将被测组分与干扰组分分离。由于实际的分析对象往往比较复杂，在测定某一组分时，除了采样外，分析过程中最大的误差来源于样品预处理过程。因此，为了获得准确的分析结果，样品采集和样品预处理过程的设计与实验是不容忽视的。对于试样中的某些痕量组分，进行分离的同时往往也需要进行必要的浓缩和富集，这样便于测量。所以，必须设计合理的预处理方案以及争取实现预处理的自动化。

本章主要讨论试样的采集、样品预处理及常用的分离富集方法。关于测定方法的选择及含量测定、分析数据记录、处理及结果计算等问题，将在后面各章节进行讨论。

第一节　试样的采集

分析检验的第一步就是样品的采集，从大量的分析对象中抽取有代表性的一部分作为分析材料（分析样品），这项工作称为样品的采集，简称采样（sampling）。

采样是一种困难而且需要非常谨慎的操作过程。要从一大批被测产品中，采集到能代表整批被测物质的小质量样品，必须遵守一定的规则，掌握适当的方法，并防止在采样过程中，造成某种成分的损失或外来成分的污染。被检物品可能有不同形态，如固态、液态、气态或二者混合态等。固态试样可能因颗粒大小、堆放位置不同而带来差异，液态试样可能因混合不均匀或分层而导致差异，采样时都应予以注意。

正确采样必须遵循的原则是：①采集的样品必须具有代表性；②采样方法必须与分析目的保持一致；③采样及样品制备过程中设法保持原有的理化指标，避免待测组分发生化学变化或丢失；④要防止和避免待测组分的沾污；⑤样品的处理过程尽可能简单易行，所用样品处理装置尺寸应当与处理的样品量相适应。

采样之前，对样品的环境和现场进行充分的调查是必要的，需要弄清的问题如下：①采样的地点和现场条件如何；②样品中的主要组分是什么，含量范围如何；③采样完成后要做哪些分析测定项目；④样品中可能会存在的物质组成是什么。

样品采集是分析工作中的重要环节，不合适的或非专业的采样会使可靠正确的测定方法得出错误的结果。对于不同类型的物料，取样方法也有区别。

一、固体试样的采集

为了能取得代表固体物料总体平均组成的样本，必须弄清楚三个问题：确定采样单元、确定采样量和确定采样方法。

1. 采样单元

具有界限的一定数量物料，称为采样单元，这个界限可以是有形的，也可以是无形的。例如，有一列车的中药材，成捆装在每个车厢中。要分析鉴定这批药材的好坏，可从每一车厢中抽取一定量的试样来测定，这时一车厢就是一个采样单元；也可以从每捆中抽样，这时每一捆就是一个采样单元。显然，采样单元越大，采样单元的数目就越少，代表性就越差。

反之，代表性就越好。

采样过程中，若总体物料由 n 个单元组成，且各单元之间组成基本一致，则采样单元数 n 应为：

$$n = \left(\frac{t\sigma_i}{E}\right)^2 \tag{4-1}$$

式中，t 为选定置信水平下的概率，可查 t 值表获得（见第三章表 3-3）；σ_i 以百分数表示的各个试样单元间的标准偏差，σ_i 值可从三个方面获得：根据物料生产过程的统计规律预先估计；根据从前各批物料在相同情况下所取得的标准偏差；用预先测定的办法获得；E 为试样中组分含量和总体物料中组分平均含量间所允许的误差。

例如，当标准偏差估计值为 0.10％，置信水平为 95％，允许误差 E 为 ±0.15％，测定次数在 10 次以上，查 t 值表（见第三章表 3-3），查出 t 值约为 2.23，则采样单元数 n 应为：

$$n = \left(\frac{2.23 \times 0.10\%}{0.15\%}\right)^2 = 2.21 \approx 2$$

即应从两个不同采样单元分别采取试样。混合后，适当处理再进行分析。

2. 采样量

确定采样单元后，还必须确定采样量的多少。分析工作者在大量实践的基础上总结出了一个经验公式：

$$Q = Kd^2 \tag{4-2}$$

式中，Q 为应采样的最低质量，kg；K 为实验因数，随物质而定，其值介于 0.1～0.5 之间；d 为试样中最大颗粒直径，mm。

例如，有一试样，其 K 为 0.2，最大颗粒直径为 1mm，则取样量为：

$$Q = Kd^2 = 0.2 \times 1^2 = 0.2(\text{kg}) = 200\text{g}$$

若研细至 0.15mm，则 $Q = 0.2 \times 0.15^2 = 0.0045(\text{kg}) = 4.5\text{g}$

计算表明，最低采样量与物料颗粒的大小有关，即颗粒越小，应采试样的质量也越小。

3. 采样方法

对于组分分布比较均匀的物料，如化学试剂、药物制剂等，各采样单元基本一致，可用随机取样法采样，即将取样对象的全体划分成不同编号的部分，用随机数表（由随机生成的从 0 到 9 十个数字所组成的数表，又称乱数表）进行取样，物料总体中每份被取样的概率相等。对于组分分布不均匀的物料，要采用分层取样法，即将取样过程分为几个层次，按层数大小成比例取样。

对于不均匀的固体物料，按上述方法取得的初步试样，其数量总是相当多，颗粒大小和组成也不均匀，因此在进行分析前必须进行初步处理，使数量缩减，组成均匀、颗粒细小且其组成能代表整批物料。

试样的处理，包括破碎、过筛、混合与缩分等步骤。

破碎可用破碎机、球磨机或研钵。经破碎研磨后的试样，应用一定的筛子过筛，不能通过的粗颗粒应反复破碎直至全部通过为止，不可将难破碎的颗粒丢弃。在破碎过筛过程中，随着试样颗粒越来越细，需不断地进行混合和缩分。较少的试样量，混合时可在纸上来回翻动。缩分，常用四分法（coning and quartering），即将试样堆成圆锥形，压平成圆盘状，依对角线划"×"字，将试样分成四等份，弃去两个对角部分，把剩余的两份再粉碎再混合，继续用四分法缩分，直到符合分析要求为止。

在药物分析中，取样一般应从每个包装的四角及中间五处取样，混合均匀后，再取样、检验、分析。袋装药品可以从袋中间垂直插入取样，桶装药品可在桶中央取样，深度可达 $1/3\sim1/2$ 处，所取得的试样应及时密封，同时注明品名、批号、数量、保质期及包装情况、取样日期及取样人，妥善保管，以供检查。取样的数量应至少可供 3 次全检。贵重药品可酌情少取一些。

固体中成药（丸剂、片剂）一般片剂取样量为 200 片，未成片前已制成颗粒可取 100g。丸剂一般取 10 丸，胶囊按《中国药典》（以下简称药典）规定取样，不得少于 20 个胶囊，倾出其中药物，并仔细将附着在胶囊上的药物刮下，合并，混匀。称定空胶囊的质量，由原来的总质量减去，即为胶囊内药物的质量，一般取样量 100g。中药颗粒剂和散剂的取样，可从不同部位随机抽取试样，然后按四分法进行缩分。

二、液体试样的采集

液体试样一般比较均匀，采样单元可以少一些。当物料量比较大时，应从装物料容器的不同位置和深度分别采样，再混合均匀后作为分析试样，以保证分析试样的代表性。

液体试样化学组成容易发生变化，应立即对其进行测试。否则采样后，需采取适当保存措施，以防止或减少在存放期间试样的变化。具体保存措施有：控制溶液的 pH 值、加入化学稳定试剂、冷藏和冷冻、避光和密封等。保存期长短与待测物的稳定性及保存方法有关。

液体中药制剂，如口服液、酊剂、酒剂、糖浆剂等，一般取样数量为 200mL，取样时特别是底部沉淀的液体制剂要注意振摇均匀，然后取样。注射剂的取样一般有两次，配制后在灌封、熔封、灭菌前进行一次取样，经灭菌后的注射液需按原方法进行，分析检验合格后，方可供药用。已封好的安瓿取样量一般为 200 支。

三、气体试样的采集

气体试样由于扩散作用，其组成比较均匀，但不同存在形式的气体，取样的方法和装置也不同。采集静态气体的试样时，可在气体容器上装一取样管，用橡胶管或吸气管与盛气体试样的容器相连接，或直接与气体分析仪相连。采集动态气体的试样时，要注意气体在反应容器内流动的不均匀性，对此可延长气体通过采样器的时间，以取得不同部位、不同时间的平均试样。取样管插入反应器的深度为 1/3，取样管口斜面对着气流方向。取样管的安装与水平方向成 $10°\sim25°$ 仰角，以便冷凝液流入反应器中。打开取样管上的旋塞，气样即可流入盛样容器或气体分析仪。

如取样管不能与气体分析仪直接连接，可将气样收集于取样吸气瓶、吸气管或球胆内。如采取少量气样，也可用注射器抽取。供试样品被检查完毕，应保留一半数量作为留样观察，保存时间为半年或一年。

四、生物试样的采集

生物试样的采集，要具有代表性、典型性和适时性。

对于植物试样，其采样量要求将试样处理后能满足分析之用即可。一般要求试样干重 1kg，如用新鲜试样，以含水 $80\%\sim90\%$ 计，则需 5kg。采样时常以梅花形布点或在小区平行前进以交叉间隔方式布点，采 $5\sim10$ 个试样混合成一个代表样品，按要求采集植株的根、茎、叶、果等不同部位，采集根部时，尽量保持根部的完整。用清水洗四次，不准浸泡，洗后用纱布擦干，水生植物应全株采集。

对于动物样品，最常见的生物样品是血液和尿液。动物采血根据不同种类及实验需要，采取适当的方法。一般为静脉采血，采样后需加肝素或柠檬酸等抗凝剂。尿液的主要成分是水、尿素和无机盐。通常在药物剂量回收、药物代谢及生物利用度等研究中，需对尿药进行测定，一般是检验一定规定时间内排入尿中药物的总量，然后再进行相关分析。尿样容易获得，但因细菌繁殖引起尿素分解，也可引起尿中被测组分的分解，因此，取样后也需加防腐剂或置冰箱内冷藏。

第二节　试样的分解和测定前预处理

在实际分析工作中，试样采集后，通常要先将试样分解，把被测组分定量转移入溶液后，再进行测量。在分解试样的过程中，应遵循以下几个原则：试样的分解必须完全；分解试样的过程中，待测组分不能有损失；不能引入待测组分；所用试剂及反应产物对后续测定应无干扰。

测定药物的结构、理化性质及药理性质、存在形式、浓度范围等，采取相应的前处理方法。在定量分析中，常用溶解法、熔融法、灰化法和微波溶样法等。

一、溶解法

采用适当的溶剂，将试样溶解后制成溶液的方法，称为溶解法。主要有水溶法、酸溶法和碱溶法。

对于可溶性物质，可直接用蒸馏水溶解制成溶液。酸溶法的主要溶剂为各种无机酸及混合酸，利用这些酸的酸性、氧化性及配位性，使被测组分转入溶液。常用的有盐酸（HCl）、硝酸（HNO_3）、硫酸（H_2SO_4）、磷酸（H_3PO_4）、高氯酸（$HClO_4$）、氢氟酸（HF）及混合酸，如浓 HNO_3 与浓 HCl 按 1∶3（体积比）混合形成的王水等，具有更好的溶解能力。碱溶法的主要溶剂为 NaOH、KOH 或加入少量的 Na_2O_2、K_2O_2，常用来溶解含两性金属的试样。

二、熔融法

熔融法是将试样与酸性或碱性熔剂混合，利用高温下试样与熔剂发生的多相反应，使试样组分转化为易溶于水或酸或碱的化合物。

根据所用熔剂的性质和操作条件，可将熔融法分为酸熔、碱熔和半熔法。

酸熔法适用于碱性试样的分解，常用的熔剂有 $KHSO_4$、KHF_2 等；碱熔法适用于酸性试样的分解，常用的熔剂有 Na_2CO_3、K_2CO_3、NaOH、KOH、Na_2O_2 及其混合物等；半熔法又称烧结法，该法是在低于熔点的温度下，将试样与熔剂混合加热至熔结，由于温度比较低，不易损坏坩埚，但加热所需时间较长。

一般情况下，优先选用简便、快速、不易引入干扰的溶解法分解样品。熔融法分解试样时，操作费时费事，且易引入坩埚杂质，所以熔融时，应根据试样的性质及操作条件，选择合适的坩埚，尽量避免引入干扰。

三、干式灰化法

有机试样或生物试样的分解，常用干式灰化法。在一定温度下，将试样置于马弗炉内，根据被测组分挥发性的差异，选择合适的灰化温度进行加热，使试样分解、灰化，然后用适当的溶剂将剩余的残渣溶解。

有机药物试样的分解也可用氧瓶燃烧法（2015 年版《中国药典》第四部通则 0703）。本法是将分子中含有卤素或硫等元素的有机药物在充满氧气的燃烧瓶中进行燃烧，待燃烧产物被吸入吸收液后，再采用适宜的分析方法来检查或测定卤素或硫等元素的含量。

四、湿式灰化法

湿式灰化法又称湿式消解法，是利用氧化性酸和氧化剂对有机物进行氧化、水解，以分解有机物。湿式消解中最常用的氧化性酸和氧化剂有 H_2SO_4、HNO_3、$HClO_4$ 和 H_2O_2。单一的氧化性酸在操作中不易完全将试样分解或在操作时容易产生危险，在日常工作中多不采用，代之以两种或两种以上氧化剂或氧化性酸的联合使用，以发挥各自的作用，使有机物能够高速而又平稳地消解。

第三节　常用的分离富集方法

干扰是指在分析测试过程中，由于非故意原因导致测定结果失真的现象（有意造成的失真称为过失）。干扰是由于样品中与待测成分性质相似的共存物质引起的，或者是某种外来因素给出与待测成分相同的信号响应，从而产生错误的结果。例如，Zn、Cd、Hg 由于具有相似的发色功能，它们的吸收曲线彼此严重重叠，若不事先予以分离，难以用分光光度法测其分量。干扰是产生分析误差的主要来源。为了消除干扰，比较简单的方法是控制分析条件或采用适当的掩蔽剂。但是在许多情况下，仅仅控制分析条件或加入掩蔽剂，不能消除干扰，还必须把被测元素与干扰组分分离以后才能进行测量。如果要进行试样的全分析，往往需要把各种组分适当的分离，然后分别加以鉴定或测定。而对于试样中的某些痕量组分，进行分离的同时往往也需要进行必要的浓缩和富集，这样便于测量。

一种分离方法的分离效果，是否符合定量分析的要求，通常可通过回收率来判断：

$$回收率 = \frac{分离后得到的待测物质的量}{试样中原有待测物质的量} \times 100\% \tag{4-3}$$

在分离过程中，回收率越大（最大接近于 1），分离效果越好。常量组分分析，要求回收率≥99%；微量组分分析，要求回收率≥95%；如果被分离组分含量极低（如 0.001%～0.0001%），则回收率≥90%，就可以满足要求。

常用的分离富集方法有很多，化学分离法有沉淀法、挥发法、萃取法。随着分析技术的不断发展，色谱分离、膜分离等现代分离技术的应用也越来越广泛。

一、沉淀分离法

1. 常量组分的沉淀分离

沉淀分离法是依据溶度积原理，利用沉淀反应来进行分离的方法。通常是在试液中加入适当的沉淀剂，并控制反应条件，使被测组分沉淀出来，或者将干扰组分沉淀除去，从而达到分离的目的。在定量分析中，沉淀分离法只适合于常量组分而不适合于微量组分的分离。

2. 微量组分的共沉淀分离和富集

当沉淀从溶液中析出时，某些不应该沉淀的组分也被沉淀下来的现象，称为共沉淀。由于共沉淀现象的产生，造成沉淀不纯，影响分析结果的准确度。因此共沉淀现象对于重量分析是一种不利因素。但在分离方法中，反而能利用共沉淀的产生将微量组分富集起来，变不利因素为有利因素。例如，测定水中的痕量铅时，由于 Pb^{2+} 浓度太低，加入沉淀剂也沉淀不出来，无法直接测定。可先加入适量的 Hg^{2+}，再加入沉淀剂 H_2S，利用生成的 HgS 作沉淀载体，使 Pb^{2+} 与 HgS 共沉淀而达到分离与富集的目的。

在进行分离与富集时，通常使用的共沉淀剂有无机共沉淀剂和有机共沉淀剂。无机共沉淀剂主要利用表面吸附作用和生成混晶进行共沉淀。为了增大吸附作用，应选择总表面积大的胶状沉淀作为载体。例如，以 $Fe(OH)_3$ 作载体可以共沉淀微量的 Al^{3+}、Sn^{4+}、Bi^{3+}、Ga^{3+}、In^{3+}、Tl^{3+}、Be^{2+} 和 U(Ⅵ)、W(Ⅵ)、V(Ⅴ)等离子；以 $Al(OH)_3$ 作载体可以共沉淀微量的 Fe^{3+}、TiO^{2+} 和 U(Ⅵ)等离子；还常以 $Mn(OH)_2$ 为载体富集 Sb^{3+}，以 CuS 为载体富集 Hg^{2+} 等。根据形成混晶作用选择载体时，要求痕量元素与载体的离子半径尽可能接近，形成的晶格应相同。例如，以 $BaSO_4$ 作载体共沉淀 Ra^{2+}，以 $SrSO_4$ 作载体共沉淀 Pb^{2+} 和以 $MgNH_4PO_4$ 作载体共沉淀 AsO_4^{3-} 等，都是以此为依据的。

有机共沉淀剂分离的原理，主要是通过金属螯合物、离子缔合物在水中的微溶性和絮凝作用。有机试剂既是沉淀剂也可作为载体使用，若要得到更好的分离效果，有时需另外加入其他有机共沉淀惰性载体。例如，痕量的 Ni^{2+} 与丁二酮肟镍螯合物分散在溶液中，不生成沉淀，加入丁二酮肟二烷酯的乙醇溶液时，则析出丁二酮肟二烷酯，丁二酮肟镍便被共沉淀下来。

用有机共沉淀剂进行分离，具有较高的选择性，得到的沉淀较纯净。沉淀通过灼烧即可除去有机共沉淀剂而留下待测定的元素。由于有机共沉淀剂具有这些优越性，因而它的实际应用和发展，受到了人们的注意和重视。

二、挥发法

当被测组分具有挥发性或者能将其转化成挥发性物质时，可用挥发法进行分离测定。挥发法分为直接挥发法和间接挥发法。

直接挥发法是利用加热等方法使试样中的挥发性组分逸出，用适宜的吸收剂使其全部被吸收，从称量吸收剂的增重来计算该组分的含量方法。例如，将一定量带有结晶水的固体，加热至适当温度，用高氯酸镁吸收逸出的水分，测定高氯酸镁增加的质量就是固体中结晶水的质量。

间接挥发法是利用加热等方法使试样中某种挥发性组分挥发以后，称量其残渣，由试样所减少的质量测定该挥发组分的含量的方法。例如，药物的干燥失重测定就属于间接挥发法。

三、萃取法

萃取是指利用同一溶质在两种互不相溶的溶剂中的溶解度不同，用一种溶剂（萃取剂）把溶质从另一溶剂所组成的溶液里提取出来的操作方法。例如，用四氯化碳从碘水中萃取碘，就是采用萃取的方法。萃取分离物质时，使用的仪器为分液漏斗。

萃取分离操作步骤：把萃取剂加入盛有溶液的分液漏斗后，立即充分振荡，使溶质充分转溶到加入的溶剂中，然后静置，待液体分层后，进行分液，再把溶剂蒸馏除去，就能得到纯净的溶质。

用等量的萃取剂进行萃取时，少量多次萃取的效率比一次性萃取的效率要高。

萃取分离在中药有效成分提取方面的应用相当广泛。近年来超临界萃取技术在中草药有效成分的提取研究方面取得了重大突破。CO_2 超临界萃取的基本原理为：在超临界状态下，将 CO_2 与待分离的物质接触，使其按照沸点高低、极性大小和分子量大小将成分依次萃取出来。对应各压力范围所得到的萃取物不是绝对单一的，但可以通过控制条件得到最理想比例的混合成分，然后借助减压、升温的方法使超临界流体变成普通气体，被萃取物质则完全或基本析出，从而达到分离提纯的目的。该方法安全、高效、无毒、节能，为中药有效成分的提取提供了非常重要的研究手段。

四、色谱法

色谱法是一种有效的物理化学分离分析方法。它的原理是利用不同物质在不同相态的选择性分配，以流动相对固定相中的混合物进行洗脱，混合物中不同的组分会以不同的速度迁移，最终达到分离的效果。

色谱法能用于分离性质极相似的物质，尤其适用于一些结构相似、成分复杂的物质。如中草药中有效成分、化合物中的异构体等，用一般分离方法不易分离，而采用色谱法往往能取得很好的分离效果。因此，色谱分离在医药卫生、生物、环境等领域有着广泛的应用。

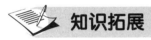 知识拓展　　　　　微波溶样法

微波是一种电磁波，频率在 $300MHz \sim 300GHz$ 之间，即波长在 $1mm \sim 100cm$ 范围内的电磁波，国际上规定工业、科学研究、医学及家用等民用微波的频率为 $2450MHz$。

微波加热是指具有较强穿透能力的微波渗入加热物体的内部，使加热物内部分子间产生剧烈振动和碰撞，从而导致加热物体内部的温度激烈升高，即所谓"内加热"，这样，溶样时在样品表面层和内部在不断搅动下破裂、溶解，不断产生新鲜的表面与酸反应，促使试样迅速溶解。这种利用微波加热封闭容器中的消解液（各种酸、部分碱液以及盐类）和试样，从而在高温增压条件下使各种试样快速溶解的湿法消化法，称为微波消解溶样法，简称微波溶样法。

根据此原理制成的微波消解仪，具有密闭容器反应和微波加热的特点，决定了其完全、快速、低空白的优点，并且反应条件可控，使得制样精度更高，减少了对环境的污染，同时也改善了实验人员的工作环境。

 目标测试

1. 何为采样？采集的样本必须具有什么特点？
2. 固体、液体、气体及生物试样如何采集？
3. 常用的预处理方法有哪些？
4. 举例说明共沉淀对分离和富集的作用。

资源获取步骤

第一步　微信扫描二维码
第二步　关注"易读书坊"公众号
第三步　进入公众号，在线自测或下载自测题

第五章　重量分析法

知识导图

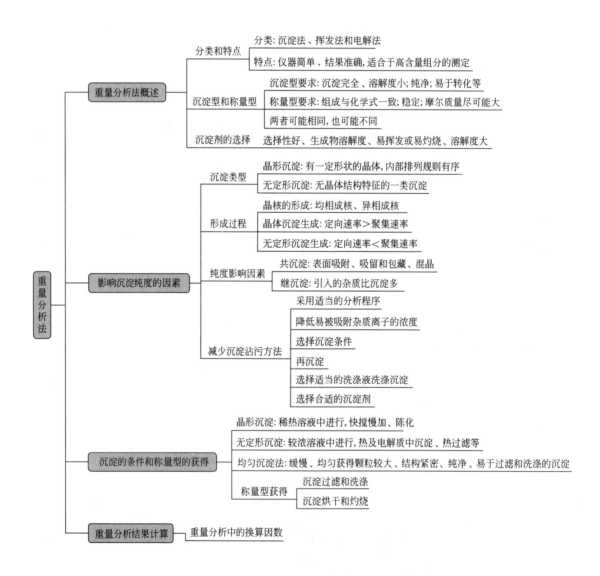

学习目标

1. 掌握沉淀重量法对沉淀形式和称量形式的要求。
2. 掌握沉淀过滤、洗涤和灼烧的原则及方法。
3. 掌握重量分析法的原理和测定过程及结果计算。
4. 熟悉沉淀形式、称量形式的意义及选择沉淀剂的原则。
5. 熟悉沉淀的条件、影响沉淀纯净的因素和提高沉淀纯度的措施。
6. 了解重量分析法的分类和方法特点。
7. 了解沉淀的类型和形成过程。

第一节　重量分析法概述

一、重量分析法的分类和特点

重量分析法是经典的化学分析方法之一，它是通过称量物质的质量来确定被测组分含量的方法，即先用适当的方法将试样中待测组分与其他组分分离，然后用称量的方法测定该组分的含量。根据分离方法的不同，重量分析法常分为沉淀法、挥发法和电解法三类。

1. 沉淀法

沉淀法是重量分析法中的主要方法，这种方法是利用试剂与待测组分生成溶解度很小的沉淀，经过滤、洗涤、烘干或灼烧成为组成一定的物质，然后称其质量，再计算待测组分的含量。例如，测定试样中 SO_4^{2-} 含量时，在试液中加入过量 $BaCl_2$ 溶液，使 SO_4^{2-} 完全生成难溶的 $BaSO_4$ 沉淀，经过滤、洗涤、烘干、灼烧后，称量 $BaSO_4$ 的质量，再计算试样中 SO_4^{2-} 的含量。

2. 挥发法

利用物质的挥发性质，通过加热或其他方法使试样中的待测组分挥发逸出，然后根据试样质量的减少，计算该组分的含量；或者用吸收剂吸收逸出的组分，根据吸收剂质量的增加计算该组分的含量。例如，测定氯化钡晶体（$BaCl_2 \cdot 2H_2O$）中结晶水的含量，可将一定质量的氯化钡试样加热，使水分逸出，根据氯化钡质量的减轻来计算试样中水分的含量，也可以用吸湿剂高氯酸镁吸收逸出的水分，根据吸湿剂质量的增加来计算水分的含量。

3. 电解法

利用电解的方法使待测金属离子在电极上还原析出，然后称量，根据电极增加的质量，求得其含量。

重量分析法通过直接称量得到分析结果，不需要从容量器皿中引入许多数据，也不需要标准试样或基准物质作比较。对高含量组分的测定，重量分析比较准确，一般测定的相对误差不大于 0.1%。对高含量的硅、磷、钨、镍、稀土元素等试样的精确分析，至今仍常使用重量分析方法。但重量分析法的不足之处是操作较烦琐，耗时多，不适于生产中的控制分析；对低含量组分的测定误差较大。

二、沉淀法对沉淀形式和称量形式的要求

利用沉淀法进行分析时，首先将试样分解为试液，然后加入适当的沉淀剂使其与被测组

分发生沉淀反应，并以"沉淀型（precipitation form）"沉淀出来。沉淀经过过滤、洗涤，在适当的温度下烘干或灼烧，转化为"称量型"，再进行称量。根据称量型的化学式计算被测组分在试样中的含量。"沉淀型"和"称量型"可能相同，也可能不同，例如：

$$被测组分\ Ba^{2+} \xrightarrow{沉淀} 沉淀型\ BaSO_4 \xrightarrow{灼烧} 称量型\ BaSO_4$$

$$被测组分\ Fe^{3+} \xrightarrow{沉淀} 沉淀型\ Fe(OH)_3 \xrightarrow{灼烧} 称量型\ Fe_2O_3$$

在重量分析法中，为获得准确的分析结果，沉淀型和称量型必须满足以下要求。

1. 对沉淀型的要求

① 沉淀要完全，沉淀的溶解度要小。

要求测定过程中沉淀的溶解损失不应超过分析天平的称量误差。一般要求溶解损失应小于 0.1mg。例如，测定 Ca^{2+} 时，以形成 $CaSO_4$ 和 CaC_2O_4 两种沉淀形式作比较，$CaSO_4$ 的溶解度较大（$K_{sp} = 2.45 \times 10^{-5}$）、$CaC_2O_4$ 的溶解度小（$K_{sp} = 1.78 \times 10^{-9}$）。显然，用 $(NH_4)_2C_2O_4$ 作沉淀剂比用硫酸作沉淀剂沉淀得更完全。

② 沉淀必须纯净，并易于过滤和洗涤。

沉淀纯净是获得准确分析结果的重要因素之一。颗粒较大的晶体沉淀（如 $MgNH_4PO_4 \cdot 6H_2O$）其表面积较小，吸附杂质的机会较少，因此沉淀较纯净，易于过滤和洗涤。颗粒细小的晶形沉淀（如 CaC_2O_4、$BaSO_4$），由于某种原因其比表面积大，吸附杂质多，洗涤次数也相应增多。非晶形沉淀［如 $Al(OH)_3$、$Fe(OH)_3$］体积庞大疏松、吸附杂质较多，过滤费时且不易洗净。对于这类沉淀，必须选择适当的沉淀条件以满足对沉淀形式的要求。

③ 沉淀型应易于转化为称量型。

沉淀经烘干、灼烧时，应易于转化为称量型。例如 Al^{3+} 的测定，若沉淀为 8-羟基喹啉铝，沉淀反应如下式：

沉淀在 130℃ 烘干后即可称量；若沉淀为 $Al(OH)_3$，则必须在 1200℃ 灼烧才能转变为无吸湿性的 Al_2O_3 后，方可称量。因此，测定 Al^{3+} 时选用前法比后法好。

2. 对称量型的要求

① 称量型（weighing form）的组成必须与化学式相符。

称量型的组成必须与化学式相符，这是定量计算的基本依据。例如测定 PO_4^{3-}，可以形成磷钼酸铵沉淀，但组成不固定，无法利用它作为测定 PO_4^{3-} 的称量型。若采用磷钼酸喹啉法测定 PO_4^{3-}，则可得到组成与化学式相符的称量型。

② 称量型要有足够的稳定性。

不易吸收空气中的 CO_2、H_2O。例如测定 Ca^{2+} 时一般先将 Ca^{2+} 沉淀为 CaC_2O_4，若将 CaC_2O_4 灼烧后得到 CaO，易吸收空气中 H_2O 和 CO_2，因此，CaO 不宜作为称量型。

③ 称量型的摩尔质量尽可能大。这样可增大称量型的质量，以减小称量误差。例如在铝的测定中，分别用 Al_2O_3 和 8-羟基喹啉铝［$Al(C_9H_6NO)_3$］两种称量型进行测定，若被测组分铝的质量为 0.1000g，则可分别得到 0.1888g Al_2O_3 和 1.7040g ［$Al(C_9H_6NO)_3$］。两种称量型由称量误差所引起的相对误差分别为 $\pm 1\%$ 和 $\pm 0.1\%$。显然，以

$[Al(C_9H_6NO)_3]$作为称量型比用 Al_2O_3 作为称量型测定铝的准确度高。

三、沉淀剂的选择

根据上述对沉淀型和称量型的要求，选择沉淀剂(precipitant)时应考虑如下几点。

1. 选用具有较好选择性的沉淀剂

所选的沉淀剂只能和待测组分生成沉淀，而与试液中的其他组分不起作用。例如：丁二酮肟和 H_2S 都可以沉淀 Ni^{2+}，但在测定 Ni^{2+} 时常选用前者。又如沉淀锆离子时，选用在盐酸溶液中与锆有特效反应的苦杏仁酸作沉淀剂，这时即使有钛、铁、钡、铝、铬等十几种离子存在，也不发生干扰。

2. 选用能与待测离子生成溶解度最小的沉淀的沉淀剂

所选的沉淀剂应能使待测组分沉淀完全。例如：生成难溶的钡的化合物有 $BaCO_3$、$BaCrO_4$、BaC_2O_4 和 $BaSO_4$。根据其溶解度可知，$BaSO_4$ 溶解度最小。因此以 $BaSO_4$ 的形式沉淀 Ba^{2+} 比生成其他难溶化合物好。

3. 尽可能选用易挥发或经灼烧易除去的沉淀剂

这样沉淀中带有的沉淀剂即便未洗净，也可以借烘干或灼烧而除去。一些铵盐和有机沉淀剂都能满足这项要求。例如：用氯化物沉淀 Fe^{3+} 时，选用氨水而不用 NaOH 作沉淀剂。

4. 选用溶解度较大的沉淀剂

用此类沉淀剂可以减少沉淀对沉淀剂的吸附作用。例如：利用生成难溶钡化合物沉淀 SO_4^{2-} 时，应选 $BaCl_2$ 作沉淀剂，而不用 $Ba(NO_3)_2$。因为 $Ba(NO_3)_2$ 的溶解度比 $BaCl_2$ 小，$BaSO_4$ 吸附 $Ba(NO_3)_2$ 比吸附 $BaCl_2$ 严重。

第二节 影响沉淀纯度的因素

研究沉淀的类型和沉淀的形成过程，主要是为了选择适宜的沉淀条件，以获得纯净且易于分离和洗涤的沉淀。

一、沉淀的类型

沉淀按其物理性质的不同，可粗略地分为晶形沉淀和无定形沉淀两大类。

1. 晶形沉淀

晶形沉淀(crystalline precipitate)是指具有一定形状的晶体，其内部排列规则有序，颗粒直径为 $0.1\sim1\mu m$。这类沉淀的特点是：结构紧密，具有明显的晶面，沉淀所占体积小、沾污少、易沉降、易过滤和洗涤。例如：$MgNH_4PO_4$、$BaSO_4$ 等典型的晶形沉淀。

2. 无定形沉淀

无定形沉淀(amorphous precipitate)是指无晶体结构特征的一类沉淀。如 $Fe_2O_3 \cdot nH_2O$、$P_2O_3 \cdot nH_2O$ 是典型的无定形沉淀。无定形沉淀是由许多聚集在一起的微小颗粒（直径小于 $0.02\mu m$）组成的，内部排列杂乱无章、结构疏松、体积庞大、吸附杂质多，不能很好地沉降，无明显的晶面，难于过滤和洗涤。它与晶形沉淀的主要差别在于颗粒大小不同。

介于晶形沉淀与无定形沉淀之间，颗粒直径在 $0.02\sim0.1\mu m$ 的沉淀如 AgCl 称为凝乳状沉淀，其性质也介于两者之间。

在沉淀过程中，究竟生成的沉淀属于哪一种类型，主要取决于沉淀本身的性质和沉淀的条件。

二、沉淀形成过程

沉淀的形成是一个复杂的过程，一般来讲，沉淀的形成要经过晶核形成和晶核长大两个过程。

1. 晶核的形成

将沉淀剂加入待测组分的试液中，溶液是过饱和状态时，构晶离子由于静电作用而形成微小的晶核。晶核的形成可以分为均相成核和异相成核。

均相成核是指过饱和溶液中构晶离子通过缔合作用，自发地形成晶核的过程。不同的沉淀，组成晶核的离子数目不同。例如：$BaSO_4$ 的晶核由 8 个构晶离子组成，Ag_2CrO_4 的晶核由 6 个构晶离子组成。

异相成核是指在过饱和溶液中，构晶离子在外来固体微粒的诱导下，聚合在固体微粒周围形成晶核的过程。溶液中的"晶核"数目取决于溶液中混入固体微粒的数目。随着构晶离子浓度的增加，晶体将成长得大一些。

当溶液的相对过饱和程度较大时，异相成核与均相成核同时作用，形成的晶核数目多，沉淀颗粒小。

2. 晶形沉淀和无定形沉淀的生成

晶核形成时，溶液中的构晶离子向晶核表面扩散，并沉积在晶核上，晶核逐渐长大形成沉淀微粒。在沉淀过程中，由构晶离子聚集成晶核的速率称为聚集速率；构晶离子按一定晶格定向排列的速率称为定向速率。如果定向速率大于聚集速率较多，溶液中最初生成的晶核不很多，有更多的离子以晶核为中心，并有足够的时间依次定向排列长大，形成颗粒较大的晶形沉淀。反之聚集速率大于定向速率，则很多离子聚集成大量晶核，溶液中没有更多的离子定向排列到晶核上，于是沉淀就迅速聚集成许多微小的颗粒，因而得到无定形沉淀。

定向速率主要取决于沉淀物质的本性，极性较强的物质，如 $BaSO_4$、$MgNH_4PO_4$ 和 CaC_2O_4 等，一般具有较大的定向速率，易形成晶形沉淀。AgCl 的极性较弱，逐步生成凝乳状沉淀。氢氧化物，特别是高价金属离子的氢氧化物，如 $Al(OH)_3$、$Fe(OH)_3$ 等，由于含有大量水分子，阻碍离子的定向排列，一般生成无定形胶状沉淀。

聚集速率不仅与物质的性质有关，同时主要由沉淀的条件决定，其中最重要的是溶液中生成沉淀时的相对过饱和率。聚集速率与溶液的相对过饱和度成正比，溶液相对过饱和度越大，聚集速率越大，晶核生成多，易形成无定形沉淀。反之，溶液相对过饱和度小，聚集速率小，晶核生成少，有利于生成颗粒较大的晶形沉淀。因此，通过控制溶液的相对过饱和度，可以改变形成沉淀颗粒的大小，有可能改变沉淀的类型。

三、影响沉淀纯度的因素

在重量分析中，要求获得的沉淀是纯净的。但是，沉淀从溶液中析出时，总会或多或少地夹杂溶液中的其他组分。因此必须了解影响沉淀纯度(purity)的各种因素，找出减少杂质混入的方法，以获得符合重量分析要求的沉淀。

影响沉淀纯度的主要因素有共沉淀现象和继沉淀现象。

1. 共沉淀

当沉淀从溶液中析出时，溶液中的某些可溶性组分也同时沉淀下来的现象称为共沉淀（coprecipitation）。共沉淀是引起沉淀不纯的主要原因，也是重量分析误差的主要来源之一。共沉淀现象主要有以下三类。

（1）表面吸附　由于沉淀表面离子电荷的作用力未达到平衡，因而产生自由静电力场。由于沉淀表面静电引力作用吸引了溶液中带相反电荷的离子，使沉淀微粒带有电荷，形成吸附层。带电荷的微粒又吸引溶液中带相反电荷的离子，构成电中性的分子。因此，沉淀表面吸附了杂质分子。例如：加过量 $BaCl_2$ 到 H_2SO_4 的溶液中，生成 $BaSO_4$ 晶体沉淀。沉淀表面上的 SO_4^{2-} 由于静电引力强烈地吸引溶液中的 Ba^{2+}，形成第一吸附层，使沉淀表面带正电荷。然后它又吸引溶液中带负电荷的离子，如 Cl^-，构成电中性的双电层，如图 5-1 所示。双电层随颗粒一起下沉，因而使沉淀被污染。

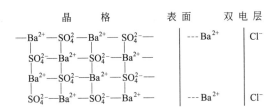

图 5-1　晶体表面吸附示意

显然，沉淀的总表面积越大，吸附杂质就越多；溶液中杂质离子的浓度越高，价态越高，越易被吸附。由于吸附作用是一个放热反应，所以升高溶液的温度，可减少杂质的吸附。

（2）吸留和包藏　吸留是被吸附的杂质机械地嵌入沉淀中。包藏常指母液机械地包藏在沉淀中。这些现象的发生，是由于沉淀剂加入太快，使沉淀急速生长，沉淀表面吸附的杂质来不及离开就被随后生成的沉淀所覆盖，使杂质离子或母液被吸留或包藏在沉淀内部。这类共沉淀不能用洗涤的方法将杂质除去，可以借改变沉淀条件或重结晶的方法来减免。

（3）混晶　当溶液杂质离子与构晶离子半径相近、晶体结构相同时，杂质离子将进入晶核排列中形成混晶。例如 Pb^{2+} 和 Ba^{2+} 半径相近，电荷相同，在用 H_2SO_4 沉淀 Ba^{2+} 时，Pb^{2+} 能够取代 $BaSO_4$ 中的 Ba^{2+} 进入晶核形成 $PbSO_4$ 与 $BaSO_4$ 的混晶共沉淀。又如 $AgCl$ 和 $AgBr$、$MgNH_4PO_4 \cdot 6H_2O$ 和 $MgNH_4AsO_4$ 等都易形成混晶。为了减免混晶的生成，最好在沉淀前先将杂质分离出去。

2. 继沉淀

在沉淀析出后，当沉淀与母液一起放置时，溶液中某些杂质离子可能慢慢地沉积到原沉淀上，放置时间越长，杂质析出的量越多，这种现象称为继沉淀（postprecipitation）。例如：Mg^{2+} 存在时以 $(NH_4)_2C_2O_4$ 沉淀 Ca^{2+}，Mg^{2+} 易形成稳定的草酸盐过饱和溶液而不立即析出。如果把形成 CaC_2O_4 沉淀过滤，则发现沉淀表面上吸附有少量镁。若将含有 Mg^{2+} 的母液与 CaC_2O_4 沉淀一起放置一段时间，则 MgC_2O_4 沉淀的量将会增多。

由继沉淀引入杂质的量比共沉淀要多，且随沉淀在溶液中放置时间的延长而增多。因此，为防止继沉淀的发生，某些沉淀的陈化时间不宜过长。

四、减少沉淀沾污的方法

为了提高沉淀的纯度，可采用下列措施。

1. 采用适当的分析程序

当试液中含有几种组分时，首先应沉淀低含量组分，再沉淀高含量组分。反之，由于大量沉淀析出，会使部分低含量组分掺入沉淀，产生测定误差。

2. 降低易被吸附杂质离子的浓度

对于易被吸附的杂质离子，可采用适当的掩蔽方法或改变杂质离子价态来降低其浓度。例如：将 SO_4^{2-} 沉淀为 $BaSO_4$ 时，Fe^{3+} 易被吸附，可把 Fe^{3+} 还原为不易被吸附的 Fe^{2+} 或加酒石酸、EDTA 等，使 Fe^{3+} 生成稳定的配离子，以减小沉淀对 Fe^{3+} 的吸附。

3. 选择沉淀条件

沉淀条件包括溶液浓度、温度、试剂的加入次序和速度，陈化与否等，对不同类型的沉淀，应选用不同的沉淀条件，以获得符合重量分析要求的沉淀。

4. 再沉淀

必要时将沉淀过滤、洗涤、溶解后，再进行一次沉淀。再沉淀时，溶液中杂质的量大为降低，共沉淀和继沉淀现象自然减小。

5. 选择适当的洗涤液洗涤沉淀

吸附作用是可逆过程，用适当的洗涤液通过洗涤交换的方法，可洗去沉淀表面吸附的杂质离子。例如：$Fe(OH)_3$ 吸附 Mg^{2+}，用 NH_4NO_3 稀溶液洗涤时，被吸附在表面上的 Mg^{2+} 与洗涤液的 NH_4^+ 发生交换，吸附在沉淀表面的 NH_4^+，可在燃烧沉淀时分解除去。

为了提高洗涤沉淀的效率，同体积的洗涤液应尽可能分多次洗涤，通常称为"少量多次"的洗涤原则。

6. 选择合适的沉淀剂

无机沉淀剂选择性差，易形成胶状沉淀，吸附杂质多，难于过滤和洗涤。有机沉淀剂选择性高，常能形成结构较好的晶形沉淀，吸附杂质少，易于过滤和洗涤。因此，在可能的情况下，尽量选择有机试剂做沉淀剂。有机沉淀剂较无机沉淀剂具有下列优点。

(1) 选择性高　有机沉淀剂在一定条件下，一般只与少数离子起沉淀反应。

(2) 沉淀的溶解度小　由于有机沉淀的疏水性强，所以溶解度较小，有利于沉淀完全。

(3) 沉淀吸附杂质少　因为沉淀表面不带电荷，所以吸附杂质离子少，易获得纯净的沉淀。

(4) 沉淀的摩尔质量大　被测组分在称量型中占的百分比小，有利于提高分析结果的准确度。

(5) 多数有机沉淀物组成恒定　经烘干后即可称重，简化了重量分析的操作。

但是，有机沉淀剂一般在水中的溶解度较小，有些沉淀的组成不恒定，这些缺点，还有待于今后继续改进。

第三节　沉淀的条件和称量型的获得

一、沉淀的条件

在重量分析中，为了获得准确的分析结果，要求沉淀完全、纯净、易于过滤和洗涤，并减小沉淀的溶解损失。因此，对于不同类型的沉淀，应当选用不同的沉淀条件。

1. 晶形沉淀

为了形成颗粒较大的晶形沉淀，采取以下沉淀条件。

（1）在适当稀、热溶液中进行　在稀、热溶液中进行沉淀，可使溶液中相对过饱和度保持较低，以利于生成晶形沉淀。同时也有利于得到纯净的沉淀。对于溶解度较大的沉淀，溶液不能太稀，否则沉淀溶解损失较多，影响结果的准确度。在沉淀完全后，应将溶液冷却后再进行过滤。

（2）快搅慢加　在不断搅拌的同时缓慢滴加沉淀剂，可使沉淀剂迅速扩散，防止局部相对过饱和度过大而产生大量小晶粒。

（3）陈化　陈化是指沉淀完全后，将沉淀连同母液放置一段时间，使小晶粒变为大晶粒，不纯净的沉淀转变为纯净沉淀的过程。因为在同样条件下，小晶粒的溶解度比大晶粒大。在同一溶液中，对大晶粒为饱和溶液时，对小晶粒则为未饱和，小晶粒就要溶解。这样，溶液中的构晶离子就在大晶粒上沉积，直至达到饱和。这时，小晶粒又为未饱和，又要溶解。如此反复进行，小晶粒逐渐消失，大晶粒不断长大。

陈化过程不仅能使晶粒变大，而且能使沉淀变得更纯净。

加热和搅拌可以缩短陈化时间。但是陈化作用对伴随有混晶共沉淀的沉淀，不一定能提高纯度，对伴随有继沉淀的沉淀，不仅不能提高纯度，有时反而会降低纯度。

2. 无定形沉淀

无定形沉淀的特点是结构疏松，比表面大，吸附杂质多，溶解度小，易形成胶体，不易过滤和洗涤。对于这类沉淀关键问题是创造适宜的沉淀条件来改善沉淀的结构，使之不致形成胶体，并且有较紧密的结构，便于过滤和减小杂质吸附。因此，无定形沉淀的沉淀条件如下。

（1）在较浓的溶液中进行沉淀　在浓溶液中进行沉淀，离子水化程度小，结构较紧密，体积较小，容易过滤和洗涤。但在浓溶液中，杂质的浓度也比较高，沉淀吸附杂质的量也较多。因此，在沉淀完毕后，应立即加入热水稀释搅拌，使被吸附的杂质离子转移到溶液中。

（2）在热溶液中及电解质存在下进行沉淀　在热溶液中进行沉淀可防止生成胶体，并减少杂质的吸附。电解质的存在，可促使带电荷的胶体粒子相互凝聚沉降，加快沉降速率，因此，电解质一般选用易挥发性的铵盐如 NH_4NO_3 或 NH_4Cl 等，它们在灼烧时均可挥发除去。有时在溶液中加入与胶体带相反电荷的另一种胶体来代替电解质，可使被测组分沉淀完全。例如测定 SiO_2 时，加入带正电荷的动物胶与带负电荷的硅酸胶体凝聚而沉降下来。

（3）趁热过滤洗涤，不需陈化　沉淀完毕后，趁热过滤，不要陈化，因为沉淀放置后逐渐失去水分，聚集得更为紧密，使吸附的杂质更难洗去。

（4）洗涤无定形沉淀时，一般选用热、稀的电解质溶液作洗涤液，主要是防止沉淀重新变为胶体难于过滤和洗涤，常用的洗涤液有 NH_4NO_3、NH_4Cl 或氨水。

（5）无定形沉淀吸附杂质较严重，一次沉淀很难保证纯净，必要时进行再沉淀。

3. 均匀沉淀法

为改善沉淀条件，避免因加入沉淀剂所引起的溶液局部相对过饱和的现象发生，采用均匀沉淀法。这种方法是通过某一化学反应，使沉淀剂从溶液中缓慢、均匀地产生出来，使沉淀在整个溶液中缓慢、均匀地析出，获得颗粒较大、结构紧密、纯净、易于过滤和洗涤的沉淀。例如：沉淀 Ca^{2+} 时，如果直接加入 $(NH_4)_2C_2O_4$，尽管按晶形沉淀条件进行沉淀，仍得到颗粒细小的 CaC_2O_4 沉淀。若在含有 Ca^{2+} 的溶液中，以 HCl 酸化后，加入 $(NH_4)_2C_2O_4$，溶液中主要存在的是 $HC_2O_4^-$ 和 $H_2C_2O_4$，此时，向溶液中加入尿素并加热至 90℃，尿素逐渐水解产生 NH_3。水解产生的 NH_3 均匀地分布在溶液的各个部分，溶液的酸度逐渐降低，$C_2O_4^{2-}$ 浓度渐渐增大，CaC_2O_4 则均匀而缓慢地析出形成颗粒较大的晶形沉淀。

均匀沉淀法还可以利用有机化合物水解（如酯类水解）、配合物的分解、氧化还原反应等方式进行。

二、称量型的获得

沉淀完毕后，还需经过滤、洗涤、烘干和灼烧，最后得到符合要求的称量型。

1. 沉淀的过滤和洗涤

沉淀常用定量滤纸（也称无灰滤纸）或玻璃砂芯坩埚过滤。对于需要灼烧的沉淀，应根据沉淀的性状选用紧密程度不同的滤纸。一般无定形沉淀如 $Al(OH)_3$、$Fe(OH)_3$ 等，选用疏松的快速滤纸；粗粒的晶形沉淀如 $MgNH_4PO_4 \cdot 6H_2O$ 等选用较紧密的中速滤纸；颗粒较小的晶形沉淀如 $BaSO_4$ 等，选用紧密的慢速滤纸。

对于只需烘干即可作为称量型的沉淀，应选用玻璃砂芯坩埚过滤。

洗涤沉淀是为了洗去沉淀表面吸附的杂质和混杂在沉淀中的母液。洗涤时要尽量减小沉淀的溶解损失和避免形成胶体。因此，需选择合适的洗液。选择洗涤液的原则是：对于溶解度很小，又不易形成胶体的沉淀，可用蒸馏水洗涤。对于溶解度较大的晶形沉淀，可用沉淀剂的稀溶液洗涤，但沉淀剂必须在烘干或灼烧时易挥发或易分解除去，例如用 $(NH_4)_2C_2O_4$ 稀溶液洗涤 CaC_2O_4 沉淀。对于溶解度较小而又能形成胶体的沉淀，应用易挥发的电解质稀溶液洗涤，例如可以用 NH_4NO_3 稀溶液洗涤 $Fe(OH)_3$ 沉淀。

用热洗涤液洗涤，则过滤较快，且能防止形成胶体，但溶解度随温度升高而增大较快的沉淀不能用热洗涤液洗涤。

洗涤必须连续进行，一次完成，不能将沉淀放置太久，尤其是一些非晶形沉淀，放置凝聚后，不易洗净。

洗涤沉淀时，既要将沉淀洗净，又不能增加沉淀的溶解损失。同体积的洗涤液，采用"少量多次""尽量沥干"的洗涤原则，用适当少的洗涤液，分多次洗涤，每次加洗涤液前，使前次洗涤液尽量流尽，这样可以提高洗涤效果。

在沉淀的过滤和洗涤操作中，为缩短分析时间和提高洗涤效率，都应采用倾泻法。

2. 沉淀的烘干和灼烧

沉淀的烘干或灼烧是为了除去沉淀中的水分和挥发性物质，并转化为组成固定的称量型。烘干或灼烧的温度和时间，随沉淀的性质而定。

灼烧温度一般在 800℃以上，常用瓷坩埚盛放沉淀。若需用氢氟酸处理沉淀，则应用铂坩埚。灼烧沉淀前，应用滤纸包好沉淀，放入已灼烧至质量恒定的瓷坩埚中，先加热烘干、炭化后再进行灼烧。

沉淀经烘干或灼烧至质量恒定后，由其质量即可计算测定结果。

第四节 重量分析结果计算

一、重量分析中的换算因数

重量分析中，当最后称量型与被测组分形式一致时，计算其分析结果就比较简单了。例如，测定要求计算 SiO_2 的含量，重量分析最后称量型也是 SiO_2，其分析结果按下式计算：

$$w_{SiO_2} = \frac{m_{SiO_2}}{m_s} \times 100\%$$

式中，w_{SiO_2} 为 SiO_2 的质量分数（数值以%表示）；m_{SiO_2} 为 SiO_2 沉淀质量，g；m_s 为试样质量，g。

如果最后称量型与被测组分形式不一致时，分析结果就要进行适当的换算。如测定钡时，得到 $BaSO_4$ 沉淀 0.5051g，可按下列方法换算成被测组分钡的质量。

$$m_{Ba} = m_{BaSO_4} \frac{M_{Ba}}{M_{BaSO_4}} = 0.5051 \times \frac{137.4}{233.4} = 0.2973g$$

式中，$\dfrac{M_{Ba}}{M_{BaSO_4}}$ 是将 $BaSO_4$ 的质量换算成 Ba 的质量的分式，此分式是一个常数，与试样质量无关。这一比值通常称为换算因数或化学因数（即待测组分的摩尔质量与称量型的摩尔质量之比，常用 F 表示）。将称量型的质量换算成所要测定组分的质量后，即可按前面计算 SiO_2 分析结果的方法进行计算。

求算换算因数时，一定要注意使分子和分母所含被测组分的原子或分子数目相等，所以在待测组分的摩尔质量和称量型摩尔质量之前有时需要乘以适当的系数。分析化学手册中可查到常见物质的换算因数。

二、结果计算示例

【例 5-1】 用 $BaSO_4$ 重量法测定黄铁矿中硫的含量时，称取试样 0.1819g，最后得到 $BaSO_4$ 沉淀 0.4821g，计算试样中硫的质量分数（已知 $BaSO_4$ 分子量为 233.4；S 原子量为 32.06）。

解：

$$w_S = \frac{m_{BaSO_4} \dfrac{M_S}{M_{BaSO_4}}}{m_s} \times 100\%$$

$$= \frac{0.4821 \times 32.06/233.4}{0.1819} \times 100\% = 36.41\%$$

答：该试样中硫的质量分数为 36.41%。

【例 5-2】 测定磁铁矿（不纯的 Fe_3O_4）中铁的含量时，称取试样 0.1666g，经溶解、氧化，使 Fe^{3+} 离子沉淀为 $Fe(OH)_3$，灼烧后得 Fe_2O_3 质量为 0.1370g，计算试样中：（1）Fe 的质量分数；（2）Fe_3O_4 的质量分数 [$M_{Fe} = 55.85g/mol$；$M_{Fe_3O_4} = 231.5g/mol$；$M_{Fe_2O_3} = 159.7g/mol$]。

解：(1)

$$w_{Fe} = \frac{m_{Fe}}{m_s} \times 100\% = \frac{m_{Fe_2O_3}\dfrac{2M_{Fe}}{M_{Fe_2O_3}}}{m_s} \times 100\%$$

$$= \frac{0.1370 \times 2 \times 55.85/159.7}{0.1666} \times 100\% = 57.52\%$$

答：该磁铁矿试样中 Fe 的质量分数为 57.52%。

(2)

$$w_{Fe_3O_4} = \frac{m_{Fe_3O_4}}{m_s} \times 100\% = \frac{m_{Fe_2O_3}\dfrac{2M_{Fe_3O_4}}{3M_{Fe_2O_3}}}{m_s} \times 100\%$$

$$= \frac{0.1370 \times 2 \times 231.5/3 \times 159.7}{0.1666} \times 100\% = 79.47\%$$

答：该磁铁矿试样中 Fe_3O_4 的质量分数为 79.47%。

 **思政小课堂**

让国际采用中国测定的原子量数据的科学家——张清莲

张清莲，著名化学家和教育学家、中国科学院院士、中国稳定同位素化学的奠基人和开拓者、北京大学化学学院教授，长期从事无机化学的教学与科研工作。对同位素化学造诣尤深，为相关学科领域的研究和发展做出了突出的贡献。他先后主持测定了铟、铱、锑、铈、铈、铒、锗、锌、镝等十种元素的相对原子量新值，被采用为国际新标准。在他不断的努力研究下，掌握了重水和锂同位素的生产技术，测得难度极大的重水的密度值，并且精确值达 7 位有效数字，为国际 1975～1985 年间三项最佳测定之一，为中国独立自主地发展核工业奠定了基础。

张清莲院士的事迹和所传递的精神激励着新时代的人们在未来的路上不断进取、拼搏，相信付出总会有所收获，同时也体现了中国的科学水平和科研能力完全具备国际竞争力，增强民族自豪感和自信心。

目标测试

1. 重量分析有几种方法？各自的特点是什么？
2. 沉淀型与称量型有何区别？试举例说明。
3. 重量分析中对沉淀型与称量型各有什么要求？
4. 如何选择沉淀剂？
5. 什么是晶形沉淀和非晶形沉淀？
6. 晶形沉淀的生成与否，对重量分析有什么影响？
7. 什么是聚集速度和定向速度？怎样影响生成沉淀的类型？

8. 共沉淀现象是怎样发生的？如何减少共沉淀现象？

9. 共沉淀与继沉淀有什么区别？

10. 陈化的作用是什么？如何缩短陈化的时间？

11. 什么叫均匀沉淀法？优点是什么？试举例说明。

12. "少量多次"的洗涤方法有什么优点？

13. 什么叫换算因数？计算下列换算因数：

(1) 从 $BaSO_4$ 质量计算 S 的质量；

(2) 从 $Mg_2P_2O_7$ 的质量计算 MgO 质量；

(3) 从 $PbCrO_4$ 的质量计算 Cr_2O_3 质量；

(4) 从 $(NH_4)_3PO_4 \cdot 12MoO_3$ 的质量计算 $Ca_3(PO_4)_2$ 的质量；

(5) 从 $Mg_2P_2O_7$ 的质量计算 $MgSO_4 \cdot 7H_2O$ 的质量。

14. 取未经干燥的盐酸小檗碱 0.2058g，以苦味酸为沉淀剂，按下列反应式生成苦味酸小檗碱沉淀 0.2768g（已知换算因素为 0.6587）：

$$C_{20}H_{18}O_4N \cdot Cl + C_6H_3O_7N_3 =\!=\!= C_{20}H_{17}O_4N \cdot C_6H_3O_7N_3 \downarrow + HCl$$

① 计算试样中小檗碱的含量。

② 若已知小檗碱干燥失重为 9.2%，求干燥品小檗碱的质量分数。

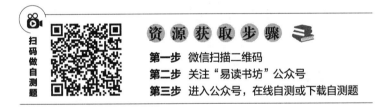

第六章 滴定分析法

知识导图

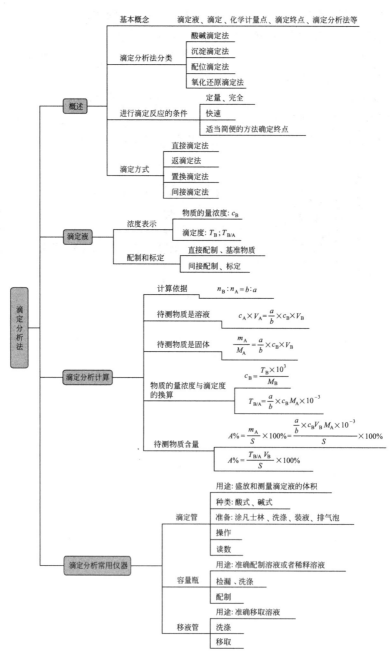

第一节 概 述

一、滴定分析中的基本概念

滴定分析法（titrimetric analysis）是将一种已知准确浓度的试剂溶液，滴加到待测物质溶液中，直到所滴加的试剂溶液与待测组分按化学计量关系定量反应完全时，根据试剂溶液的浓度和消耗的体积，计算被测物质的含量。

在滴定分析法中，已知准确浓度的试剂溶液称为滴定液（titrant），又称为标准溶液。将滴定液由滴定管滴加到被测物质溶液中的操作过程称为滴定（titration）。当加入的滴定液的物质的量与被测组成物质的量按化学计量关系定量反应完全时，称反应达到了化学计量点（stoichiometric point）。

许多滴定反应在达到化学计量点时，外观上没有明显的变化，常在被测物质的溶液中加入一种辅助试剂，由它的颜色变化，作为化学计量点到达的信号终止滴定，这种辅助试剂称为指示剂（indicator）。在滴定过程中，指示剂发生颜色变化的转变点称为滴定终点（endpoint of the titration）。化学计量点是根据化学反应的计量关系求得的理论值，而滴定终点是滴定时的实际测得值。往往指示剂不一定正好在化学计量点时变色，滴定终点与化学计量点不一定恰好吻合，由此所造成的误差称为终点误差（endpoint error）。为了减小终点误差，应选择适当的指示剂，使滴定终点尽可能接近化学计量点。

滴定分析法具有仪器简单、操作方便、测定快速、准确度高、应用广泛等特点。一般情况下相对误差在 0.2% 以下，适用于常量分析。

二、滴定分析法的分类

根据滴定液与被测物质所发生的化学反应类型的不同，滴定分析法可分为以下几种：

1. 酸碱滴定法

酸碱滴定法是以酸碱中和反应为基础的滴定分析方法，反应实质可表示为：

$$H^+ + OH^- \Longrightarrow H_2O$$

酸碱滴定法可用酸为滴定液测定碱或碱性物质，也可用碱为滴定液测定酸或酸性物质。

2. 沉淀滴定法

沉淀滴定法是以沉淀反应为基础的滴定分析方法。沉淀滴定法中应用最广泛的是银量法，常用于测定卤化物、硫氰酸盐、银盐等物质的含量，其反应式为：

$$Ag^+ + X^- \Longrightarrow AgX \downarrow$$

式中，X^- 代表 Cl^-、Br^-、I^- 及 SCN^- 等。

3. 配位滴定法

配位滴定法是以配位反应为基础的滴定分析方法。应用较为广泛的是以氨羧配位剂作为滴定液测定金属离子，反应式为：

$$M + Y \Longrightarrow MY$$

式中，M 代表金属离子；Y 代表配位剂。目前最常用的配位剂是 EDTA。

4. 氧化还原滴定法

氧化还原滴定法是以氧化还原反应为基础的滴定分析方法。可用氧化剂为滴定液测定还原性物质，也可用还原剂为滴定液测定氧化性物质。根据所用滴定液的不同，氧化还原滴定法又可分为碘量法、高锰酸钾法、重铬酸钾法、亚硝酸钠法等。例如，用高锰酸钾滴定液滴定亚铁离子，其反应式为：

$$MnO_4^- + 5Fe^{2+} + 8H^+ \Longrightarrow Mn^{2+} + 5Fe^{3+} + 4H_2O$$

多数滴定分析在水溶液中进行，若被测物质在水中的溶解度小或由于其他原因不能以水为溶剂时，可采用水以外的溶剂为滴定介质进行滴定，此方法称为非水滴定法。非水滴定法包括非水的酸碱滴定法、沉淀滴定法、配位滴定法及氧化还原滴定法等。

三、滴定分析对化学反应的要求

滴定分析法是以化学反应为基础的分析方法，在各类化学反应中，并不是所有的反应都能用于滴定分析，适用于滴定分析的化学反应必须具备下列条件。

1. 反应必须能定量完成

滴定液与被测物质之间的反应要严格按一定的化学反应式进行，无副反应发生，完全程度要求达到 99.9% 以上，这是定量计算的基础。

2. 反应速率要快

滴定反应要求在瞬间完成，对于速率较慢的反应可通过加热或加催化剂来加快反应速率。

3. 有适当简便的方法确定滴定终点

四、滴定方式

滴定分析法常用以下几种方式进行滴定。

1. 直接滴定法

用滴定液直接滴定被测物质，这种滴定方式称为直接滴定法（direct titration）。例如，用 HCl 滴定液滴定 NaOH 溶液；用 KMnO$_4$ 滴定液滴定 Fe^{2+}。直接滴定法具有简便、快速，引入误差因素较少的特点，是滴定分析法中最常用和最基本的滴定方式，凡是能满足上述三个条件的反应，都可采用这种滴定方式。

2. 返滴定法

用于反应较慢或反应物难溶于水，加入滴定液不能立即定量完成或没有适当指示剂的化学反应。此时可先在待测物质溶液中加入准确过量的滴定液，待反应定量完成后再用另一种滴定液滴定剩余的滴定液，这种滴定方式称为返滴定法（back titration），又称为剩余滴定法。例如，固体碳酸钙的测定，可先加入准确过量的盐酸滴定液，加热使试样完全溶解。冷却后，再用氢氧化钠滴定液返滴定剩余的盐酸。反应式为：

$$CaCO_3 + 2HCl(过量) = CaCl_2 + CO_2\uparrow + H_2O$$
$$HCl(剩余) + NaOH = NaCl + H_2O$$

3. 置换滴定法

当待测组分不能与滴定液直接反应或不按确定的反应式进行（伴有副反应）时，可以不直接滴定待测物质，而先用适当试剂与待测物质反应，使之置换出一种能被直接滴定的物质，然后再用适当的滴定液滴定此生成物，这种滴定方式称为置换滴定法（replacement titration）。例如，$Na_2S_2O_3$ 与 $K_2Cr_2O_7$ 反应时，一部分被氧化成 SO_4^{2-}，另一部分则被氧化生成 $S_4O_6^{2-}$，反应无确定的计量关系。但在酸性条件下，$K_2Cr_2O_7$ 可以氧化 KI 定量生成 I_2，此时再用 $Na_2S_2O_3$ 滴定液滴定生成的 I_2，其反应式为：

$$Cr_2O_7^{2-} + 6I^- + 14H^+ = 2Cr^{3+} + 3I_2 + 7H_2O$$
$$I_2 + 2S_2O_3^{2-} = 2I^- + S_4O_6^{2-}$$

4. 间接滴定法

当被测物质不能与滴定液直接反应时，可将试样通过一定的化学反应后制得新的产物，再用适当的滴定液滴定，这种滴定方式称为间接滴定法（indirect titration）。例如，测定试样中 Ca^{2+} 的含量时，可通过生成 CaC_2O_4 沉淀的反应，将沉淀过滤洗净后溶于酸，再用 $KMnO_4$ 滴定液滴定草酸而间接测定 Ca^{2+} 的含量。其反应式为：

$$Ca^{2+} + C_2O_4^{2-} = CaC_2O_4\downarrow$$
$$CaC_2O_4 + 2H^+ = H_2C_2O_4 + Ca^{2+}$$
$$2MnO_4^- + 5H_2C_2O_4 + 6H^+ = 2Mn^{2+} + 10CO_2\uparrow + 8H_2O$$

返滴定、置换滴定、间接滴定都广泛地称为间接滴定方式，由于在滴定分析中广泛采用了间接滴定方式，因而扩大了滴定分析法的应用范围。

第二节 滴 定 液

一、滴定液浓度的表示方法

滴定液浓度常用物质的量浓度和滴定度表示。

1. 物质的量浓度

溶液中所含物质 B 的物质的量 n 除以溶液的体积 V 即为物质 B 的物质的量浓度（molarity），简称浓度，以符号 c_B 表示，即

$$c_B = \frac{n_B}{V} \tag{6-1}$$

式中，下标 B 代表溶质的化学式；c_B 为物质的量浓度，mol/L 或 mmol/L；n_B 为物质 B 的物质的量，mol 或 mmol；V 为溶液的体积，L。

计算物质的量浓度，需要知道物质的量，物质的量是质量（m_B）除以摩尔质量（M_B），即

$$n_B = \frac{m_B}{M_B} \tag{6-2}$$

例如，500.0mL 氢氧化钠溶液中含有氢氧化钠 10.00g，则该氢氧化钠溶液的浓度为

$$c_{NaOH} = \frac{n_{NaOH}}{V_{NaOH}} = \frac{m_{NaOH}/M_{NaOH}}{V_{NaOH}} = \frac{10.00/40.00}{0.5000} = 0.5000 mol/L$$

2. 滴定度

滴定度有两种表示方法。

① 指每毫升滴定液中所含溶质的质量（g/mL），以 T_B 表示。例如 $T_{HCl} = 0.003646g/mL$ 时，表示 1mL HCl 溶液中含有 0.003645g HCl。

② 指每毫升滴定液相当于被测物质的质量（g/mL），以 $T_{B/A}$ 表示。式中 B 表示滴定液的化学式，A 表示被测物质的化学式。例如 $T_{HCl/NaOH} = 0.004000g/mL$ 时，表示用 HCl 滴定液滴定 NaOH 试样，每 1mL HCl 溶液恰能与 0.004000g NaOH 完全反应。若已知滴定度，再乘以滴定中所消耗滴定液的体积，就可以计算出被测物质的质量。公式表示为：

$$m_A = T_{B/A} \times V_B \tag{6-3}$$

例如，若用 $T_{HCl/NaOH} = 0.004000g/mL$ 的滴定液滴定氢氧化钠试样，用去该盐酸滴定液 20.00mL，则被测溶液中氢氧化钠的质量为

$$m_{NaOH} = T_{HCl/NaOH} \times V_{HCl}$$
$$= 0.004000 \times 20.00g = 0.08000g$$

二、滴定液的配制和标定

1. 滴定液的配制

滴定液的配制方法有两种，即直接配制法和间接配制法（标定法）。

（1）**直接配制法** 准确称取一定质量的纯物质，溶解后，定量转移到容量瓶中，加水稀释到标线，根据称取物质的质量和容量瓶的容积，即可算出溶液的浓度。

直接配制法简单方便，但许多化学试剂由于不纯和不易提纯，或在空气中不稳定等原因，不能用直接配制法配制滴定液，只有具备下列条件的化学试剂即基准物质（standard substance），才能用来直接配制。

① 性质要稳定，如加热烘干时不分解，称量时不风化、不潮解，不吸收空气中的二氧化碳，不被空气氧化等。

② 纯度要高，含量不低于 99.9%，杂质的含量少到可以忽略。

③ 物质的组成应与化学式完全符合，若含结晶水，其含量也应与化学式符合，如 $Na_2B_4O_7 \cdot 10H_2O$ 等。

④ 试剂最好具有较大的摩尔质量。物质的摩尔质量越大，称取的量越多，称量的相对误差就可相应减小。

（2）**间接配制法** 有很多物质不符合基准物质的条件而不能直接配制成滴定液，可将其先配制成一种近似于所需浓度的溶液，再用基准物质或其他滴定液来测定它的准确浓度。这种利用基准物质或已知准确浓度的溶液，来确定滴定液浓度的操作过程称为标定（standardization）。

2. 滴定液的标定

（1）**基准物质标定法**

① **多次称量法** 用减重称量法精密称取基准物质 2～3 份，分别溶于适量的蒸馏水中，然后用待标定的溶液滴定，根据基准物质的质量和待标定溶液所消耗的体积，即可计算出该溶液的准确浓度。将几次滴定计算结果取平均值作为滴定液的浓度。

② 移液管法 精密称取一份基准物质，溶解后定量转移到容量瓶中，稀释至一定体积，摇匀。用移液管取出几份该溶液，用待标定的滴定液滴定，最后取其平均值，作为滴定液的浓度。

（2）滴定液比较法 准确吸取一定体积的待标定溶液，用已知准确浓度的滴定液滴定，或准确吸取一定体积的某滴定液，用待标定的溶液进行滴定，根据两种溶液消耗的体积及滴定液的浓度，可计算出待标定溶液的准确浓度。

标定完毕，盖紧瓶塞，贴好标签备用。基准物质标定法准确度较高，引入误差的可能性较小，但操作稍复杂。滴定液比较法操作简便、快速，但不如基准物质标定法精确。

第三节　滴定分析计算

滴定分析中的计算，包括滴定液的配制与标定的计算、滴定液与被滴定物质之间的计量关系及分析结果的计算等。

一、滴定分析计算的依据

在滴定分析中，用滴定液（B）滴定待测物质（A）时，反应物之间是按照化学反应计量关系相互作用的，在化学计量点，待测物质与滴定液的物质的量必定相当。例如，对任一滴定反应：

$$b\text{B} \quad + \quad a\text{A} \quad \longrightarrow \quad \text{P}$$
$$\text{滴定液（B）} \quad \text{待测液（A）} \quad \text{生成物}$$

当滴定到达化学计量点时，$b\,\text{mol}\,\text{B}$ 和 $a\,\text{mol}\,\text{A}$ 恰好完全反应，即

$$n_\text{B} : n_\text{A} = b : a \quad n_\text{B} = \frac{b}{a} \times n_\text{A} \text{或} n_\text{A} = \frac{a}{b} n_\text{B} \tag{6-4}$$

式中，b/a 或 a/b 为反应方程式中两物质计量数之比，称为换算因数；n_A、n_B 分别表示 A、B 的物质的量。

二、滴定分析计算的基本公式和计算实例

1. 待测物质是溶液

若待测物质是溶液，其浓度为 c_A，滴定液的浓度为 c_B，到达化学计量点时，两种溶液消耗的体积分别为 V_A 和 V_B。根据滴定分析计算依据可得：

$$c_\text{A} \times V_\text{A} = \frac{a}{b} \times c_\text{B} \times V_\text{B} \tag{6-5}$$

此式可用于被测溶液浓度的计算，还可用于溶液稀释和浓度增加的计算。

【例 6-1】 用 0.1010mol/L 的 $Na_2S_2O_3$ 滴定液滴定 20.00mL 碘溶液，终点时消耗 21.04mL，计算碘溶液的浓度？

解：
$$2Na_2S_2O_3 + I_2 = Na_2S_4O_6 + 2NaI$$

$$2n_{I_2} = n_{Na_2S_2O_3}$$

$$c_{I_2} = \frac{\dfrac{1}{2} \times c_{Na_2S_2O_3} \times V_{Na_2S_2O_3}}{V_{I_2}}$$

$$= \frac{1}{2} \times \frac{0.1010 \times 21.04}{20.00} = 0.05313 \text{mol/L}$$

【例 6-2】　现有 NaOH（0.1008mol/L）溶液 500.0mL，欲将其稀释成 0.1000mol/L，应向溶液中加多少毫升水？

解：设应加水 V mL，根据溶液稀释前后溶质物质的量相等的原则，得：

$$0.1008 \times 500.0 = 0.1000(500.0 + V)$$

$$V = 4.00 \text{mL}$$

【例 6-3】　现有 HCl 溶液（0.09760mol/L）480.0mL，欲使其浓度为 0.1000mol/L，问应加入 HCl 溶液（0.5000mol/L）多少毫升？

解：设应加入 HCl 溶液 V mL，根据溶液增浓前后溶质的物质的量应相等，则

$$0.5000 \times V + 0.09760 \times 480.0 = 0.1000 \times (480.0 + V)$$

$$V = 28.80 \text{mL}$$

2. 待测物质是固体

若待测物质是固体，配制成溶液被滴定至化学计量点时，消耗滴定液的体积为 V_B，则

$$\frac{m_A}{M_A} = \frac{a}{b} \times c_B \times V_B$$

式中，M_A 的单位采用 g/mol 时，m_A 的单位是 g，V 的单位采用 L，但在定量分析中体积常以 mL 做单位，则上式可表达为

$$\frac{m_A}{M_A} = \frac{a}{b} \times c_B \times V_B \times 10^{-3} \quad 或 \quad m_A = \frac{a}{b} \times c_B \times V_B \times M_A \times 10^{-3} \tag{6-6}$$

（1）计算配制一定浓度溶液所需基准物质的质量

【例 6-4】　用容量瓶配制 0.02000mol/L $K_2Cr_2O_7$ 滴定液 500.0mL，需称取基准物质 $K_2Cr_2O_7$ 多少克？

解：
$$m_{K_2Cr_2O_7} = c_{K_2Cr_2O_7} V_{K_2Cr_2O_7} M_{K_2Cr_2O_7} \times 10^{-3}$$
$$= 0.02000 \times 500.0 \times 294.2 \times 10^{-3} = 2.9420 \text{（g）}$$

（2）标定滴定液的浓度

【例 6-5】　标定 HCl 溶液的浓度，称取硼砂（$Na_2B_4O_7 \cdot 10H_2O$）基准物 0.4709g，用 HCl 溶液滴定至终点时，消耗了 25.20mL HCl，试计算 HCl 溶液的浓度？

解：
$$Na_2B_4O_7 + 2HCl + 5H_2O =\!=\!= 4H_3BO_3 + 2NaCl$$

$$n_{HCl} = 2n_{Na_2B_4O_7}$$

$$c_{HCl} V_{HCl} = \frac{2}{1} \times \frac{m_{Na_2B_4O_7 \cdot 10H_2O}}{M_{Na_2B_4O_7 \cdot 10H_2O}} \times 1000$$

$$c_{HCl} = \frac{2}{1} \times \frac{0.4709}{25.20 \times 381.4} \times 1000 = 0.09799 \text{mol/L}$$

（3）估算应称取基准物质（或待测物）的质量

【例 6-6】　标定 NaOH 滴定液时，希望滴定时用去 0.1mol/L NaOH 滴定液 20～25mL，问应称取邻苯二甲酸氢钾基准物质多少克？

解：

$$n_{KHC_8H_4O_4} = n_{NaOH}$$

$$m_{KHC_8H_4O_4} = \frac{a}{b} \times c_{NaOH} V_{NaOH} M_{KHC_8H_4O_4} \times 10^{-3}$$

$$= 0.1 \times 20 \times 204.2 \times 10^{-3} = 0.41g$$

$$m'_{KHC_8H_4O_4} = 0.1 \times 25 \times 204.2 \times 10^{-3} = 0.51g$$

应称取邻苯二甲酸氢钾 $0.41 \sim 0.51g$。

（4）估算消耗滴定液的体积

【例 6-7】　称取 $0.3000g$ 草酸（$H_2C_2O_4 \cdot 2H_2O$）溶于适量水后，用 $0.2mol/L$ KOH 滴定液滴定至终点，问大约消耗此溶液多少毫升？

解：
$$H_2C_2O_4 + 2KOH = K_2C_2O_4 + 2H_2O$$

$$n_{KOH} = 2n_{H_2C_2O_4}$$

$$V_{KOH} = \frac{b}{a} \times \frac{m_{H_2C_2O_4 \cdot 2H_2O} \times 1000}{c_{KOH} M_{H_2C_2O_4 \cdot 2H_2O}}$$

$$= \frac{2}{1} \times \frac{0.3000 \times 1000}{0.2 \times 126.1} \approx 24mL$$

3. 物质的量浓度与滴定度的换算

滴定度 T_B 是指 $1mL$ 滴定液所含溶质的质量，因此，$T_B \times 10^3$ 为 $1L$ 滴定液所含溶质的质量，则物质的量浓度 c_B 为

$$c_B = \frac{T_B \times 10^3}{M_B} \tag{6-7}$$

滴定度 $T_{B/A}$ 是指 $1mL$ 滴定液相当于待测物质的质量，根据公式

$$m_A = \frac{a}{b} \times c_B V_B M_A \times 10^{-3} \qquad m_A = T_{B/A} V_B$$

当 $V_B = 1mL$ 时，$T_{B/A} = m_A$

则　　$$T_{B/A} = \frac{a}{b} \times c_B M_A \times 10^{-3} \tag{6-8}$$

【例 6-8】　已知 NaOH 的浓度为 $0.1000mol/L$，试计算（1）T_{NaOH}；（2）T_{NaOH/H_2SO_4}。

解：（1）$T_{NaOH} = \dfrac{c_{NaOH} M_{NaOH}}{1000} = \dfrac{0.1000 \times 40.00}{1000} = 4.000 \times 10^{-3} g/mL$

（2）　　　　　$$H_2SO_4 + 2NaOH = Na_2SO_4 + 2H_2O$$

$$n_{NaOH} = 2n_{H_2SO_4}$$

$$T_{NaOH/H_2SO_4} = \frac{a}{b} \times c_{NaOH} M_{H_2SO_4} \times 10^{-3} = \frac{1}{2} \times 0.1000 \times 98.08 \times 10^{-3} = 4.904 \times 10^{-3} g/mL$$

4. 待测物质含量的计算

设称取试样的质量为 S，被测物的质量为 m_A，则被测物在试样中的含量百分比为

$$A\% = \frac{m_A}{S} \times 100\% = \frac{\frac{a}{b} \times c_B V_B M_A \times 10^{-3}}{S} \times 100\% \tag{6-9}$$

若滴定液的浓度用滴定度 $T_{B/A}$ 表示时，则

$$A\% = \frac{T_{B/A} V_B}{S} \times 100\% \tag{6-10}$$

在实际滴定时，若滴定液的实际浓度与规定浓度不一致时，可用校正因素 F 进行校正。

$$F=\frac{实际浓度}{规定浓度}\qquad A\%=\frac{T_{B/A}V_B F}{S}\times 100\% \tag{6-11}$$

【例6-9】 用 0.1011mol/L $AgNO_3$ 滴定液滴定 0.1250g 含 NaCl 的试样，终点时消耗 $AgNO_3$ 滴定液 21.02mL，计算试样中 NaCl 的百分含量。1mL $AgNO_3$ 滴定液（0.1000mol/L）相当于 0.005844g 的 NaCl。

解法一：
$$AgNO_3+NaCl =\!=\!= AgCl\downarrow +NaNO_3$$
$$n_{AgNO_3}=n_{NaCl}$$

$$NaCl\%=\frac{\dfrac{a}{b}\times c_{AgNO_3}V_{AgNO_3}M_{NaCl}\times 10^{-3}}{S}\times 100\%$$

$$=\frac{0.1011\times 21.02\times 58.44\times 10^{-3}}{0.1250}\times 100\%=99.35\%$$

解法二：
$$NaCl\%=\frac{T_{AgNO_3/NaCl}V_{AgNO_3}F}{S}\times 100\%$$

$$=\frac{0.005844\times 21.02\times \dfrac{0.1011}{0.1000}}{0.1250}\times 100\%=99.35\%$$

【例6-10】 用 0.1000mol/L H_2SO_4 滴定液滴定 0.2200g 药用 Na_2CO_3，用去 H_2SO_4 滴定液 20.60mL，试计算 H_2SO_4 滴定液对 Na_2CO_3 的滴定度及 Na_2CO_3 的百分含量？

解：
$$H_2SO_4+Na_2CO_3 =\!=\!= Na_2SO_4+CO_2\uparrow +H_2O$$
$$n_{H_2SO_4}=n_{Na_2CO_3}$$

$$T_{H_2SO_4/Na_2CO_3}=\frac{c_{H_2SO_4}M_{Na_2CO_3}}{1000}=\frac{0.1000\times 106.0}{1000}=0.01060g/mL$$

$$Na_2CO_3\%=\frac{T_{H_2SO_4/Na_2CO_3}V_{H_2SO_4}}{S}\times 100\%=\frac{0.01060\times 20.60}{0.2200}\times 100\%=99.25\%$$

第四节 滴定分析常用仪器

滴定分析不仅要有已知准确浓度的滴定液，还必须能准确测量滴定液和待测溶液的体积，这就要用到容量仪器。常用的容量仪器有滴定管、容量瓶和移液管等。由于这些容量仪器与定量分析的结果密切相关，所以必须学会正确使用和准确的测量。

一、滴定管

滴定管用来盛放和测量滴定液的体积。它是细长、具有精密刻度的玻璃管，管的下端有尖嘴。

1. 滴定管的种类

按容量大小可分为常量、半微量和微量滴定管，按构造和用途可分为酸式滴定管和碱式滴定管（见图6-1）。常量滴定管有 25mL、50mL 和 100mL 三种规格，通常实验室中所用的是 25～50mL 的滴定管，最小刻度为 0.1mL，读数估计到 0.01mL；半微量滴定管总容量为 10mL，最小刻度为 0.05mL；微量滴定管有 1mL、2mL 和 5mL 三种规格，最小刻度为

0.005mL 或 0.01mL。

　　酸式滴定管带有磨口玻璃塞，可盛装酸性、中性和氧化性溶液，不能盛放碱液，否则将腐蚀玻璃塞，导致难以转动。碱式滴定管用带有玻璃珠的橡皮管，可盛放碱性溶液和非氧化性溶液，不能将氧化性溶液加入碱式滴定管中，因为氧化性溶液能与橡皮管作用而影响其准确浓度。

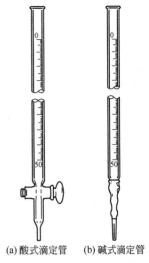

(a) 酸式滴定管　　(b) 碱式滴定管

图 6-1　酸、碱式滴定管

2. 滴定管的准备

　　（1）涂凡士林　滴定管在使用前要检查是否漏水。对于酸式滴定管，关闭活塞后将滴定管用自来水充满，直立几分钟，如不漏水再将活塞旋转 180°观察，仍不漏水则可以使用。如果漏水或活塞转动不灵，则要在活塞上涂抹凡士林。其方法是先取下塞孔，用滤纸擦干活塞和塞套中的水分，再在塞孔的两边各涂一层薄薄的凡士林，注意不要把塞孔堵住，然后将活塞重新安装好，压紧并缓慢旋转使凡士林分布均匀，最后用橡皮圈套住活塞防止脱落。见图 6-2。

　　碱式滴定管如果漏水，需检查橡皮管是否老化破裂或玻璃珠大小是否合适。

　　（2）装滴定液　洗涤干净的滴定管在装滴定液之前，还必须用待装溶液淋洗 2～3 次，每次约为滴定管容量的五分之一，以免滴定管内残留的水分对配制好的溶液浓度的影响。淋洗时应倾斜并转动滴定管，最后从管口或活塞下端排出，静置几分钟后待淋洗液流尽，关闭滴定管下端，直接从储液瓶向滴定管内加入配制好的滴定液至"0"刻度以上。

滴定管的装液

　　（3）排气泡　滴定管下端玻璃管内有气泡时必须排出，否则将影响溶液的体积。酸式滴定管迅速打开活塞使气泡从管尖冲出。碱式滴定管可将橡皮管向上弯曲后挤压玻璃珠，利用液体压强差可排出气泡。见图 6-3。

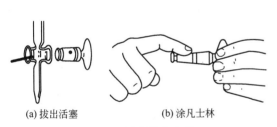

(a) 拔出活塞　　　　(b) 涂凡士林

图 6-2　活塞涂凡士林

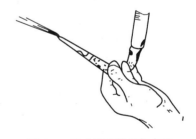

图 6-3　碱式滴定管排气方法

3. 滴定操作

　　酸式滴定管可用左手拇指在活塞前，食指和中指在后握住塞柄，注意手心不能抵住活塞尾部，以免将活塞顶出造成漏液。转动活塞时，手指稍弯轻轻向里扣住。使用碱式滴定管时，可用左手捏挤橡皮管内的玻璃珠，溶液即可流出，见图 6-4。

　　滴定时，右手拇指、食指和中指夹住锥形瓶颈部，同时注意观察瓶底部的变化。将滴定管管口插入锥形瓶内少许，不能使管尖和锥形瓶口相碰。滴定时，将锥形瓶朝一个方向做圆周运动，使滴定液和待测液尽快混合均匀。滴定速率先快后慢，近终点时要一滴一滴甚至半滴半滴地进行。

滴定操作

(a) 锥形瓶

(b) 碘量瓶

(c) 烧杯

图 6-4　滴定管操作手法

4. 滴定管的读数

滴定管的读数不准是造成滴定误差的主要原因之一。读数时滴定管应保持垂直，视线要与液面平行，以液面最低处和刻度线相切为准，见图 6-5。深色溶液读取液面的最上沿。初读数应控制在 0.00mL 或 0.00mL 附近。

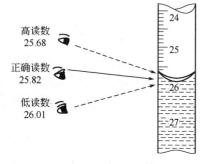
高读数
25.68
正确读数
25.82
低读数
26.01

图 6-5　滴定管读数

二、容量瓶

容量瓶为一细长颈梨形平底玻璃瓶，用来准确配制一定体积溶液或稀释溶液。常用的有 1000mL、500mL、250mL、100mL、50mL 等多种型号。瓶上注明了毫升数和使用温度（一般为 20℃），瓶口带有磨口玻璃塞或塑料塞，瓶颈刻有标线标明容量。磨口玻璃塞必须用线系在瓶颈上以免丢失或沾污。使用时用手夹住向外，不能攥在手中。

容量瓶在使用前要检查是否漏水。将容量瓶盛满水后盖紧瓶塞，用手按住并倒置 1~2min，观察瓶口是否有水渗出，如不漏水，将瓶塞转动 180°后，再倒置 1~2min，仍不漏水，即可使用。

配制溶液时，先将容量瓶洗净。如果用固体为溶质配制溶液时，先将准确称量好的固体物质放在烧杯中，溶解后再将溶液转移至容量瓶中。转移时用一干净的玻璃棒插入容量瓶，玻璃棒下端接触瓶颈内壁，使溶液沿玻棒流下。见图 6-6。溶液全部流完后，将玻棒与烧杯同时直立，使附在玻棒与烧杯嘴之间的溶液流回烧杯中，再用蒸馏水冲洗烧杯，洗液一并转入容量瓶中，重复冲洗三次。当加入蒸馏水至容量瓶的 2/3 时，振荡容量瓶，使溶液混匀，接近标线时要逐滴加入蒸馏水，直至溶液弯月面下缘与标线相切为止。盖紧瓶塞，将容量瓶反复倒转 10~20 次，使溶液充分混匀。见图 6-7。

容量瓶的试漏

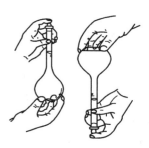

图 6-6　溶液转入容量瓶

图 6-7　检漏及混匀

三、移液管

移液管又称吸量管，是用于准确移取一定体积溶液的量器。通常有两种形状，一种是中间膨胀并且仅有一个刻度的玻璃管，称为大肚吸管，只适用于对固定体积溶液的移取，有10mL、20mL、25mL 和 50mL 等几种规格；另一种为直形的，管上有很多精细刻度，称为吸量管或刻度吸管，可用来移取所需体积的溶液，常用的有 1mL、2mL、5mL、10mL 等多种规格，见图 6-8。

使用时，将已经洗净的移液管用待吸溶液润洗三次，以除去残留在管内的水分对溶液浓度的影响。见图 6-9。

吸取溶液时，左手拿洗耳球，右手将移液管插入溶液中吸取，见图 6-10(a)。当溶液吸至标线以上时，立即用食指按紧上端管口，同时拿起贮液瓶，管尖靠近瓶口内壁，稍松食指，使液面平稳下降，至弯月面最低处与标线相切，立即按紧管口，见图 6-10(b)。将移液管竖直放入稍微倾斜的容器中，并使管尖与容器内壁接触，松开食指，使溶液全部流出，等待 15s 后，取出移液管，见图 6-10(c)。

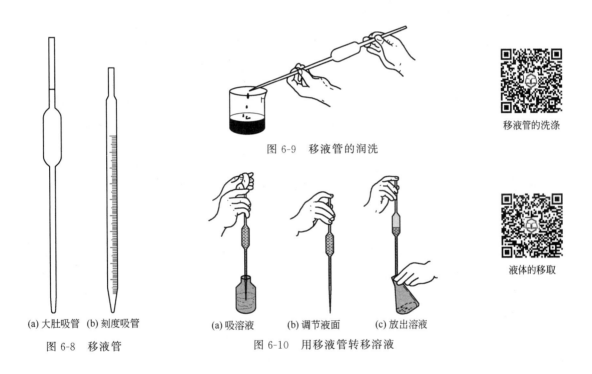

图 6-9　移液管的润洗

移液管的洗涤

液体的移取

(a) 大肚吸管　(b) 刻度吸管

图 6-8　移液管

(a) 吸溶液　　(b) 调节液面　　(c) 放出溶液

图 6-10　用移液管转移溶液

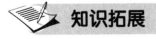

知识拓展　　滴定在医药行业的应用

正如在其他化学分支领域一样，滴定始终作为标准分析方法之一，被广泛应用在医药行业：操作简单，快速，具有重现性和准确性，用于有效成分、药品及其原料的分析(含量测定)。滴定尤其适合于生产过程中的质量控制和常规分析。以下介绍一些主要的应用。

1. 具有药物活性物质的纯度分析

滴定主要用于测定药物活性成分的含量，如阿司匹林中的乙酰水杨酸或复合维生素片剂中的维生素 C，以及用于药物合成的药物添加剂的含量测定和纯度控制。酸碱中和反应等酸碱滴定是医药行业用得最多的滴定。一个典型的例子就是盐酸麻黄碱的纯度控制。该成分通常出现在咳嗽糖浆中，用于治疗支气管哮喘。其含量的测定是在含有无水醋酸和醋酸汞的有机溶剂中，用高氯酸作滴定剂进行滴定：

$$2RNH_3^+Cl^- + Hg(OAc)_2 \longrightarrow 2RNH_2 + HgCl_2 + 2HOAc$$

$$RNH_2 + HClO_4 \longrightarrow RNH_3^+ClO_4^-$$

2. 用氧化还原滴定进行成分分析

氧化还原滴定通常被用来检测原料、填充物和防腐剂的纯度。例如，4-苯甲酸甲酯（一种对羟基苯甲酸酯）中溴值的测定。这种化合物作为防腐剂被应用于眼药制剂和外用眼药膏中。硫代硫酸钠被用作滴定剂。整个分析由下述几个步骤组成。

(1) 酯与氢氧化钠的皂化作用(水解)。

(2) 羟基氧化到酮基的过程。

(3) 苯环的(亲电)溴化。

(4) 过量的溴与碘离子反应，生成滴定过程中所需的游离碘。

(5) 碘经硫代硫酸盐滴定，还原成碘离子：$I_2 + 2S_2O_3^{2-} \longrightarrow 2I^- + S_4O_6^{2-}$。

3. 沉淀滴定

某些药品由于其结构的关系，在滴定过程中会有沉淀析出，例如氯化亚苄铵。通常用四苯基硼酸钠或是十二烷基磺酸钠作为滴定剂，用梅特勒-托利多 DS500 表面活性剂电极或是 DP550 光度电极就可以进行滴定。

4. 恒 pH 滴定

恒 pH 滴定主要用于鉴定药品、检测酶制品纯度以及研究化学反应动力学。恒 pH 表示 pH 值恒定，即在某一特定时段内保持 pH 值恒定。这项技术尤其被用于测定诸如酶的活性等反应动力学参数。

生成或消耗 H^+ 的酶反应可以通过 pH 电极来跟踪。这些生成或被消耗的 H^+ 可以通过分别添加一定量的碱或酸来中和，由此来控制使 pH 值恒定。滴定剂的添加速度与被测样品（如酶）的反应速率成正比。脂肪酶的活性测定就是一个很典型的例子。恒 pH 滴定在制药工业中的另一个应用领域则是用来测定解酸药的缓冲能力。解酸药作为治疗用剂被用来中和由胃炎引起的胃酸过多或是由肠功能紊乱引起的肠酸过多。这类抗酸剂有氢氧化镁、氧化镁、碳酸镁、硅酸镁、氢氧化铝、磷酸铝和硅酸铝镁等。解酸药必须能够在大约一个小时的平均停留时间内保持胃部或肠部内的 pH 值恒定。这就意味着测定反应速率、酸中和能力、缓冲能力等特性是非常重要的。

5. 卡尔·费休水分测定

药品中的水分含量是药品检验指标之一，因为它关系到药品的活性/药效以及存储有效期。当药品中的水分含量过高或过低时，药品中的有效成分会降解或是达不到其最高活性点，从而降低药剂的有效性。另外，水分含量亦会从很大程度上影响药品的存储有效期。专用于水分测定的卡尔·费休方法是经过长期实践后确立的常规方法。水分含量可以通过药品与碘在乙醇溶液中反应直接测得。

几个百分比的水分含量可以通过添加含有碘的溶液由容量法进行测定（容量法卡尔·费休水分测定）。用容量法卡尔·费休水分测定的一个典型例子就是测定阿司匹林中的水分含量。经研磨的阿司匹林粉末转移至滴定容器后可以直接进行滴定，测得水分，样品溶解后，阿司匹林中的活性成分水杨酸会使溶液的 pH 值降低而影响卡尔·费休水分测定结果。在这种情况下，需要加入咪唑来中和水杨酸，使 pH 值保持在最佳值 6～7 之间。

对于水分含量低于 1.0% 的情况，测定所需的碘量可以由滴定容器中电解产生（库仑法水分测定）。用库仑法卡尔·费休水分测定的一个典型例子就是测定冻干样品中水分含量。由于经过冻干处理的物质的水分含量极低（μg/mL 数量级），样品需要在经过预滴定至无水状态的阳极液中溶解后再直接滴定。

在卡尔·费休滴定中只有游离水才能够被测得，故而对样品进行适当的预处理就显得尤为重要。在卡尔·费休水分测定之前，使得样品中的水分处于游离水状态是相当必要了。可以通过如下方法实现这个目的：在滴定池中长时间充分地搅拌样品；减小样品颗粒的大小；样品均质化；对样品进行加热；用溶剂对样品进行外部萃取等。

同时，对于不溶或难溶物质、与卡尔·费休试剂发生副反应的物质或是释放水分特别缓慢的物质，在测定时建议使用干燥炉。干燥炉的热能使得样品的水分释放出来，然后通过干燥的惰性气体吹入滴定容器。如果使用干燥炉，则样品需为对热稳定的物质。

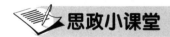 **思政小课堂**

侯氏制碱法创始人——侯德榜

侯德榜，著名科学家，杰出化学家，侯氏制碱法的创始人。第一次世界大战后我国纯碱进口道路受阻，侯德榜潜心科研，摸索出国外制碱方法，1926 年生产的"红三角"牌纯碱热销东南亚。日本发动侵华战争后物资紧缺，原来的制碱工艺设备要求高、原料利用率低，侯德榜带领技术人员在社会环境极度恶劣和实验材料严重缺乏的情况下艰苦探索，经过 500 多次实验、2000 多个样品的分析，终于简化了设备，提高了原料转化率，创造了侯氏制碱法，该法在全球制碱业广泛应用。

侯德榜先生不畏艰险、勇于创新、为国争光的精神，以及胸怀宽广、放眼全人类的高尚品德，是我们学习的榜样。

 **目标测试**

1. 什么是滴定分析法？有何特点？
2. 能用于滴定分析的化学反应必须具备哪些条件？
3. 什么叫化学计量点？什么叫滴定终点？它们有何区别？
4. 滴定分析的主要类型及滴定方式各有哪些？
5. 配制滴定液的方法有几种？标定滴定液的方法有几种？
6. 基准物质应具备什么条件？
7. 如何检验滴定管已洗净？既然已洗净为什么在装滴定液前，还需以该滴定液荡洗 2～3 次？滴定用的锥形瓶是否也要用该溶液荡洗或烘干？

8. 滴定两份相同的样品溶液时，若第一份用滴定液 18.02mL，滴定第二份样品溶液时是否使用余下的滴定液继续滴定？

9. 什么是滴定度？滴定度的表示方法有几种？滴定度与物质的量浓度如何换算？

10. 配制浓度为 2.0mol/L 下列物质溶液各 500mL，应各取其浓溶液多少毫升？

（1）氨水（密度 $0.89g/cm^3$，含 NH_3 29%）；

（2）冰醋酸（密度 $1.05g/cm^3$，含 HAc 99.80%）；

（3）浓硫酸（密度 $1.84g/cm^3$，含 H_2SO_4 96%）。

11. 应在 500.0mL 0.08000mol/L 的 NaOH 溶液中加入多少毫升 0.5000mol/L 的 NaOH 溶液，才能使最后得到的溶液浓度为 0.2000mol/L？

12. 用硼砂（$Na_2B_4O_7 \cdot 10H_2O$）作基准物质标定 HCl 滴定液的浓度，在分析天平上准确称取 0.4357g 硼砂，用待标定的 HCl 滴定液进行滴定，终点时消耗 HCl 滴定液 21.12mL，计算 HCl 滴定液的浓度。

13. 欲使滴定时消耗 0.10mol/L HCl 溶液 20～25mL，问应取基准试剂 Na_2CO_3 多少克？

14. 0.1200mol/L 的 HCl 溶液的滴定度 T_{HCl} 是多少？它对 NaOH 的滴定度（$T_{HCl/NaOH}$）是多少？

15. 已知 $T_{HCl/NaOH} = 0.006000g/mL$，求盐酸溶液的浓度。

16. 滴定 0.2500g 不纯的碳酸钠，用去 $T_{HCl} = 0.007640g/mL$ 的盐酸溶液 22.50mL，求碳酸钠的百分含量。

17. 0.2500g 不纯的 $CaCO_3$ 试样中不含干扰测定的组分。加入 25.00mL 0.2600mol/L HCl 溶解，煮沸除去 CO_2，用 0.2450mol/L NaOH 溶液返滴定过量的酸，消耗 6.50mL。计算试样中 $CaCO_3$ 的百分含量。

第七章　酸碱滴定法

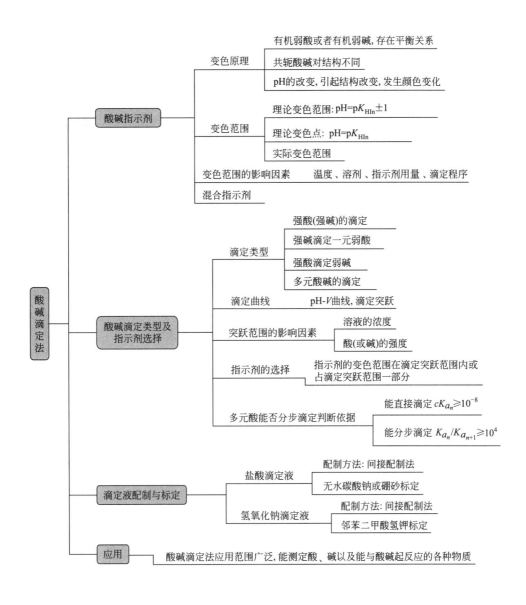

溶液的酸碱性对物质的性质，如药物的稳定性和生理作用都具有重大作用。药物的合成、含量测定及临床检验工作中许多操作都需要控制一定的酸碱条件，对酸碱理论的学习就显得非常重要。

酸碱滴定法(acid-base titration)是以水溶液中的质子转移反应为基础的滴定分析方法。一般的酸、碱以及能与酸碱直接或间接发生质子转移反应的物质，几乎都可以用酸碱滴定法测定。

通常酸碱反应在化学计量点时无外观变化，需要用适当的指示剂或仪器指示滴定终点，如何选择一个尽量接近化学计量点变色的指示剂，正确指示滴定终点的到达是本方法的关键。因此，讨论酸碱滴定时，必须了解滴定过程中溶液 pH 的变化规律，了解指示剂的变色原理、变色范围及选择原则。

第一节 酸碱指示剂

一、指示剂的变色原理

用于酸碱滴定的指示剂，称为酸碱指示剂（acid-base indicator）。一般是有机弱酸或有机弱碱，它们的共轭酸碱对具有不同的结构，而且具有不同的颜色。当溶液的 pH 发生变化时，因结构发生变化，因而呈现不同的颜色。

例如，酚酞指示剂为有机弱酸，$pK_a = 9.1$，在溶液中存在着无色的内酯式结构和红色的醌式结构：

如用 HIn 代表指示剂的酸色成分，In^- 代表指示剂的碱色成分，上式可简化为：

$$HIn \rightleftharpoons H^+ + In^-$$

如果溶液的 pH 降低，平衡向左移动，酚酞主要以内酯式结构存在，溶液无色；溶液的 pH 增大，平衡向右移动，酚酞主要以醌式结构存在，溶液为红色。由此可见，酸碱指示剂的变色与溶液的 pH 有关。即溶液的 pH 改变，指示剂的结构改变，从而导致指示剂的颜色变化，这就是酸碱指示剂的变色原理。

二、指示剂的变色范围

从上可知，酸碱指示剂的颜色随溶液的 pH 变化而改变，但并不是溶液的 pH 稍有变化或任意改变，都能引起指示剂的颜色改变。指示剂在什么 pH 条件下才发生颜色改变呢？为此，必须知道酸碱指示剂的变色与溶液 pH 之间的数量关系。

现以弱酸指示剂 HIn 为例讨论。HIn 在溶液中存在下列平衡：

$$HIn \rightleftharpoons H^+ + In^-$$

平衡时：

$$K_{HIn} = \frac{[H^+][In^-]}{[HIn]} \qquad [H^+] = K_{HIn}\frac{[HIn]}{[In^-]}$$

式中，K_{HIn} 为指示剂的离解平衡常数，又称为指示剂常数（indicator constant），在一定温度下是一个常数。两边取负对数，则得：

$$pH = pK_{HIn} - \lg\frac{[HIn]}{[In^-]}$$

在溶液中，指示剂的两种颜色必须同时存在，人的肉眼只有在一种颜色的浓度是另一种颜色浓度的 10 倍或 10 倍以上时，才能观察出其中浓度较大的那种颜色。因此，我们只能在一定浓度比范围内看到指示剂的颜色变化，这一范围是

$$\frac{[HIn]}{[In^-]} = 10 \text{ 至 } \frac{[HIn]}{[In^-]} = \frac{1}{10}$$

此时，溶液的 pH 分别为：

$$pH = pK_{HIn} - \lg 10 = pK_{HIn} - 1$$
$$pH = pK_{HIn} - \lg 10^{-1} = pK_{HIn} + 1$$

指示剂变色时的 pH 范围为：$pH = pK_{HIn} \pm 1$。由于不同指示剂 pK_{HIn} 不同，所以它们的变色范围不同，如表 7-1 所示。

表 7-1　常用的酸碱指示剂

指示剂	变色范围的 pH	颜色		pK_{HIn}	浓度	用量/(滴/10mL 溶液)
		酸色	碱色			
百里酚蓝	1.2～2.8	红	黄	1.65	0.1%的 20%酒精溶液	1～2
甲基黄	2.9～4.0	红	黄	3.25	0.1%的 90%酒精溶液	1
甲基橙	3.1～4.4	红	黄	3.45	0.05%的水溶液	1
溴酚蓝	3.0～4.6	黄	紫	4.10	0.1%的 20%酒精溶液	1
溴甲酚绿	3.8～5.4	黄	蓝	4.90	0.1%的乙醇溶液	1
甲基红	4.4～6.2	红	黄	5.10	0.1%的 60%酒精溶液	1
溴百里酚蓝	6.2～7.6	黄	蓝	7.30	0.1%的 20%酒精溶液	1
中性红	6.8～8.0	红	黄橙	7.40	0.1%的 60%酒精溶液	1
酚红	6.7～8.4	黄	红	8.00	0.1%的 60%酒精溶液	1
酚酞	8.0～10	无	红	9.10	0.5%的 90%酒精溶液	1～3
百里酚酞	9.4～10.6	无	蓝	10.0	0.1%的 90%酒精溶液	1～2

当 $[HIn] = [In^-]$ 时，$[H^+] = K_{HIn}$，$pH = pK_{HIn}$，观察到的是指示剂的中间色，即两种颜色的混合色。$pH = pK_{HIn}$ 称为指示剂的理论变色点。

指示剂的理论变色范围在 pK_{HIn} 上下 2 个 pH 单位内，而实际的变色范围是根据实验测

得的，并不都是2个pH单位，略有上下，这是眼睛对混合色调中两种颜色的敏感程度不同造成的。例如甲基红 $pK_{HIn}=5.1$，理论变色范围应为 $4.1\sim6.1$，实际测得为 $4.4\sim6.2$，这是人的肉眼辨别红色比黄色更敏感的缘故。

三、指示剂变色范围的影响因素

影响指示剂变色范围的主要因素如下：

（1）温度 指示剂变色范围与 K_{HIn} 有关，而 K_{HIn} 与温度有关，所以指示剂变色范围与温度有关。一般滴定均在常温下进行。

（2）溶剂 指示剂在不同溶剂中，K_{HIn} 不同，故变色范围不同。

（3）指示剂的用量 指示剂用量不宜过多，否则溶液颜色较深，变色不敏锐；指示剂本身是弱酸或弱碱，如果用量过多，消耗滴定液多，带来较大误差。但指示剂用量太少，不易观察颜色的变化。

（4）滴定程序 由于浅色转变为深色变化明显，易被肉眼辨认，所以指示剂变色最好由浅色到深色。例如，用 NaOH 滴定 HCl 时，常以酚酞作指示剂，终点时由无色变为红色比较敏锐；用 HCl 滴定 NaOH 时，以甲基橙作指示剂，终点时由黄色变为橙色，颜色变化较明显。

四、混合指示剂

混合指示剂（mixed indicator）具有变色范围窄、变色敏锐的特点。混合指示剂通常使用两种方法配制，一种是在某种指示剂中加入一种惰性染料。例如，甲基橙中加入靛蓝，组成的混合指示剂，在滴定过程中靛蓝不变色，只作甲基橙的蓝色背景，该混合指示剂随 H^+ 浓度变化而发生如下的颜色变化：

溶液的酸度	甲基橙的颜色	甲基橙＋靛蓝的颜色
pH≥4.4	黄色	绿色
pH=4.0	橙色	浅灰色
pH≤3.1	红色	紫色

可见甲基橙由黄变到红，中间有一过渡的橙色，较难辨别；而混合指示剂由绿变到紫，不仅中间是几乎无色的浅灰色，而且绿色与紫色明显不同，所以变色非常敏锐。

另一种是用两种或两种以上的指示剂按一定比例混合而成，例如，溴甲酚绿与甲基红按一定比例混合后，在 pH=5.1 时，由酒红色变为绿色，颜色变化非常敏锐。常用的混合指示剂见表7-2。

表 7-2 常用的混合指示剂

混合指示剂的组成	变色点 pH	变色情况		备 注
		酸 色	碱 色	
一份 0.1％甲基黄乙醇溶液 一份 0.1％亚甲基蓝乙醇溶液	3.25	蓝紫	绿	pH3.4 绿色，3.2 蓝紫色
一份 0.1％甲基橙水溶液 一份 0.1％靛蓝二磺酸水溶液	4.10	紫	黄绿	
三份 0.1％溴甲酚绿乙醇溶液 一份 0.2％甲基红乙醇溶液	5.10	酒红	绿	

混合指示剂的组成	变色点 pH	变色情况		备 注
		酸 色	碱 色	
一份 0.1%溴甲酚绿钠盐水溶液 一份 0.1%氯酚红钠盐水溶液	6.10	黄绿	蓝紫	pH5.4 蓝绿色,5.8 蓝色,6.0 蓝带紫,6.2 蓝紫
一份 0.1%中性红乙醇溶液 一份 0.1%亚甲基蓝乙醇溶液	7.00	蓝紫	绿	pH7.0 蓝紫
一份 0.1%甲酚红钠盐水溶液 三份 0.1%百里酚蓝钠盐水溶液	8.30	黄	紫	pH8.2 玫瑰色,8.4 清晰的紫色
一份 0.1%百里酚蓝 50%乙醇溶液 三份 0.1%酚酞 50%乙醇溶液	9.00	黄	紫	从黄到绿再到紫
二份 0.1%百里酚酞乙醇溶液 一份 0.1%茜素黄乙醇溶液	10.2	黄	紫	

第二节 酸碱滴定类型及指示剂的选择

在酸碱滴定中,最重要的是要判断被测物质能否被准确滴定(即滴定的可行性);若能滴定,如何选择一合适的指示剂来确定滴定终点,而这些都与滴定过程中溶液 pH 的变化情况,尤其是化学计量点附近的 pH 变化有关。为了解决酸碱滴定的这两个基本问题,下面首先讨论各种类型的酸、碱在滴定过程中溶液 pH 随滴定液加入的变化情况(即滴定曲线),然后再根据滴定曲线来讨论指示剂的选择原则。

一、强酸(强碱)的滴定

强酸、强碱在溶液中完全离解,其滴定的基本反应为:

$$H^+ + OH^- \Longrightarrow H_2O$$

现以浓度为 c_B(0.1000mol/L)的 NaOH 滴定浓度为 c_A(0.1000mol/L)的 HCl 为例来说明。设滴定时加入 NaOH 滴定液的体积为 V_BmL,HCl 的体积(V_A)为 20.00mL。

1. 滴定曲线

(1)滴定前 由于 HCl 是强酸,完全离解,故溶液的 [H^+] 等于 HCl 的初始浓度。

$$[H^+] = 0.1000 \text{mol/L} \qquad pH = 1.00$$

(2)滴定开始至化学计量点前 随着 NaOH 的不断滴入,溶液中 [H^+] 逐渐减小,溶液的 pH 大小取决于剩余 HCl 的量和溶液的体积,即:

$$[H^+] = \frac{V_A - V_B}{V_A + V_B} \times c_A$$

例如,当滴入 19.98mL NaOH(化学计量点前 0.1%)时,

$$[H^+] = \frac{20.00 - 19.98}{20.00 + 19.98} \times 0.1000 = 5.00 \times 10^{-5} (\text{mol/L})$$

$$pH = 4.30$$

(3)化学计量点时 NaOH 与 HCl 恰好反应完全,溶液中 [H^+] 由溶剂 H_2O 的离解决定。

$$[H^+] = [OH^-] = \sqrt{K_w} = 1.0 \times 10^{-7} \text{mol/L}$$

$$pH=7.00$$

（4）化学计量点后　溶液的 pH 由过量的 NaOH 的量和溶液的总体积来决定，即：

$$[OH^-]=\frac{V_B-V_A}{V_B+V_A}\times c_B$$

例如，当滴入 20.02mL NaOH（化学计量点后 0.1%）时，

$$[OH^-]=\frac{20.02-20.00}{20.02+20.00}\times 0.1000=5.00\times 10^{-5}(mol/L)$$

$$pOH=4.30\quad pH=9.70$$

如此逐一计算，可算出滴定过程中各点的 pH，其数据列于表 7-3。若以 NaOH 的加入量为横坐标，以溶液的 pH 为纵坐标作图，所得 pH-V 曲线，见图 7-1，即为强碱滴定强酸的滴定曲线。

表 7-3　用 NaOH（0.1000mol/L）滴定 HCl（0.1000mol/L）20.00mL 溶液的 pH 变化（25℃）

加入的 NaOH		剩余的 HCl		$[H^+]$	pH
%	mL	%	mL		
0	0	100	20.0	1.0×10^{-1}	1.00
90.0	18.00	10.0	2.00	5.0×10^{-3}	2.30
99.0	19.80	1.00	0.20	5.0×10^{-4}	3.30
99.9	19.98	0.10	0.02	5.0×10^{-5}	4.30
100.0	20.00	0	0	1.0×10^{-7}	7.00（化学计量点）
过量的 NaOH				$[OH^-]$	
100.1	20.02	0.1	0.02	5.0×10^{-5}	9.70
101	20.20	1.0	0.2	5.0×10^{-4}	10.70

从表 7-3 和图 7-1 可以看出，从滴定开始到加入 19.98mL NaOH 溶液，溶液的 pH 改变很小，只改变了 3.3 个 pH 单位，而在化学计量点附近，当加入的 NaOH 溶液从 19.98mL 增加到 20.02mL（化学计量点前后各 0.1%），仅加入 0.04mL，溶液的 pH 却从 4.30 变化到 9.70，增加了 5.40 个 pH 单位，溶液由酸性突变为碱性。此后，再继续加入 NaOH 溶液，溶液 pH 的变化又逐渐减小，曲线变化较为平坦。

这种滴定过程中化学计量点前后 pH 的突变称为滴定突跃；突跃所在的 pH 范围称为滴定突跃范围。即：化学计量点前后 ±0.1% 相对误差范围内溶液 pH 的变化。上述滴定的 pH 突跃范围为 4.30～9.70。滴定突跃是选择指示剂的重要依据。

2. 指示剂的选择

最理想的指示剂应是恰好在化学计量点变色的指示剂，但实际上这样的指示剂几乎是没有的。从滴定曲线可见，凡是在滴定突跃范围内变色的指示剂，滴定误差均小于 ±0.1%，都可保证测定有足够的准确度。因此，凡是指示剂的变色范围在滴定突跃范围内或占滴定突跃范围一部分，都可用来指示滴定终点。本类型的滴定突跃范围在 4.3～9.7，故酚酞、溴百里酚蓝、甲基红、甲基橙等都可作为指示剂。

3. 突跃范围与浓度的关系

滴定突跃范围大小与溶液浓度有关。如分别用 1.000mol/L、0.1000mol/L、0.01000mol/L 三种浓度的 NaOH 滴定液滴定相同浓度的 HCl 时，它们的突跃范围分别为

pH3.30～10.70、4.30～9.70、5.30～8.70，见图7-2。当用前两种浓度的溶液滴定时，可用甲基橙作指示剂，而用后一种浓度滴定时，甲基橙就不能用了。可见，溶液愈浓，突跃范围愈大，可供选择的指示剂愈多；溶液愈稀，突跃范围愈小，可供选择的指示剂愈少。一般选用滴定液的浓度为 $0.1～0.5mol/L$ 之间，浓度大则取样量多，并且在计量点附近多加或少加半滴滴定液都可引起较大的误差；浓度低则滴定突跃不明显。

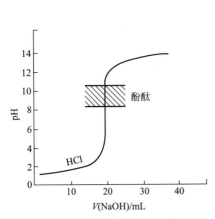

图 7-1 NaOH（0.1000mol/L）滴定 HCl（0.1000mol/L）20.00mL 溶液的滴定曲线

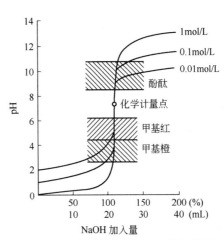

图 7-2 不同浓度强碱滴定强酸的滴定曲线

二、强碱滴定一元弱酸

1. 滴定曲线

以 0.1000mol/L NaOH 滴定 0.1000mol/L HAc（20.00mL）为例讨论这类酸碱滴定中的 pH 变化。滴定反应为：

$$OH^- + HAc \Longrightarrow H_2O + Ac^-$$

滴定过程中溶液 pH 的变化情况可用表 7-4 和图 7-3 表示。

表 7-4　NaOH（0.1000mol/L）滴定 20.00mL HAc（0.1000mol/L）溶液的 pH 变化（25℃）

NaOH 加入量		剩余的 HAc		算　式	pH
%	mL	%	mL		
0	0	100	20.00	$[H^+] = \sqrt{K_a c_a}$	2.87
50	10.00	50	10.00		4.75
90	18.00	10	2.00	$[H^+] = K_a \times \dfrac{[HAc]}{[Ac^-]}$	5.71
99.0	19.80	1	0.20		6.75
99.9	19.98	0.1	0.02		7.70
100	20.00	0	0		8.70 化学计量点
过量的 NaOH				$[OH^-] = \sqrt{\dfrac{K_w}{K_a} \times c_b}$	
100.1	0.02	0.1	0.02	$[OH^-] = 10^{-4.3}$　$[H^+] = 10^{-9.7}$	9.70
101.0	20.20	1	0.20	$[OH^-] = 10^{-3.3}$　$[H^+] = 10^{-10.7}$	10.70

2. 滴定曲线的特点和指示剂的选择

由表 7-4 和图 7-3 可以看出，强碱滴定一元弱酸具有如下特点。

（1）曲线的起点不同　因醋酸是弱酸，电离度小，溶液中的［H^+］低于醋酸的原始浓度，因此曲线的起点不在pH=1处，而在pH=2.87处。

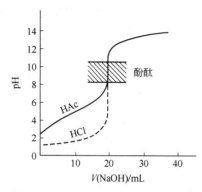

图7-3　NaOH（0.1000mol/L）滴定
20.00mL HAc（0.1000mol/L）
的滴定曲线

（2）滴定曲线的形状不同　开始时溶液pH变化较快，其后变化稍慢，接近化学计量点时又渐加快。这是由于在滴定的不同阶段的反应特点决定的，滴定一开始pH迅速升高是由于生成的Ac^-较少，溶液的缓冲容量小，pH增加就快。随着滴定的继续进行，HAc浓度相应减小，NaAc的浓度相应增大，此时缓冲容量也加大，使溶液pH增加的速率减慢。在接近化学计量点时，HAc浓度已经很低，缓冲容量减弱，碱性增加，pH又增加较快了。

（3）突跃范围小　在化学计量点前后出现一较窄的pH突跃，由于生成的NaAc水解显碱性的缘故，化学计量点的pH>7（pH=8.73），滴定突跃范围为7.74~9.70，也在碱性区域。

由于滴定突跃范围处于碱性区域，因此，对于NaOH-HAc滴定，应该选择在碱性区域内变色的指示剂，如酚酞、百里酚酞来指示滴定终点。

3. 滴定突跃与弱酸强度的关系

图7-4为NaOH滴定不同强度的一元弱酸的滴定曲线。从图中可以看出，被滴定的酸越弱（K_a值越小），突跃范围越小，当$K_a \leqslant 10^{-9}$时，已经没有明显突跃，因此无法选择指示剂确定滴定终点。

突跃范围的大小，不仅取决于弱酸的强度，还与其浓度有关。只有当弱酸的$cK_a \geqslant 10^{-8}$时，才有明显的滴定突跃，才能用指示剂指示滴定终点。

三、强酸滴定弱碱

以 0.1000mol/L HCl 滴定 0.1000mol/L $NH_3 \cdot H_2O$（20.00mL）为例讨论这类酸碱滴定中的pH变化。其滴定反应为：

$$H^+ + NH_3 \cdot H_2O \Longrightarrow NH_4^+ + H_2O$$

滴定过程中溶液pH的变化情况见表7-5。

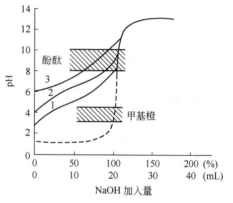

图7-4　NaOH（0.1000mol/L）滴定
不同强度的一元弱酸（0.1000mol/L）
的滴定曲线

表7-5　HCl（0.1000mol/L）滴定20.00mL $NH_3 \cdot H_2O$（0.1000mol/L）溶液的pH变化（25℃）

加入的HCl		剩余的$NH_3 \cdot H_2O$		计　算　式	pH
%	mL	%	mL		
0	0	100	20.00	［OH^-］$=\sqrt{K_b c_b}$	11.1
50	10.00	50	10.00	［OH^-］$=K_b \dfrac{[NH_3 \cdot H_2O]}{[NH_4^+]}$	9.24
90	18.00	10	2.00		8.29
99	19.80	1	0.20		7.25

续表

加入的 HCl		剩余的 NH$_3$·H$_2$O		计　算　式	pH
%	mL	%	mL		
99.9	19.98	0.1	0.02		6.34
100	20.00	0	0		5.38 化学计量点
过量的 HCl				$[H^+]=\sqrt{\dfrac{K_w}{K_b}\times c_a}$	
100.1	20.02	0.1	0.02	$[H^+]=10^{-4.3}$	4.30
101	20.20	1	0.20	$[H^+]=10^{-3.3}$	3.30

将结果绘制滴定曲线，见图 7-5。

由图可见，这种类型的滴定曲线和强碱滴定弱酸的曲线相似，所不同的是溶液的 pH 由大到小变化方向相反，化学计量点的 pH 为 5.28，突跃范围的 pH 为 6.34 ~ 4.30，应选择酸性区域变色的指示剂确定滴定终点，如甲基红、甲基橙。

同理，要求弱碱的 $cK_b \geqslant 10^{-8}$，才能被强酸直接滴定。

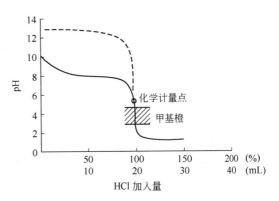

图 7-5　HCl（0.1000mol/L）滴定 NH$_3$·H$_2$O（0.1000mol/L）的滴定曲线

四、多元酸（碱）的滴定

1. 多元酸的滴定

用强碱滴定多元酸，情况比较复杂。例如用 NaOH（0.1000mol/L）滴定 20.00mL H$_3$PO$_4$（0.1000mol/L）。由于磷酸是三元酸，分三步离解如下：

$$H_3PO_4 \Longrightarrow H^+ + H_2PO_4^-$$

$$H_2PO_4^- \Longrightarrow H^+ + HPO_4^{2-}$$

$$HPO_4^{2-} \Longrightarrow H^+ + PO_4^{3-}$$

用 NaOH 滴定磷酸时，酸碱反应也是分步进行的：

$$H_3PO_4 + NaOH \Longrightarrow NaH_2PO_4 + H_2O$$

$$NaH_2PO_4 + NaOH \Longrightarrow Na_2HPO_4 + H_2O$$

由于 HPO$_4^{2-}$ 的 K_{a_3} 太小，$cK_{a_3} < 10^{-8}$ 不能直接滴定。因此，在滴定曲线上只有两个突跃，见图 7-6。

多元酸的滴定曲线计算比较困难，在实际工作中，为了选择指示剂，通常只需计算化学计量点时的 pH。然后选择在此 pH 附近变色的指示剂指示滴定终点。

上例中，第一化学计量点时，滴定产物是 H$_2$PO$_4^-$，其 pH 可用下式近似计算：

$$[H^+] = \sqrt{K_{a_1} K_{a_2}}$$

$$pH = \frac{1}{2}(pK_{a_1} + pK_{a_2}) = \frac{1}{2} \times (2.12 + 7.21) = 4.66$$

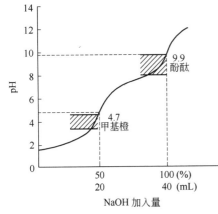

图 7-6　用 NaOH 滴定 H$_3$PO$_4$ 的滴定曲线

可选甲基橙作指示剂。

第二化学计量点时，滴定产物是 HPO_4^{2-}。

$$[H^+] = \sqrt{K_{a_2} K_{a_3}}$$

$$pH = \frac{1}{2}(pK_{a_2} + pK_{a_3}) = \frac{1}{2} \times (7.21 + 12.67) = 9.94$$

可选用酚酞作指示剂。

上述二个化学计量点由于突跃范围比较小，如果分别用溴甲酚绿和甲基橙（变色点 pH4.3），酚酞和百里酚蓝（变色点 pH9.9）混合指示剂，则终点变色比单一指示剂更好些。

判断多元酸有几个突跃，是否能准确分步滴定，通常根据以下两个原则来确定。

① $cK_{a_n} \geqslant 10^{-8}$ 判断某个 H^+ 能否准确滴定；

② $K_{a_n}/K_{a_{n+1}} \geqslant 10^4$，判断相邻两个氢离子能否分步滴定。

例如，草酸 $K_{a_1} = 5.9 \times 10^{-2}$，$K_{a_2} = 6.4 \times 10^{-5}$，两个 H^+ 都可被滴定，但其 $K_{a_1}/K_{a_2} \approx 10^3$，故不能进行分步滴定。由于 K_{a_1}、K_{a_2} 均较大，可按二元酸一次被滴定，化学计量点附近有 1 个突跃。

2. 多元碱的滴定

多元碱能否被准确滴定或分步滴定的判断原则与多元酸相似。

① $cK_b \geqslant 10^{-8}$ 能直接滴定；

② $K_{b_1}/K_{b_2} \geqslant 10^4$ 能分步滴定。

【例 7-1】　Na_2CO_3 是二元弱碱，其解离常数为：

$$K_{b_1} = \frac{K_w}{K_{a_2}} = 1.79 \times 10^{-4}, K_{b_2} = \frac{K_w}{K_{a_1}} = 2.38 \times 10^{-8}$$

由于 K_{b_1} 和 K_{b_2} 都大于 10^{-8}，且 $K_{b_1}/K_{b_2} \approx 10^4$，因此 Na_2CO_3 可用强酸分步滴定，滴定曲线上有两个滴定突跃。

$$HCl + Na_2CO_3 = NaHCO_3 + NaCl$$

$$HCl + NaHCO_3 = NaCl + CO_2\uparrow + H_2O$$

第一化学计量点滴定产物为 $NaHCO_3$（两性物质），其 pH 为：

$$[H^+] = \sqrt{K_{a_1} K_{a_2}} = \sqrt{4.3 \times 10^{-7} \times 5.6 \times 10^{-11}} = 4.9 \times 10^{-9} (mol/L)$$

$$pH = 8.31$$

可选用酚酞作指示剂，为了更准确地判定第一化学计量点，还可选用甲酚红和百里酚蓝混合指示剂。

第二化学计量点生成 H_2CO_3，因为 $K_{a_1} \gg K_{a_2}$，所以只需考虑 H_2CO_3 的一级离解。H_2CO_3 饱和溶液的浓度约为 0.04mol/L，其 pH 为：

$$[H^+] = \sqrt{K_a c} = \sqrt{4.3 \times 10^{-7} \times 0.04} = 1.3 \times 10^{-4} (mol/L)$$

$$pH = 3.89$$

可选用甲基橙作指示剂，滴定曲线如图 7-7。

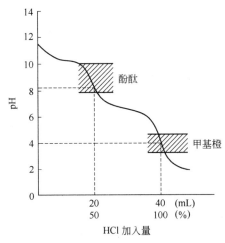

图 7-7 HCl（0.1000mol/L）滴定 Na₂CO₃
（0.1000mol/L）的滴定曲线

第三节 酸碱滴定液的配制和标定

酸碱滴定中最常用的滴定液是盐酸溶液和氢氧化钠溶液。其浓度一般在 0.01～1mol/L 之间，最常用的浓度是 0.1mol/L，通常采用间接法配制。

一、0.1mol/L NaOH 滴定液的配制和标定

氢氧化钠易吸收空气中的水分，并与二氧化碳反应生成碳酸钠，因碳酸钠在饱和氢氧化钠溶液中不溶解，故在实际应用中先配制氢氧化钠饱和溶液，再取适量饱和溶液稀释到所需的浓度和体积。

1. 配制

取氢氧化钠适量，加水振摇使溶解成饱和溶液，冷却后，置聚乙烯塑料瓶中，静置数日澄清后备用。饱和氢氧化钠溶液的密度为 1.56g/mL，质量分数为 0.52，物质的量浓度为 20mol/L。

取 5.6mL 澄清饱和 NaOH 溶液，加新煮沸过的冷蒸馏水配制成 1000mL，摇匀待标定。

2. 标定

标定氢氧化钠溶液常用的基准物质为邻苯二甲酸氢钾（或草酸）。标定反应如下：

$$\text{邻苯二甲酸氢钾} + \text{NaOH} \longrightarrow \text{邻苯二甲酸钾钠} + H_2O$$

取在 105℃ 干燥至恒重的基准邻苯二甲酸氢钾约 0.6g，精密称定，加新煮沸过的冷蒸馏水 50mL 振摇，使其溶解。加酚酞指示剂 2 滴，用待标定溶液滴定至溶液显粉红色。根据氢氧化钠滴定液的消耗量与邻苯二甲酸氢钾的取用量，计算氢氧化钠滴定液的浓度。

二、0.1mol/L HCl 滴定液的配制和标定

1. 配制

市售浓盐酸的密度为 1.19g/mL，质量分数为 37%，物质的量浓度为 12mol/L。取市售

浓盐酸 9.0mL，加蒸馏水至 1000mL，摇匀即得。

2. 标定

标定盐酸滴定液常用的基准物质是无水碳酸钠或硼砂，标定反应如下：

$$Na_2CO_3 + 2HCl =\!=\!= 2NaCl + CO_2\uparrow + H_2O$$

精密称取在 $270 \sim 300^{\circ}C$ 干燥至恒重的基准无水碳酸钠 $0.12 \sim 0.15g$，分别置于 250mL 锥形瓶中，加 50mL 蒸馏水，加甲基红-溴甲酚绿混合指示剂 10 滴，用待标定的盐酸滴定液滴定至溶液由绿色变成紫红色。根据消耗盐酸滴定液的体积和无水碳酸钠的取用量，计算盐酸滴定液的浓度。

第四节　应用实例

酸碱滴定法应用范围广泛，能测定酸、碱以及能与酸碱起反应的各种物质。许多药品如阿司匹林、药用硼砂、药用氢氧化钠及铵盐和血浆中的二氧化碳等，都可用酸碱滴定法测定。

一、直接滴定法

凡 $cK_a \geq 10^{-8}$ 的酸性物质和 $cK_b \geq 10^{-8}$ 的碱性物质都可用碱和酸滴定液直接滴定。

【例 7-2】　乙酰水杨酸的含量测定　乙酰水杨酸（阿司匹林）是常用的解热镇痛药，分子结构中含有羧基（$K_a = 3.24 \times 10^{-4}$），故可用碱滴定液直接滴定。

操作步骤　精密称取样品约 0.4g，加 20mL 中性乙醇，溶解后，加酚酞指示剂 3 滴，用 NaOH 滴定液（0.1000mol/L）滴定，滴定至溶液显粉红色。1mL NaOH 滴定液（0.1000mol/L）相当于 18.02mg 乙酰水杨酸。基本反应为：

$$C_9H_8O_4\% = \frac{c_{NaOH}V_{NaOH}\dfrac{M_{C_9H_8O_4}}{1000}}{S} \times 100\%, \quad 或 \quad C_9H_8O_4\% = \frac{T_{NaOH/C_9H_8O_4}V_{NaOH}}{S} \times 100\%$$

【例 7-3】　呋塞米的含量测定　呋塞米又名呋喃苯胺酸、速尿，是一种广泛应用于治疗充血性心力衰竭和水肿的袢利尿药。分子结构中含有羧基，$pK_a = 3.8$，故可用氢氧化钠直接滴定。滴定反应方程式如下：

呋塞米的含量计算公式：$C_{12}H_{11}ClN_2O_5S\% = \dfrac{T_{NaOH/C_{12}H_{11}ClN_2O_5S}V_{NaOH}F}{S} \times 100\%$

操作步骤：精密称取呋塞米样品 0.4967g，加乙醇 30mL，微温使溶解，放冷，加甲酚红指示剂 4 滴与麝香草酚蓝指示剂 1 滴，用氢氧化钠滴定液（0.1004mol/L）滴定至溶液显紫红色，消耗氢氧化钠滴定液（0.1004mol/L）14.82mL。每 1mL 氢氧化钠滴定液（0.1000mol/L）相当于 33.10mg 的呋塞米（$C_{12}H_{11}ClN_2O_5S$）。按干燥品计算，含呋塞米不得少于 99.0%。

解： $$C_{12}H_{11}ClN_2O_5S\% = \frac{T_{NaOH/C_{12}H_{11}ClN_2O_5S}V_{NaOH}F}{S} \times 100\% = \frac{33.10 \times 10^{-3} \times 14.82 \times \dfrac{0.1004}{0.1000}}{0.4967} \times$$

$100\% = 99.16\%$

由于 $99.16\% > 99.0\%$，故本品含量合格。

【例 7-4】 药用氢氧化钠的含量测定　氢氧化钠易吸收空气中的二氧化碳，形成氢氧化钠和碳酸钠的混合物。可采用双指示剂法（double indicator titration）分别测定各自的含量。

测量过程：

$$混合试样\begin{cases}NaOH \\ Na_2CO_3\end{cases} \xrightarrow[\substack{酚酞 \\ 酚酞变无色 \\ pH8.3}]{HClV_1} \begin{matrix}NaCl \\ NaHCO_3\end{matrix} \xrightarrow[\substack{甲基橙 \\ 甲基橙变橙色 \\ pH3.9}]{HClV_2} NaCl + CO_2 + H_2O$$

在溶液中先加入酚酞指示剂，然后用 HCl 滴定液滴定，当滴定到酚酞变色时 NaOH 全部被 HCl 中和，生成 NaCl，而 Na_2CO_3 只被 HCl 中和生成 $NaHCO_3$，设酚酞指示剂变色时共用去 HCl 体积为 V_1。此时再向溶液中加入甲基橙作指示剂，继续用 HCl 滴定液滴定，当甲基橙变色时，$NaHCO_3$ 被中和成 CO_2 和 H_2O，设此时用去 HCl 滴定液体积为 V_2。根据测量过程，可得出 Na_2CO_3 消耗 HCl 体积为 $2V_2$，NaOH 消耗 HCl 体积为（V_1-V_2）。试样中各组分的百分含量为：

$$NaOH\% = \frac{c_{HCl}(V_1-V_2)M_{NaOH} \times 10^{-3}}{S} \times 100\%$$

$$Na_2CO_3\% = \frac{\frac{1}{2} \times c_{HCl} \times 2V_2 M_{Na_2CO_3} \times 10^{-3}}{S} \times 100\%$$

二、间接滴定法

有些物质酸碱性很弱，不能直接滴定，可通过反应增强其酸碱性后予以滴定，或者采用间接滴定方式来测定。

【例 7-5】 硼酸的含量测定　H_3BO_3 是一很弱的酸，$K_a = 5.4 \times 10^{-10}$，因此不能用氢氧化钠滴定液直接滴定；但硼酸与丙三醇作用生成的配合酸的 $K_a = 3 \times 10^{-7}$，可用氢氧化钠滴定液滴定。

操作步骤　精密称取硼酸约 0.2g，加水与丙三醇的混合液 30mL，微热使溶解，迅速放冷至室温，加酚酞指示剂 3 滴，用 NaOH 滴定液（0.1mol/L）滴定至溶液显粉红色。硼酸的百分含量为：

$$H_3BO_3\% = \frac{c_{NaOH}V_{NaOH}M_{H_3BO_3} \times 10^{-3}}{S} \times 100\%$$

【例 7-6】 血浆中二氧化碳结合力的测定　血浆中 CO_2 是以 $NaHCO_3$ 形式存在的。取一定量的血浆，加入准确过量的盐酸溶液，中和血浆中的碳酸氢钠，然后用氢氧化钠滴定液滴定剩余的盐酸溶液，由消耗盐酸滴定液的体积，可算出血浆中 CO_2 的结合力。基本反应为：

$$NaHCO_3 + HCl \longrightarrow NaCl + CO_2\uparrow + H_2O$$

$$NaOH + HCl \longrightarrow NaCl + H_2O$$

$$CO_2\% = \frac{(c_{HCl}V_{HCl} - c_{NaOH}V_{NaOH})M_{CO_2}}{V_{样品}} \times 100\%$$

【例 7-7】 蛋白质含量的测定　人体或食物中的蛋白质含量常以总氮含量来表示。测定时先于样品中加入二氧化硒（催化剂）和硫酸，在微量凯氏烧瓶中进行消化，利用硫酸的氧化性和脱水性，使有机物质中的碳和氢被氧化成 CO_2 和 H_2O 并随之逸出，N 转化成 $(NH_4)_2SO_4$，再与过量 $NaOH$ 作用，用水蒸气蒸馏，将生成的 NH_3 用 H_3BO_3 溶液吸收，以溴甲酚绿和甲基红混合指示剂指示终点，用 HCl 标准溶液滴定，反应式如下：

$$NH_3 + H_3BO_3 \longrightarrow NH_4H_2BO_3$$

$$NH_4H_2BO_3 + HCl \longrightarrow NH_4Cl + H_3BO_3$$

$$w(蛋白质) = c(V - V_0) \times 0.014 \times F$$

式中，c 为 HCl 标准溶液的浓度，mol/L；V 为试样消耗 HCl 标准溶液的体积，mL；V_0 为空白试验时加入 HCl 标准溶液的体积，mL；0.014 为 1mmol HCl 相当于 N 的质量，g；F 为蛋白质的换算因子。

目标测试

1. 什么是指示剂的变色范围？变色范围的大小受哪些因素的影响？

2. 什么是滴定突跃？影响滴定突跃大小的因素有哪些？

3. 某指示剂 HIn 的 $pK_{HIn} = 4.8$，其理论变色范围的 pH 为多少？

4. 酸碱滴定中选择指示剂的原则是什么？

5. 如何判断一元弱酸、一元弱碱能否被直接滴定，以及多元酸能否分步滴定？

6. 为什么用盐酸可滴定硼砂，而不能滴定醋酸钠？为什么用氢氧化钠可滴定醋酸，而不能滴定硼酸？

7. 常用的盐酸和氢氧化钠滴定液用什么方法配制？为什么？

8. 标定盐酸滴定液的浓度，若采用未在 270℃ 烘过的碳酸钠来标定，所得出的浓度是偏高、偏低，还是准确？

9. 下列各化合物能否用氢氧化钠滴定液（0.1000mol/L）滴定？若能滴定，应选择何种指示剂？

(1) 0.10mol/L HCOOH 水溶液（$K_a = 1.8 \times 10^{-4}$）；

(2) 0.10mol/L NH_4Cl（$K_a = 5.6 \times 10^{-10}$）；

（3）0.10mol/L C_6H_5COOH（$K_a = 6.5 \times 10^{-5}$）；

（4）0.10mol/L C_6H_5OH（$K_a = 1.3 \times 10^{-10}$）。

10. 用氢氧化钠滴定液滴定下列各种多元酸时会出现几个 pH 突跃？分别选用什么指示剂？

H_2SO_4、$H_2C_2O_4$、H_2CO_3、H_3PO_4

11. 用无水碳酸钠作基准物质，标定近似浓度为 0.1mol/L 的盐酸溶液，计算：

（1）若消耗盐酸溶液 20～25mL，求需称取基准无水 Na_2CO_3 多少克？

（2）若称取无水碳酸钠 0.1290g，消耗盐酸溶液 24.74mL，求盐酸溶液的浓度。

（3）计算 T_{HCl/Na_2CO_3}。

（4）若用此盐酸溶液测定药用硼砂（$Na_2B_4O_7 \cdot 10H_2O$）0.5324g，消耗盐酸滴定液的体积为 21.38mL，求硼砂的百分含量。

12. 标定 0.1mol/L 氢氧化钠溶液的浓度，若消耗氢氧化钠溶液 20mL，应称取多少克基准邻苯二甲酸氢钾？

13. 称取含有 Na_2CO_3 和 NaOH 的试样 0.5895g，溶解后用 0.3014mol/L 的盐酸滴定液滴定至酚酞褪色时，用去 24.08mL，继续用甲基橙作指示剂，用 HCl 滴定液滴定至终点，又用去盐酸滴定液 12.02mL，计算试样中 Na_2CO_3 和 NaOH 的百分含量。

14. 取食醋 5mL，加水稀释后以酚酞为指示剂，用 0.1080mol/L 氢氧化钠滴定液滴定至淡红色，消耗氢氧化钠滴定液的体积为 24.60mL，求食醋中醋酸的百分含量。

15. 精密称取苯甲酸 $C_7H_6O_2$ 0.2598g，加中性乙醇 25mL 溶解后，加酚酞指示剂 3 滴，用 0.1023mol/L 氢氧化钠滴定液滴定，终点时消耗氢氧化钠滴定液 20.67mL。1mL 0.1000mol/L 氢氧化钠滴定液相当于 12.21mg 的苯甲酸。试计算苯甲酸的百分含量。

16. 在 0.2815g 含中性杂质的石灰石里，加入 20.00mL 0.1175mol/L 的盐酸滴定液，滴定过量的盐酸溶液，用去 5.60mL 的氢氧化钠溶液，1mL 氢氧化钠溶液相当于 0.98mL 盐酸，计算石灰石的纯度。

17. 粗铵盐 1.000g 加入过量的氢氧化钾溶液，产生的 NH_3 经蒸馏吸收在 50.00mL 的 0.2000mol/L 盐酸溶液中，过量的盐酸用 0.1910mol/L 氢氧化钠滴定液返滴定，用去 1.80mL，求试样中 NH_3 的百分含量。

18. 取磷酸 4.0000g，用水稀释至 500.0mL，取 25.00mL 以 0.1008mol/L 氢氧化钠滴定液滴定至甲基红指示剂刚变为黄色时，消耗氢氧化钠滴定液的体积为 20.12mL，计算磷酸的百分含量。

第八章　非水溶液的酸碱滴定法

知识导图

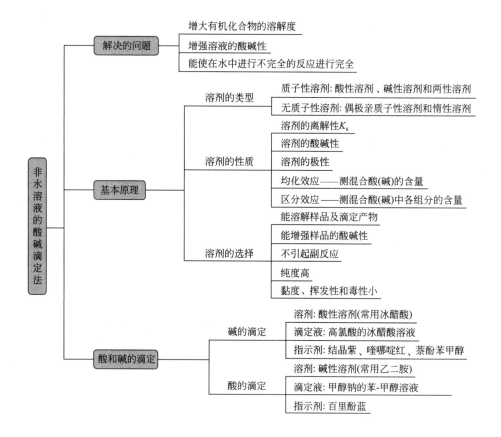

学习目标

1. 掌握酸碱电离理论、酸碱质子理论和酸碱反应的实质。
2. 掌握强碱弱酸的滴定、强酸弱碱的滴定。
3. 熟悉非水滴定中的溶剂选择。
4. 熟悉高氯酸和甲醇钠滴定液的配制与标定方法。
5. 了解溶剂自身离解常数的意义。

非水滴定法（nonaqueous titration）是在非水溶剂中进行的滴定分析方法。非水溶剂是指有机溶剂和不含水的无机溶剂。以非水溶剂为介质，不仅能增大有机化合物的溶解度，增强溶液的酸碱性，而且能使在水中进行不完全的反应能够进行完全，从而扩大了滴定分析的应用范围。

非水滴定法除溶剂较为特殊以外，具有一般滴定分析所具有的优点，如准确、快速、无需特殊设备等。非水滴定法可用于酸碱滴定、氧化还原滴定、配位滴定及沉淀滴定等，而在药物分析中，以非水酸碱滴定法应用最为广泛，本章重点讨论非水溶液的酸碱滴定法（non-aqueous acid-base titration）。

第一节　非水酸碱滴定法基本原理

一、溶剂的分类

按照酸碱质子理论,非水溶剂可分为质子溶剂和无质子溶剂两大类。

1. 质子溶剂

能给出或接受质子的溶剂称为质子溶剂(protonic solvent)。其特点是在溶剂分子间有质子的转移。根据其给出或接受质子的能力大小,可分为三类。

(1)酸性溶剂　酸性溶剂是指给出质子能力较强的溶剂,与水相比,具有较强的酸性。如甲酸、乙酸、丙酸、硫酸等,其中常用的是冰醋酸。酸性溶剂适用于作为滴定弱碱性物质的溶剂。

(2)碱性溶剂　碱性溶剂是指接受质子能力较强的溶剂,与水相比,具有较强的碱性。如乙二胺、丁胺等。碱性溶剂适用于作为滴定弱酸性物质的溶剂。

(3)两性溶剂　两性溶剂是指既易接受质子又易给出质子的溶剂,其酸碱性与水相似。如甲醇、乙醇、异丙醇等。两性溶剂主要作为滴定较强酸或碱的溶剂。

2. 无质子溶剂

分子间不能发生质子转移的溶剂叫无质子溶剂(aprotic solvent),可分为两类。

(1)偶极亲质子溶剂　这类溶剂与水比较几乎无酸性且无两性的特征,但却有较弱的接受质子倾向和程度不同的形成氢键能力,如吡啶类、酰胺类、酮类等。这类溶剂适合于作弱酸或某些混合物的滴定介质。

(2)惰性溶剂　惰性溶剂是指既不能给出质子又不能接受质子,也不能形成氢键的溶剂。溶剂分子在滴定过程中不参与酸碱反应,如苯、氯仿和硝基苯等。

在实际工作中为了增大试样的溶解度和滴定突跃,使终点变色敏锐,还可将质子溶剂和惰性溶剂混合使用,称为混合溶剂。常用的混合溶剂有:由二醇类与烃类或卤烃类组成的混合溶剂,用于溶解有机酸盐、生物碱和高分子化合物;冰醋酸-醋酐、冰醋酸-苯混合溶剂,适于弱碱性物质的滴定;苯-甲醇混合溶剂,适于羧酸类物质的滴定。

二、溶剂的性质

1. 溶剂的离解性

除惰性溶剂外,非水溶剂均有不同程度的离解,与水一样,能发生同分子间的质子转移反应,称为质子自递反应。其离解平衡如下:

$$SH \Longrightarrow H^+ + S^- \qquad K_a^{SH} = \frac{[H^+][S^-]}{[SH]} \qquad (8\text{-}1)$$

$$SH + H^+ \Longrightarrow SH_2^+ \qquad K_b^{SH} = \frac{[SH_2^+]}{[H^+][SH]} \qquad (8\text{-}2)$$

式中，K_a^{SH} 为溶剂的固有酸常数，反映溶剂给出质子的能力；K_b^{SH} 为固有碱常数，反映溶剂接受质子的能力。

溶剂自身质子自递反应为：$\qquad 2SH \Longrightarrow SH_2^+ + S^-$

可见在离解性溶剂的质子自递反应中，其中一分子起酸的作用，另一分子起碱的作用。SH_2^+ 为溶剂合质子，S^- 为溶剂合阴离子。质子自递反应平衡常数为：

$$K = \frac{[SH_2^+][S^-]}{[SH]^2} = K_a^{SH} K_b^{SH} \qquad (8\text{-}3)$$

由于溶剂的自身离解很小，且溶剂是大量的，故未离解的 [SH] 可看作一个定值，用式(8-4) 表示。式中的 K_s 称为溶剂的质子自身离解常数。

$$[SH_2^+][S^-] = K_a^{SH} K_b^{SH} [SH]^2 = K_s \qquad (8\text{-}4)$$

如乙醇的质子自递反应：$2C_2H_5OH \Longrightarrow C_2H_5OH_2^+ + C_2H_5O^-$

乙醇的自身离解常数 $\qquad K_s = [C_2H_5OH_2^+][C_2H_5O^-] = 7.9 \times 10^{-20}$

冰醋酸的质子自递反应为：$HAc + HAc \Longrightarrow H_2Ac^+ + Ac^-$

冰醋酸的自身离解常数 $\qquad K_s = [H_2Ac^+][Ac^-] = 3.6 \times 10^{-15}$

水的自身离解常数就是水的离子积常数，25℃时，$K_s = K_w = 1.0 \times 10^{-14}$。

几种常见溶剂的 pK_s 值列于表 8-1。溶剂的 pK_s 值的大小对酸碱滴定突跃范围的改变有一定影响。现以水和乙醇两种溶剂进行比较，说明溶剂的 pK_s 值对酸碱滴定突跃范围的影响，见表 8-2。

表 8-1 常用溶剂的自身离解常数及介电常数（25℃）

溶　剂	pK_s	ε_r	溶　剂	pK_s	ε_r
水	14.00	78.5	乙腈	28.5	36.6
甲醇	16.7	31.5	甲基异丁酮	>30	13.1
乙醇	19.1	24.0	二甲基乙酰胺	—	36.7
甲酸	6.22	58.5(16℃)	吡啶	—	12.3
冰醋酸	14.45	6.13	二氧六环	—	2.21
醋酐	14.5	20.5	苯	—	2.3
乙二胺	15.3	14.2	三氯甲烷	—	4.81

表 8-2 弱酸在水和乙醇溶剂中的滴定突跃变化

项　目	用 0.1mol/L NaOH 溶液滴定 HA（水作溶剂：$pK_w = 14.00$）		用 0.1mol/L C$_2$H$_5$ONa 溶液滴定 HA（乙醇作溶剂：$pK_s = 19.1$）	
	化学计量点前、后酸(碱)的浓度	pH	计量点前、后酸(碱)的浓度	pH*
化学计量点前	$[H^+]$		$[C_2H_5OH_2^+]$	
（−0.1％时）	1.0×10^{-4} mol/L	4.00	1.0×10^{-4} mol/L	4.00
化学计量点后	$[OH^-]$		$[C_2H_5O^-]$	
（+0.1％时）	1.0×10^{-4} mol/L	10.00	1.0×10^{-4} mol/L	15.10
滴定突跃 pH 范围	4.00～10.00		4.00～15.10	
滴定突跃 pH(pH*) 变化	6 个 pH 单位		11.1 个 pH* 单位	

从表 8-2 可知，同一弱酸在以水为介质的溶液中滴定，其滴定突跃的改变有 6 个 pH 单

位的变化；在以乙醇为介质的溶液中滴定，其滴定突跃的改变有 11.1 个 pH* 单位的变化，比以水为介质的滴定突跃变化多 5.1 个单位。由此可见，溶剂的自身离解常数 K_s 越小，pK_s 越大，滴定突跃范围越大，滴定终点越敏锐。因此，在水中不能滴定的弱酸、弱碱，在 K_s 小的溶剂中有可能被滴定。

2. 溶剂的酸碱性

根据酸碱质子理论，一种酸（碱）在溶液中的酸（碱）性强弱，不仅与酸（碱）的本性有关，还与溶剂的碱（酸）性有关。

例如，硝酸在水溶液中给出质子能力较强，表现出强酸性；醋酸在水溶液中给出质子能力较弱，表现出弱酸性，这是由硝酸和醋酸的本性所决定的。若将硝酸溶于冰醋酸中，由于冰醋酸的酸性比水强，接收质子能力比水弱，使硝酸在醋酸溶液中给出质子的能力相应减弱而显弱酸性。但是，若将醋酸溶于液氨中，其酸性就比溶在水中强。其反应式如下：

$$HNO_3 + H_2O \Longrightarrow H_3O^+ + NO_3^-$$
硝酸在水中显强酸性

$$HNO_3 + HAc \Longrightarrow H_2Ac^+ + NO_3^-$$
硝酸在冰醋酸中显弱酸性

$$HAc + NH_3（液）\Longrightarrow NH_4^+ + Ac^-$$
醋酸在液氨中显强酸性

由此可见，物质的酸、碱性强弱具有相对性。弱酸溶于碱性溶剂中，可增强其酸性；弱碱溶于酸性溶剂中，可增强其碱性。非水溶液酸碱滴定法就是利用此原理，通过选择不同酸碱性的溶剂，达到增强物质酸碱性强度的目的。例如，碱性很弱的胺类，在水中难以进行滴定，若改用冰醋酸作溶剂，由于冰醋酸给出质子能力较强，因此可增强胺的碱性，则可用高氯酸滴定液滴定。反应式如下：

滴定液：　　　　　　$HClO_4 + HAc \Longrightarrow H_2Ac^+ + ClO_4^-$

待测溶液：　　　　　$RNH_2 + HAc \Longrightarrow RNH_3^+ + Ac^-$

滴定反应：　　　　　$H_2Ac^+ + Ac^- \Longrightarrow 2HAc$

总反应式：　　　　　$HClO_4 + RNH_2 \Longrightarrow RNH_3^+ + ClO_4^-$

3. 溶剂的极性

溶剂的极性与其介电常数 ε 有关。介电常数是溶剂极性强弱的量度。ε 值大的溶剂其极性强，ε 值小的溶剂其极性弱。溶质在 ε 值大的溶剂中较易离解，而在 ε 值小的溶剂中较难离解。由于溶质在不同溶剂中的离解难易程度不同，而表现出不同的酸（碱）度。例如，将冰醋酸溶解在水和乙醇两个碱度相近而极性不同的溶剂中，所表现出的离解度是不同的，在极性较大的水中，有较多的醋酸分子发生离解，形成水合质子（H_3O^+）和醋酸根离子（Ac^-）；而在极性较小的乙醇中，只有很少的醋酸分子离解成离子，故醋酸在水中的酸度比在乙醇中大。

4. 均化效应与区分效应

在水溶液中高氯酸、硫酸、盐酸和硝酸等强度几乎相等，均属强酸。因为它们溶于水后，几乎全部离解生成水合质子 H_3O^+。其反应式为：

$$HClO_4 + H_2O \Longrightarrow H_3O^+ + ClO_4^-$$

$$H_2SO_4 + H_2O \Longrightarrow H_3O^+ + HSO_4^-$$

$$HCl + H_2O \Longrightarrow H_3O^+ + Cl^-$$

$$HNO_3 + H_2O \Longrightarrow H_3O^+ + NO_3^-$$

H_3O^+ 是水溶液中酸的最强形式。以上几种酸在水中都被均化到 H_3O^+ 水平。这种把各种不同强度的酸均化到溶剂合质子水平的效应称为均化效应,具有均化效应的溶剂称为均化性溶剂。水是这四种酸的均化性溶剂。

如果将这四种酸溶解在冰醋酸溶剂中,由于醋酸的碱性比水弱,这四种酸将质子转移给醋酸而生成醋酸合质子(H_2Ac^+)的程度就有所差异,从它们在冰醋酸中的离解常数可说明,这四种酸的酸性强弱是从上到下不断减弱。

$$HClO_4 + HAc \Longrightarrow H_2Ac^+ + ClO_4^- \qquad K_a = 2.0 \times 10^7$$

$$H_2SO_4 + HAc \Longrightarrow H_2Ac^+ + HSO_4^- \qquad K_a = 1.3 \times 10^6$$

$$HCl + HAc \Longrightarrow H_2Ac^+ + Cl^- \qquad K_a = 1.0 \times 10^3$$

$$HNO_3 + HAc \Longrightarrow H_2Ac^+ + NO_3^- \qquad K_a = 29$$

这四种酸在冰醋酸溶剂中所表现出的酸性强度是不同的,这种能区分酸(碱)强弱的效应称为区分效应,具有区分效应的溶剂为区分性溶剂。冰醋酸是这四种酸的区分性溶剂。

溶剂的均化效应和区分效应与溶质和溶剂的酸碱强弱有关。例如水是盐酸和高氯酸的均化性溶剂中,同时又是盐酸和醋酸的区分性溶剂。这是由于盐酸和高氯酸的酸性较强,在水中质子的转移反应均能进行完全,而醋酸的酸性较弱,在水中质子的转移反应不能进行完全。但若将醋酸溶解在碱性的液氨中,由于液氨的碱性比水强得多,因此醋酸在液氨中的质子转移反应则能进行完全,即醋酸在液氨中表现为强酸,所以液氨是盐酸和醋酸的均化性溶剂,在液氨溶剂中,它们的酸强度都被均化到氨合质子(NH_4^+)的水平,从而使这两种酸的强度差异消失。

一般来说,酸性溶剂是碱的均化性溶剂,是酸的区分性溶剂;碱性溶剂是酸的均化性溶剂,是碱的区分性溶剂。在非水溶液滴定中,往往利用均化效应测定混合酸(碱)的总量,利用区分效应测定混合酸(碱)中各组分的含量。

惰性溶剂没有明显的酸碱性,因而没有均化效应,但它是一种良好的区分性溶剂。

三、溶剂的选择

利用非水溶剂提高弱酸、弱碱的强度是非水溶液酸碱滴定法的最基本原理。因此,在选择溶剂时应遵循下列原则。

① 溶剂能完全溶解样品及滴定产物。根据相似相溶原则,极性物质易溶于质子性溶剂中,非极性物质易溶于惰性溶剂中,必要时也可用混合溶剂。

② 溶剂能增强样品的酸碱性。弱碱性样品应选择酸性溶剂,弱酸性样品应选择碱性溶剂。

③ 溶剂不能引起副反应。某些伯胺或仲胺的化合物能与醋酐起乙酰化反应,影响滴定,所以滴定伯胺和仲胺时不能用醋酐作溶剂。

④ 溶剂的纯度要高。存在于非水溶剂中的水分,既是酸性杂质又是碱性杂质,应将其除去。

⑤ 溶剂的黏度、挥发性和毒性要小,并易于回收。

第二节　非水溶液中酸和碱的滴定

一、碱的滴定

当试样的 $c_b K_b < 10^{-8}$ 时,不能在水溶液中用酸滴定液直接滴定,但可在非水溶液中进行直接滴定。

1. 溶剂

滴定弱碱,通常应选用对碱有均化效应的酸性溶剂,如冰醋酸、无水甲酸及丙酸、硝基甲烷、硝基乙烷等,对一些难溶试样或者终点不太明显的滴定,常选用混合溶剂。

冰醋酸是滴定弱碱最常用的酸性溶剂。市售冰醋酸含有少量水分,为避免水分的存在对滴定的影响,一般需加入一定量的醋酐,使其与水反应转变成醋酸,反应式如下:

$$(CH_3CO)_2O + H_2O =\!=\!= 2CH_3COOH$$

从反应式可知,醋酐与水反应是等物质的量反应,可根据物质的量相等的原则,计算加入醋酐的量。

假设用 $\rho_{醋酐}$ 表示醋酐的密度,$A_{醋酐}\%$ 表示醋酐的含量,$V_{醋酐}$ 表示醋酐的体积;$\rho_{醋酸}$ 表示醋酸的密度,$A_水\%$ 表示醋酸中水的含量,$V_{醋酸}$ 表示冰醋酸的体积,可得出:

$$\frac{\rho_{醋酐} V_{醋酐} A_{醋酐}\%}{M_{醋酐}} = \frac{\rho_{醋酸} V_{醋酸} A_水\%}{M_水}$$

$$V_{醋酐} = \frac{\rho_{醋酸} V_{醋酸} A_水\% M_{醋酐}}{\rho_{醋酐} A_{醋酐}\% M_水}$$

如果要除去 1000mL,密度为 1.05g/mL,含水量为 0.2% 的冰醋酸中的水,需加入密度为 1.08g/mL,含量为 97% 的醋酐体积为:

$$V_{醋酐} = \frac{1.05 \times 1000 \times 0.002 \times 102.1}{1.08 \times 0.97 \times 18.02} = 11.36(mL)$$

2. 滴定液

由于高氯酸在冰醋酸溶剂中的酸性最强,所以常用高氯酸的冰醋酸溶液作为滴定弱碱的滴定液。

(1) 配制　市售高氯酸为含 $HClO_4$ 70%~72% 的水溶液,其密度为 1.75g/mL。如用间接法配制 0.1mol/L 高氯酸滴定液 1000mL,需市售高氯酸的体积为:

$$V_{高氯酸(稀释前)} = \frac{c_{高氯酸(稀释后)} V_{高氯酸(稀释后)} M_{高氯酸}}{\rho_{高氯酸} w_{高氯酸}}$$

$$= \frac{0.1 \times 1000 \times 10^{-3} \times 100.5}{1.75 \times 0.70} = 8.2 \ (mL)$$

配制中为使高氯酸的浓度达到 0.1mol/L,常取 8.5mL。

除去 8.5mL 高氯酸中的水分,需加醋酐的体积为:

$$V_{醋酐} = \frac{102.1 \times 8.5 \times 1.75 \times 0.30}{1.08 \times 0.97 \times 18.02} = 24.13(mL)$$

配制方法:取无水冰醋酸 750mL,加入市售高氯酸 8.5mL,摇匀,在室温下缓缓滴加醋酐 24mL,边加边摇,加完后再振摇均匀,放冷,加无水冰醋酸适量使溶液至 1000mL,摇匀,放置 24h。

注意：

① 高氯酸与有机物接触、遇热，极易引起爆炸；和醋酐混合时易发生剧烈反应放出大量的热。因此，在配制时应先用冰醋酸将高氯酸稀释后再在不断搅拌下滴加适量醋酐。

② 测定易乙酰化的样品，如芳香伯胺和仲胺时，所加醋酐不宜过量，否则过量的醋酐将使测定结果偏低。测定一般样品时，醋酐的量可多于计算量也不会影响测定结果。

③ 高氯酸的冰醋酸溶液在低于 16℃ 时会结冰，使滴定难于进行，通常用冰醋酸-醋酐（9：1）的混合溶剂配制高氯酸滴定液，不仅不会结冰，且吸湿性小，使用一年后浓度的变化也很小。

（2）标定　标定高氯酸滴定液，常用邻苯二甲酸氢钾为基准物质，甲基紫为指示剂。标定反应为：

$$\text{（邻苯二甲酸氢钾 COOK, COOH）} + HClO_4 \Longleftrightarrow \text{（邻苯二甲酸 COOH, COOH）} + KClO_4$$

高氯酸滴定液的浓度为：

$$c_{HClO_4} = \frac{m_{C_8H_5O_4K} \times 10^3}{(V - V_{空白})_{HClO_4} \cdot M_{C_8H_5O_4K}}$$

注意：

① 溶剂和指示剂要消耗一定量的滴定液，需做空白试验。

② 水的膨胀系数较小，而多数有机溶剂的膨胀系数较大，其体积随温度改变较大。因此，若测定试样时与标定高氯酸滴定液时的温度超过 10℃，应重新标定；若未超过 10℃，则可根据下式将高氯酸滴定液的浓度加以校正：

$$c_1 = \frac{c_0}{1 + 0.0011(t_1 - t_0)} \tag{8-5}$$

式中，0.0011 为冰醋酸的膨胀系数；c_0 为标定时的浓度；c_1 为测定样品时的浓度；t_0 为标定时的温度；t_1 为测定时的温度。

3. 指示剂

用非水溶液酸碱滴定法滴定弱碱性物质时，可用的指示剂有结晶紫、喹哪啶红及萘酚苯甲醇。其中最常用的是结晶紫，其酸式色为黄色，碱式色为紫色，在不同的酸度下变色较为复杂，由碱区到酸区的颜色变化为：紫、蓝、蓝绿、黄绿、黄。滴定不同强度的碱时终点颜色变化不同，滴定较强的碱，以蓝色或蓝绿色为终点；滴定较弱的碱，以蓝绿色或绿色为终点。

在非水溶液酸碱滴定中，除用指示剂确定终点外，还可用电位法确定终点。在非水滴定中，有许多物质的滴定，目前尚未找到合适的指示剂，在确定终点颜色时，常需要用电位滴定法作对照。

4. 应用实例

具有碱性基团的化合物，如胺类、氨基酸类、含氮杂环化合物、生物碱、有机碱以及它们的盐等，常用高氯酸滴定液测定其含量。举例如下。

（1）有机弱碱类　只要在水溶液中 $K_b > 10^{-10}$ 的有机弱碱，如胺类、生物碱类都能被冰醋酸溶剂均化到溶剂阴离子水平，选择适当指示剂，即可用高氯酸滴定液滴定。对在水溶液中 $K_b<10^{-12}$ 的极弱碱，需选择一定比例的冰醋酸-醋酐的混合溶液为介质，加入适宜的指示剂，用高氯酸滴定液滴定，如咖啡因（$K_b=4.0\times10^{-14}$）在冰醋酸-醋酐的混合溶液中滴定，有明显的滴定突跃。

（2）有机酸的碱金属盐 由于有机酸的酸性较弱，其共轭碱有机酸根在冰醋酸中显较强的碱性，故可用高氯酸的冰醋酸溶液滴定，如邻苯二甲酸氢钾、苯甲酸钠、水杨酸钠、乳酸钠及枸橼酸钠等。现以枸橼酸钠为例说明有机酸的碱金属盐的测定方法：

$$
\begin{array}{c}
CH_2COONa \\
| \\
HO-C-COONa \\
| \\
CH_2COONa
\end{array}
+3HClO_4 =\!=
\begin{array}{c}
CH_2COOH \\
| \\
HO-C-COOH \\
| \\
CH_2COOH
\end{array}
+3NaClO_4
$$

操作方法：精密称取枸橼酸钠试样 80mg，加冰醋酸 5mL，加热使之溶解，放冷，加醋酐 10mL 和结晶紫指示剂 1 滴，用 0.1000mol/L 高氯酸滴定液滴定至溶液显蓝绿色为终点，并做空白试验校正。1mL 高氯酸滴定液相当于 8.602mg 的枸橼酸钠。枸橼酸钠的百分含量为：

$$C_6H_5O_7Na_3\% = \frac{(V_{样}-V_{空})_{HClO_4}\,F\times 8.602\times 10^{-3}}{S}\times 100\%$$

（3）有机碱的氢卤酸盐 因生物碱类药物难溶于水，且不稳定，常以氢卤酸盐的形式存在，而氢卤酸在冰醋酸的溶液中呈较强的酸性，使反应不能进行完全，需加 $Hg(Ac)_2$ 使之生成 HgX_2，此时生物碱以醋酸盐的形式存在，便可用 $HClO_4$ 滴定液滴定。例如，盐酸麻黄碱的含量测定，反应式为：

$$2B\cdot HX + Hg(Ac)_2 =\!= 2B\cdot HAc + HgX_2$$

$$B\cdot HAc + HClO_4 =\!= B\cdot HClO_4 + HAc$$

操作方法：精密称取盐酸麻黄碱 0.15g，加冰醋酸 10mL，加热使溶解，加醋酸汞的冰醋酸溶液 4mL 和结晶紫指示剂 1 滴，用 0.1000mol/L 高氯酸滴定液滴定至溶液显翠绿色，并做空白试验校正。1mL 高氯酸滴定液（0.1000mol/L）相当于 20.17mg 的盐酸麻黄碱。盐酸麻黄碱的百分含量为：

$$C_{10}H_{15}ON\cdot HCl\% = \frac{(V_{样}-V_{空})_{HClO_4}\,F\times 20.17\times 10^{-3}}{S}\times 100\%$$

二、酸的滴定

1. 溶剂

在水中，$cK_a<10^{-8}$ 的弱酸不能用碱滴定液直接滴定。若选用碱性比水更强的非水溶剂，则能增强弱酸的酸性，增大滴定突跃。因此，滴定不太弱的羧酸类，常以醇类作溶剂，如甲醇、乙醇等；滴定弱酸或极弱酸时，用碱性溶剂，如乙二胺、二甲基甲酰胺等。滴定混合酸的各组分时，则用区分性溶剂如甲基异丁酮，有时也用甲醇-苯、甲醇-丙酮等混合溶剂。

2. 滴定液

常用于滴定酸的滴定液为甲醇钠的苯-甲醇溶液。甲醇钠由甲醇与金属钠反应制得，反应式如下：

$$2CH_3OH + 2Na \Longrightarrow 2CH_3ONa + H_2$$

有时也用碱金属氢氧化物的醇溶液或氨基乙醇钠以及氢氧化四丁基铵的甲醇-甲苯溶液作为滴定酸的滴定液。

(1) 配制　取无水甲醇 150mL，置于冰水冷却的容器中，分次加入新切的金属钠 2.5g，完全溶解后，加无水苯适量，使成 1000mL，摇匀即得。

(2) 标定　标定碱滴定液常用的基准物质为苯甲酸。取在五氧化二磷干燥器中减压干燥至恒重的基准苯甲酸约 0.4g，精密称定，加无水甲醇 15mL 使溶解，加无水苯 5mL 和 1%的麝香草酚蓝的无水甲醇指示剂 1 滴，用待标定的滴定液滴定至蓝色，并做空白试验进行校正。每 1mL 甲醇钠滴定液相当于 12.2mL 的苯甲酸。根据甲醇钠滴定液的体积和苯甲酸的用量，计算出甲醇钠滴定液的浓度。

(3) 指示剂　在非水滴定中用碱滴定液滴定酸时常用百里酚蓝、偶氮紫和溴酚蓝等作为指示剂。

3. 应用实例

非水溶液中酸的滴定主要用于含有酸性基团的有机化合物的测定，如羧酸类、酚类、磺酰胺类、巴比妥类药物等。

 **目标测试**

1. 溶剂是如何分类的？溶剂的主要性质有哪些？选择溶剂的原则是什么？

2. 根据质子理论，下列分子或离子，哪些是酸？哪些是碱？哪些既是酸又是碱？
HS^-、CO_3^{2-}、$H_2PO_4^-$、NH_3、H_2S、NO_3^-、HCl、Ac^-、OH^-、H_2O

3. 根据什么原理除去高氯酸和冰醋酸中的水？

4. 配制高氯酸滴定液时，为什么不能将醋酐直接加入高氯酸中？应如何操作？

5. 滴定有机弱碱，应怎样选择溶剂和滴定液？

6. 什么是均化效应和区分效应？这两种效应在非水溶液酸碱滴定中有什么作用？

7. 进行非水溶液酸碱滴定前，仪器应如何处理？

8. 有含量为 98% 的冰醋酸（相对密度为 1.06，含水量 2%）1000mL，需加醋酐（相对密度 1.087，含量 98%）多少毫升才能除去其中的水？

9. 在 20℃ 时标定的高氯酸冰醋酸滴定液的浓度为 0.1011mol/L，计算此滴定液在 25℃ 时的浓度。

10. 精密称取 0.2063g 的邻苯二甲酸氢钾基准物质标定高氯酸滴定液，消耗高氯酸 9.48mL，空白试验消耗高氯酸的体积为 0.03mL，计算高氯酸滴定液的浓度。

11. 精密称取枸橼酸钠样品 0.08202g，置于锥形瓶中，溶解后加指示剂 1 滴，用 0.1010mol/L 高氯酸滴定液滴定至终点，消耗高氯酸 7.20mL，空白试验消耗高氯酸的体积为 0.03mL，计算枸橼酸钠样品的含量。（营养专业）

12. 精密称取苯甲酸钠 0.1200g 溶于冰醋酸中，以结晶紫为指示剂，用 0.1000mol/L 高氯酸滴定液滴定至终点，用去 8.35mL，空白试验消耗此滴定液 0.10mL，求苯甲酸钠的含量。（药学、中药专业）

13. 精密称取 0.4124g 的苯甲酸基准物，置于烧杯内溶解，转移至 250.0mL 容量瓶内，稀释至刻度，用移液管取 10.00mL 基准液，标定甲醇钠的浓度，消耗甲醇钠 8.40mL，空白试验消耗甲醇钠 0.04mL，计算甲醇钠的浓度。（检验、卫检专业）

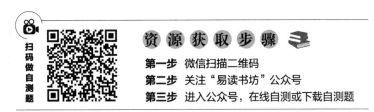

第九章 沉淀滴定法

知识导图

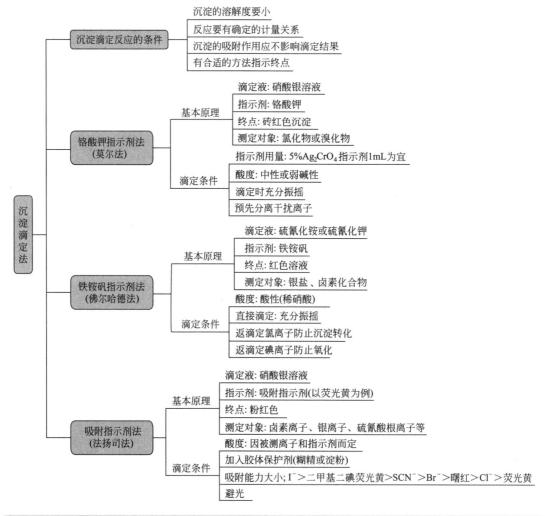

学习目标

1. 掌握沉淀反应能用于滴定分析的条件。

2. 掌握金属卤化物含量的测定方法及计算。

3. 熟悉 $AgNO_3$ 和 NH_4SCN 滴定液的配制与标定过程。

在分析药物含量时，经常把药物配成溶液，再加入适当的试剂和被测药物中某种离子生成沉淀，分离沉淀，称重，通过一定的方法换算，就可以知道药物的含量。

沉淀滴定法（precipitation titration method）是以沉淀反应为基础的滴定分析方法。虽然能生成沉淀的反应很多，但是能用于沉淀滴定的反应并不多，因为沉淀滴定法的反应必须满足以下几点要求：

① 沉淀的溶解度（solubility）必须很小（$\leqslant 10^{-6}$），才能有敏锐的终点和准确的结果。

② 沉淀反应必须具有确定的计量关系，迅速、定量进行。

③ 沉淀的吸附作用应不影响滴定结果及终点判断。

④ 必须有适当的方法指示化学计量点。

由于以上条件限制，故能用于沉淀滴定法的，主要是生成难溶性银盐的反应。例如：

$$Ag^+ + Cl^- \rightleftharpoons AgCl \downarrow \qquad (K_{sp} = 1.56 \times 10^{-10})$$

$$Ag^+ + SCN^- \rightleftharpoons AgSCN \downarrow \qquad (K_{sp} = 1.0 \times 10^{-12})$$

利用生成难溶性银盐的沉淀滴定法称为银量法（aregentometric method）。银量法可用来测定 Cl^-、Br^-、I^-、SCN^- 及 Ag^+ 等。除了银量法外，还有一些其他沉淀反应，例如，某些汞盐、铅盐、钡盐等，也可用于沉淀滴定法，但都不如银量法广泛。本章主要讨论银量法。

第一节　银　量　法

根据确定终点所用的指示剂不同，银量法可分为以下三种：铬酸钾指示剂法（Mohr method）、铁铵矾指示剂法（Volhard method）和吸附指示剂法（Fajans method）。

一、铬酸钾指示剂法

1. 基本原理

铬酸钾指示剂法（Mohr method）又称莫尔法，是以铬酸钾为指示剂，硝酸银溶液作滴定液，在中性或弱碱性溶液中直接测定氯化物和溴化物的银量法。以滴定氯化物为例，其基本反应为：

终点前　　　　　　　　$Ag^+ + Cl^- \rightleftharpoons AgCl \downarrow$（白色）

终点时　　　　　$2Ag^+ + CrO_4^{2-} \rightleftharpoons Ag_2CrO_4 \downarrow$（砖红色）

因为氯化银的溶解度（1.2×10^{-5} mol/L）小于铬酸银的溶解度（1.3×10^{-4} mol/L），在滴定过程中，Ag^+ 和 Cl^- 先生成 AgCl 沉淀，而 $[Ag^+]^2[CrO_4^{2-}] < K_{sp}$，铬酸银不能形成沉淀。随着滴定的进行，$Cl^-$ 浓度不断降低，待氯化银定量沉淀后，稍过量的 Ag^+ 立即同指示剂反应生成 Ag_2CrO_4 砖红色沉淀，指示滴定终点。

2. 滴定条件

（1）指示剂的用量　铬酸钾指示剂法的准确度，取决于铬酸银砖红色沉淀出现的时机，在化学计量点前变色（终点提前）或化学计量点后变色（终点推迟），都会给滴定带来一定的误差，铬酸银沉淀出现的时机主要与指示剂的用量有关。

达到化学计量点时，溶液中维持氯化银沉淀溶解平衡所需游离的 Ag^+ 浓度，可由 $K_{sp(AgCl)}$ 计算出：

$$[Ag^+][Cl^-] = K_{sp(AgCl)} = 1.56 \times 10^{-10}$$

$$[Ag^+]=[Cl^-]$$

$$[Ag^+]=\sqrt{K_{sp(AgCl)}}=\sqrt{1.56\times10^{-10}}=1.25\times10^{-5}(mol/L)$$

若此时 Ag^+ 浓度同时要满足 $K_{sp(Ag_2CrO_4)}$ 的要求，产生铬酸银砖红色沉淀，所需要的 CrO_4^{2-} 浓度可由铬酸银溶度积计算得出：

$$[Ag^+]^2[CrO_4^{2-}]=K_{sp(Ag_2CrO_4)}=1.1\times10^{-12}$$

$$[CrO_4^{2-}]=\frac{K_{sp(Ag_2CrO_4)}}{[Ag^+]^2}=\frac{1.1\times10^{-12}}{(1.25\times10^{-5})^2}=7.1\times10^{-3}(mol/L)$$

由于 CrO_4^{2-} 在水溶液中呈黄色，若按理论计算量 $7.1\times10^{-3}mol/L$ 加入铬酸钾指示剂，溶液呈现较深的黄色，会掩盖生成的 Ag_2CrO_4 砖红色，导致终点推迟而产生误差。

实验证明，终点时 $[CrO_4^{2-}]$ 为 $5.2\times10^{-3}mol/L$，辨色较清楚，所产生的误差也小于理论加入量。因此，在实际滴定时，通常在反应液总体积为 $50\sim100mL$ 的溶液中，加入 $5\%K_2CrO_4$ 指示剂 $1mL$ 为宜。

（2）溶液的酸度　滴定应在中性或弱碱性（pH6.5～10.5）溶液中进行。因 K_2CrO_4 是弱酸盐，在酸性溶液中 CrO_4^{2-} 与 H^+ 结合，使 CrO_4^{2-} 浓度降低过多而在化学计量点附近不能形成 Ag_2CrO_4 沉淀。

$$2CrO_4^{2-}+2H^+\longrightarrow2HCrO_4^-\longrightarrow Cr_2O_7^{2-}+H_2O$$

也不能在碱性强的溶液中进行，因为 Ag^+ 将形成 Ag_2O 沉淀。

$$2Ag^++2OH^-\rightleftharpoons 2AgOH$$
$$\downarrow$$
$$Ag_2O\downarrow+H_2O$$

滴定还不能在氨碱性溶液中进行，因为氯化银和铬酸银可生成 $[Ag(NH_3)_2]^+$ 而溶解。

（3）滴定时应充分振摇　因氯化银沉淀能吸附 Cl^-，溴化银沉淀能吸附 Br^-，使溶液中的 Cl^- 浓度、Br^- 浓度降低，以致终点提前而引入误差。因此，滴定时必须充分振摇，使被吸附的 Cl^- 或 Br^- 释放出来。

（4）预先分离干扰离子　凡是溶液中含有能与 Ag^+ 生成沉淀的阴离子，如 PO_4^{3-}、AsO_4^{3-}、S^{2-}、SO_3^{2-}、CO_3^{2-} 等；能与 CrO_4^{2-} 生成沉淀的阳离子，如 Ba^{2+}、Pb^{2+}、Bi^{3+} 等；或大量有色离子，如 Cu^{2+}、Co^{2+}、Ni^{2+} 等，以及在中性、弱碱性溶液中易发生水解的离子，如 Fe^{3+}、Al^{3+} 等，均干扰测定，应预先分离除去，否则不能用本法测定。

3. 应用范围

铬酸钾指示剂法主要用于 Cl^-、Br^- 的测定，在弱碱性溶液中也可测定 CN^-；不宜测定 I^- 和 SCN^-，因为 AgI 和 AgSCN 沉淀有较强的吸附作用，致使终点颜色变化不明显。

二、铁铵矾指示剂法

1. 基本原理

铁铵矾指示剂法又称佛尔哈德法（Volhard method），是以铁铵矾 $[NH_4Fe(SO_4)_2\cdot12H_2O]$ 为指示剂，用 NH_4SCN 或 $KSCN$ 为滴定液，在酸性溶液中测定银盐和卤素化合物的银量法。根据测定对象不同，分为直接滴定法和返滴定法。

（1）直接滴定法　在酸性溶液中，以 NH_4SCN 或 $KSCN$ 为滴定液，铁铵矾作指示剂直接测定 Ag^+ 的含量。滴定过程中 SCN^- 首先与 Ag^+ 生成 AgSCN 白色沉淀，而生成的 $[FeSCN]^{2+}$ 量很少，肉眼观察不出配离子的棕红色。滴定至终点时，由于 Ag^+ 浓度已很小，滴入稍微过量的 SCN^- 就与指示剂中的 Fe^{3+} 生成棕红色的配合物，以此来指示终点。反应式为：

终点前：　　　　　　　　$Ag^+ + SCN^- ═══ AgSCN↓（白色）$

终点时：　　　　　　　　$Fe^{3+} + SCN^- ═══ [FeSCN]^{2+}（红色）$

（2）返滴定法　先向样品溶液中加入准确过量的 $AgNO_3$ 滴定液，使卤素离子生成银盐沉淀，然后再以铁铵矾作指示剂，用 NH_4SCN 滴定液滴定剩余的 $AgNO_3$，反应式为：

滴定前　　　　　　　　$Ag^+ + Cl^- ═══ AgCl↓（白色）$

　　　　　　　　　　　$Ag^+ + SCN^- ═══ AgSCN↓（白色）$

终点时　　　　　　　　$Fe^{3+} + SCN^- ═══ [FeSCN]^{2+}（红色）$

2. 滴定条件

① 滴定应在酸性（稀硝酸）溶液中进行，这样可以防止 Fe^{3+} 的水解，同时也可避免 S^{2-}、PO_4^{3-}、AsO_4^{3-}、CrO_4^{2-} 等弱酸根离子的干扰。

② 直接滴定 Ag^+ 时要充分振摇溶液，使被沉淀吸附的 Ag^+ 及时释放出来。因为滴定过程中，会有部分 Ag^+ 被吸附于 AgSCN 表面上，以致未到化学计量点时指示剂就显色，终点提前出现，造成滴定结果偏低。

③ 用返滴定法测定 Cl^- 时，由于氯化银的溶解度大于硫氰酸银的溶解度，当剩余的 Ag^+ 被滴定完后，过量的 SCN^- 将与氯化银发生沉淀的转化反应：

$$AgCl + SCN^- ═══ AgSCN↓ + Cl^-$$

$$[FeSCN]^{2+} ⇌ SCN^- + Fe^{3+}$$

沉淀的转化过程是缓慢的，所以当溶液出现了红色之后，如果不断地摇动溶液，上述反应便不断向生成硫氰酸银的方向进行，使溶液的 SCN^- 浓度降低，$[FeSCN]^{2+}$ 分解，红色会逐渐消失，要想得到持久的红色，需继续滴入 NH_4SCN 滴定液，直至达到平衡。这个过程无疑多消耗了 SCN^-，必然引起一定的误差。

为了避免上述转化反应的产生，通常采用以下两种措施：a. 先将生成的氯化银沉淀滤去，再用硫氰酸铵滴定液滴定滤液；b. 回滴前向待测试液中先加入一定量的有机溶剂如硝基苯或异戊醇，剧烈振摇，使 AgCl 沉淀表面被有机物所覆盖，避免与溶液接触，阻止了沉淀的转化。注意，滴定近终点时，不应剧烈振摇滴定液，以免沉淀转化。

④ 返滴定法测定 I^- 时，铁铵矾指示剂必须在 I^- 完全沉淀后才能加入，否则 I^- 会被 Fe^{3+} 氧化为 I_2，影响分析结果的准确度。

$$2Fe^{3+} + 2I^- ⇌ 2Fe^{2+} + I_2$$

3. 应用范围

直接法可测定 Ag^+ 等阳离子，返滴定法可测定 Cl^-、Br^-、I^-、SCN^-、PO_4^{3-} 等阴离子。

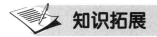 **知识拓展**　**佛尔哈德和他的沉淀滴定法**

以银盐与硫氰酸盐间的定量反应为基础的容量分析银量法称为佛尔哈德法。它是以知名的德国化学家佛尔哈德教授名字来命名的。

硫氰酸盐滴定法测银最早是夏本替尔（P. Charpentier）于 1870 年提出的，经佛尔哈德研究应用，于 1874 年以《一种新的容量分析测定银的方法》推荐给化学界，受到广泛关注。

他报告了以此方法测定银盐的具体操作和数据比较，并指出此法还有用于间接测定能被银定量沉出的氯、溴、碘化物的可能性。此法在酸性介质中进行，使用可溶性指示剂，优于颇受局限的莫尔（Mohr，1858）法。与素称精确的盖·吕萨克（Gay-Lussac，1832）氯化物比浊测银法相比，结果同样精确而简便快速则远过之。佛尔哈德此时还探讨了铜的干扰与排除，以及对铜多银少或贫银样品的处理办法，确认"这是一个值得推荐的方法"，4 年之后，佛尔哈德已能从《硫氰酸铵在容量分析中的应用》的广泛角度提出问题，报告他对硫氰酸铵滴定法测定银、汞（近似的），间接测定氯、溴、碘化物、氰化物、铜、与硫氰酸盐共存的卤化物，以及经卡里乌斯法（G. L. Carius）或碱熔氧化法处理后测定有机化合物中的卤族元素等的研究结果，后来还有用硫氰酸钾为标定高锰酸钾溶液的基准或铁盐还原的指示剂（1901）的建议。针对所遇硫氰酸铵溶液能与定量沉出的氯化银、氰化银继续反应影响测定，沉出的碘化银吸附碘化物致结果参差，多种其他元素的影响，以及间接法测定铜等技术问题，提出了可行的解决办法，使佛尔哈德方法得以成功。

今天的佛尔哈德法的应用范围已扩大到间接测定能被银沉淀的碳酸盐、草酸盐、磷酸盐、砷酸盐、碘酸盐、氰酸盐、硫化物和某些高级脂肪酸。据此而衍生的测定能形成微溶硫化物（其溶度积大于硫化银的溶度积）的铅、铋、锌、钴等金属组分含量的方法，以及测定砷化氢、硫醇、醛、一氧化碳、三磺甲烷等含量的方法。

三、吸附指示剂法

1. 基本原理

吸附指示剂法又称法扬司法（Fajans method），是用硝酸银为滴定液，以吸附指示剂确定滴定终点测定卤化物含量的一种银量法。

指示剂是一类有机染料，这些染料被吸附在沉淀表面后其分子结构发生变化而变色。下面以荧光黄为指示剂，用硝酸银滴定液滴定氯化钠溶液为例，说明吸附指示剂的变色原理。

荧光黄是一种有机弱酸，用 HFIn 表示，在溶液中能部分离解出带负电荷的黄绿色荧光黄离子：

$$HFIn \Longrightarrow FIn^-（黄绿色）+H^+ \qquad pK_a=7$$

根据沉淀吸附原理，在多种离子共存的条件下，沉淀对与自身组成相同的离子的吸附能力较强。在滴定终点前，生成的氯化银沉淀对被测 Cl^- 的吸附能力要大于对指示剂 FIn^- 的吸附能力，使氯化银形成带负电荷的 $AgCl \cdot Cl^-$ 胶粒，此时，FIn^- 不能被吸附，溶液仍呈现着指示剂 FIn^- 的黄绿色。在终点时，加入微过量的硝酸银滴定液使氯化银沉淀吸附 Ag^+ 而形成带正电荷的 $AgCl \cdot Ag^+$ 胶粒，从而吸附 FIn^-。FIn^- 被吸附后，结构发生变化而呈现粉红色，从而指示滴定到达终点。此过程反应为：

终点前：$\qquad\qquad Ag^+ + Cl^- \Longrightarrow AgCl \downarrow$

$$AgCl + Cl^- + FIn^- \Longrightarrow AgCl \cdot Cl^- + FIn^-（黄绿色）$$

终点时：$\qquad AgCl \cdot Ag^+ + FIn^- \Longrightarrow AgCl \cdot Ag^+ \cdot FIn^-（粉红色）$

2. 滴定条件

（1）溶液的酸度　吸附指示剂是有机弱酸，而起指示剂作用的是其阴离子形式，因此必须控制适宜的酸度，使指示剂在溶液中保持足够的阴离子浓度。不同指示剂适宜的酸度与指示剂酸性的强弱即离解常数 K_a 的大小有关，K_a 越大，允许的酸度越高。例如，荧光黄的 $pK_a=7$，适用于 pH7～10 范围的滴定，pH>10.5 时，Ag^+ 将沉淀为 Ag_2O；曙红的 $pK_a=$

2 在 pH2 时还可以滴定。常用的吸附指示剂见表 9-1。

表 9-1 常用的吸附指示剂

指示剂名称	适用的 pH 范围	可测离子
荧光黄	7～10	Cl^-
二氯荧光黄	4～10	Cl^-
曙红	2～10	Br^-、I^-、SCN^-
二甲基二碘荧光黄	中性	I^-
溴酚蓝	2～3	Cl^-、Br^-、I^-、SCN^-
罗丹明 6G	稀硝酸	Ag^+

（2）加入胶体保护剂　由于吸附指示剂是因被吸附在沉淀表面而变色，为了使终点的颜色变化更为明显，应尽可能使沉淀保持胶体状态，以便于吸附指示剂阴离子。为此，在滴定时常加入糊精或淀粉等胶体保护剂，以防止卤化银沉淀凝聚。

（3）选择适当吸附力的指示剂　吸附指示剂法要求沉淀对指示剂的吸附能力应略小于对被测离子的吸附能力。反之，在终点前指示剂离子就会被吸附，使溶液变色，终点提前。但沉淀对指示剂的吸附能力也不能太弱，否则将导致终点滞后且变色不敏锐。卤化银对卤离子和几种常用吸附指示剂吸附能力的次序如下：$I^->$二甲基二碘荧光黄$>SCN^->Br^->$曙红$>Cl^->$荧光黄。

因此，用硝酸银滴定液滴定 Cl^- 时应选荧光黄为指示剂而不选曙红，滴定 Br^-、SCN^- 时应选曙红，而滴定 I^- 时，则应选二甲基二碘荧光黄。

（4）避免在强光照射下滴定　卤化银易感光变灰，影响对终点的观察，如：

$$2AgCl \xrightarrow{\text{光照}} 2Ag + Cl_2 \uparrow$$

3. 应用范围

吸附指示剂法可在 pH2～10 的范围内，用于 Cl^-、Br^-、I^-、SCN^- 和 Ag^+ 等的测定。

第二节　滴　定　液

一、0.1mol/L AgNO₃滴定液的配制与标定

1. 配制

取分析纯 $AgNO_3$ 17.5g，加蒸馏水使溶解成 1000mL，摇匀，置具塞棕色瓶中，密闭保存。

2. 标定

精密称取在 270℃干燥至恒重的基准 NaCl 0.2g，置于 250mL 锥形瓶中，加蒸馏水 50mL 使溶解，再加入糊精溶液 5mL 与荧光黄指示剂 5 滴，用待标定的 $AgNO_3$ 溶液滴定至浑浊液由黄绿色转变为微红色即为终点。

二、0.1mol/L NH₄SCN 滴定液的配制与标定

1. 配制

取 NH_4SCN 8g，加蒸馏水使溶解成 1000mL，摇匀。

2. 标定

精密量取 0.1000mol/L $AgNO_3$ 溶液 25.00mL，置锥形瓶中，加蒸馏水 50mL、稀 HNO_3 2mL，加 0.015mol/L 铁铵矾指示剂 1mL，用待标定的 NH_4SCN 溶液滴定至溶液呈红色，剧烈振摇后仍不褪色，即为终点。

第三节　应用实例

一、可溶性卤化物含量的测定

可溶性卤化物是指试样中含有的无机卤化物,如 NaCl、NaBr、NaI、KCl、KBr、KI、CaCl$_2$、MgCl$_2$,以及能与硝酸银反应生成卤化银沉淀的有机卤化物。测定时,应根据具体试样的要求(如酸度、待测离子、干扰离子等情况)选择合适的银量法。例如 KI 含量的测定,可选用铁铵矾指示剂法,而不能用铬酸钾指示剂法,当然也可采用吸附指示剂法,以二甲基二碘荧光黄为指示剂进行测定。又如,天然水中 Cl$^-$ 的含量随水源不同而不同,河水中 Cl$^-$ 的含量较低,海水及某些地下水,湖水中则含量较高。天然水中的 Cl$^-$ 含量较多时,用铬酸钾指示剂法测定比较方便,但当含有 PO$_4^{3-}$、SO$_4^{2-}$、S^{2-} 等时,则应采用铁铵矾指示剂法。

(1)氯化钠的含量测定　精密称取试样约 0.16g 置于锥形瓶中,加蒸馏水 50mL,振摇使其溶解。加入 5% K$_2$CrO$_4$ 指示剂 1mL。在充分振摇下用 0.1000mol/L 的 AgNO$_3$ 滴定液滴定至刚好能辨认出砖红色即为终点。试样中 NaCl 的百分含量为:

$$NaCl\% = \frac{c_{AgNO_3} V_{AgNO_3} M_{NaCl}}{S \times 1000} \times 100\%$$

(2)溴化钾的含量测定　取样品约 0.2g,精密称定,用 50mL 蒸馏水使之溶解,然后加入新煮沸放冷的 HNO$_3$ 2mL,再加入 0.1000mol/L 硝酸银滴定液 25.00mL,充分振摇,加 0.015mol/L 铁铵矾指示剂 1mL。最后用 0.1000mol/L 的 NH$_4$SCN 滴定液返滴过量的 Ag$^+$,至溶液刚呈红色,振摇,30s 不褪色即为终点。试样中 KBr 的百分含量为:

$$KBr\% = \frac{[(cV)_{AgNO_3} - (cV)_{NH_4SCN}]M_{KBr}}{S \times 1000} \times 100\%$$

二、体液中 Cl$^-$ 含量的测定

人体内的氯元素大多以 Cl$^-$ 的形式存在于细胞外液中,浓度约为 340～383mg/100mL(0.096～0.108mol/L),与钠离子共存,所以氯化钠是细胞外液中最重要的电解质。

例如,临床测定血清氯时,取 5.00mL(V_s)无蛋白血清液,加 2 滴铬酸钾指示剂,以硝酸银滴定液($T_{AgNO_3/NaCl} = 1mg/mL$)进行滴定,终点时用去 29.00mL 硝酸银滴定液,则每 100mL 血清试样中以氯化钠计的量为:

$$\frac{TV_{AgNO_3}}{V_s} \times 100 = \frac{1 \times 29.00}{5.00} \times 100 = 580(mg/100mL)$$

三、药物的测定

《中国药典》中规定,一些药物的分析测定必须采用银量法。这些药品中有些可以直接用银量法测定,还有一些是能与卤化物或硝酸银发生反应,利用这一性质也可测定其含量。

例如，盐酸麻黄碱的含量测定　盐酸麻黄碱的结构式如下：

$$\left[\vcenter{\hbox{苯环}} \begin{matrix} -CH-CH-N-CH_3 \\ \ \ |\ \ \ \ \ \ |\ \ \ \ | \\ OH\ \ CH_3\ H \end{matrix} \right] \cdot HCl$$

取本品 25 片（每片 15mg）精密称定，研细，精密称出适量（约相当于盐酸麻黄碱 0.15g）置锥形瓶中，加水 15mL 振摇使盐酸麻黄碱溶解，加溴酚蓝（HBs）指示剂 2 滴，滴加醋酸使溶液由紫色变成黄绿色，再加溴酚蓝指示剂 10 滴与 2% 糊精溶液 5mL，用 0.1000mol/L 硝酸银溶液滴定至氯化银沉淀的乳状液呈灰紫色即达终点。

$$含量占标示量的百分数\% = \frac{平均每片被测成分实测质量}{每片被测成分标示量} \times 100\%$$

$$= \frac{\dfrac{(cV)_{AgNO_3} \times \dfrac{M}{1000}}{S} \times 平均片重}{每片被测成分标示量} \times 100\%$$

 **目标测试**

1. 什么是沉淀滴定法？沉淀滴定法中的沉淀反应必须满足哪些条件？

2. 什么是银量法？银量法可分为哪几种具体的方法？分类的依据是什么？

3. 说出硝酸银、硫氰酸铵两种滴定液的配制方法？标定它们的基准物质是什么？

4. 为什么铬酸钾指示剂法和吸附指示剂法都不能在强酸性条件下进行？

5. 用铁铵矾指示剂法测定 Cl^- 时，为什么需要过滤除去 AgCl 沉淀？

6. 用吸附指示剂法测定 Cl^- 时，荧光黄作吸附指示剂的变色原理如何？为什么要加糊精保护胶体？为什么要避免强光直接照射？

7. 下列方法可能使测定结果偏高、偏低，还是基本无影响？

（1）pH=4.0 时，用铬酸钾指示剂法测定 Cl^-；

（2）pH=6.0 时，用二氯荧光黄作指示剂，用吸附指示剂法测 Cl^-；

（3）用铁铵矾指示剂法测定 Cl^- 时，既没有过滤除去 AgCl 沉淀，也没有加硝基苯。

8. 写出三种银量法测定 Cl^- 的滴定反应、指示剂名称和酸度条件。

9. 在滴定时，硝酸银滴定液应装在酸式滴定管中还是碱式滴定管中？

10. 滴定结束后，盛放硝酸银的滴定管应如何洗涤？

11. 称取基准 $AgNO_3$ 2.3180g 溶解后，在 100mL 容量瓶中稀释至刻度，混匀。用移液管吸取上述溶液 20.00mL，置于 250mL 容量瓶中，稀释至刻度，混匀。求该溶液的浓度及每毫升中含银多少克。

12. 如果将 30.00mL $AgNO_3$ 溶液与 0.1173g NaCl 混合，过量的 $AgNO_3$ 需用 3.20mL NH_4SCN 溶液滴定至终点。已知 20.00mL $AgNO_3$ 溶液与 21.00mL NH_4SCN 溶液相当。计算（1）$AgNO_3$ 溶液的浓度；（2）NH_4SCN 溶液的浓度。

13. 称取食盐 0.2000g 溶于水后，以 5% K_2CrO_4 作指示剂，滴定至终点消耗 0.1500mol/L $AgNO_3$ 滴定液 22.50mL，计算氯化钠的含量。（营养专业）

14. 有纯氯化钠和溴化钠的混合物 0.3096g，溶解后以 K_2CrO_4 作指示剂，用 0.1137mol/L $AgNO_3$ 滴定液滴定至终点，用去 30.78mL，计算样品中氯化钠和溴化钠的含

量。（中药、药学专业）

15. 取尿液 5.00mL，加入 0.09500mol/L $AgNO_3$ 溶液 20.00mL，过量的 $AgNO_3$ 用 0.1100mol/L KSCN 溶液滴定，终点时用去 8.00mL，计算 1.5L 尿液中含氯化钠多少克。（检验、卫检专业）

第十章 配位滴定法

知识导图

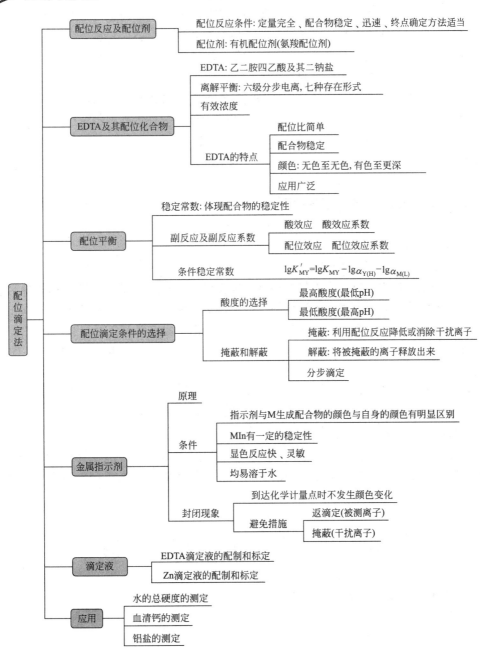

学习目标

1. 掌握 EDTA 滴定液的配制和标定。
2. 掌握水的硬度概念、测定过程及计算。
3. 熟悉配合物的性质和配位平衡的概念。
4. 熟悉配位滴定法的概念、条件及 EDTA 与金属配位的特点。
5. 了解酸度、其他配位剂等对配位平衡的影响。

配位化合物(简称配合物)是一类组成较为复杂而又普遍存在的化合物，它不仅在稀有元素的提取、冶金、染料等工业上有着广泛的应用，而且在生物体内也有重要的作用。如人体内输送氧气的亚铁血红蛋白是一种含铁的配合物；植物进行光合作用所依赖的叶绿素是含镁的配合物；人体内各种酶的分子几乎都是金属的配合物。配合物与医药的关系也极为密切。如锌胰岛素是含锌的配合物；维生素 B_{12} 是含钴的配合物；柠檬酸铁铵和酒石酸锑钾本身就是配合物。在医疗上，常利用某些配合剂能与重金属离子形成配离子的性质而把它们用作解毒剂。此外，在生化检验、环境监测、药物分析等方面，配合物的应用也很广泛。

配位滴定法(coordinate titration)是以生成配位化合物反应为基础的滴定分析方法。能够生成配位化合物的反应很多，但能用于配位滴定的却很少，应用于配位滴定的反应必须具备下述条件：

① 配位反应要进行完全，形成的配合物要稳定且可溶。

② 配位反应要按一定化学反应式定量地进行。

③ 反应必须迅速。

④ 要有适当的方法确定滴定终点。

配位剂可分为两类，即无机配位剂和有机配位剂。无机配位剂很早就应用于分析化学，但由于许多无机配位剂与金属离子形成的配合物不够稳定，在配位反应中有分级配位现象，很难确定反应中的计量关系，因此使其应用受到了限制。而许多有机配位剂，特别是氨羧配位剂，可与金属离子按一定比例形成很稳定的配合物，符合滴定要求，在配位滴定中得到了广泛的应用。

氨羧配位剂是一类以氨基二乙酸［$—N(CH_2COOH)_2$］为基体的配位剂的总称。它的分子中含有氨基氮和羧基氧两种配位能力很强的原子，能与多数金属离子形成稳定的可溶性配合物。目前常见的氨羧配位剂有几十种，如乙二胺四乙酸（简称 EDTA）、环己烷二胺四乙酸（简称 DCTA）、乙二醇二乙醚二胺四乙酸（简称 EGTA）等，其中最常用的是乙二胺四乙酸。因此，通常指的“配位滴定法”即指乙二胺四乙酸配位滴定法，简称 EDTA 滴定法。

第一节 EDTA 及其配合物

一、EDTA 的结构与性质

乙二胺四乙酸（ethylenediamine tetraacetic acid）的结构式如下：

$$HOOCH_2C \diagdown \qquad \diagup CH_2COOH$$
$$N-CH_2CH_2-N$$
$$HOOCH_2C \diagup \qquad \diagdown CH_2COOH$$

EDTA 是一种白色粉末状晶体，无臭、无毒，分子量为 292.1，微溶于水，22℃时 100mL 水中可溶 0.02g，水溶液呈酸性，pH 约为 2.3，难溶于酸和有机溶剂，易溶于碱。从结构上看它是四元酸，常用结构简式 H_4Y 表示。在水溶液中两个羧基上的氢结合到氮原子上，形成了双偶极离子，由于 H_4Y 难溶于水，不适于用作配制滴定液，通常用其二钠盐配制。

EDTA 二钠盐（$Na_2H_2Y \cdot 2H_2O$，通常也称之为 EDTA）为白色粉末状晶体，无臭、无毒，分子量为 372.2，较易溶于水，22℃时 100mL 水中可溶解 11.1g，饱和溶液的浓度约为 0.3mol/L，其 pH 为 4.4。在配位滴定中，EDTA 二钠盐是使用比较广泛的氨羧配位剂。

二、EDTA 在溶液中的离解平衡

在酸度较高的溶液中，EDTA 的两个铵根可以再接受两个 H^+，形成 H_6Y^{2+}，因此 EDTA 就相当于六元酸，在溶液中有六级离解平衡：

$$H_6Y^{2+} \Longleftrightarrow H^+ + H_5Y^+ \qquad K_{a_1} = \frac{[H^+][H_5Y^+]}{[H_6Y^{2+}]} = 10^{-0.9}$$

$$H_5Y^+ \Longleftrightarrow H^+ + H_4Y \qquad K_{a_2} = \frac{[H^+][H_4Y]}{[H_5Y^+]} = 10^{-1.6}$$

$$H_4Y \Longleftrightarrow H^+ + H_3Y^- \qquad K_{a_3} = \frac{[H^+][H_3Y^-]}{[H_4Y]} = 10^{-2.0}$$

$$H_3Y^- \Longleftrightarrow H^+ + H_2Y^{2-} \qquad K_{a_4} = \frac{[H^+][H_2Y^{2-}]}{[H_3Y^-]} = 10^{-2.67}$$

$$H_2Y^{2-} \Longleftrightarrow H^+ + HY^{3-} \qquad K_{a_5} = \frac{[H^+][HY^{3-}]}{[H_2Y^{2-}]} = 10^{-6.16}$$

$$HY^{3-} \Longleftrightarrow H^+ + Y^{4-} \qquad K_{a_6} = \frac{[H^+][Y^{4-}]}{[HY^{3-}]} = 10^{-10.26}$$

这六级分步离解关系，可用下列简式表示：

$$H_6Y^{2+} \underset{+H^+}{\overset{-H^+}{\rightleftarrows}} H_5Y^+ \underset{+H^+}{\overset{-H^+}{\rightleftarrows}} H_4Y \underset{+H^+}{\overset{-H^+}{\rightleftarrows}} H_3Y^- \underset{+H^+}{\overset{-H^+}{\rightleftarrows}} H_2Y^{2-} \underset{+H^+}{\overset{-H^+}{\rightleftarrows}} HY^{3-} \underset{+H^+}{\overset{-H^+}{\rightleftarrows}} Y^{4-}$$

在水溶液中，EDTA 是以 H_6Y^{2+}、H_5Y^+、H_4Y、H_3Y^-、H_2Y^{2-}、HY^{3-} 和 Y^{4-} 七种型体存在，溶液总浓度为：$c_{EDTA} = [H_6Y^{2+}] + [H_5Y^+] + [H_4Y] + [H_3Y^-] + [H_2Y^{2-}] + [HY^{3-}] + [Y^{4-}]$。

其中，只有 Y^{4-} 型体可以直接与金属离子配合，因此，称 $[Y^{4-}]$ 为 EDTA 的有效浓度。在不同的 pH 范围，EDTA 在溶液中的主要存在型体不同，见表 10-1。

表 10-1 不同 pH 范围下 EDTA 在溶液中的主要存在型体

pH	<1	1~1.6	1.6~2.0	2.0~2.67	2.67~6.16	6.16~10.26	>10.26
主要存在型体	H_6Y^{2+}	H_5Y^+	H_4Y	H_3Y^-	H_2Y^{2-}	HY^{3-}	Y^{4-}

三、EDTA 与金属离子形成配合物的特点

（1）EDTA 与金属离子按 1:1 配位　一般情况下，EDTA 与大多数金属离子反应的配合比为 1:1，与金属离子的价态无关，即 $n_{EDTA} = n_M$，这是配位滴定计算的依据。反应式可简写成通式：$M + Y \Longrightarrow MY$。

（2）EDTA 与金属离子形成的配合物稳定　EDTA 与金属离子形成三个或五个五元环螯合物，五元环螯合物是最稳定的结构。

（3）EDTA 与金属离子形成的配合物的颜色　EDTA 与无色金属离子配位，形成的配合物也无色；与有色金属离子配位，形成颜色更深的配合物。几种有色 DETA 配合物列于表 10-2。

表 10-2　几种有色 EDTA 配合物

金属离子	Co^{2+}	Mn^{2+}	Ni^{2+}	Cu^{2+}	Cr^{3+}	Fe^{3+}
金属离子颜色	粉红色	肉色	绿色	浅蓝色	亮绿色	浅黄色
配合物	CoY^{2-}	MnY^{2-}	NiY^{2-}	CuY^{2-}	CrY^-	FeY^-
配合物颜色	玫瑰红	紫红	蓝绿	深蓝	蓝紫	黄

（4）应用范围广泛　EDTA 能与大多数金属离子形成稳定的配合物，元素周期表中的绝大多数元素都可以用配位滴定进行直接或间接滴定，且大多数配合物带有电荷，水溶性好。

第二节　配位平衡

一、配合物的稳定常数

金属离子与 EDTA 的反应通式为：$M + Y \Longrightarrow MY$

$$K_{MY} = \frac{[MY]}{[M][Y]} \tag{10-1}$$

K_{MY} 为一定温度时，金属离子 EDTA 配合物的稳定常数一定。此值越大，配合物越稳定。通常 K_{MY} 用其对数表示，即 $\lg K_稳$。在一定条件下，每一配合物都有其特有的稳定常数。一些常见金属离子与 EDTA 配合物的稳定常数见表 10-3。

表 10-3　EDTA 与金属离子配合物的稳定常数

金属离子	$\lg K_稳$	金属离子	$\lg K_稳$	金属离子	$\lg K_稳$
Na^+	1.66	Fe^{2+}	14.33	Ni^{2+}	18.56
Li^+	2.79	Ce^{3+}	15.98	Cu^{2+}	18.70
Ag^+	7.32	Al^{3+}	16.11	Hg^{2+}	21.80
Ba^{2+}	7.86	Co^{2+}	16.31	Sn^{2+}	22.11
Mg^{2+}	8.64	Pt^{3+}	16.40	Cr^{3+}	23.40
Be^{2+}	9.20	Cd^{2+}	16.46	Fe^{3+}	25.10
Ca^{2+}	10.69	Zn^{2+}	16.50	Bi^{3+}	27.94
Mn^{2+}	13.87	Pb^{2+}	18.30	Co^{3+}	36.00

由表 10-3 可见，一般三价金属离子和 Hg^{2+}、Sn^{2+} 的 EDTA 配合物的 $\lg K_稳 > 20$；二价过渡金属离子和 Al^{3+} 的配合物的 $\lg K_稳$ 在 14~19 之间；碱土金属离子的配合物的 $\lg K_稳$ 在 8~11 之间；碱金属离子的配合物最不稳定。在通常条件下，$\lg K_稳 \geqslant 8$ 就可以直接滴定。

二、配位滴定中的副反应及副反应系数

在 EDTA 滴定中，除 M 与 Y 之间的主反应外，往往存在 H^+、掩蔽剂、干扰离子等所引起的副反应，这些副反应能影响主反应中的反应物或生成物的平衡浓度，其影响程度可用副反应系数（side reaction coefficient）的大小来表示；反应过程中，M 与 Y 的主反应及其副反应的平衡关系表示如下：

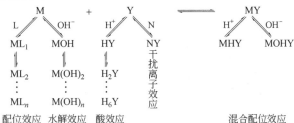

反应物 M 和 Y 的各种副反应不利于主反应的进行，而生成物 MY 的各种副反应则有利于主反应的进行。下面主要讨论由 H^+ 和其他辅助配位剂 L 的存在产生的副反应及其对 EDTA 配合物稳定性的影响。

1. 酸效应

当 M 与 Y 反应时，如果溶液的酸度升高，Y 会与 H^+ 结合，使主反应受到影响，导致平衡向左移动，使 MY 的稳定性降低。

$$M+Y \Longrightarrow MY \qquad \text{主反应}$$
$$H \big\Updownarrow$$
$$HY \Longrightarrow H_2Y \Longrightarrow \cdots\cdots \qquad \text{副反应}$$

这种由于 H^+ 存在使配位体参加主反应能力降低的现象称为酸效应（acid effect），其影响程度用酸效应系数（acid effect coefficient）$\alpha_{Y(H)}$ 来表示。它等于未参加配位反应的 EDTA 各种型体总浓度与游离配位剂 Y 的平衡浓度之比，其数学表达式为：

$$\alpha_{Y(H)} = \frac{[Y]_{总}}{[Y]} \tag{10-2}$$

$$[Y]_{总} = [Y] + [HY] + [H_1Y] + \cdots + [H_6Y]$$

若 $\alpha_{Y(H)} > 1$，即 $[Y]_{总} > [Y]$，说明有酸效应。$\alpha_{Y(H)}$ 值越大，酸效应对主反应进行的影响程度也越大。若 $\alpha_{Y(H)} = 1$，即 $[Y]_{总} = [Y]$，说明 EDTA 只以 Y 型体存在，没有酸效应。不同 pH 时 EDTA 的 $\lg\alpha_{Y(H)}$ 值见表 10-4。

表 10-4　EDTA 在各种 pH 时的酸效应系数

pH	$\lg\alpha_{Y(H)}$	pH	$\lg\alpha_{Y(H)}$	pH	$\lg\alpha_{Y(H)}$
0.0	23.64	4.5	7.50	8.5	1.77
0.4	21.32	5.0	6.45	9.0	1.29
1.0	17.51	5.4	5.69	9.5	0.83
1.5	15.55	5.8	4.98	10.0	0.45
2.0	13.79	6.0	4.65	10.5	0.20
2.8	11.09	6.5	3.92	11.0	0.07
3.0	10.60	7.0	3.32	11.5	0.02
3.4	9.70	7.5	2.78	12.0	0.01
4.0	8.44	8.0	2.27	13.0	0.00

2. 配位效应

如果溶液中存在其他配位剂 L 时，L 会与金属离子 M 发生副反应，影响主反应进行。

$$M+Y \Longrightarrow MY \qquad\qquad 主反应$$
$$L \parallel$$
$$ML \Longrightarrow ML_2 \Longrightarrow \cdots\cdots \qquad\qquad 副反应$$

由于其他配位剂的存在，使金属离子与 EDTA 主反应的能力下降的现象称配位效应，其影响程度的大小用金属离子的配位效应系数 $\alpha_{M(L)}$ 表示。它等于未参加配位反应的金属离子各种型体总浓度与游离的金属离子平衡浓度之比，其数学表达式为：

$$\alpha_{M(L)} = \frac{[M]_总}{[M]} \tag{10-3}$$

$$[M]_总 = [M] + [ML_1] + [ML_2] + \cdots + [ML_n]$$

$\alpha_{M(L)}$ 值越大，表明其他配位剂 L 对主反应的影响越大。当 $\alpha_{M(L)} = 1$ 时，$[M]_总 = [M]$，即表示该金属离子不存在配位效应。

三、条件稳定常数

在没有副反应时，金属离子 M 与配位剂 EDTA 的反应进行程度可用稳定常数 K_{MY} 表示，K_{MY} 值越大，配合物越稳定。但在实际滴定条件下，由于受到副反应的影响，K_{MY} 值已不能反映主反应进行的真实程度。因为这时未参与主反应的金属离子不仅有 M，还有 ML、ML_1、ML_2、ML_n 等。因此，应当用这些形式的浓度的总和 $[M]_总$ 表示金属离子的浓度；同样，未参加主反应的配位剂的浓度也应用其总浓度 $[Y]_总$ 表示。这样，在有副反应发生的情况下，平衡常数 K_{MY} 就变为 K'_{MY}。即：

$$K'_{MY} = \frac{[MY']}{[M'][Y']} \tag{10-4}$$

K'_{MY} 表示在一定条件下，有副反应发生时主反应进行的程度。因此，K'_{MY} 称为条件稳定常数，也称作表观稳定常数。由于 MY 发生的副反应对主反应有利，在此不作考虑，仅讨论 Y 和 M 的副反应对主反应的影响。由式(10-2) 和式(10-3)可知

$$[M]_总 = \alpha_{M(L)}[M] \qquad [Y]_总 = \alpha_{Y(H)}[Y]$$

代入式(10-4)，则得

$$K'_{MY} = \frac{[MY]}{\alpha_{M(L)} \cdot [M] \cdot \alpha_{Y(H)} \cdot [Y]}$$
$$= \frac{K_{MY}}{\alpha_{M(L)} \cdot \alpha_{Y(H)}} \tag{10-5}$$

将上式取对数，可得：

$$\lg K'_{MY} = \lg K_{MY} - \lg \alpha_{Y(H)} - \lg \alpha_{M(L)} \tag{10-6}$$

【例 10-1】 计算 $pH = 2.0$ 和 $pH = 5.0$ 时的 $\lg K'_{ZnY}$ 值。

解： 从表 10-3 查到　$\lg K_{ZnY} = 16.50$

从表 10-4 查到　$pH = 2.0$ 时，$\lg \alpha_{Y(H)} = 13.79$

$\qquad\qquad\qquad pH = 5.0$ 时，$\lg \alpha_{Y(H)} = 6.45$

所以，$pH = 2.0$ 时，$\lg K'_{ZnY} = \lg K_{ZnY} - \lg \alpha_{Y(H)} - \lg \alpha_{M(L)} = 16.50 - 13.79 - 0 = 2.71$

$\qquad\quad pH = 5.0$ 时，$\lg K'_{ZnY} = \lg K_{ZnY} - \lg \alpha_{Y(H)} - \lg \alpha_{M(L)} = 16.50 - 6.45 - 0 = 10.05$

计算结果表明，尽管 K_{ZnY} 高达 16.50，Zn^{2+} 和 EDTA 配合物非常稳定，但在 $pH = 2.0$ 时，由于 EDTA 的酸效应系数很大，实际上 $\lg K'_{ZnY}$ 只有 2.71，说明 ZnY 配合物极不稳定，不能用于配位滴定。而 $pH = 5.0$ 时，$\lg K'_{ZnY}$ 为 10.05，可以滴定。这说明在配位滴定中，选择和控制酸度有着重要的意义。

【例 10-2】　计算 pH＝11，　[NH₃]＝0.1mol/L 时的 lgK'_{ZnY}值 [已知 lg$\alpha_{Zn(NH_3)}$＝5.60]。

解：已知：pH＝11，lg$\alpha_{Y(H)}$＝0.07

$$[NH_3]＝0.1mol/L 时，lg\alpha_{Zn(NH_3)}＝5.60$$

根据式(10-6)

$$lgK'_{ZnY}＝lgK_{ZnY}-lg\alpha_{Y(H)}-lg\alpha_{Zn(NH_3)}＝16.50-0.07-5.60＝10.83$$

计算结果表明，在 pH＝11 时，尽管 Zn^{2+} 与 OH^- 及 NH_3 的副反应很强，但 lgK'_{ZnY}仍为 10.83，故在强碱性条件下仍能用 EDTA 滴定 Zn^{2+}。

第三节　配位滴定条件的选择

金属离子 M 能被 EDTA 准确滴定的主要条件是：lg$c_M K'_{MY}$≥6。若 $c_M＝1.0×10^{-2}$ mol/L，则 lgK'_{MY}≥8 时，才能被直接滴定。由于 K'_{MY}受酸效应、配位效应等多种因素影响，因此，要用 EDTA 对 M 进行准确滴定，就必须选择合适的配位滴定条件。

一、酸度的选择

不同的金属离子在滴定时允许的最高酸度不同。如果溶液中同时存在两种或两种以上的离子时，它们与 EDTA 配合物的稳定常数差别足够大，则可通过控制溶液酸度，使得只有欲滴定的离子可形成稳定的配合物，从而达到选择性滴定的目的。

1. 配位滴定的最高酸度（即最低 pH）

假设配位滴定除 EDTA 的酸效应外，没有其他副反应，则

$$lgK'_{MY}＝lgK_{MY}-lg\alpha_{Y(H)}≥8$$

可见，溶液的酸度必须有一个最高限度，否则超过这一酸度就使 lgK'_{MY}小于 8，从而不能准确滴定。这一限度就是配位滴定允许的最高酸度（即最低 pH）。

滴定任一金属离子 M 时，允许的最低 pH 可按下式：

$$lg\alpha_{Y(H)}＝lgK_{MY}-8 \tag{10-7}$$

先求出 lg$\alpha_{Y(H)}$值，然后查表 10-4，找出与此 lg$\alpha_{Y(H)}$值对应的 pH，即为该滴定允许的最低 pH。

【例 10-3】　用 0.01000mol/LEDTA 滴定 0.01000mol/LZn^{2+}溶液。计算允许的最高酸度。已知 lgK_{ZnY}＝16.50。

解：由式(10-7) 知：lg$\alpha_{Y(H)}$＝lgK_{ZnY}-8＝16.50-8＝8.50

查表 10-4 知：当 lg$\alpha_{Y(H)}$＝8.50 时，pH＝4.0，测定 Zn^{2+} 允许的最低 pH 为 4.0。

用上述方法，可计算出用 EDTA 滴定各种金属离子时的最高酸度，见表 10-5。

表 10-5　EDTA 滴定一些金属离子的最低 pH

金属离子	pH	金属离子	pH	金属离子	pH
Mg^{2+}	9.8	Co^{2+}	4.0	Cu^{2+}	2.9
Ca^{2+}	7.5	Cd^{2+}	3.9	Hg^{2+}	1.9
Mn^{2+}	5.2	Zn^{2+}	3.9	Sn^{2+}	1.7
Fe^{2+}	5.0	Pb^{2+}	3.2	Fe^{3+}	1.0
Al^{3+}	4.2	Ni^{2+}	3.0	Bi^{3+}	0.6

由表 10-5 可知，不同金属离子的 K_{MY} 不同，则滴定时最低 pH 不同。当溶液中有几种金属离子共存时，若它们的最低 pH 相差较大，则有可能通过控制溶液的酸度进行选择滴定或分别滴定。例如，当 Bi^{3+} 和 Pb^{2+} 共存时，可以先调节溶液的 pH≈1，用 EDTA 滴定 Bi^{3+}，不会发生 Pb^{2+} 干扰；当 Bi^{3+} 定量滴定后，调节溶液 pH5～6，可继续用 EDTA 滴定 Pb^{2+}，从而可实现在混合离子体系中进行分别滴定。

2. 配位滴定的最低酸度（即最高 pH）

如果滴定时酸度太低（pH 太高），酸效应减小，但金属离子易水解。因此，配位滴定不能低于酸度的某一限度，即不能低于最低酸度，否则金属离子水解形成羟基配合物，甚至析出 $M(OH)_n$ 沉淀而影响配位滴定。配位滴定的最高 pH 可从 $M(OH)_n$ 对应的 K_{sp} 计算出来。

二、掩蔽与解蔽

在配位滴定中，如果金属离子 M 和 N 的稳定常数比较接近，就不能用控制酸度的方法进行分别滴定。此时可加入适当的掩蔽剂，使它与干扰离子 N 形成稳定的配合物，降低溶液中游离的干扰离子浓度，从而消除干扰。常用的掩蔽方法有配位掩蔽法、沉淀掩蔽法和氧化还原掩蔽法。

1. 配位掩蔽法

配位掩蔽法就是利用配位反应降低或消除干扰离子的方法，是最常用的掩蔽法。例如，测定水的硬度，用 EDTA 滴定 Ca^{2+}、Mg^{2+} 时，水中的 Fe^{3+}、Al^{3+} 对测定有干扰。常加入三乙醇胺与 Fe^{3+}、Al^{3+} 生成更稳定的配合物，使之不干扰 Ca^{2+}、Mg^{2+} 的测定。配位滴定中常用的掩蔽剂及使用范围见表 10-6。

表 10-6　常用的掩蔽剂及使用范围

掩蔽剂	pH 使用范围	被掩蔽的离子	备　注
KCN	＞8	Co^{2+}、Ni^{2+}、Cu^{2+}、Zn^{2+}、Hg^{2+}、Ag^+、Ti^{3+} 及铂族元素	剧毒，需在碱性溶液中使用
NH_4F	4～6	Al^{3+}、Ti^{3+}、Sn^{4+}、Zr^{4+}、W^{6+} 等	用 NH_4F 比 NaF 好，因 NH_4F 加入 pM 变化不大
三乙醇胺	10	Mg^{2+}、Ca^{2+}、Sr^{2+}、Ba^{2+}、稀土元素	
	碱性溶液	Al^{3+}、Sn^{4+}、Ti^{4+}、Fe^{3+} 及少量 Mn^{2+}	与 KCN 作用可提高掩蔽效果
邻二氮菲	5～6	Cu^{2+}、Ni^{2+}、Zn^{2+}、Cd^{2+}、Hg^{2+}、Co^{2+}、Mn^{2+}	
酒石酸	1.5～2	Sn^{4+}、Fe^{3+}、Mn^{2+}	
	5.5	Fe^{3+}、Al^{3+}、Sn^{4+}	
	6～7.5	Mg^{2+}、Cu^{2+}、Fe^{3+}、Al^{3+}、Mo^{4+}	
	10	Al^{3+}、Sn^{4+}	

2. 沉淀掩蔽法

沉淀掩蔽法是在溶液中加入沉淀剂，使干扰离子与掩蔽剂反应生成沉淀的方法。例如，在 Ca^{2+}、Mg^{2+} 共存的溶液中，加入 NaOH 溶液，使 pH＞12，此时 Mg^{2+} 生成 $Mg(OH)_2$ 沉淀，可用 EDTA 滴定 Ca^{2+}。

3. 氧化还原掩蔽法

氧化还原掩蔽法是利用氧化还原反应改变干扰离子的价态，以消除干扰的方法。例如，用 EDTA 滴定 Bi^{3+}、Zr^{4+}、Tb^{4+} 等时，溶液中的 Fe^{3+} 会产生干扰，此时可加入抗坏血酸或盐酸羟胺，将 Fe^{3+} 还原为 Fe^{2+}。因为 Fe^{2+} 的 $\lg K'_{FeY} = 14.33$ 比 Fe^{3+} 的 $\lg K'_{FeY} = 25.1$ 要小得多，故能减少干扰。

采用掩蔽法对某一离子进行滴定后，再加入一种试剂，将已被掩蔽的离子释放出来，这种方法称为解蔽。具有解蔽作用的试剂称为解蔽剂。将掩蔽-解蔽方法联合使用，混合物不需分离可连续分别进行滴定。如测定铜合金中的铅、锌时，可在氨性溶液中用 KCN 掩蔽 Cu^{2+}、Zn^{2+} 两种离子，而 Pb^{2+} 不被掩蔽，则可用 EDTA 滴定 Pb^{2+}。在滴定 Pb^{2+} 后的溶液中加入甲醛，则 $[Zn(CN)_4]^{2-}$ 被解蔽而释放出 Zn^{2+}，再用 EDTA 继续滴定 Zn^{2+}。

第四节　金属指示剂

在配位滴定中，通常利用一种能与金属离子生成有色配合物的有机染料作显色剂，来指示滴定过程中金属离子浓度的变化，这种显色剂称为金属离子指示剂（metalion indicator），简称金属指示剂。

一、金属指示剂的变色原理

金属指示剂是一种有机染料，它与被滴定金属离子反应，形成一种与指示剂本身颜色不同的配合物：

$$M + In \rightleftharpoons MIn$$
$$\text{颜色 I} \qquad \text{颜色 II}$$

滴定时，溶液中游离的金属离子逐渐减少，当达到化学计量点时，EDTA 夺取 MIn 配合物中的 M，生成更稳定的 MY，同时释放出指示剂，引起溶液颜色的改变，从而指示滴定终点：

$$MIn + Y \rightleftharpoons MY + In$$
$$\text{颜色 II} \qquad\qquad \text{颜色 I}$$

二、金属指示剂应具备的条件

许多有机染料都能与金属离子形成有色配位物，但可以作为金属指示剂的比较少，作为金属指示剂必须具备下列条件。

① 金属指示剂与金属离子生成的配合物颜色应与指示剂本身的颜色有明显区别，终点颜色变化才明显。

金属指示剂大多是有机弱酸，颜色随 pH 变化而变化，因此必须控制适当的 pH 范围。以铬黑 T 为例，它在溶液中有以下平衡：

$$H_2In^- \xrightarrow{pK_{a1}=6.3} HIn^{2-} \xrightarrow{pK_{a2}=11.6} In^{3-}$$
$$\text{紫红} \qquad\qquad \text{蓝} \qquad\qquad \text{橙}$$
$$pH<6.3 \qquad pH\,8\sim11 \qquad pH>11.6$$

当 pH<6.3 时，显 H_2In^- 的紫红色；pH>11.6 时显 In^{3-} 的橙色，均与铬黑 T 金属配位物的红色相近。为使终点变化明显，铬黑 T 最佳使用范围为 pH 8.0～10.0。

② 金属指示剂配合物 MIn 有一定的稳定性，即 $K'_{MIn} \geqslant 10^4$；但其稳定性又要小于 MY 配合物的稳定性，一般要求 $K'_{MY}/K'_{MIn} \geqslant 10^2$。这样，终点既不会提前，也不会推迟。

③ 显色反应快，灵敏，具有良好的可逆性。

④ 金属指示剂与金属离子生成的配合物应易溶于水。

⑤ 金属指示剂稳定性较好，便于贮存与使用。

三、金属指示剂的封闭现象

有的金属指示剂与某些金属离子形成配合物的稳定性大于 EDTA 与金属离子形成配合物的稳定性，即 $K'_{MIn} > K'_{MY}$，当游离的金属离子 M 被 EDTA 配位后，MIn 中的金属离子 M 无法及时地被 EDTA 置换出来，到达化学计量点时不发生颜色变化，即无终点或终点不敏锐，或严重拖后，这种现象称为金属指示剂的封闭现象。

例如，铬黑 T 与 Fe^{3+}、Al^{3+}、Cu^{2+}、Co^{2+}、Ni^{2+} 等形成的配合物非常稳定，其 $K'_{MIn} > K'_{MY}$，用 EDTA 滴定这些离子时，就不能用铬黑 T 作指示剂，否则会产生指示剂的封闭现象。

封闭现象若是由待测离子本身引起的，可以采用返滴定法避免；如果是因为其他金属离子引起的，这就需要根据不同情况，加入适当的掩蔽剂，掩蔽干扰离子，以消除对指示剂的封闭现象。常用的金属指示剂见表 10-7。

表 10-7　常用的金属指示剂

指示剂	pH 使用范围	颜色变化		直接滴定离子	封闭离子	掩蔽剂
		In	MIn			
铬黑 T（EBT）	8～10	蓝	红	Mg^{2+}、Zn^{2+}、Cd^{2+}、Pb^{2+}、Mn^{2+}、稀土	Al^{3+}、Fe^{3+}、Cu^{2+}、Co^{2+}、Ni^{2+}	三乙醇胺、NH_4F
二甲酚橙（XO）	<6	亮黄	红紫	pH<1:ZrO^{2+}；pH1～3:Bi^{3+}、Th^{4+}；pH5～6:Zn^{2+}、Pb^{2+}、Cd^{2+}、Hg^{2+}、稀土	Fe^{3+}；Al^{3+}；Cu^{2+}、Co^{2+}、Ni^{2+}	NH_4F；返滴定法、邻二氮菲作指示剂
钙指示剂（NN）	12～13	纯蓝	酒红	Ca^{2+}	与 EBT 相似	

第五节　滴　定　液

在配位滴定中，常用的滴定液有 EDTA 滴定液和锌滴定液。

一、0.05mol/L EDTA 滴定液的配制和标定

（1）配制　乙二胺四乙酸在水中溶解度小，不能直接使用，所以常用其二钠盐配制滴定液。配制浓度约 0.05mol/L 的溶液，取 $Na_2H_2Y \cdot 2H_2O$ 19g，溶于 300mL 的温蒸馏水中，冷却后用水稀释至 1L，摇匀，贮存于聚乙烯瓶或硬质玻璃瓶中，待标定。

（2）标定　标定 EDTA 溶液的基准物质很多，如 Zn、Ca 及纯 $CaCO_3$、ZnO 和 $MgSO_4 \cdot 7H_2O$ 等。这里介绍用 ZnO 作基准物质进行标定的方法。

精密称取于 800℃ 灼烧至恒重的基准氧化锌约 0.12g，加稀盐酸 3mL 使溶解，加蒸馏水 25mL 与 pH=10 的氨-氯化铵缓冲液 10mL，再加少量铬黑 T 指示剂，用 EDTA 滴定至溶液由紫红色变为纯蓝色即为终点。用下式计算 EDTA 滴定液的浓度

$$c_{\text{EDTA}} = \frac{m_{\text{ZnO}} \times 10^3}{V_{\text{EDTA}} M_{\text{ZnO}}}$$

二、0.05mol/L 锌滴定液的配制和标定

（1）配制 取硫酸锌 15g，加稀盐酸 10mL 与水适量使溶解，加水至 1000mL，摇匀即得浓度约为 0.05mol/L 的锌溶液，待标定。

（2）标定 精密移取待标定锌溶液 25.00mL，加甲基红指示剂 1 滴，滴加氨试液至溶液呈微黄色，再加蒸馏水 25mL、氨-氯化铵缓冲液 10mL 与铬黑 T 指示剂数滴，然后用 EDTA 滴定液滴定至溶液由紫红色恰变为蓝色即为终点。按下式计算锌滴定液的浓度：

$$c_{\text{Zn}^{2+}} = \frac{c_{\text{EDTA}} V_{\text{EDTA}}}{V_{\text{Zn}^{2+}}}$$

第六节 应用实例

配位滴定法广泛应用于冶金、地质、环境卫生、医学检验和药物分析。在医学检验中如血清钙、胸水、腹水中钙镁离子的含量测定；在药物分析中如氢氧化铝、明矾、硫酸锌、葡萄糖酸钙、磺胺嘧啶锌等药物含量的测定及水的总硬度测定，均可采用配位滴定法。

一、水的总硬度测定

水的硬度是指溶解于水中的钙盐和镁盐的含量，含量越高即表示水的硬度越大。测定水的总硬度就是测定水中钙、镁离子的总量。

水的硬度表示方法为：将水中所含 Ca^{2+}、Mg^{2+} 的总量，折算成 $CaCO_3$ 的质量，以每升水中含有多少毫克 $CaCO_3$ 表示硬度，单位为 mg/L。

操作过程：精密吸取一定量（50mL 或 100mL）的水样，用氨-氯化铵缓冲液调节 pH 约为 10，加铬黑 T 指示剂少量，用 EDTA 滴定液滴定至溶液由酒红色变为纯蓝色即为终点。

滴定过程的反应式为：

滴定前　　$Mg^{2+} + In \rightleftharpoons MgIn$

终点前　　$Ca^{2+} + Y \rightleftharpoons CaY$

　　　　　$Mg^{2+} + Y \rightleftharpoons MgY$

终点时　　$MgIn + Y \rightleftharpoons MgY + In$

终点颜色：　　酒红色　　　　　　纯蓝色

可按下式计算水的硬度：

$$硬度(CaCO_3, mg/L) = \frac{c_Y V_Y M_{CaCO_3} \times 10^3}{V_{样}}$$

二、血清钙的测定

用配位滴定法测定血清钙时，在 pH12～13 的碱性溶液中，加入钙指示剂，血清中的部分 Ca^{2+} 先与钙指示剂形成酒红色配合物，然后用 EDTA 滴定液滴定，EDTA 与 Ca^{2+} 形成更稳定的配合物，到达化学计量点时，滴加的 EDTA 夺取钙指示剂配合物中的 Ca^{2+}，使指示剂游离出来，溶液从酒红色变为蓝色，即到达滴定终点。

临床检验的操作过程：在 30mL 锥形瓶中加 0.50mL 血清，再加入 5mL0.2mol/L NaOH 溶液和 2 滴钙指示剂的甲醇溶液，混匀，用 1mL 相当于 0.10mg 钙的 EDTA 滴定液滴定，至溶液由红色变为蓝色即到达滴定终点。按下式计算血清钙的含量：

$$血清钙(mg/mL) = \frac{V_{EDTA} \times 0.10mg/mL}{0.50mL}$$

三、铝盐的测定

用 EDTA 法测定铝盐，只能用返滴定法而不能用直接滴定法，因为 Al^{3+} 与 EDTA 反应速率太慢，并且 Al^{3+} 对二甲酚橙指示剂有封闭作用。滴定前在铝盐溶液中先加入准确过量的 EDTA，并加热煮沸促进反应完全，再加入二甲酚橙指示剂，用锌滴定液滴定剩余的 EDTA。

操作过程：取明矾约 2g，精密称定，加适量蒸馏水使其溶解，定量转移至 250mL 容量瓶中，用蒸馏水稀释至刻度摇匀。用移液管精密移取此溶液 25.00mL 置锥形瓶中，调节溶液的 pH 为 3.5，精密加入 0.05000mol/L EDTA 滴定液 25.00mL，煮沸取下冷却后，加适量水及 HAc-NaAc 缓冲液调 pH5，以二甲酚橙为指示剂，用锌滴定液滴定至溶液由黄色恰变为紫红色即为终点。

滴定过程的反应如下：

滴定前　　　　$Al^{3+} + Y(过量) == AlY + Y(剩余量)$

终点前　　　　$Y(剩余) + Zn^{2+} == ZnY$

终点时　　　　$Zn^{2+} + In == ZnIn$

按下式计算明矾样品中铝的含量。

$$Al\% = \frac{[(cV)_{EDTA} - (cV)_{Zn}]M_{Al} \times 10^{-3}}{S \times 25.00/250.0} \times 100\%$$

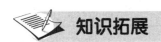 **知识拓展**　　　配位滴定法测定加重中药饮片硫酸镁的含量

目前，中药材市场上出现了被添加"加重粉"（工业硫酸镁）的中药材及饮片。一些中药商贩以获取较高的利润为目的擅自在中药材和饮片中添加工业硫酸镁以增加药材的重量，不仅扰乱了正常的中药贸易，并对用药者造成不良影响。可选择配位滴定法测定加重中药材及饮片中的硫酸镁含量。该法测定时 pH 值为 10，以铬黑 T 为指示剂，用适量三乙醇胺、酒石酸钾钠溶液掩蔽封闭离子，铜试剂掩蔽微量的重金属离子，以 EDTA 标准溶液滴定，得到消耗 EDTA 滴定液的体积，换算出硫酸镁的含量。

知识链接　　　**2019 年全国食品药品类职业院校**

"药品检验技术"技能大赛容量分析部分的考核内容和评分细则

2019 年全国食品药品类职业院校"药品检验技术"技能大赛涉及的专业大类：食品药品与粮食大类（药品制造类，药品质量与安全 590204）；食品药品与粮食大类（药品制造类，药物制剂技术 590209）；医药卫生大类（药学类，药学 620301）。竞赛考核内容包括基础知识及信息化仿真考核、容量分析技能操作考核、光谱分析技能操作考核和色谱分析技能

操作考核 4 个竞赛单元。每位选手均参加基础知识与信息化考核、技能竞赛考核，选手按照不同项目抽签顺序完成。容量分析题目：EDTA 滴定液的标定（GB/T 601—2016），供试品葡萄糖酸钙的含量测定，考核内容和评分细则如下：

一、EDTA 滴定液的标定

1. 测定步骤

取约 800℃灼烧至恒重的基准氧化锌 1.5g，精密称定（减量法），于 100m 小烧杯中，用少量水润湿，加稀盐酸 20mL 使溶解，定量转移至 250mL 容量瓶中，用水稀释至刻度，摇匀，精密移取 25mL 上述溶液于锥形瓶中（不得从容量瓶中直接移取），加水 75mL，加 0.025％甲基红的乙醇溶液 1 滴，滴加氨试液至溶液显微黄色（pH≈7～8），加氨-氯化铵缓冲液（pH≈10.0）10mL，再加铬黑 T 指示剂 5 滴，用 EDTA 液滴定至溶液由紫色变为纯蓝色。每 1mL EDTA 滴定液（0.05mol/L）相当于 4.069mg 的氧化锌。平行测定 4 次，并将滴定的结果用空白试验校正。

2. EDTA 滴定液浓度的计算

根据 EDTA 滴定液的消耗量与氧化锌的取用量，计算 EDTA 滴定液的浓度：

$$c_{EDTA} = \frac{m \times \dfrac{25.00}{250.0} \times 0.05}{(V - V_0) \times T \times 10^{-3}}$$

式中　c_{EDTA}——EDTA 滴定液浓度，mol/L；

　　　m——氧化锌的质量，g；

　　　V——消耗 EDTA 滴定液的体积，mL；

　　　V_0——空白试验消耗 EDTA 滴定液的体积，mL；

　　　T——滴定度，mg/mL。

3. 相对极差的计算

$$RR_{测定} = \frac{c_{max} - c_{min}}{\bar{c}} \times 100\%$$

二、葡萄糖酸钙($C_{12}H_2CaO_{14}H_2O$)含量测定

1. 测定步骤

取葡萄糖酸钙 0.5g，精密称定（增量法），加水 100mL，微温使溶解，加氢氧化钠试液（4.3％）15mL 与钙紫红素指示剂 0.1g，用 EDTA 滴定液（0.05mol/L）滴定至溶液自紫色转变为纯蓝色。每 1mL EDTA 滴定液（0.05mol/L）相当于 22.42mg 的葡萄糖酸钙。平行测定 3 份，并将滴定的结果用空白试验校正。

2. 计算葡萄糖酸钙含量（质量分数）

$$w(\%) = \frac{(V - V_0) \times T \times F \times 10^{-3}}{m} \times 100\%$$

式中　w——葡萄糖酸钙含量，％；

　　　m——供试品取样量；

　　　V——消耗 EDTA 滴定液的体积，mL；

　　　V_0——空白消耗 EDTA 滴定液的体积，mL；

T——滴定度，mg/mL；

F——滴定液的校正因子，$F=\dfrac{c_{\text{实际浓度}}}{c_{\text{规定浓度}}}$（$c_{\text{实际浓度}}$为标定出的 EDTA 滴定液的实际浓度，$c_{\text{规定浓度}}=0.05\text{mol/L}$）

3. 相对极差的计算

$$RR_{\text{测定}}=\frac{w_{\max}-w_{\min}}{\overline{w}}\times100\%$$

三、容量评分细则

序号	作业项目	考核内容	配分	操作要求	扣分说明	考核记录	扣分	得分
一	仪器洗涤（2.5分）	玻璃仪器清洗	0.5	玻璃仪器洁净	未洗干净扣0.5分			
		容量瓶清洗	1	正确进行容量瓶试漏	未进行或不正确扣1分			
		滴定管试漏	1	正确进行滴定管试漏	未进行或不正确扣1分			
二	基准物及试样的称量（8.5分）	称量操作	1	检查天平水平	每错一项扣0.5分，扣完为止			
				清扫天平、调零				
				敲样、称样动作正确				
		基准物质的称量范围	3.5	不超过±5%	不扣分			
				在规定量±5%～10%内	每错一项扣1分，扣完为止			
				称量范围最多不超过±10%	每错一项扣2分，扣完为止			
		供试品的称量范围	3.5	不超过±5%	不扣分			
				在规定量±5%～10%内	每错一项扣1分，扣完为止			
				称量范围最多不超过±10%	每错一项扣2分，扣完为止			
		结束工作	0.5	复原、清扫天平、登记、放回凳子	每错一项扣0.5分，扣完为止			
三	定量转移并定容（8.5分）	溶解	1	试剂沿内壁加入	每错一项扣0.5分，扣完为止			
				溶解操作准确				
		定量转移	2	转移动作规范、溶液不洒落、洗涤次数不少于3次	不规范每扣0.5分，扣完为止			
		定容	1	2/3处水平振摇	每错一项扣0.5分，扣完为止			
				准确稀释至刻度线				
				摇匀动作准确				
		移液管润洗	1	润洗方法准确	从容量瓶或原瓶直接移取溶液扣1分			
		吸溶液	0.5	不吸空	吸空扣0.5分			
		调刻线	1.5	调刻线前擦干外壁	每错一项扣0.5分，扣完为止			
				调刻线后不能重吸				
				调节液面操作熟练				
				移液管竖直				
		放出溶液	1.5	移液管竖直	每错一项扣0.5分，扣完为止			
				移液管管尖靠壁				
				放液后停留15秒				
四	托盘天平使用（0.5分）	称量	0.5	称量操作规范	操作不规范扣0.5分			

续表

序号	作业项目	考核内容		配分	操作要求	扣分说明	考核记录	扣分	得分
五	滴定操作（5分）	滴定管润洗		1	润洗前尽量沥干	每错一项扣0.5分，扣完为止			
					润洗用量适量				
					润洗不少于3次				
					标签对手心				
		装液		1	排气	滴定管下部有气泡扣1分			
				0.5	调零	不调零或调零不正确扣0.5分			
		滴定操作		2.5	滴定速度适当	每错一项扣1分，扣完为止			
					滴定操作规范				
					终点控制熟练				
六	滴定终点（4分）	标定终点	纯蓝色	2	终点判断准确	每错一项扣1分，扣完为止			
		测定终点	纯蓝色	2	终点判断准确				
七	空白实验（1分）	空白试验操作规范		1	按照规范操作完成空白试验	操作不规范扣1分			
八	读数（2分）	读数		2	读数正确	以读数误差在±0.02mL为正确，每错一个扣1分，扣完为止			
九	原始数据记录（3分）	原始数据记录及时、正确、规范、整齐		2	规范及时记录原始数据	每错一项扣1分，扣完为止			
					不缺项改正原始数据				
				1	正确进行滴定管体积校正（现场裁判应核对校正体积校正值）	未进行或体积校正记录错误扣1分			
十	数据记录及处理（4分）	数据记录、处理、计算准确、有效数字保留正确、修改规范		2	计算过程及结果准确（由于第一次错误影响到其它不再扣分）	每错一项扣1分，扣完为止			
				2	有效数字位数保留正确或修约准确				
十一	文明操作结束工作（1分）	物品摆放、仪器洗涤、"三废"处理		1	仪器摆放整齐	每错一项扣0.5分，扣完为止			
					废纸/废液不乱扔乱到				
					结束后清洗仪器				

续表

序号	作业项目	考核内容	配分	操作要求	扣分说明	考核记录	扣分	得分
十二	标定结果（30分）	精密度	15	相对极差≤0.10%	扣分			
				0.1%＜相对极差≤0.20%	扣3分			
				0.2%＜相对极差≤0.30%	扣6分			
				0.3%＜相对极差≤0.40%	扣9分			
				0.4%＜相对极差≤0.50%	扣12分			
				相对极差＞0.5%	扣15分			
		准确度	15	当相对极差≤0.10%				
				|相对误差|≤0.10%	扣0分			
				0.10%＜|相对误差|≤0.20%	扣2分			
				0.20%＜|相对误差|≤0.30%	扣4分			
				0.30%＜|相对误差|≤0.40%	扣6分			
				0.40%＜|相对误差|≤0.50%	扣8分			
				|相对误差|＞0.50%	扣10分			
				0.10%＜相对极差≤0.30%				
				|相对误差|≤0.10%	扣3分			
				0.10%＜|相对误差|≤0.20%	扣5分			
				0.20%＜|相对误差|≤0.30%	扣7分			
				0.30%＜|相对误差|≤0.40%	扣9分			
				|相对误差|＞0.40%	扣12分			
				0.30%＜相对极差≤0.50%				
				|相对误差|≤0.10%	扣4分			
				0.10%＜|相对误差|≤0.20%	扣8分			
				0.20%＜|相对误差|≤0.30%	扣12分			
				0.30%＜|相对误差|≤0.40%	扣15分			
				相对极差＞0.50%时	扣15分			

续表

序号	作业项目	考核内容	配分	操作要求	扣分说明	考核记录	扣分	得分
十三	测定结果（30 分）	精密度	15	相对极差≤0.10%	扣 0 分			
				0.10%＜相对极差≤0.20%	扣 3 分			
				0.20%＜相对极差≤0.30%	扣 6 分			
				0.30%＜相对极差≤0.40%	扣 9 分			
				0.40%＜相对极差≤0.50%	扣 12 分			
				相对极差＞0.50%	扣 15 分			
		准确度	15	当相对极差≤0.10%				
				|相对误差|≤0.10%	扣 0 分			
				0.10%＜|相对误差|≤0.20%	扣 2 分			
				0.20%＜|相对误差|≤0.30%	扣 4 分			
				0.30%＜|相对误差|≤0.40%	扣 6 分			
				0.40%＜|相对误差|≤0.50%	扣 8 分			
				|相对误差|＞0.50%	扣 10 分			
				0.10%＜相对极差≤0.30%				
				|相对误差|≤0.10%	扣 3 分			
				0.10%＜|相对误差|≤0.20%	扣 5 分			
				0.20%＜|相对误差|≤0.30%	扣 7 分			
				0.30%＜|相对误差|≤0.40%	扣 9 分			
				|相对误差|＞0.40%	扣 12 分			
				0.30%＜相对极差≤0.50%				
				|相对误差|≤0.10%	扣 4 分			
				0.10%＜|相对误差|≤0.20%	扣 8 分			
				0.20%＜|相对误差|≤0.30%	扣 12 分			
				0.30%＜|相对误差|≤0.40%	扣 15 分			
				相对极差＞0.50%时	扣 15 分			
十四	重大失误（本项最多扣 10 分）		0	基准物的称量	称量失败，每称错一次倒扣 2 分			
				试液配制	溶液配制失误，重新配制的，每次倒扣 5 分			
				滴定操作	重新滴定，每次倒扣 5 分			
					篡改（如伪造、凑数据、未经裁判同意修改原始数据等）测量数据的，总分以零分计			
十五	总时间	210min	0	按时收卷不得延时				

目标测试

1. 什么是配位滴定法？什么是氨羧配位剂？

2. EDTA 与金属离子形成配合物有什么特点？

3. 何为 EDTA 的有效浓度？

4. 以铬黑 T 为指示剂，pH＝10 时，EDTA 滴定 Zn^{2+} 为例，说明金属指示剂变色原理和应具备的条件。

5. 什么是指示剂的封闭现象？如何消除？

6. 提高配位滴定选择性一般有哪些方法？各在什么情况下使用？

7. 如何配制和标定 EDTA 滴定液？

8. 若配制 EDTA 溶液的水中含有 Ca^{2+}，判断下列情况对测定结果的影响：

（1）以 $CaCO_3$ 为基准物质标定 EDTA，并用 EDTA 滴定试液中的 Zn^{2+}，二甲酚橙为指示剂；

（2）以金属锌为基准物质，二甲酚橙为指示剂标定 EDTA，用 EDTA 测定试液中的 Ca^{2+}、Mg^{2+} 总量；

（3）以 $CaCO_3$ 为基准物质，铬黑 T 为指示剂，标定 EDTA，用于测定试液中 Ca^{2+}、Ma^{2+} 总量。

9. pH＝5.0 时，能否用 EDTA 滴定 Ca^{2+}？在 pH＝10.0 及 pH＝12.0 时，情况又如何？

10. 假定 Mg^{2+} 和 EDTA 的浓度皆为 0.01mol/L，在 pH＝6 时的条件稳定常数 K'_{MY} 为多少？并说明在此 pH 条件下能否用 EDTA 滴定液准确滴定 Mg^{2+}。若不能滴定，求其允许的最高酸度。

11. 称取 0.1005g 纯 $CaCO_3$，溶解后配成 100mL 溶液，吸取 25.00mL，在 pH＞12 时，以钙指示剂指示终点，用 EDTA 滴定液滴定，消耗 24.90mL，计算（1）EDTA 的浓度；（2）每毫升 EDTA 溶液相当于 ZnO、Fe_2O_3 的质量(g)。

12. 精密称取氧化锌 0.4328g 置于烧杯中，加盐酸使其溶解后，定量转入 100.0mL 容量瓶中，稀释至标线后混匀，精密量取 20.00mL 此溶液，加氨水-氯化铵缓冲溶液 10mL 及铬黑 T 指示剂一小撮，用待标定的 EDTA 滴定至终点，消耗 EDTA21.36mL，计算 EDTA 滴定液的浓度。

13. 测定水的总硬度时，吸取水样 100.0mL，加氨性缓冲溶液 10mL 至溶液 pH 为 10，用 0.05000mol/L EDTA 滴定液滴定，终点时用去 10.25mL，计算水的硬度（以 $CaCO_3$ mg/L 表示）。

14. 称取葡萄糖酸钙 $C_{12}H_{22}O_{14}Ca \cdot H_2O$ 试样 0.5500g，溶解后以 EBT 为指示剂，在 pH＝10 的氨性缓冲液中用 0.04985mol/L EDTA 滴定，消耗 EDTA 滴定液的体积 24.50mL，试计算葡萄糖酸钙的含量（葡萄糖酸钙的分子量为 448.4）。（检验、卫检专业）

15. 取血清 2.00mL 置于离心管中，加 5％三氯乙酸 8mL（沉淀血清中的蛋白质），搅拌均匀，放置 5min，离心。准确吸取以上清液 2.00mL 移入 50mL 锥形瓶中，滴加稀

NaOH 溶液调节溶液 pH 略大于 12，加钙指示剂一小撮，用 0.005000mol/L EDTA 滴定液滴定，终点时用去 1.06mL，计算血清中 Ca^{2+} 的含量（mg/100mL）。（检验、卫检专业）

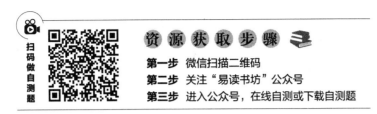

第十一章　氧化还原滴定法

 **知识导图**

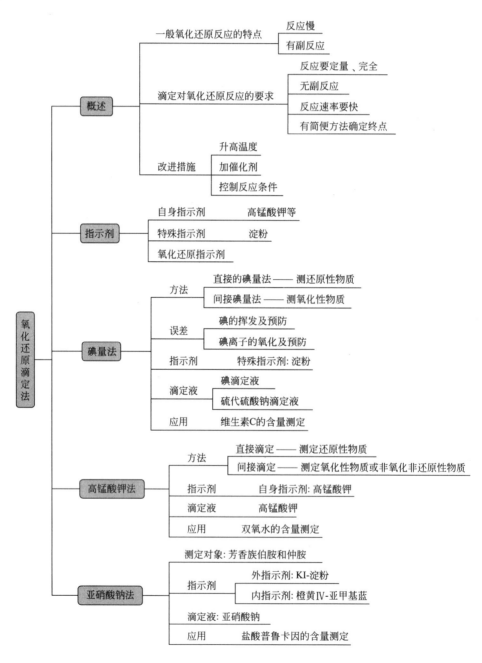

学习目标

1. 掌握提高氧化还原反应速率的方法。
2. 掌握高锰酸钾法和碘量法的原理及应用。
3. 熟悉碘量法的主要误差来源及减免误差采取的措施。
4. 熟悉高锰酸钾、碘、硫代硫酸钠滴定液配制的注意点。
5. 了解氧化还原滴定法中常用指示剂。
6. 了解外指示剂判断终点的方法。

　　氧化还原反应是溶液中氧化剂和还原剂之间发生电子转移的反应，与工农业生产、科学研究、医药卫生和日常生活都有密切的关系，也是临床检验、药物生产、卫生监测等方面经常遇到的一类化学反应。氧化还原滴定法（oxidation reduction titration）是以氧化还原反应为基础的滴定分析法，氧化还原滴定法在分析化学、药物生产方面以及药物检验等领域广泛使用，通过氧化还原滴定可以测定氧化性物质、还原性物质甚至非氧化还原性物质的含量。

第一节　概　　述

一、氧化还原滴定法的特点

　　氧化还原滴定法是以氧化还原反应为基础的滴定分析法。酸碱、沉淀、配位反应都是基于离子或分子相互结合的反应，反应比较简单，一般瞬间即可完成。而氧化还原反应是溶液中氧化剂和还原剂之间发生电子转移的反应，反应过程比较复杂，主要特点是：①反应速率较慢，且不易进行完全；②除主反应外，常伴有副反应发生。

二、氧化还原滴定法对氧化还原反应的要求

1. 氧化还原滴定法对氧化还原反应的要求

　　氧化还原滴定法和其他滴定方法一样，氧化还原反应必须符合滴定分析所要求的条件。

①反应要按方程式中的系数关系定量地进行完全；

②无副反应发生；

③反应速率要快；

④要有简便的方法确定滴定终点。

2. 提高氧化还原反应速率的方法

　　从氧化还原滴定对氧化还原反应的要求来看，有一部分氧化还原反应不能直接用于滴定分析。要使氧化还原反应符合滴定分析要求，就必须创造适当的条件，加快反应速率，防止副反应发生，通常采用的措施如下。

　　（1）升高溶液温度　　升高溶液温度可以加快反应速率，一般来说，温度每升高 $10℃$，反应速率可增加 $2\sim3$ 倍。例如用 MnO_4^- 氧化 $C_2O_4^{2-}$ 时，在室温下反应不易进行，若将温度升高到 $75\sim85℃$ 时，反应便能加快到符合滴定的要求。

$$2MnO_4^- + 5C_2O_4^{2-} + 16H^+ \Longleftrightarrow 2Mn^{2+} + 10CO_2\uparrow + 8H_2O$$

（2）增加反应物的浓度或减小生成物的浓度　根据化学平衡移动的原理，增加反应物的浓度不仅能促使反应进行完全，而且还能加快反应速率。例如：

$$Cr_2O_7^{2-} + 6I^- + 14H^+ \rightleftharpoons 2Cr^{3+} + 3I_2 + 7H_2O$$

该反应速率不够快，通过增加反应物 I^- 和 H^+ 的浓度可以大大加快反应速率。

（3）抑制副反应的发生　在用 $Na_2C_2O_4$ 标定 $KMnO_4$ 溶液的反应中，调节酸度时常用硫酸，而不能用盐酸和硝酸，原因是为了抑制副反应的发生。因为硝酸有较强的氧化性，会氧化 $Na_2C_2O_4$ 而发生副反应。使用盐酸尤其是当〔Cl^-〕较大时，下列副反应会比较明显地进行：

$$2MnO_4^- + 10Cl^- + 16H^+ \rightleftharpoons 2Mn^{2+} + 5Cl_2 + 8H_2O$$

（4）加入催化剂　催化剂可以加快化学反应速率，如在用 $Na_2C_2O_4$ 标定 $KMnO_4$ 溶液的反应中，可用 Mn^{2+} 作为催化剂加快反应速率。但在实际操作中一般不用另加 Mn^{2+}，可利用反应中生成的 Mn^{2+} 作催化剂。这种催化现象是由反应过程中产生的催化剂所引起的，称为自动催化现象。

在实际应用中，选用哪些方法加快反应速率，应根据具体情况决定。

三、氧化还原滴定法的分类

氧化还原滴定法是以氧化剂或还原剂作为滴定液，习惯上根据配制滴定液所用的氧化剂名称的不同，将氧化还原滴定法分为高锰酸钾法、碘量法、亚硝酸盐法、重铬酸钾法、硫酸铈法、溴酸钾法、碘酸钾法等。本章主要介绍高锰酸钾法、碘量法和亚硝酸钠法。

第二节　指　示　剂

一、自身指示剂

在氧化还原滴定中，有的滴定液本身具有较深的颜色，而滴定产物无色或颜色很浅，这时无需另加指示剂，只要滴定液稍微过量一点，根据滴定液本身颜色的出现（或消失），即可显示滴定终点的到达，这类物质称为自身指示剂（self indicator）。例如，在酸性溶液中用高锰酸钾溶液滴定无色或浅色的样品溶液时，只要过量的 $KMnO_4$ 浓度达到 2×10^{-6} mol/L，就能显示粉红色。又如，I_3^- 呈深棕色，只要过量的 I_3^- 浓度达到 2.5×10^{-5} mol/L 时，就能显出浅黄色，在有机溶剂中呈紫红色，可指示终点。

二、特殊指示剂

有些指示剂本身不具有氧化还原性，但能与氧化剂或还原剂作用产生特殊的颜色，从而可指示终点，这类指示剂称为特殊指示剂（specific indicator）。淀粉即属于这类指示剂。淀粉溶液遇 I_3^- 产生深蓝色，反应极为灵敏，即使在 5.0×10^{-6} mol/L I_3^- 溶液中亦呈显著的蓝色，反应具有可逆性。

三、氧化还原指示剂

有些物质本身是弱氧化剂或弱还原剂，并且它的氧化型和还原型具有明显不同的颜色，在滴定过程中能因其被氧化或还原而发生颜色变化以指示终点，这类物质称为氧化还原指示剂（oxidation-reduction indicator）。例如，二苯胺磺酸钠，其氧化型呈红紫色，还原型无色。用 $KMnO_4$ 溶液滴定 Fe^{2+} 至化学计量点时，稍过量的 $KMnO_4$ 将二苯胺磺酸钠由无色的还原型氧化成红紫色的氧化型，指示滴定终点。

指示剂的半电池反应和电位表达式可表示如下：

$$In(Ox) + ne^- \rightleftharpoons In(Red)$$

$$\varphi = \varphi^\ominus + \frac{0.0592}{n} \lg \frac{c_{In(Ox)}}{c_{In(Red)}}$$

与酸碱指示剂一样，氧化还原指示剂从还原型颜色变到氧化型颜色，应是 $c_{In(Ox)}/c_{In(Red)}$ 比值从 $1/10 \sim 10/1$ 时引起的电极电位变化值，即指示剂变色时电极电位范围为：

$$\varphi = \varphi^\ominus \pm \frac{0.0592}{n}$$

例如，二苯胺磺酸钠变色时电极电位变化范围为：

$$\varphi = 0.84 \pm 0.0592/2 = 0.81 \sim 0.87V$$

由于此变化范围很小，一般只用变色点电极电位（$\varphi^\ominus$）。氧化还原指示剂的选择原则是：指示剂的变色电位范围在滴定的电位突跃范围内，并尽量使指示剂的条件电位与滴定反应的化学计量点电位一致。常用的氧化还原指示剂见表 11-1。

表 11-1　常用的氧化还原指示剂

指 示 剂	$\varphi^\ominus/V(pH=0)$	还原型颜色	氧化型颜色
亚甲基蓝	0.36	无色	蓝绿
次甲基蓝	0.53	无色	蓝色
二苯胺	0.76	无色	紫色
二苯胺磺酸钠	0.84	无色	紫红
邻苯氨基苯磺酸	0.89	无色	紫红
邻二氮菲亚铁	1.06	红色	淡蓝
硝基邻二氮菲亚铁	1.25	红色	淡蓝

氧化还原指示剂本身会消耗滴定液而引入误差，因此，必要时应作指示剂的空白校正。

第三节　碘　量　法

一、基本原理

碘量法（iodimetry）是利用 I_2 的氧化性或 I^- 的还原性进行氧化还原滴定的方法。其半电池反应为：

$$I_2(s) + 2e^- \rightleftharpoons 2I^- \qquad \varphi^\ominus_{I_2/I^-} = 0.5345V$$

由 $\varphi^\ominus$ 可知，I_2 是一较弱的氧化剂，只能与较强的还原剂作用；而 I^- 是中等强度的还原剂，可与多种氧化剂作用。因此，碘量法的测定对象既可为还原剂，也可为氧化剂，可用直接滴定法或间接滴定法进行。

1. 直接碘量法

凡标准电极电位低于 $\varphi^\ominus_{I_2/I^-}$ 的电对，其还原态可用碘滴定液直接滴定，此方法称为直接碘量法，又称为碘滴定法。直接碘量法只能在酸性、中性或弱碱性溶液中进行，如果溶液的 pH>9，则会发生如下副反应：

$$3I_2 + 6OH^- \Longrightarrow IO_3^- + 5I^- + 3H_2O$$

2. 间接碘量法

凡标准电极电位高于 $\varphi_{\frac{I_2}{I^-}}^{\ominus}$ 的电对，其氧化态可用 I^- 还原，定量置换出碘，再用硫代硫酸钠滴定液滴定置换出来的碘，这种滴定方式称为置换碘量法；有些还原性物质可与过量的碘滴定液反应，待反应完全后，用硫代硫酸钠滴定液滴定剩余的碘，这种滴定方式称为剩余碘量法。习惯上将这两种滴定方式统称为间接碘量法。

间接碘量法的滴定反应为：

$$I_2 + 2S_2O_3^{2-} \Longrightarrow 2I^- + S_4O_6^{2-}$$

此反应要求在中性或弱酸性溶液中进行。若在强酸性溶液中，不仅 $S_2O_3^{2-}$ 易分解，而且 I^- 也极易被空气中的 O_2 缓慢氧化：

$$S_2O_3^{2-} + 2H^+ \Longrightarrow S\downarrow + SO_2\uparrow + H_2O$$
$$4I^- + O_2 + 4H^+ \Longrightarrow 2I_2 + 2H_2O$$

若在碱性溶液中，则有如下副反应发生：

$$3I_2 + 6OH^- \Longrightarrow IO_3^- + 5I^- + 3H_2O$$
$$S_2O_4^{2-} + 4I_2 + 10OH^- \Longrightarrow 2SO_4^{2-} + 8I^- + 5H_2O$$

间接碘量法的误差主要来源于两方面，一是 I_2 的挥发，另一是 I^- 在酸性溶液中被空气中的 O_2 氧化，通常可采取以下措施予以减免。

（1）防止 I_2 挥发的方法

① 加入过量的 KI（一般比理论量大 2～3 倍），使 I_2 生成 I_3^- 而不易挥发；

② 在室温中进行；

③ 使用碘量瓶，快滴慢摇。

（2）防止 I^- 被氧化的方法

① 溶液的酸度不易过高，以降低 I^- 被 O_2 氧化的速率；

② 除去溶液中可加速 O_2 对 I^- 氧化的 Cu^{2+}、NO_3^- 等催化剂；

③ 密塞避光放置，滴定前反应完全后，立即滴定，快滴慢摇。

二、指示剂

碘量法中应用最广泛的是淀粉指示剂。I_2 与淀粉作用能生成一种蓝色可溶性的吸附化合物，反应非常灵敏。当溶液中 I_2 的浓度为 10^{-5} mol/L 时 I_2 和淀粉仍可显色。

使用淀粉指示剂时，直接碘量法可根据蓝色的出现确定滴定终点；间接碘量法则根据蓝色的消失确定滴定终点。但注意应用间接碘量法测定氧化性物质时，淀粉指示剂应近终点时加入，以防大量的 I_2 被淀粉表面吸附，使蓝色消失变得迟钝而产生误差。

淀粉指示剂对 I_2 的吸附作用随温度升高而下降，温度越高，颜色变化越不明显。当溶液 pH＞9 时，因 I_2 会生成 IO^- 和 I^- 而不与淀粉显蓝色。

淀粉指示剂一般在使用前临时配制，因为淀粉溶液能缓慢水解，长时间放置的淀粉溶液不能与 I_2 生成蓝色的吸附化合物。此外，配制时加热时间不宜过长。

三、滴定液的配制

1. 碘滴定液的配制与标定

（1）配制　虽可用升华法制得纯碘，但因其易挥发，腐蚀性强，不宜用分析天平准确称量，通常仍需配成近似浓度的溶液后再标定。

配制碘溶液时应注意：①加入适量的 KI，使 I_2 生成 I_3^-，这样既可增加 I_2 的溶解度，还能降低其挥发性；②加入少许盐酸，以除去碘中微量碘酸盐杂质，并可在滴定时中和配制 $Na_2S_2O_3$ 滴定液时加入的少量稳定剂 Na_2CO_3；③为防止少量未溶解的碘影响浓度，需用垂熔玻璃漏斗滤过后再标定；④贮于棕色瓶中，密塞阴凉处保存，以避免 KI 的氧化。

（2）标定　标定碘滴定液常用的基准物质是 As_2O_3。As_2O_3 难溶于水，可加 NaOH 溶液使其生成亚砷酸盐而溶解。过量的碱用稀 HCl 中和，滴定前加入 $NaHCO_3$ 使溶液呈弱碱性（pH8～9）。标定反应为：

$$As_2O_3 + 6NaOH =\!=\!= 2Na_3AsO_3 + 3H_2O$$

$$Na_3AsO_3 + I_2 + 2NaHCO_3 =\!=\!= Na_3AsO_4 + 2NaI + 2CO_2\uparrow + H_2O$$

碘滴定液的浓度也可与已知准确浓度的 $Na_2S_2O_3$ 溶液比较求得。

2. 硫代硫酸钠滴定液的配制与标定

（1）配制　市售的 $Na_2S_2O_3 \cdot 5H_2O$ 一般都含有少量 S、S^{2-}、SO_3^{2-}、CO_3^{2-}、Cl^- 等杂质，且容易风化。此外 $Na_2S_2O_3$ 溶液不稳定易分解，其原理是

① 嗜硫菌等微生物的作用　　　$Na_2S_2O_3 =\!=\!= Na_2SO_3 + S\downarrow$

② 溶解于水中的 CO_2 的作用　　$S_2O_3^{2-} + CO_2 + H_2O =\!=\!= HSO_3^- + HCO_3^- + S\downarrow$

③ 空气中 O_2 的作用　　$2Na_2S_2O_3 + O_2 =\!=\!= 2Na_2SO_4 + 2S\downarrow$

由于以上原因，$Na_2S_2O_3$ 滴定液不能用直接法配制，只能先配成近似浓度的溶液，然后再标定。配制 $Na_2S_2O_3$ 溶液时，必须注意以下几点。

① 使用新煮沸放冷的蒸馏水，以除去水中的 O_2、CO_2 并杀死嗜硫菌等微生物。

② 加入少量的 Na_2CO_3 使溶液呈弱碱性（pH≈9），既可抑制细菌的生长，又可防止 $Na_2S_2O_3$ 的分解。

③ 溶液贮于棕色瓶中暗处放置1～2周后再进行标定。

（2）标定　标定 $Ns_2S_2O_3$ 溶液的基准物质很多，如重铬酸钾、碘酸钾、溴酸钾、铜盐等，其中以重铬酸钾最常用。先准确称取一定量的 $K_2Cr_2O_7$，再加入过量的 KI，置换出来的 I_2 用 $Na_2S_2O_3$ 滴定液来滴定，反应式为：

$$Cr_2O_7^{2-} + 6I^- + 14H^+ =\!=\!= 2Cr^{3+} + 3I_2 + 7H_2O$$

$$I_2 + 2S_2O_3^{2-} =\!=\!= 2I^- + S_4O_6^{2-}$$

$$K_2Cr_2O_7 \leftrightharpoons 6I^- \leftrightharpoons 3I_2 \leftrightharpoons 6Na_2S_2O_3$$

$$6n_{K_2Cr_2O_7} = n_{Na_2S_2O_3}$$

可根据下式计算 $Na_2S_2O_3$ 滴定液的浓度：

$$c_{Na_2S_2O_3} = \frac{6}{1} \times \frac{m_{K_2Cr_2O_7}}{V_{Na_2S_2O_3} M_{K_2Cr_2O_7}} \times 1000$$

标定时应注意以下几点。

① 控制溶液的酸度　提高溶液的酸度可使 $Cr_2O_7^{2-}$ 与 I^- 的反应加快，然而，酸度过高又会加速 O_2 氧化 I^-。因此，$K_2Cr_2O_7$ 与 KI 反应时，酸度一般控制在 0.8～1mol/L。

② 加入过量的 KI 并置于碘量瓶中放置一段时间　加入过量的 KI 可提高 $Cr_2O_7^{2-}$ 与 I^- 的反应速率，但反应仍不够快，应将其置于碘量瓶中，水封，暗处放置10min，使置换反应完全。

③ 滴定前需将溶液稀释　这样既可降低溶液酸度，减慢 I^- 被 O_2 氧化的速率，减少硫代硫酸钠的分解，还可降低 Cr^{3+} 的浓度，使其亮绿色变浅，便于终点的观察。

④ 近终点时加入指示剂　滴定至溶液呈浅黄绿色时才能加入淀粉指示剂，不能过早加入。

⑤ 正确判断滴定终点　加入淀粉指示剂后，继续用 $Na_2S_2O_3$ 滴定至溶液由蓝色消失而呈亮绿色，即为终点。若溶液迅速回蓝，表明 $Cr_2O_7^{2-}$ 与 I^- 的反应不完全，应重新标定。约 5min 后溶液慢慢回蓝则是空气中的 O_2 氧化 I^- 所引起的，不影响标定结果。

四、应用实例

碘量法的应用范围广泛，用直接碘量法可测定许多强还原性物质，如硫化物、亚硫酸盐、硫代硫酸盐、亚砷酸盐、乙酰半光胱酸、酒石酸锑钾和维生素 C 等的含量；用剩余碘量法可以测定焦亚硫酸钠、咖啡因和葡萄糖等还原性物质的含量；用置换碘量法可以测定漂白粉、枸橼酸铁铵、葡萄糖酸锑钠等的含量。

【例 11-1】 维生素 C 的含量测定

维生素 C（V_C）又称抗坏血酸，其分子中的烯二醇基有较强的还原性，在醋酸溶液中，能被碘氧化成二酮基。

$$\text{C-C=C-C-C-CH} + I_2 \rightleftharpoons \text{C-C-C-C-C-CH}_2 + 2HI$$

操作步骤：精密称取维生素 C 试样约 0.2g，加放冷的新煮沸过的蒸馏水 100mL 和稀醋酸 10mL，在锥形瓶中溶解后，加淀粉指示剂 1mL，用碘滴定液滴定至溶液显蓝色并在 30s 内不褪色即为终点。根据下式计算维生素 C 的百分含量：

$$V_C\% = \frac{c_{I_2} V_{I_2} M_{C_6H_8O_6} \times 10^{-3}}{S} \times 100\%$$

【例 11-2】 焦亚硫酸钠的含量测定

焦亚硫酸钠（$Na_2S_2O_5$）具有较强的还原性，常作药物制剂的抗氧剂。可用剩余滴定方式测定其含量。先加入准确过量的碘滴定液，然后用硫代硫酸钠滴定液回滴剩余的碘，同时进行空白试验，这样既可消除一些仪器误差，又可根据空白值与回滴值的差值求出焦亚硫酸钠的含量，而无需知道碘液的浓度。反应式为：

$$Na_2S_2O_5 + 2I_2(\text{过量}) + 3H_2O \Longrightarrow Na_2SO_4 + H_2SO_4 + 4HI$$

$$2Na_2S_2O_3 + I_2(\text{剩余}) \Longrightarrow Na_2S_4O_6 + 2NaI$$

$$Na_2S_2O_5 \leftrightharpoons 2I_2 \leftrightharpoons 4Na_2S_2O_3 \qquad 4n_{Na_2S_2O_5} = n_{Na_2S_2O_3}$$

根据下式计算焦亚硫酸钠的含量：

$$Na_2S_2O_5\% = \frac{\frac{1}{4}c_{Na_2S_2O_3} \times (V_{空白} - V_{回滴})_{Na_2S_2O_3} \times M_{Na_2S_2O_5} \times 10^{-3}}{S} \times 100\%$$

【例 11-3】 右旋糖酐 20 葡萄糖注射液中葡萄糖的含量测定　葡萄糖分子中的醛基有还原性，能在碱性条件下被碘氧化成酸基。先加入一定量过量的碘滴定液，待反应完成后，用硫代硫酸钠滴定液滴定剩余的碘。

$$C_6H_{12}O_6 + I_2 + 2NaOH \Longrightarrow C_6H_{12}O_7 + 2NaI + H_2O$$

$$\text{I}_2 + 2\text{Na}_2\text{S}_2\text{O}_3 =\!=\!= \text{Na}_2\text{S}_4\text{O}_6 + 2\text{NaI}$$

操作步骤：精密量取右旋糖酐 20 葡萄糖注射液 2.00mL，置碘瓶中，精密加碘滴定液（0.05000mol/L）25.00mL，边振荡边滴加氢氧化钠滴定液（0.1000mol/L）50mL，在暗处放置 30min。加稀硫酸 5mL，用硫代硫酸钠滴定液（0.1000mol/L）滴定，至近终点时，加酚酞指示剂 2mL，继续滴定至蓝色消失。每 1mL 碘滴定液（0.05000mol/L）相当于 9.909mg 的葡萄糖（$C_6H_{12}O_6 \cdot H_2O$）。

葡萄糖的含量计算公式：

$$葡萄糖\% = \frac{T_{碘/葡萄糖}(V_{碘} - V_{剩余碘})}{V_S} \times 100\% = \frac{T_{碘/葡萄糖}\left(V_{碘} - \dfrac{C_{硫代硫酸钠}V_{硫代硫酸钠}}{2C_{碘}}\right)}{V_S} \times 100\%$$

第四节　高锰酸钾法

一、基本原理

高锰酸钾法（potassium permanganate method）是以高锰酸钾为滴定液的氧化还原滴定法。$KMnO_4$ 是强氧化剂，其氧化作用与溶液的酸度有关。为了充分发挥其氧化能力，通常在强酸性溶液中进行滴定：

$$MnO_4^- + 8H^+ + 5e^- =\!=\!= Mn^{2+} + 4H_2O \quad \varphi^\ominus = +1.51V$$

酸度一般控制在 0.5～1mol/L，酸度过高，会导致 $KMnO_4$ 分解，酸度过低，不但反应速率慢，而且容易生成 MnO_2 沉淀。调节酸度以硫酸为宜。因为硝酸具有氧化性，盐酸具有还原性，容易发生副反应，都不宜使用。

$KMnO_4$ 滴定液本身为紫红色，其还原产物 Mn^{2+} 几乎接近无色。因此，用它滴定无色或浅色溶液时，一般不需另加指示剂，可用 $KMnO_4$ 作自身指示剂，化学计量点后，只需过量半滴 $KMnO_4$ 溶液就能使整个溶液变成淡红色而指示出滴定终点。若浓度较低，终点不明显时，也可选用氧化还原指示剂。

$KMnO_4$ 与还原性物质在常温下反应速率通常较慢，可加热溶液或加入 Mn^{2+} 作催化剂，加快反应速率。但若测定的物质在空气中易氧化或加热易分解，如亚铁盐、过氧化氢等，则不能加热。

二、滴定液的配制与标定

1. 配制

市售高锰酸钾试剂中含有少量的二氧化锰等杂质，蒸馏水中也常含有微量的还原性物质，能缓慢地与高锰酸钾发生反应，使高锰酸钾滴定液的浓度在配制初期很不稳定。因此，高锰酸钾滴定液不能用直接法配制，而是先配成近似浓度的溶液，放置一段时间，待浓度稳定后再进行标定。配制时应注意以下几点：

① 称取高锰酸钾的质量应多于理论计算量；

② 将配制好的高锰酸钾溶液加热至沸，加速与还原性杂质反应完全，以免贮存过程中浓度改变，静置 2 天后标定；

③ 用垂熔玻璃滤器过滤，以除去析出的沉淀；

④ 为了避免光对高锰酸钾溶液的催化分解，将过滤后的高锰酸钾溶液贮存于带玻璃塞的棕色瓶中，密闭保存。

2. 标定

标定高锰酸钾滴定液的基准物质有许多，如草酸、草酸钠、硫酸亚铁铵、三氧化二砷和铁等。其中最常用的是草酸钠，因其易于提纯，不含结晶水，热稳定性好。标定反应为：

$$2MnO_4^- + 5C_2O_4^{2-} + 16H^+ = 2Mn^{2+} + 10CO_2\uparrow + 8H_2O$$

标定时应注意以下几个问题：

① 酸度　标定时酸度要适宜，过高会使 $H_2C_2O_4$ 发生分解，过低会使部分 $KMnO_4$ 还原为二氧化锰。反应一般在硫酸溶液中进行，应保证其酸度为 $0.5 \sim 1mol/L$。

② 标定反应开始时速率较慢，需先将溶液加热至 $70 \sim 80℃$，并在滴定过程中保持溶液的温度不低于 $55℃$。温度不宜过高，超过 $90℃$ 时，会有部分 $H_2C_2O_4$ 发生分解而引起误差。

③ 因为标定反应开始时速率较慢，所以滴定刚开始时，滴定速度也要慢。随着滴定的进行，Mn^{2+} 的浓度逐渐增大，因此滴定速度可适当加快，但也不宜过快。

④ 高锰酸钾自身可作为指示剂，当滴定至终点时，稍过量的高锰酸钾可使溶液显微红色。所以，滴定至溶液显微红色并保持 30s 不褪色即为终点。

三、应用实例

$KMnO_4$ 具有强氧化性，在酸性溶液中可直接测定许多还原性物质，如亚铁盐、亚砷酸盐、草酸盐和过氧化氢等；还可与另一还原剂相配合，用剩余滴定方式测定许多氧化性物质，如高锰酸钾、二氧化锰、亚硝酸盐等；此外，还可用间接滴定法测定许多金属离子，如 Ca^{2+}、Zn^{2+}、Ba^{2+} 等。

【例 11-4】 过氧化氢的含量测定

在酸性溶液中，H_2O_2 能还原 MnO_4^-，其反应式为：

$$2MnO_4^- + 5H_2O_2 + 6H^+ = 2Mn^{2+} + 5O_2\uparrow + 8H_2O$$

$$n_{H_2O_2} = \frac{5}{2} \times n_{KMnO_4}$$

因此，过氧化氢可用高锰酸钾滴定液直接滴定。在室温和硫酸溶液中，此反应能顺利进行，但开始时反应速率较慢，随着 Mn^{2+} 的不断生成，反应速率逐渐加快。

根据下式计算过氧化氢的含量：

$$p_{H_2O_2} = \frac{\dfrac{5}{2} \times (cV)_{KMnO_4} \times M_{H_2O_2} \times 10^{-3}}{V_{样}} (g/mL)$$

【例 11-5】 血清钙的测定

血清中加入 $(NH_4)_2C_2O_4$ 时，生成草酸钙沉淀，过滤后用稀氨水洗去剩余的 $(NH_4)_2C_2O_4$，再加入稀硫酸使沉淀溶解，然后用高锰酸钾滴定液滴定置换出的 $H_2C_2O_4$，从而求出血清钙的含量。有关的反应式为：

$$Ca^{2+} + C_2O_4^{2-} = CaC_2O_4\downarrow$$

$$CaC_2O_4 + 2H^+ = H_2C_2O_4 + Ca^{2+}$$

$$2MnO_4^- + 5H_2C_2O_4 + 6H^+ = 2Mn^{2+} + 10CO_2\uparrow + 8H_2O$$

$$2KMnO_4 \leftrightharpoons 5H_2C_2O_4 \leftrightharpoons 5Ca^{2+} \qquad n_{Ca^{2+}} = \frac{5}{2}n_{KMnO_4}$$

根据下式计算血清中钙的含量：

$$p_{Ca}=\frac{\frac{5}{2}c_{KMnO_4}V_{KMnO_4}M_{Ca}\times10^{-3}}{V_{试样}}(g/mL)$$

第五节　亚硝酸钠法

一、基本原理

亚硝酸钠法（sodium nitrite method）是以亚硝酸钠为滴定液，在酸性溶液中测定芳香族伯胺和芳香族仲胺类化合物的氧化还原滴定法。

芳香伯胺类化合物在酸性介质中，与亚硝酸钠发生重氮化反应，生成芳香伯胺的重氮盐。用亚硝酸钠滴定液滴定芳伯胺类化合物的方法称为重氮化滴定法。

$$ArNH_2+NaNO_2+2HCl\Longleftrightarrow[Ar-N_2^+]Cl^-+NaCl+2H_2O$$

芳香仲胺类化合物在酸性介质中，与亚硝酸钠发生亚硝基化反应。用亚硝酸钠滴定液滴定芳香仲胺类化合物的方法称为亚硝基化滴定法。

$$ArNHR+NaNO_2+HCl\Longleftrightarrow Ar-\underset{\underset{NO}{|}}{N}-R+NaCl+H_2O$$

其中以重氮化滴定法最为常用。重氮化滴定法应注意以下反应条件。

（1）酸的种类和酸度　重氮化滴定法的滴定速度与酸的种类有关。在 HBr 中反应最快，HCl 中次之，在 H_2SO_4 和 HNO_3 中反应较慢。但因 HBr 价格较贵，故常用 HCl。芳伯胺盐酸盐的溶解度也较大，便于观察终点。酸度一般控制在 1mol/L 左右，酸度过高会阻碍芳伯胺的游离；若酸度不足，不但生成的重氮盐容易分解，而且容易与未反应的芳伯胺发生偶联反应，使测定结果偏低。

（2）反应温度和滴定速度　重氮化滴定法的反应速率随温度的升高而加快，但温度升高会使亚硝酸分解逸失，故一般规定在 15℃ 以下进行滴定。中国药典规定采用"快速滴定法"可在 30℃ 以下进行，"快速滴定法"是将滴定管尖插入液面约 2/3 处，将大部分 $NaNO_2$ 液在不断搅拌的情况下一次滴入，近终点时，将管尖提出液面，继续缓慢滴至终点。这样，开始在液面下生成的 HNO_2 迅速扩散并立即与芳伯胺作用，来不及分解与逸失即可作用完全。不仅缩短滴定时间，又可得到满意的结果。

（3）苯环上取代基团的影响　芳伯胺对位有其他取代基团存在时，会影响重氮化反应的速率。一般来说，吸电子基团，如 $-NO_2$、$-SO_3H$、$-COOH$、$-X$ 等，可使反应减慢。对于反应较慢的药物，常在滴定时加入适量的 KBr 作催化剂，以提高反应速率。

二、指示剂

1. 外指示剂

外指示剂（external indicator）多用 KI-淀粉指示剂，使用时不能直接加到被测物质的溶液中，只能在接近化学计量点时，用玻璃棒蘸取少许溶液在外面与 KI-淀粉指示剂迅速接触，若立即出现蓝色，则可确定终点到达。外指示剂法操作麻烦，终点不易掌握，若滴定液蘸取次数过多，容易造成损失，影响测定结果的准确度。

2. 内指示剂

内指示剂（internal indicator）以橙黄Ⅳ-亚甲基蓝用得较多，中性红、二苯胺及亮甲酚蓝也有应用。使用内指示剂操作简便，但变色不够敏锐，尤其重氮盐有色时更难观察。鉴于内、外指示剂法均不理想，中国药典多采用永停滴定法确定终点，可得到准确的分析结果。

三、滴定液的配制与标定

1. 配制

亚硝酸钠滴定液用间接法配制，其水溶液不稳定，放置后浓度显著下降，配制时需加入少许碳酸钠作稳定剂，使溶液呈弱碱性（pH≈10），三个月内浓度基本不变。

2. 标定

标定 $NaNO_2$ 滴定液常用对氨基苯磺酸作基准物质。对氨基苯磺酸为内盐，在水中溶解缓慢，须先用氨水溶解，再加盐酸，使其成为对氨基苯磺酸盐酸盐。标定反应式为：

$$HO_3S{-}\bigcirc{-}NH_2 + NaNO_2 + 2HCl \rightleftharpoons [HO_3S{-}\bigcirc{-}N_2]^+ Cl^- + NaCl + 2H_2O$$

可根据下式计算 $NaNO_2$ 滴定液的浓度：

$$c_{NaNO_2} = \frac{m_{C_6H_7O_3NS} \times 10^3}{V_{NaNO_2} M_{C_6H_7O_3NS}}$$

四、应用实例

重氮化法主要用于芳伯胺类药物的测定，如磺胺类药物、盐酸普鲁卡因等，还可测定经适当处理能转变为芳伯胺结构的药物，如扑热息痛、非那西丁等。亚硝基化滴定可测定芳仲胺类药物，如盐酸丁卡因、磷酸伯氨喹等。

【例 11-6】 盐酸普鲁卡因的含量测定

盐酸普鲁卡因具有芳伯胺结构，在酸性条件下与亚硝酸钠发生重氮化反应，滴定前加入适量 KBr 作催化剂，以促使重氮化反应迅速进行。用中性红为指示剂，终点时溶液由紫红转变为纯蓝色。滴定反应式为：

$$\underset{\text{NH}_2}{\overset{\text{COOCH}_2\text{CH}_2\text{N(C}_2\text{H}_5)_2 \cdot \text{HCl}}{\bigcirc}} + NaNO_2 + HCl \rightleftharpoons \underset{\text{N}_2^+ \cdot \text{Cl}^-}{\overset{\text{COOCH}_2\text{CH}_2\text{N(C}_2\text{H}_5)_2}{\bigcirc}} + NaCl + 2H_2O$$

根据下式计算盐酸普鲁卡因的含量：

$$C_{13}H_{20}O_2N_2 \cdot HCl\% = \frac{c_{NaNO_2} V_{NaNO_2} M_{C_{13}H_{20}O_2N_2 \cdot HCl} \times 10^{-3}}{S} \times 100\%$$

【例 11-7】 盐酸克伦特罗的含量测定 盐酸克伦特罗为 β2 蛋白激酶抑制剂，归属于拟肾上腺激素类药，其分子中具有芳伯胺结构，在酸性条件下与亚硝酸钠发生重氮化反应。按照永停滴定法，用亚硝酸钠滴定液滴定。滴定反应式如下：

$$\underset{\text{Cl}}{\overset{\text{Cl}}{NH_2{-}\bigcirc{-}}}CH(OH)CH_2NHC(CH_3)_3 \cdot HCl + NaNO_2 + HCl \longrightarrow$$

$$N_2^+ \cdot Cl^- {-}\underset{\text{Cl}}{\overset{\text{Cl}}{\bigcirc}}{-}CH(OH)CH_2NHC(CH_3)_3 + NaCl_2 + H_2O$$

操作步骤：精密称取盐酸克伦特罗样品约 0.25g，置 100mL 烧杯中，加盐酸溶液（1→2）25mL 使溶解，再加水 25mL，按照永停滴定法，用亚硝酸钠滴定液（0.05000mol/L）滴定。每 1mL 亚硝酸钠滴定液（0.05000mol/L）相当于 15.68mg 的盐酸克伦特罗。

根据下式计算盐酸克伦特罗的含量：

$$C_{12}H_{18}Cl_2N_2O\% = \frac{T_{NaNO_2/C_{12}H_{18}Cl_2N_2O} V_{NaNO_2}}{S} \times 100\%$$

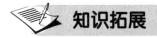 **知识拓展**　　　　　　　　**铈量法**

铈量法是采用四价铈盐溶液作滴定液的容量分析方法。在酸性溶液中，Ce^{4+} 与还原剂作用，被还原为 Ce^{3+}，Ce^{4+}/Ce^{3+} 的电极电位为 1.61V。在实际测定中常用硫酸铈的硫酸溶液作为滴定剂，该试液非常稳定。而在硝酸或高氯酸溶液中，在光的作用下，Ce^{4+} 会缓慢地被水还原，使其浓度逐渐下降；在碱性条件下 Ce^{4+} 易水解而生成碱式盐沉淀，因此不适合在弱酸性或碱性溶液中滴定。

在铈量法中，虽然 Ce^{4+} 具有黄色，Ce^{3+} 为无色，但由于 Ce^{4+} 的黄色较浅，不能作为指示滴定终点的自身指示剂，要选用适当的氧化还原剂，如邻二氮菲-亚铁指示剂，终点的变色敏锐。

用硫酸铈滴定法测定的物质有 Sn^{2+}、$[Fe(CN)_6]^{4-}$、NO_2^- 等。在药物分析中，铈量法可用于测定硝苯地平的含量，维生素 E 中存在的特殊杂质生育酚的检查方法也是用铈量法。

 **知识链接**　　**2019 年全国职业院校技能大赛**

"工业分析与检验"赛项化学分析部分的考核内容和评分细则

2019 年全国职业院校技能大赛"工业分析与检验"技能竞赛，关联的职业岗位涉及石油、化工、医药、生物、农业、林业、卫生和防疫等领域，是目前涉及行业最多的赛项。竞赛内容包括理论知识及液相色谱与质谱联用仿真操作考核和实践操作考核（化学分析和仪器分析）。化学分析方面考核学生的样品称量技能、标准溶液的配制能力、样品移取及滴定分析能力，考核内容和评分细则如下：

一、未知铁试样溶液(Ⅰ)浓度的氧化还原滴定法测量

1. 配制重铬酸钾标准滴定溶液

用减量法称取适量的已在 120℃±2℃ 的电烘箱中干燥至恒量的基准试剂重铬酸钾，溶于水，移入 250mL 容量瓶中，用水定容并摇匀。

计算重铬酸钾标准滴定溶液浓度按下式计算：

$$c\left(\frac{1}{6}K_2Cr_2O_7\right) = \frac{m\ (K_2Cr_2O_7)}{M\left(\frac{1}{6}K_2Cr_2O_7\right) \times V_{实} \times 10^{-3}}$$

式中　$c\left(\frac{1}{6}K_2Cr_2O_7\right)$——$\frac{1}{6}K_2Cr_2O_7$ 标准滴定溶液的浓度，mol/L；

　　　　$V_{实}$——250mL 容量瓶实际体积，mL；

　　　　$m(K_2Cr_2O_7)$——基准物 $K_2Cr_2O_7$ 的质量，g；

$$M\left(\frac{1}{6}K_2Cr_2O_7\right)——\frac{1}{6}K_2Cr_2O_7\ 摩尔质量，49.03g/mol。$$

2. 滴定操作

移取未知铁试样溶液（I）25mL 于 250mL 锥形瓶中，加 12mL 盐酸，加热至沸，趁热滴加氯化亚锡溶液还原三价铁，并不时摇动锥形瓶中溶液，直到溶液保持淡黄色，加水约100mL，然后加钨酸钠指示液 10 滴，用三氯化钛溶液还原至溶液呈蓝色，再滴加稀重铬酸钾溶液至钨蓝色刚好消失。冷却至室温，立即加 30mL 硫磷混酸和 15 滴二苯胺磺酸钠指示液，用重铬酸钾标准滴定溶液滴定至溶液刚呈紫色时为终点，记录重铬酸钾标准滴定溶液消耗的体积。平行测定 3 次，同时做空白试验。

空白试验用未知铁试样溶液（I）进行测定，取样为 1mL，其余步骤同上。

3. 计算被测未知铁试样溶液（I）中铁的浓度和平行测定极差相对值

空白试验消耗的重铬酸钾标准滴定溶液的体积按下式计算：

$$V_0=V_{空实}-\frac{V_{实（实际消耗重铬酸钾体积的平均值）}}{V_{实（25mLFe实际体积的平均值）}}\times V_{实（1mLFe实际体积）}$$

未知铁试样溶液（I）中铁的浓度按下式计算：

$$c(Fe)=\frac{c\left(\frac{1}{6}K_2Cr_2O_7\right)\left[V_{实（实际消耗重铬酸钾体积）}-V_0\right]}{V_{实（25mLFe实际体积的平均值）}}$$

二、评分细则

详见第十三章紫外-可见分光光度法的知识链接。

目标测试

1. 影响氧化还原反应速率的因素主要有哪些？怎样使反应加速完成？是否都能用加热的方法来加速反应的进行？

2. $KMnO_4$ 滴定液为什么只能用间接法配制？配制时应注意哪些问题？

3. 用 $KMnO_4$ 法测定 H_2O_2 含量时，能否用 HNO_3 或 HCl 控制溶液的酸度？

4. 应如何读取滴定管中高锰酸钾溶液的体积？

5. 用基准物质 $Na_2C_2O_4$ 标定 $KMnO_4$ 滴定液时应注意哪些问题？

6. 用间接碘量法测定时，淀粉指示剂应何时加入？为什么？

7. 间接碘量法误差的主要来源有哪些方面？采取什么措施可减免？

8. $Na_2S_2O_3$ 滴定液为什么只能用间接法配制？配制时为什么只能用新煮沸冷却至室温的蒸馏水？加少许 Na_2CO_3 的目的是什么？

9. 标定 $Na_2S_2O_3$ 时，在 $K_2Cr_2O_4$ 溶液中加入 KI 和稀 H_2SO_4 后，为什么要立即密塞且放置 10min 后，再用 $Na_2S_2O_3$ 溶液滴定？

10. 精密称取 0.1136g 基准 $K_2Cr_2O_7$ 溶于水，加酸酸化后加入足量 KI，暗处放置 10min 后用 $Na_2S_2O_3$ 滴定液滴定，消耗 24.61mL，求 $Na_2S_2O_3$ 滴定液的浓度。

11. 用 24.15mL $KMnO_4$ 溶液恰好完全氧化 0.1650g 的 $Na_2C_2O_4$，试计算 $KMnO_4$ 溶液的浓度。

12. 测定废水中硫化物，在 50.00mL 微酸性水样中加 20.00mL 0.05020mol/L 的 I_2 溶

液，待反应完全后，剩余 I_2 需用 21.16mL 0.05032mol/L 的 $Na_2S_2O_3$ 滴定液滴定至终点。求每升废水中含 H_2S 的质量。

13. 精密吸取双氧水样品 1.00mL，置于贮有 20mL 纯化水的 100mL 容量瓶中，用蒸馏水稀释至刻度。精密吸取稀释后试样 10.00mL 于锥形瓶中，加硫酸酸化，用 0.01986mol/L 的高锰酸钾滴定液滴定至溶液由无色刚好变为淡红色，30s 内不褪色，消耗高锰酸钾滴定液 9.46mL，计算双氧水的含量。（药学、中药专业）

14. 测定血液中的钙时，常将钙以 CaC_2O_4 的形式完全沉淀，过滤洗涤，溶于硫酸中，然后用 0.002000mol/L 的高锰酸钾滴定液滴定。现将 2.00mL 血液稀释至 50.00mL，取此溶液 20.00mL，进行上述处理，用高锰酸钾滴定液滴定至终点时用去 2.45mL，求血液中钙的浓度（mol/L）。（检验、卫检专业）

15. 取 20g 洗净去核的猕猴桃，准确称量为 20.1050g，破碎、放入果汁机中，加入 30mL 5％三氯乙酸提取液，制成果汁后，倒入 250mL 锥形瓶中，另取 70mL 5％三氯乙酸提取液分 3 次冲洗果汁机，清洗液转入锥形瓶中，加入 2mL 淀粉溶液，立即用 0.01005mol/L 碘标准溶液滴定至呈现稳定的蓝色，消耗碘滴定液的体积为 9.05mL，求猕猴桃中维生素 C 的含量(维生素 C 的化学式 $C_6H_8O_6$，分子量 176.1)。（营养专业）

第十二章 电化学分析法

 **知识导图**

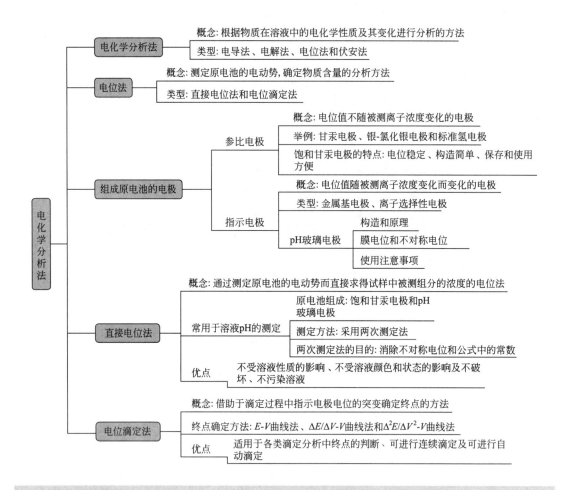

学习目标

1. 熟悉电位法的基本概念及其分类。
2. 熟悉参比电极和指示电极的基本概念和常见类型。
3. 了解玻璃电极的构造和原理。
4. 掌握直接电位法测溶液 pH 值的原理及方法。
5. 了解电位滴定和永停滴定原理及应用。

电化学分析法（electrochemical analysis）是根据物质在溶液中的电化学性质及其变化来进行分析的方法。在进行电化学分析时，通常是将被测物制成溶液，根据它的电化学性质，选择适当电极组成化学电池，通过测定电池某种电信号（电压、电流、电阻、电量等）的强度或变化，对被测组分进行定性、定量分析。电化学分析法具有设备简单、操作方便、应用范围广、便于自动化等优点，同时也有较高的准确度、灵敏度与重现性。因此，在药学分析、卫生理化检验、食品分析等领域有广泛的应用。

第一节 概　述

根据物质在溶液中的电化学性质及其变化来进行分析的方法称为电化学分析法（electrochemical analysis）。在进行电化学分析时，通常是将被测物制成溶液，根据它的电化学性质，选择适当电极组成化学电池，通过测定电池某种电信号（电压、电流、电阻、电量等）的强度或变化，对被测组分进行定性、定量分析。

电化学分析方法的种类很多，从不同的角度出发有不同的分类方法。根据测定的电化学参数不同，可分为以下四类，如表 12-1 所示。

表 12-1　电化学分析法的分类

电导法	电解法	电位法	伏安法
电导分析法 电导滴定法	电重量法 库仑法 库仑滴定法	直接电位法 电位滴定法	极谱法 溶出法 电流滴定法

（1）电导法（conductometry）　是通过测量待测液的导电性，来确定待测物含量的分析方法。直接根据测量的电导数据确定待测物含量的分析方法，称为电导分析法（conductometric analysis）。根据测量滴定过程中溶液的电导变化来确定化学计量点的方法，称为电导滴定法（conductometric titration）。

（2）电解法（electrolytic analysis method）　根据通电时待测物质在电极上发生定量沉积或定量作用的性质，来确定待测物含量的分析方法，称为电解法。其中用待测物质在电极上发生定量沉积后电极的增量来确定待测物含量的方法，称为电重量法（electro gravimetry）；以待测物在电解过程中通过的电量，来确定待测物含量的方法，称为库仑法（coulometry）；用电极反应的生成物作为滴定剂与待测物反应，当达到化学计量点时，根据消耗的电量来确定待测物含量的方法，称为库仑滴定法（coulometric titration）。

（3）电位法（potentiometry）　根据测定原电池的电动势，以确定待测物含量的分析方法，称为电位法。其中根据电动势的测量值，直接确定待测物含量的方法，又称为直接电位法（direct potentiometry）；根据滴定过程中电动势发生突变来确定化学计量点的方法，称为电位滴定法（potentiometry titration）。

（4）伏安法（voltammetry）　是以电解过程中得到的电流-电位曲线为基础演变出来的各种分析方法的总称。它包括极谱法（polarography）、溶出法（stripping method）和电流滴定法（amperometric titration）。永停滴定法（dead-stop titration）是属于电流滴定法中的一种分析方法，它是通过观察滴定过程中电流计的指针变化，以确定滴定终点的分析方法。

电化学分析法具有设备简单、操作方便、应用范围广、便于自动化等优点，同时也有较高的准确度、灵敏度与重现性。因此，在检验、药学和营养专业中有一定的应用价值。

本章着重介绍电位法和永停滴定法。

第二节 参比电极和指示电极

组成原电池（galvanic cell）的必要条件之一是具有两个性能不同的电极。电位分析法中，电位值不随被测离子浓度的变化而发生变化，具有恒定电位的电极，称为参比电极（reference electrode）；电位值随被测离子浓度的变化而变化的电极，称为指示电极（indicator electrode）。

一、参比电极

标准氢电极（standard hydrogen electrode，SHE）是作为比较其他电极的基准参比电极，因其制作麻烦，使用不方便，一般只作校准时用。常用的参比电极有甘汞电极和银-氯化银电极。

1. 甘汞电极（calomal electrode）

甘汞电极是由汞、甘汞（Hg_2Cl_2）和氯化钾溶液组成的电极，其构造如图 12-1 所示。

电极反应为：

$$Hg_2Cl_2 + 2e^- \rightleftharpoons 2Hg + 2Cl^-$$

298.15K 时电极电位为：

$$\varphi = \varphi^{\ominus} - 0.0592 \lg [Cl^-] \tag{12-1}$$

由上式可以看出，甘汞电极的电极电位决定于氯离子浓度，当氯离子的浓度一定时，则甘汞电极的电位也是一个定值。在 298.15K 时，三种不同浓度的氯化钾溶液的甘汞电极的电位分别为：

KCl 溶液的浓度	0.1mol/L	1mol/L	饱和
电极电位 φ/V	0.3337	0.2801	0.2412

最常用的是饱和甘汞电极（saturated calomal electrode，SCE），其电位稳定，构造简单，保存和使用都很方便。

2. 银-氯化银电极（silver-silver chloride electrode）

银-氯化银电极是由银丝镀上一薄层氯化银，浸入到氯化钾溶液中组成的电极，其构造如图 12-2 所示。

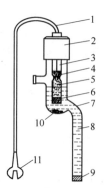

图 12-1 饱和甘汞电极

1—导线；2—电极帽；3—铂丝；4—汞；
5—汞与甘汞糊；6—棉絮塞；7—外玻璃管；
8—KCl 饱和液；9—石棉丝或素瓷芯等；
10—KCl 结晶；11—接头

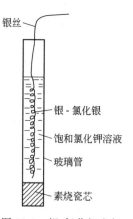

图 12-2 银-氯化银电极

电极反应为：
$$AgCl + e^- \Longrightarrow Ag + Cl^-$$

298.15K 时电极电位为：
$$\varphi = \varphi^\ominus - 0.0592\lg[Cl^-] \tag{12-2}$$

同样可以看出，银-氯化银电极的电极电位也决定于氯离子浓度。当氯离子的浓度一定时，则银-氯化银电极的电位也是一个定值。在 298.15K 时，三种不同浓度的氯化钾溶液的银-氯化银电极的电位分别为：

KCl 溶液的浓度	0.1mol/L	1mol/L	饱和
电极电位 φ/V	0.2880	0.2223	0.2000

银-氯化银电极结构较简单，体积小，常用作内参比电极。

二、指示电极

指示电极的类型有很多种，根据指示电极指示物质的原理不同，常用指示电极分为以下两种。

1. 金属基电极

金属基电极是以金属为基体的电极，这类电极的共同特点是电极电位建立在电子转移的基础上，有以下几种类型。

（1）金属-金属离子电极　由能发生氧化还原反应的金属和该金属离子的溶液组成，简称为金属基电极或第一电极。其电极电位由溶液中金属离子的浓度来决定，故可用于测定金属离子的含量。如银电极，Ag/Ag^+。电极反应和电极电位为：

$$Ag^+ + e^- \Longrightarrow Ag$$

$$\varphi = \varphi^\ominus + 0.0592\lg[Ag^+] \tag{12-3}$$

（2）金属-金属难溶盐电极　金属表面覆盖其难溶盐，并与此难溶盐具有相同阴离子的可溶性盐组成的电极，简称第二电极。如银-氯化银电极，$Ag/AgCl$，Cl^- 电极反应和电极电位为：

$$AgCl + e^- \Longrightarrow Ag + Cl^-$$

$$\varphi = \varphi^\ominus - 0.0592\lg[Cl^-] \tag{12-4}$$

（3）惰性金属电极　将惰性金属（铂或金）插入含有某氧化态和还原态电对的溶液中组成的电极，又称零电极。它能指示同时存在于溶液中的氧化态和还原态的比值，惰性金属不参与电极反应，仅起传递电子的作用。如 Pt/Fe^{3+}，Fe^{2+}，其电极反应和电极电位为：

$$Fe^{3+} + e^- \Longrightarrow Fe^{2+}$$

$$\varphi = \varphi^\ominus + 0.0592\lg\frac{[Fe^{3+}]}{[Fe^{2+}]} \tag{12-5}$$

2. 离子选择性电极

离子选择性电极也称膜电极（ion selectivity electrode，ISE），它是一种利用选择性电极膜对溶液中特定离子产生选择性响应，从而指示该离子浓度的电极。这类电极的共同特点为：电极电位的形成是基于离子的扩散和交换，而无电子的转移。到目前为止，该类电极已测定 30 余种离子。

指示电极的种类很多，本节主要介绍的指示电极是测定溶液 pH 的玻璃电极，它也是使用最早的一种离子选择性电极。

三、玻璃电极的构造和原理

1. 玻璃电极的构造

玻璃电极的构造如图 12-3 所示。

玻璃电极的主要部分是电极下端接有一种特殊材料的玻璃球形薄膜，膜厚为 $0.05\sim$ $0.1mm$，这是电极的关键部位。膜内盛有一定浓度的 KCl 的 pH 缓冲溶液，作为参比液，溶液中插入一支银-氯化银电极作为内参比电极。因玻璃电极的内阻很高（为 $50\sim100M\Omega$），故导线及电极引线都要高度绝缘，并装有屏蔽罩，以免漏电和静电干扰。

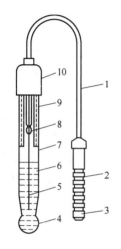

图 12-3　玻璃电极的构造

1—绝缘屏蔽电缆；2—高绝缘电极插头；
3—金属接头；4—玻璃薄膜；5—内参比
电极；6—内参比液；7—外管；8—支管
圈；9—屏蔽层；10—塑料电极帽

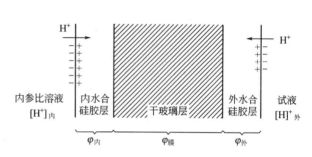

图 12-4　水化玻璃电极剖面示意图

2. 玻璃电极的原理

玻璃电极能指示 H^+ 浓度的大小，是因为 H^+ 在膜上进行交换和扩散的结果。当玻璃电极的玻璃膜内、外表面与溶液接触时，能吸收水分，在膜表面形成很薄的水合凝胶层，其厚度为 $10^{-5}\sim10^{-4}mm$。水化凝胶层中的 Na^+ 与溶液中的 H^+ 发生如下交换反应：

$$H^+ + Na^+GI^- \Longrightarrow Na^+ + H^+GI^-$$
$$\text{溶液}\qquad\text{玻璃}\qquad\text{溶液}\qquad\text{玻璃}$$

交换达到平衡后，玻璃表面几乎全由（H^+GI^-）组成，从表面到胶层内部，H^+ 的数目逐渐减少，Na^+ 的数目逐渐增多。玻璃膜内表面与内充液也发生上述作用，形成同样的水合凝胶层，如图 12-4 所示。当浸泡好的玻璃电极浸入待测溶液时，水合凝胶层与溶液接触，由于胶层表面和溶液中的 H^+ 浓度不同，H^+ 便从浓度大的一侧向浓度小的一侧迁移，并建立平衡。

在玻璃外胶层与溶液两相间形成双电层，产生了一定的相界电位 $\varphi_{外}$。同样，在玻璃内表面的胶层与溶液两相间也存在相界电位 $\varphi_{内}$。由于膜内外溶液中的 H^+ 浓度不等，与硅胶层间发生离子扩散也不同，于是玻璃内外的电位差（称膜电位 $\varphi_{膜}$）为：

$$\varphi_{膜} = \varphi_{外} - \varphi_{内}$$

$$\varphi_{\text{外}} = K_{\text{外}} + 0.0592 \lg \frac{[H^+]_{\text{外}}}{[H^+]'_{\text{外}}} \tag{12-6}$$

$$\varphi_{\text{内}} = K_{\text{内}} + 0.0592 \lg \frac{[H^+]_{\text{内}}}{[H^+]'_{\text{内}}} \tag{12-7}$$

式中，$K_{\text{内}}$、$K_{\text{外}}$ 分别为玻璃外膜、玻璃内膜表面性质决定的常数；$[H^+]_{\text{外}}$、$[H^+]_{\text{内}}$ 分别为外部待测溶液中和内部缓冲溶液中 H^+ 的浓度；$[H^+]'_{\text{外}}$、$[H^+]'_{\text{内}}$ 为玻璃电极外水合硅胶层表面和内水合凝胶层表面的 H^+ 浓度。

由于玻璃外膜和内膜表面性质基本相同，故可认为 $K_{\text{内}} = K_{\text{外}}$，又因为水合硅胶层表面 Na^+ 全部被 H^+ 所代替，故 $[H^+]'_{\text{外}} = [H^+]'_{\text{内}}$，因此

$$\varphi_{\text{膜}} = \varphi_{\text{外}} - \varphi_{\text{内}} = 0.0592 \lg \frac{[H^+]_{\text{外}}}{[H^+]_{\text{内}}} \tag{12-8}$$

由于内参比溶液中 H^+ 的浓度为一定值，故上式可写为：

$$\varphi_{\text{膜}} = K + 0.0592 \lg [H^+]_{\text{外}} = K - 0.0592 \text{pH} \tag{12-9}$$

玻璃电极内有一个 $Ag/AgCl$ 内参比电极，故整个玻璃电极的电极电位为：

$$\varphi_{\text{玻}} = \varphi_{Ag/AgCl} + \varphi_{\text{膜}} = \varphi_{Ag/AgCl} + K - 0.0592 \text{pH} \tag{12-10}$$

式中，$\varphi_{Ag/AgCl}$ 为常数，与 K 合并为 $K_{\text{玻}}$，$K_{\text{玻}}$ 由玻璃电极本身的性能决定。

故 298.15K 时，玻璃电极的电极电位为：

$$\varphi_{\text{玻}} = K_{\text{玻}} - 0.0592 \text{pH} \tag{12-11}$$

可以看出，玻璃电极的电极电位 $\varphi_{\text{玻}}$ 与溶液的 pH 呈线性关系。只要测出 $\varphi_{\text{玻}}$，便可求出溶液的 pH，这就是玻璃电极测定溶液 pH 的理论依据。

由式（12-8）可知，当 $[H^+]_{\text{外}} = [H^+]_{\text{内}}$ 时，即玻璃膜两侧溶液中的 H^+ 浓度相等时，膜电位应该等于零，但实际上在膜两侧仍有一个小的电位差，通常称这种电位差为不对称电位。它是由于制造工艺等原因，使玻璃膜内外两个表面的性能不完全一样造成的。玻璃电极经浸泡一定时间后，不对称电位可以达到最小，且为一定值（1～30mV）。

3. 玻璃电极使用时的注意事项

① 使用玻璃电极要注意型号，如"221"型钠玻璃电极，适应于测定溶液的 pH 范围是 1～9；"231"型锂玻璃电极，适应于测定溶液的 pH 范围是 1～14。

② 玻璃电极在使用前应在蒸馏水中浸泡 24h 以上。浸泡的目的主要是形成性质比较稳定的水合凝胶层，降低和稳定不对称电位，使电极对 $[H^+]$ 有稳定的对应关系。

③ 玻璃电极一般在 5～60℃ 范围内使用，因温度过高过低，会使电极的寿命下降。在测定标准液和待测液时要求温度必须相同。

④ 玻璃电极浸入溶液后应轻轻摇动溶液，促使电极反应尽快达到平衡。

⑤ 玻璃电极膜很薄，使用时要格外小心，以免碰碎。

⑥ 玻璃电极的内阻较大，所以必须使用高阻抗的测量仪器测定。

⑦ 玻璃电极的清洗：沾有油污，可用 5%～10% 的氨水或丙酮清洗；沾有无机盐，可用 0.1mol/L HCl 溶液清洗；Ca^{2+}、Mg^{2+} 等积垢，可用 EDTA 溶液溶解；在含蛋白质溶液或胶质溶液中测定后，可用 1mol/L HCl 溶液清洗。清洗电极时不可用脱水溶剂（如铬酸洗液、无水乙醇、浓硫酸等），以免破坏电极的功能。

⑧ 玻璃电极不能用于含氟离子溶液的测定。

第三节　直接电位法

直接电位法（direct potentiometry）是根据电池电动势与待测组分的浓度之间的函数关系，通过测定电池电动势而直接求得试样中待测组分的浓度的电位法。通常用于溶液的 pH 测定和其他离子浓度的测定。

一、溶液 pH 测定的原理

直接电位法测定溶液的 pH 时，常用玻璃电极作为指示电极，用饱和甘汞电极作为参比电极，将两个电极插入待测液中组成原电池，即：

（一）玻璃电极|待测 pH 溶液|饱和甘汞电极（＋）

298.15K 时该电池的电动势为：

$$E = \varphi_{甘汞} - \varphi_{玻} = 0.2412 - (K_{玻} - 0.0592\text{pH}) \tag{12-12}$$

由于，$K_{玻}$ 为玻璃电极的性质常数，因而将 $K_{玻}$ 和 0.2412 合并得一新的常数 K，即：

$$E = K + 0.0592\text{pH} \tag{12-13}$$

由上式可知，电池的电动势和溶液的 pH 呈线性关系。在 298.15K 时，溶液的 pH 改变一个单位，电池的电动势随之改变 59mV，所以通过测量电池的电动势可求得溶液的 pH。但是，公式中的常数 K 很难确定，常随不同的玻璃电极和组成不同的溶液而发生变化，甚至随电极使用时间长短而发生微小的变动，并且每一个玻璃电极的不对称电位也不相同。在具体测定时常用两次测定法，以消除玻璃电极的不对称电位和公式中的常数。具体方法为：

先测定一已知 pH_s 的标准缓冲溶液的电动势 E_s，则：

$$E_s = K + 0.0592\text{pH}_s \tag{12-14}$$

再测定未知 pH 的待测溶液的电动势 E_x，则：

$$E_x = K + 0.0592\text{pH}_x \tag{12-15}$$

将两式相减并整理得

$$\text{pH}_x = \text{pH}_s + \frac{E_x - E_s}{0.0592} \tag{12-16}$$

注意：测量时选用的标准缓冲溶液的 pH_s 应尽可能与待测液的 pH_x 相接近（$\Delta\text{pH} < 2$）。

表 12-2 列出了不同温度下常用的标准缓冲溶液的 pH，供选用时参考。

表 12-2　不同温度下常用的标准缓冲溶液的 pH

温度/℃	草酸三氢钾 (0.05mol/L)	酒石酸氢钾 (25℃饱和)	邻苯二甲酸氢钾 (0.05mol/L)	混合磷酸盐 (0.025mol/L)	硼砂 (0.01mol/L)
10	1.670		3.998	6.923	9.332
15	1.672		3.999	6.900	9.276
20	1.675		4.002	6.881	9.225
25	1.679	3.557	4.008	6.865	9.180
30	1.683	3.552	4.015	6.853	9.139
35	1.688	3.549	4.024	6.844	9.102
40	1.694	3.547	4.035	6.838	9.068

二、应用

用 pH 计测定溶液的 pH 不受氧化剂、还原剂或其他活性物质存在的影响，可用于有色物质、胶体溶液或浑浊溶液。并且测定前无需对待测液作预处理，测定后不破坏、不污染溶液，因此应用极为广泛。在药物分析中广泛应用于注射剂、大输液、滴眼液等制剂及原料药物的酸碱度检查；在卫生理化检验中，常用于水质 pH 的检查。应用举例见表 12-3。

表 12-3　直接电位法应用举例

被测物质	离子选择电极	使用 pH 范围	应用举例
F^-	氟	5~8	水、牙膏、生物体液、矿物
Cl^-	氯	2~11	水、碱液、催化剂
CN^-	氰	11~13	废水、废渣
NO_3^-	硝酸根	3~10	天然水
H^+	pH 玻璃电极	1~14	溶液酸度
Na^+	pNa 玻璃电极	9~10	锅炉水、天然水、玻璃
NH_3	气敏氨电极	11~13	废水、土壤、废水
脲	气敏氨电极		生物化学
氨基酸	气敏氨电极		生物化学
K^+	钾微电极	3~10	血清
Na^+	钠微电极	4~9	血清
Ca^{2+}	钙微电极	9~10	血清

第四节　电位滴定法

电位滴定法是借助于滴定过程中指示电极电位的突变确定终点的方法。滴定分析一般用指示剂确定滴定终点。但当溶液浑浊、有色或无合适的指示剂时，滴定难以准确进行，可采用电位滴定法来确定滴定终点。电位滴定法的另一优点是可以进行连续滴定和自动滴定。

一、基本原理

运用电位滴定法时，在被测物质的溶液中插入适当的指示电极和参比电极组成一个原电池。装置如图 12-5 所示。

随着滴定液的加入，滴定液与待测液发生化学反应，使待测离子的浓度不断地降低，而指示电极的电位也随待测离子浓度降低而发生变化。在化学计量点附近，当滴定液的加入，溶液中待测离子浓度发生急剧变化，而使指示电极的电位发生突变。因此，通过测量电池电动势的变化，则可确定滴定终点。

电位滴定法与指示剂滴定法相比较具有客观可靠，准确度高，易于自动化，不受溶液有色、浑浊的限制等优点，是一种重要的滴定分析法。原则上讲，只要能为待测物找到合适的指示电极，电位滴定法就可用于任何类型的滴定反应。随着

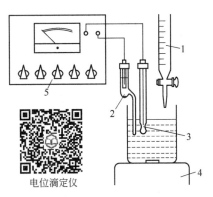

电位滴定仪

图 12-5　电位滴定装置
1—滴定管；2—参比电极；3—指示电极；
4—电磁搅拌器；5—pH-mV 计

离子选择性电极的迅速发展，可选择的指示电极越来越多，电位滴定法的应用范围也越来越广泛。

二、确定终点的方法

进行滴定时，边滴定，边记录滴入滴定液的体积和相应的电动势读数，在化学计量点附近，因电动势变化增大，应减小滴定液的加入量，最好每加入 0.1mL，记录一次数据，并保持每次加入滴定液的数量相等，这样可使数据处理较为方便、准确。

现以 0.1mol/L AgNO₃ 溶液滴定 NaCl 溶液时电位滴定的部分数据处理为例（见表 12-4），介绍几种常用的确定滴定终点的方法。

1. E-V 曲线法

用滴定液加入的体积 V（mL）为横坐标，测得的电池的电动势 E（mV）为纵坐标作图，得图 12-6(a) 所示的 E-V 曲线。曲线上的转折点（斜率最大处）所对应的滴定液的体积即为滴定终点。此法应用方便，适用于滴定突跃内电动势变化明显的滴定曲线。

2. ΔE/ΔV-V 曲线法（又称一阶微商法）

以连续测定的电动势的变化值 ΔE 和对应的滴定液的体积变化值 ΔV，求出一阶微商法 $\Delta E/\Delta V$，绘制 $\Delta E/\Delta V$-V 曲线，如图 12-6(b) 所示。曲线最高点所对应的滴定液的体积即为滴定终点的体积。此法较为准确，但方法比较烦琐。

3. Δ²E/ΔV²-V 曲线法（又称二阶微商法）

以 $\Delta^2 E/\Delta V^2$ 为纵坐标，滴定液体积 V 为横坐标作图，如图 12-6(c) 所示。曲线与纵坐标 "0" 相交处相对应的体积即为滴定终点的体积。

用二阶微商法作图确定终点比较费时，在实际工作中，常用内插法计算终点时滴定液的体积。其计算公式推导如下：

表 12-4 0.1mol/L AgNO₃ 溶液滴定 NaCl 溶液的部分电位滴定数据

V_{AgNO_3}/mL	E/mV	ΔE/mV	ΔV/mL	$\Delta E/\Delta V$	$\Delta^2 E/\Delta V^2$
5.00	62				
15.00	85	23	10.00	2.3	
20.00	107	22	5.00	4.4	
22.00	123	16	2.00	8	
23.00	138	15	1.00	15	
23.50	146	8	0.50	16	
23.80	161	15	0.30	50	
24.00	174	13	0.20	65	
24.10	183	9	0.10	90	
24.20	194	11	0.10	110	+2800
24.30	233	39	0.10	390	+4400
24.40	316	83	0.10	830	-5900
24.50	340	24	0.10	240	-580
25.00	373	33	0.50	66	
26.00	396	23	1.00	23	
28.00	426	30	2.00	15	

$$(V_{后} - V_{前}) : (V_{计} - V_{前}) = (E_{后} - E_{前}) : (E_{计} - E_{前}) \tag{12-17}$$

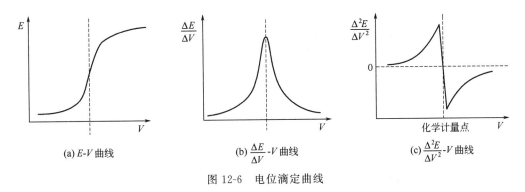

图 12-6 电位滴定曲线

式中，$V_{计}$ 表示化学计量点时滴定液的体积；0 表示化学计量点时 $\Delta^2 E/\Delta V^2$ 为 0；$V_{前}$ 表示与 $(\Delta^2 E/\Delta V_{前}^2)$ 相对应的体积；$E_{前}$ 表示化学计量前的 $(\Delta^2 E/\Delta V_{前}^2)$；$V_{后}$ 表示与 $(\Delta^2 E/\Delta V^2)_{后}$ 相对应的体积；$E_{后}$ 表示化学计量后的 $(\Delta^2 E/\Delta V^2)_{后}$。

例如：由表 12-4 中查得加入滴定液体积 24.30mL 时，其二阶微商 $\Delta^2 E/\Delta V^2 = 4400$，加入 24.40mL 滴定液时，其二阶微商 $\Delta^2 E/\Delta V^2 = -5900$，按下图进行比例计算：

$$\begin{array}{ccc} 24.30 & V_{计} & 24.40 \\ | & | & | \\ 4400 & 0 & -5900 \end{array}$$

$$(24.40 - 24.30) : (-5900 - 4400) = (V_{计} - 24.30) : (0 - 4400)$$

则
$$V_{计} = 24.34\text{mL}$$

三、电位滴定法的应用

电位滴定法适用于酸碱滴定法、氧化还原滴定法、沉淀滴定法、配位滴定法等各类滴定分析中终点的确定。确定终点的关键是选择适当的指示电极和参比电极，现将各类滴定中常用的电极归类，如表 12-5 所示。

表 12-5　各类电位滴定常用的电极

滴定方式	参比电极	指示电极
水溶液酸碱滴定	甘汞电极	玻璃电极
水溶液氧化还原滴定	甘汞电极	铂电极
水溶液银量法	甘汞电极	银电极、银-硝酸钾盐桥电极
非水溶液酸碱滴定	甘汞电极	玻璃电极

具体示例：苯巴比妥的含量测定，取苯巴比妥粉末约 0.2g，精密称定，加甲苯 40mL 使之溶解，再加新制的 3% 无水碳酸钠 15mL，用硝酸银滴定液（0.1000mol/L）滴定，用银电极作为指示电极，饱和甘汞电极作为参比电极进行电位滴定，用电位滴定法确定终点。每 1mL 该硝酸银滴定液相当于 23.22mg 的苯巴比妥（$C_{12}H_{12}N_2O_3$），其苯巴比妥的百分含量为：

$$C_{12}H_{12}N_2O_3\% = \frac{V_{AgNO_3}\, F_{AgNO_3} \times 23.22 \times 10^{-3}}{S} \times 100\%$$

第五节　永停滴定法

永停滴定法（dead-stop titration）是根据滴定过程中双铂电极间电流的变化来确定滴定终点的滴定法。将两个相同的铂电极插入被测液中，在两电极间加一低电压（约 $50mV$），然后进行滴定，通过观察滴定过程中电流计指针的变化确定滴定终点。

一、基本原理

1. 可逆电对和不可逆电对

将两个铂电极插入溶液中，与溶液中的电对组成电解池，当外加一低电压时，由于电对的性质不同，发生的电极反应也不同。

如 I_2/I^- 电对：　　　　在阳极发生氧化反应　　　$2I^- - 2e^- \Longrightarrow I_2$

　　　　　　　　　　在阴极发生还原反应　　　$I_2 + 2e^- \Longrightarrow 2I^-$

两个电极上均发生了电极反应，从而导致两个电极间有电流通过。通过电流的大小是由溶液中氧化型或还原型的浓度决定，当溶液中氧化型和还原型浓度相等时，通过的电流最大，像这样的电对称为可逆电对。常见的可逆电对还有 Fe^{3+}/Fe^{2+}、Ce^{4+}/Ce^{3+} 等。

再如 $S_4O_6^{2-}/S_2O_3^{2-}$ 电对：

在阳极发生氧化反应　　　　　$2S_2O_3^{2-} - 2e^- \Longrightarrow S_4O_6^{2-}$

但在阴极不发生还原反应，所以无电流通过。像这样的电对称为不可逆电对。

2. 永停滴定法的类型

由于电对存在可逆电对和不可逆电对的区别，永停滴定法常分为三种类型。

（1）滴定液为可逆电对而待测物为不可逆电对　以碘滴定液滴定硫代硫酸钠溶液为例。在化学计量点前，溶液中只有 $S_4O_6^{2-}/S_2O_3^{2-}$ 电对，因为它们是不可逆电对，故不发生电解反应，另外溶液中虽有 I^- 存在，但 I_2 的浓度一直很低，无明显的电解反应发生，所以电流计指针一直停在接近零电流的位置不动。一旦达到化学计量点，稍过量的 I_2 液加入后，溶液中才有明显的 I_2/I^- 可逆电对存在，电解反应得以发生，两电极间才有电流通过，此时电流计指针突然从零发生偏转并不再返回零电流的位置。随着过量 I_2 的加入，电流计指针偏转角度增大。滴定过程中的电流变化曲线如图 12-7(a) 所示，曲线的转折点即为化学计量点。

（2）滴定液为不可逆电对而待测物为可逆电对　以硫代硫酸钠溶液滴定碘液为例。滴定开始时，溶液中有 I_2/I^- 可逆电对，且 $[I^-] < [I_2]$，此时电流的大小取决于溶液中滴定产物的浓度 $[I^-]$，随着 $[I^-]$ 的增大而增大，当反应进行到一半时，$[I^-] = [I_2]$，电解电流达到最大，反应进行到一半后，$[I^-] > [I_2]$，此时电解电流由溶液中的 $[I_2]$ 决定，并随 $[I_2]$ 的减小而减小，滴定至化学计量点时降至最低。化学计量点后溶液中只有 I^- 及 $S_4O_6^{2-}/S_2O_3^{2-}$ 不可逆电对，故电解反应基本停止，此时电流计指针将停留在零电流附近并保持不动。滴定过程中的电流变化曲线如图 12-7(b) 所示。

（3）滴定液与待测液均为可逆电对　以铈离子滴定亚铁离子为例。在化学计量点前，电流来自溶液中 Fe^{3+}/Fe^{2+} 可逆电对的电解反应，电流的变化机理与图 12-7(b) 中化学计量点前的情况相似，化学计量点时电流降到最低点。化学计量点后，随着 Ce^{4+} 过量，溶液中建立了 Ce^{4+}/Ce^{3+} 可逆电对，有电流通过电解池，电流开始上升，随着过量 Ce^{4+} 的加入，电流计指针偏转角度增大。滴定过程中的电流变化曲线如图 12-7(c) 所示。

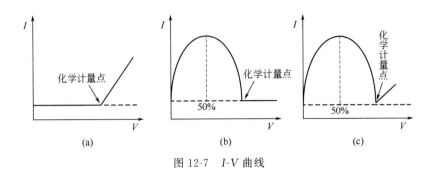

图 12-7　I-V 曲线

二、仪器与实验方法

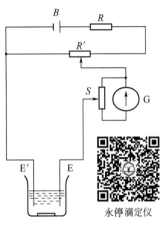

永停滴定仪器装置如图 12-8 所示。图中 B 为 1.5V 干电池，R 为 5000Ω 左右的电阻，R' 为 500Ω 的绕线电位器，G 为电流计（灵敏度为 $10^{-7} \sim 10^{-9}$ A/分度），S 为电流计的分流电阻，其作用是调节电流计的灵敏度。E 和 E' 为两支相同的铂电极，插入盛有溶液的烧杯中组成电池。滴定过程中用电磁搅拌器搅动溶液。外加电压的大小取决于所用电对的可逆性，可通过调节 R' 得到适当的外加电压，一般为数毫伏至数十毫伏即可。用 S 调节 G，可得到适宜的灵敏度。通常只需在滴定时仔细观察电流计指针变化，指针位置突变点即为化学计量点。必要时可每加一次滴定液，测量一次电流，以电流为纵坐标，以滴定液体积为横坐标绘制滴定曲线，在滴定曲线上找出化学计量点。

图 12-8　永停滴定法装置

三、应用与示例

永停滴定法仪器简单，操作方便，准确可靠，所以应用日益广泛。在药物分析上应用较多，下面重点介绍两个典型的例子：重氮化滴定法测定芳香伯胺和用费歇尔（Farl Fischer）法测定微量水。

1. 重氮化滴定法

亚硝酸钠法采用永停滴定法确定化学计量点，比使用内、外指示剂更加准确方便。例如，用亚硝酸钠滴定液滴定某芳香伯胺，其滴定反应为：

$$R-\!\!\bigcirc\!\!-NH_2 + NaNO_2 + 2HCl \Longrightarrow R-\!\!\bigcirc\!\!-N^+ \equiv NCl^- + 2H_2O + NaCl$$

由于化学计量点前溶液中不存在可逆电对，电流计指针停止在零位（或接近零位）。当达到化学计量点后，溶液中稍有过量的亚硝酸钠，便有亚硝酸及其产物一氧化氮，并组成可逆电对，在两个电极上发生电解反应如下：

$$阳极 \quad NO + H_2O - e^- \Longrightarrow HNO_2 + H^+$$

$$阴极 \quad HNO_2 + H^+ + e^- \Longrightarrow NO + H_2O$$

电路中将有电流通过，电流计指针将发生偏转，并不再回到零位。

2. 费歇尔法测定微量水

在进行费歇尔法测定微量水时，采用永停滴定法指示终点，样品中的水与 Farl Fischer 滴定剂起如下反应：

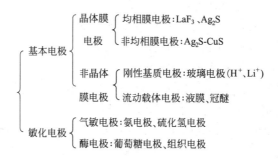

化学计量点前溶液中不存在可逆电对，电流计指针停止在零位不动，到达化学计量点并稍有过量的 I_2 存在时，溶液中便有 I_2/I^- 可逆电对存在，电路中开始有电流通过，电流计指针显示偏转并不再回止零位。

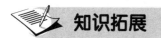

离子选择性电极

离子选择性电极是一种利用选择性电极膜（敏感膜）对溶液中特定离子产生选择性相应，一般作为指示电极，主要由内参比电极、内参比液和电极膜组成。1975 年，国际纯粹与应用化学联合会（IUPAC）按敏感膜的组成和结构，推荐离子选择性电极分类如下：

$$
\begin{cases}
\text{基本电极} \begin{cases}
\text{晶体膜} \begin{cases} \text{均相膜电极：} LaF_3、Ag_2S \\ \text{非均相膜电极：} Ag_2S\text{-}CuS \end{cases} \\
\text{电极} \\[4pt]
\text{非晶体} \begin{cases} \text{刚性基质电极：玻璃电极}(H^+、Li^+) \\ \text{流动载体电极：液膜、冠醚} \end{cases} \\
\text{膜电极}
\end{cases} \\[12pt]
\text{敏化电极} \begin{cases} \text{气敏电极：氨电极、硫化氢电极} \\ \text{酶电极：葡萄糖电极、组织电极} \end{cases}
\end{cases}
$$

目标测试

1. 何为参比电极和指示电极？分别举例说明。

2. 金属基电极的特点是什么？叙述常见的金属基电极的类型。

3. 简述直接电位法测溶液 pH 的原理。在测定时为何要用两次测定法？

4. 何为玻璃电极的膜电位和不对称电位？不对称电位通过什么方法可以减小？不对称电位通过什么方法可以消除？

5. 永停滴定法与电位滴定法有何异同点？

6. 永停滴定法的电流曲线有几类？滴定体系的组成有何区别？

7. 当以 $0.05mol/L$ 某标准缓冲溶液（pH＝4.00）为下述电池的溶液，测得电动势为 0.203V，

$$\text{玻璃电极} | H^+ (a = x\,mol/L) \parallel SCE$$

当用下列未知液分别代替缓冲溶液时，测定其电池的电动势分别为：0.981V 和 0.306V。试计算各未知液的 pH。问该缓冲溶液的选择是否恰定。

8. 标定亚硝酸钠溶液时，取对氨基苯磺酸 0.4502g，用永停滴定法确定滴定终点，终点

时用去亚硝酸钠溶液 26.46mL，计算亚硝酸钠溶液的浓度。（药学、中药专业）

9. 用钙离子选择性电极测得浓度为 1.00×10^{-4}mol/L 和 1.00×10^{-5}mol/L 的钙离子标准溶液的电动势为 0.208V 和 0.180V。在相同条件下测人体某试液的电动势为 0.195V，计算该体液中钙离子的浓度。（检验、卫检专业）

第十三章　紫外-可见分光光度法

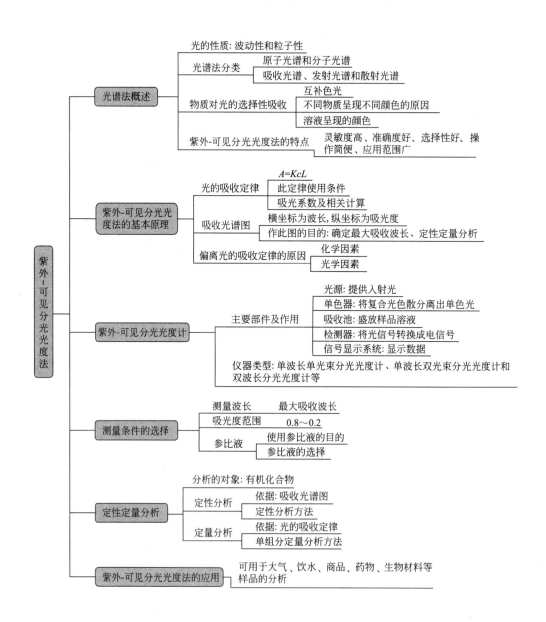

　　分光光度法是利用物质在特定波长或一定波长范围内，对光的选择性吸收建立起来的分析方法。其中，200～1000nm 波长范围内的电磁辐射（吸收光谱）称为紫外-可见光。研究物质在紫外-可见光区分子吸收光谱的分析方法称为紫外-可见分光光度法（ultraviolet and-visible spectrophotometry，UV-Vis）。紫外-可见吸收光谱属于电子光谱，可以用于物质的鉴定和定量测定，现已在化学、药学、检验等学科中得以广泛应用。

第一节　概　　述

　　光谱分析法是以原子和分子的光谱学为基础的一大类分析方法。光谱学研究物质与不同形式辐射间的相互作用。所研究的辐射形式已从电磁辐射拓宽到其他能量形式。目前应用最广泛的光谱法，是那些以电磁辐射为基础，容易被人们认识的各种能量形式的光和辐射热。

一、电磁辐射与电磁波谱

　　电磁辐射又称电磁波，是一种空间不需要任何物质作为传播媒介的高速传播的离子流。实验证明，光是一种电磁波，它既具有波动性，又具有粒子性，即具有波粒二象性。

1. 光的波动性

　　光在传播时产生反射、折射、衍射、干涉等现象，证明了光具有波动性，光在真空中的传播速度 c 约为 $3×10^8\,m/s$，不同的电磁波有不同的波长 $λ$ 或频率 $ν$，两者关系如下：

$$c = λν \tag{13-1}$$

　　一定频率（单位常为 Hz）的电磁波通过不同的介质时，其频率不变，波长会发生改变，因而，频率是电磁波的基本参数。空气和真空中电磁波的传播速度相差不大，也常用上式来表示空气中波长和频率的关系。

2. 光的粒子性

　　发射或吸收电磁辐射时，在发射体和吸收介质间产生了能量的交换。这说明光具有粒子性，是由光子构成的。光子的能量 E 与光波的频率 $ν$ 之间的关系如下：

$$E = hν = \frac{hc}{λ} \tag{13-2}$$

　　式中，h 表示普朗克常数，其值为 $6.6262×10^{-34}\,J·s$（焦耳·秒），从式(13-2)可以看出，波长越长，光子的能量越小，反之则能量越大。

二、光谱分析法分类

　　根据物质与电磁辐射相互作用过程中是否有能量的变化，光学分析法可分为光谱分析法和非光谱分析法。当电磁辐射作用于待测物质，使待测物质内部发生能级跃迁，而引起的能量随电磁辐射波长变化的分析方法称光谱分析法，光谱法测量的信号是物质内部能级跃迁所产生的发射、吸收和散射光谱的波长和强度。当电磁辐射作用于被测物质时，利用其传播方向、速度等物理性质发生改变所建立起来的分析方法称为非光谱分析法，非光谱分析法测量的信号不包含能级的跃迁，而是电磁辐射的基本性质（反射、干涉、偏振等）的变化。

1. 原子光谱和分子光谱

根据电磁辐射的对象，光谱分析法分为原子光谱和分子光谱。由气态原子和离子外层电子在不同能级间跃迁而产生的光谱称为原子光谱（atomic spectrum），它包括原子吸收光谱、原子发射光谱、原子荧光光谱等，由于原子外层电子的能级能量差较大，原子吸收光谱为一条条彼此分立的线状光谱。在辐射能作用下，分子内能级间的跃迁产生的光谱称为分子光谱（molecular spectrum），它包括分子吸收光谱、分子荧光光谱等，分子光谱是带状光谱。

2. 吸收光谱、发射光谱和散射光谱

根据测量信号的特征性质（发射、吸收和散射），光谱分析法常分为以下几种，如表 13-1 所示。

表 13-1　光谱分析法及信号的特征性质

信号的特征性质	仪 器 方 法
辐射的发射	原子发射光谱法、原子荧光光谱法、X 荧光光谱法、化学发光法、电子能谱等
辐射的吸收	原子吸收光谱法、紫外-可见分光光谱法、红外光谱法、X 射线吸收光谱法、核磁共振波谱法等
辐射的散射	拉曼光谱法

本章主要介绍紫外-可见分光光度法的原理及仪器使用。

三、物质对光的选择性吸收

如果将具有不同颜色的物质放置在黑暗处，则什么颜色也看不见。可见，物质呈现的颜色与光有密切关系。一种物质呈现何种颜色，是与光的组成和物质本身的结构有关。人眼能感觉到的光称为可见光，其波长范围为 400～760nm，实验证明，白光（日光、白炽电灯光等）是由各种颜色的光按照一定强度比例混合而成的。如果让一束白光通过棱镜，能色散出红、橙、黄、绿、青、蓝、紫等各种颜色的光。每种颜色的光具有不同的波长范围，如表 13-2 所示。由不同波长的光混合而成的光称为复合光，白光就是一种复合光；只具有单一波长的光称为单色光。

表 13-2　各种色光的波长范围

色光名称	波长/nm	色光名称	波长/nm
红色	760～650	青色	500～480
橙色	650～610	蓝色	480～450
黄色	610～560	紫色	450～400
绿色	560～500		

在可见光中，紫色光的波长最短，红色光的波长最长。另外，波长小于 400nm 的光称为紫外光，波长大于 760nm 的光称为红外光。

实验证明，如果适当选配两种颜色的光按一定的强度比利混合，也可以获得白光，则这两种色光称为互补色光。如图 13-1 所示，处于直线相连的两种色光为互补色光，如绿色光与紫色光互补，蓝色光与黄色光互补等。

溶液呈现不同的颜色，是因为溶液的质点（分子或离子）选择性吸收白光中的某种颜色的光引起的。如果各种颜色的光透过程度相同，这种溶液是透明的；如果只让某种波长的光透过，其余波长的光被吸收，则溶液就呈现出透过光的颜色。可见，溶液呈现的颜色是它所吸收光颜色的互补色。如当一束白光通过高锰酸钾溶液时，绿色光被吸收，其他色光则透过溶液，从互补规律可知，透过的光中，除紫红色光外，其他颜色的光两两互补而成白光，所以高锰酸钾溶液呈紫红色。

光的互补色示意图

图 13-1 光的互补色示意图

四、紫外-可见分光光度法的特点

紫外-可见分光光度法是一种历史悠久、应用范围广泛的分析方法。它的主要特点如下。

1. 灵敏度高

一般可以测到每毫升溶液中含有 10^{-7} g 的物质，适用于微量组分的分析。如果将待测组分预先进行分离或富集，则灵敏度还可以提高。

2. 准确性好

一般相对误差为 $1\% \sim 5\%$，这对微量组分的分析已能满足要求。在仪器设备及测量条件较好的情况下，其相对误差可减小到 $1\% \sim 2\%$。

3. 选择性较好

一般在有多组分共存的溶液中，无需分离，就可对某一物质进行测定。

4. 仪器不太贵，操作简便快速

相对于其他仪器分析来说，其仪器设备并不算贵，所需费用少；操作也比较简单，分析测试速度快，有的只需数分钟就可得出结果。

5. 应用范围广

绝大多数无机离子和许多有机化合物都可直接或间接地测定。不但可以进行定量分析，还可以对待测物进行定性分析和对某些有机官能团进行鉴定，广泛应用于生产、科研、医药、化工、环保等领域。

第二节　紫外-可见分光光度法的基本原理

一、光的吸收定律

1. 透光率 T 和吸光度 A

当一束平行的单色光垂直照射均匀溶液时，一部分光被溶液吸收，剩余部分透过溶液。若入射光强度为 I_0，透射光强度为 I_t，透射光强度与入射光强度之比称为透光率，用符号 T 表示，其数值可用小数或百分数表示：

$$T = \frac{I_t}{I_0} \times 100\% \tag{13-3}$$

透光率 T 的倒数反映了物质对光的吸收程度，应用时取它的对数为吸光度，用 A

表示：

$$A = \lg \frac{1}{T} = -\lg T = \lg \frac{I_0}{I_t} \tag{13-4}$$

由式（13-4）可知，吸光度 A 愈大，表示透光率 T 愈小，溶液对光的吸收程度愈强。

2. 光的吸收定律

实验证明，有色溶液对光的吸收程度与该溶液的浓度、液层的厚度及入射光的强度等因素有关。如果保持入射光的强度不变，则吸光度与溶液的浓度和液层的厚度有关。朗伯和比耳分别于 1768 年和 1859 年研究了光的吸收与有色溶液的液层厚度及溶液浓度的定量关系，奠定了分光光度法的理论基础。

在一定温度下，一束平行单色光通过均匀无散射的某溶液时，溶液的吸光度与溶液的浓度和液层厚度的乘积成正比。这就是光的吸收定律，又称朗伯-比耳定律（Lambert-Beer'sLaw）。用数学式表示为：

$$A = KcL \tag{13-5}$$

式中，A 为吸光度；c 为溶液的浓度；K 为比例系数；L 为液层的厚度。

必须注意：光的吸收定律不仅适用于可见光，也适用于红外和紫外光；不仅适用于溶液，也适用于其他均匀、非散射的吸光物质（包括气体和固体），它是各类分光光度法的定量依据。

3. 吸光系数

光的吸收定律中的比例常数 K 称为吸光系数，溶液的浓度 c 的单位不同，吸光系数 K 的意义和表示方法也不同，通常用摩尔吸光系数和比吸光系数来表示。

（1）摩尔吸光系数　它是指在波长一定时，溶液的浓度为 1mol/L，液层厚度为 1cm 时的吸光度，用 ε 表示。

$$\varepsilon = \frac{A}{cL} \tag{13-6}$$

（2）比吸光系数　又称百分吸光系数，它是指在波长一定时，溶液浓度为 1%（质量体积比），液层厚度为 1cm 时的吸光度，用 $E_{1cm}^{1\%}$ 表示。

$$E_{1cm}^{1\%} = \frac{A}{cL} \tag{13-7}$$

ε 与 $E_{1cm}^{1\%}$ 可以通过下式换算

$$\varepsilon = E_{1cm}^{1\%} \times \frac{M}{10} \tag{13-8}$$

式中，M 为被测物质的摩尔质量。

摩尔吸光系数 ε 和比吸光系数 $E_{1cm}^{1\%}$ 是吸光物质在一定条件下、一定波长和溶剂情况下的特征常数。ε 值愈大，表示该吸光物质对入射光的吸收能力愈强，测定的灵敏度愈高。一般 ε 值在 10^3 以上即可进行分光光度测定。

通常 ε 和 $E_{1cm}^{1\%}$ 不能用规定的浓度直接测得，而需用已知准确浓度的稀溶液测得吸光度再换算得到。

【例 13-1】 用双硫腙法测定 Cd^{2+} 溶液的吸光度。当 Cd^{2+} 溶液的浓度为 $14\mu g/100mL$，在最大吸收波长 $\lambda_{max} = 520nm$ 处测得吸光度为 0.44，吸收池厚度为 2cm，求其比吸光系数和摩尔吸光系数。

解：

$$c = 14\mu g/100mL = 14 \times 10^{-6} g/100mL$$

$$E_{1cm}^{1\%} = \frac{A}{cL} = \frac{0.44}{14 \times 10^{-6} \times 2} = 1.57 \times 10^4$$

已知 Cd 的摩尔质量为 $112.4g/mol$，则

$$\varepsilon = E_{1cm}^{1\%} \times \frac{M}{10} = 1.57 \times 10^4 \times \frac{112.4}{10} = 1.76 \times 10^5 L/(mol \cdot cm)$$

二、吸收光谱

吸收光谱又称吸收光谱曲线，它是以波长 λ(nm) 为横坐标，以吸光度 A 为纵坐标所描绘的曲线，如图 13-2 所示。

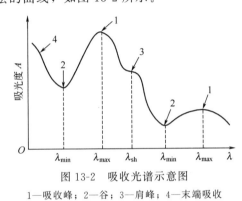

图 13-2 吸收光谱示意图
1—吸收峰；2—谷；3—肩峰；4—末端吸收

1. 吸收光谱的术语

不同物质的吸收光谱，一般都有其自身的一些特征，常用描述吸收光谱的术语如下。

（1）吸收峰 曲线上吸收最大且比相邻都高之处称为吸收峰，它对应的波长称为最大吸收波长 λ_{max}。

（2）谷 峰与峰之间且比相邻都低之处称为谷 它对应的波长称为最小吸收波长 λ_{min}。

（3）肩峰 在吸收峰旁形状像肩的小曲折处叫肩峰（shoulder peak），其对应的波长 λ_{sh} 表示。

（4）末端吸收 吸收光谱曲线波长最短的一端，呈现强吸收，吸光度相当大但不成峰形的部分，称为末端吸收（end absorption）。

（5）强带和弱带（strong band and weak band） 化合物的紫外-可见吸收光谱中，凡摩尔吸光系数 ε_{max} 值大于 10^4 的吸收峰称为强带，凡摩尔吸光系数 ε_{max} 值小于 10^3 的吸收峰称为弱带。

有的物质在吸收光谱上，可出现几个峰；不同的物质具有不同的吸收峰。

2. 高锰酸钾溶液的吸收光谱曲线

比较图 13-3 中三种不同浓度的高锰酸钾溶液的吸收光谱曲线可知：

① 高锰酸钾溶液对不同波长的光吸收程度不同，最大吸收波长 $\lambda_{max} = 525nm$，对绿色光有最大吸收。

② 相同条件下，不同浓度的高锰酸钾溶液产生的吸收曲线相似，即 λ_{max} 不变。不同的物质有不同的吸收曲线，吸收光谱曲线是用分光光度法对物质进行定性分析的依据。

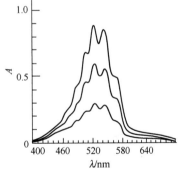

图 13-3 高锰酸钾溶液的吸收光谱曲线

③ 吸收光谱曲线中吸光度与浓度成正比，常在最大吸收波长 λ_{max} 处进行定量分析。

三、偏离光的吸收定律的原因

根据光的吸收定律，在定量分析时，如果吸收池的厚度保持不变，以吸光度对浓度作图

时，应得到一条通过原点的直线。但在实际工作中，吸光度与浓度的线性关系往往会发生偏离而带来误差。偏离光的吸收定律的原因很多，主要有化学因素和光学因素两个方面。

1. 化学因素

光的吸收定律只适用于较稀的溶液，在较高浓度（通常大于 0.01mol/L）时，一是由于溶液中的吸光粒子距离较小，以致每个粒子都可影响其相近粒子的电荷分布。这种相互作用使每个粒子独立吸收波长光波的能力发生改变，从而可使吸光度和浓度间的线性关系发生偏离。二是浓度较大时，溶液对光折射率的显著改变而使观测到的吸光度发生显著的变化，导致偏离该定律。

另外，溶液中的吸光物质可因浓度或其他因素改变发生离解、缔合、形成新的化合物或互变异构等化学变化，导致明显偏离定律的现象。

2. 光学因素

（1）非单色光的影响　严格地说，光的吸收定律只适用于单色光，但实际上，一般的单色光器所提供的入射光并不是纯的单色光，而是波长范围较窄的复合光。由于同一物质对不同波长光的吸收程度不同，所以导致对光的吸收定律的偏离。

（2）杂散光　从单色光器得到的不是很纯的单色光，还混杂有一些不在谱带宽度范围内、与所需的波长不符的光，称为杂散光。

（3）反射　入射光通过折射率不同的两种介质的界面时，有一部分被反射而损失。两种介质的折射率相差越大，反射光越多，损失的光能越多。

（4）散射　入射光通过溶液时，溶液中的质点对其有散射作用，造成光的部分损失而使透过光减弱。

（5）非平行光　在实际测定中，通过吸收池的光，并非真正的平行光，而是略有倾斜的光束，倾斜光通过吸收池的实际光程比垂直照射的平行光的光程长，从而影响 A 的测量值。

第三节　紫外-可见分光光度计

紫外-可见分光光度计（ultraviolet-visible spectrophotometer），是指能在紫外-可见光区域内，可任意选择不同波长的光测定待测物质的吸光度（或透光率）的仪器，广泛应用于无机物和有机物的定性和定量分析。该类仪器设备较为简单，价格低廉，一般具有相当好的灵敏度和选择性，分析方法便于推广，操作易于掌握。

一、主要部件

紫外-可见分光光度计类型很多，质量差别很大，但基本原理相似。一般结构如下。

光源 —→ 单色器 —→ 吸收池 —→ 检测器 —→ 信号显示系统

1. 光源

光源（light source）是提供入射光的装置，对光源的要求是：在仪器所需的光谱区域内，能发射连续的具有足够强度和稳定性的辐射；辐射能量随波长的变化尽可能小；光源使用寿命长等。

紫外-可见光区常用的光源有热辐射光源和气体放电光源两类。在可见光区常用的热辐射光源有钨灯和碘钨灯，气体放电光源一般用于紫外光区，如氢灯和氙灯等。钨灯能发射波长覆盖较宽的连续光谱，适用的波长范围是 $350 \sim 1000nm$，它的发光强度与供电电压的 $3 \sim 4$ 次方成正比，使用时必须严格控制电压，使光源稳定。氢灯和氙灯发射 $150 \sim 400nm$ 的紫外连续光谱，因普通玻璃吸收紫外线，所以灯泡应用石英窗或石英灯管制成，氢灯和氙灯的特性相似，但氙灯的辐射强度比氢灯高 $2 \sim 3$ 倍，寿命长，所以现在的仪器都用氙灯。

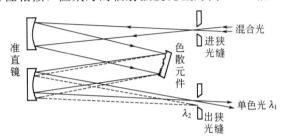

图 13-4　单色器光路示意图

2. 单色器

单色器（monochromator）的作用是将来自光源的复合光，按波长顺序色散分离出所需波长的单色光。单色器一般由进光狭缝、出光狭缝、准直镜和色散元件等部分组成，其原理如图 13-4 所示。

由图 13-4 可知：来自光源并聚焦于狭缝的光，经准直镜变成平行光，投射于色散元件。色散元件使各种波长的平行光有不同的投射方向（或偏转角度），形成按波长顺序排列的光谱。在经过准直镜将色散后的平行光聚焦于出光狭缝上。转动色散元件的方位，可使所需波长的单色光从出光狭缝分出。

单色器的核心部分是色散元件，主要有棱镜和光栅。棱镜的色散作用是由于棱镜材料对不同波长的光具有不同的折射率，可以把复合光中包含的各个波长从长波长到短波长分散成一个连续光谱。棱镜材料有普通玻璃和石英玻璃两类，普通玻璃棱镜适用于可见光区，石英玻璃棱镜适用于紫外光区。因为普通玻璃对可见光的色散比石英玻璃好，但不能透过紫外线；石英棱镜对紫外线有很好的色散作用，但在可见光区不如普通玻璃。

光栅是一种在高度抛光的玻璃表面上刻有大量等宽、等间距的平行条痕的色散元件，它是利用复合光通过条痕狭缝反射后，产生光的衍射和干涉作用来对光进行色散的。光栅的分辨率比棱镜高，使用波长范围宽，而且均匀色散。近年来，应用激光全息技术生产的全息光栅质量更高，已被普遍采用。

3. 吸收池

吸收池（absorption cell）也叫比色皿或比色杯，在分光光度法中，用来盛放样品溶液的器皿。其制作材料可用无色、耐腐蚀的普通玻璃或石英玻璃。可见光区用普通玻璃吸收池，紫外光区用石英玻璃吸收池。用来盛放参比液与样品液的吸收池应相互匹配，在盛同一溶液时 ΔT 应小于 $0.2\% \sim 0.5\%$。

4. 检测器

检测器（detector）的作用是检测光信号，并将光信号转换成电信号。常用的有光电管、光电倍增管、阵列型光电检测器。

光电管是由一个阳极和一个光敏阴极组成的真空（或充少量的惰性气体）二极管，如图 13-5 所示。阳极为金属电极，通常用镍制成；阴极的凹面镀有一层碱金属或碱金属氧化物等光敏材料，当光照射时能够发射电子，电子受到高正电位的阳极的吸引，产生电流。光愈强，

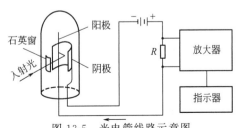

图 13-5　光电管线路示意图

产生的电子愈多，电流就愈大。产生的电流通过负载电阻 R，转变成电压信号，输入指示仪表（或记录仪），即可指示出电压信号。目前国产的光电管有两种，即紫敏光电管，适合波长为 $200\sim625\text{nm}$；红敏光电管，适合波长为 $625\sim1000\text{nm}$。

当光照射很弱时，光电管产生的电流很小，不易探测，故常用光电倍增管。光电倍增管的原理和光电管相似，结构上的差别是在光敏阴极和阳极之间还有几个倍增极（一般是九个），各倍增管的电压依次增高 90V。光电倍增管响应时间短，能检测弱光，灵敏度比光电管要高很多，但光电管倍增管不能用来测定强光。

近年来，光学多道检测器如光二极管阵列检测器已经装配到紫外-可见分光光度计上。光二极管阵列是在晶体硅上紧密排列一系列二极管，每个二极管相当于一个单色器的出口狭缝。两个二极管中心距离的波长单位为采样间隔，因此在二极管阵列分光光度计中，二极管数目愈多，分辨率愈高。有的阵列型光电检测器由 1024 个二极管组成阵列，在极短的时间可在 $190\sim820\text{nm}$ 范围内获得全光光谱。

5. 信号显示系统

显示系统（display system）是将检测器输出的信号经处理转换成透光率和吸光度显示出来。显示方式有表头显示、数字显示等。有些仪器可直接读取浓度，配有计算器的可进行条件设置、数字处理、结果显示及打印。

二、仪器类型

分光光度法的分类方法很多，按波长类别分，有单波长分光光度计和双波长分光光度计；按光束类别分，有单光束分光光度计和双光束分光光度计；按工作波长范围分，有可见分光光度计、紫外-可见分光光度计、红外分光光度计。

1. 单波长单光束分光光度计

此种光度计从单色器出来的一束单色光进入吸收池后，投射出来的光进入检测器检测，所得的电信号经放大后由指示器指示出来。

常用的 721 型分光光度计属于此类型，其光学系统示意图如图 13-6 所示。

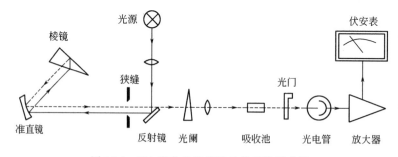

图 13-6　721 型分光光度计光学系统示意图

751 型分光光度计是紫外-可见分光光度计，其光学系统示意图如图 13-7 所示。

单光束分光光度计结构简单、操作方便、维修容易，适用于常规分析，特别适用于只有在一个波长处做吸收测定的定量分析。缺点是测定结果受电源波动影响较大，容易造成较大的误差。

2. 单波长双光束分光光度计

由图 13-8 可知，从单色器出来的一束单色光，通过切光器分解为两束相等强度的光束，

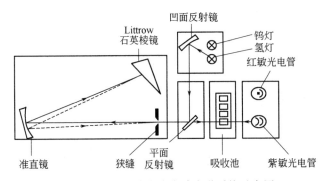

图 13-7 751 型分光光度计光学系统示意图

紫外-可见分光
光度计

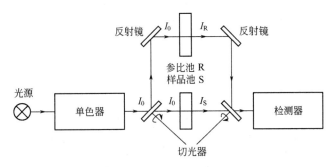

图 13-8 单波长双光束分光光度计光学系统示意图

一束通过参比池，另一束通过样品池，光度计可以自动记录两束光的强度，其比值即为样品液的透射比，可以换算成吸光度并作为波长的函数记录下来。

双光束分光光度计比单光束分光光度计结构复杂，可实现吸收光谱的自动扫描，扩大波长的应用范围；由于是两束光同时分别通过参比池和测量池，它能消除光源强度波动所带来的影响，具有较高的测量精密度和准确度，而且测量方便快捷，特别适合于进行结构分析。

3. 双波长分光光度计

双波长分光光度计光学系统示意图如图 13-9 所示。

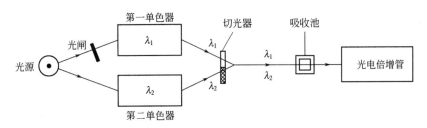

图 13-9 双波长分光光度计光学系统示意图

由同一光源发出的光被分成两束，分别经过两个单色器，得到两束不同波长（λ_1 和 λ_2）的单色光；利用切光器使两束光以一定的频率交替照射同一吸收池，然后经过光电倍增管和电子控制系统，最后由显示器显示出两个波长处的吸光度差值 ΔA。

对于多组分混合物、浑浊试样（如生物组织液）分析，以及存在背景干扰或共存组分吸收干扰的情况下，利用双波长分光光度法，往往能提高方法的灵敏度和选择性。与单波长法相比，双波长法可以消除因吸收池参数、位置不同，以及参比液等带来的误差，提高测定的准确性。

4. 多道分光光度计

多道分光光度计是在单光束的基础上，采用了多道光子检测器，具有快速扫描的特点，为追踪化学反应过程及快速反应的研究提供了便捷的手段。它可以直接对经典的液相色谱法和毛细管电泳柱分离的样品液进行定性定量的测定。其分辨率可达 1～2nm，但价格较贵，其光学系统示意图见图 13-10 所示。

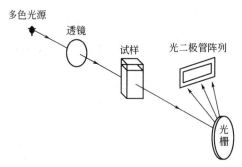

图 13-10   多道分光光度计光学系统示意图

第四节   分析条件的选择

进行可见分光光度法测定时，由于大多数物质的吸光系数较小，难以直接测定，必须选用适当的试剂与试样的待测组分反应，把它转换成吸光系数较大的有色物质，然后进行测定。这种使待测组分转换成有色物质的反应，叫做显色反应，所用的试剂称为显色剂。另外，为了得到较好的测量灵敏度和准确度，还必须注意选择适宜的测量条件。

一、显色反应及要求

1. 显色反应类型

常见的有配位反应、氧化还原反应等，其中配位反应应用最广泛。

2. 显色反应的要求

① 待测组分应定量转变成有色物质，二者有确定的化学计量关系。

② 反应生成的有色物质的组成恒定、稳定，符合一定的化学式，且摩尔吸光系数要大（应在 10^4 以上），以使测量的灵敏度高、重现性好、误差小。

③ 最好显色剂在测定波长处无吸收，若有吸收，一般要求有色物质与显色剂的最大吸收波长之差大于 60nm。

④ 反应选择性好，干扰少或干扰易消除。

二、显色反应条件的选择

显色反应的影响因素较多，如显色剂的用量、溶液酸度、显色温度、显色时间、共存离子的干扰等，在选择好反应体系后，要对影响因素进行试验，然后确定显色反应条件。

（1）显示剂的用量   待测组分与显色剂作用的显色反应通常是可逆的，为了使显色反应尽可能地进行完全，一般需要加入过量的显色剂。但显色剂的用量并不是越多越好，有时由于加入过多显色剂，而生成另一种化合物，偏离了光的吸收定律，从而影响了测定结果的准确性。

在实际工作中，显色剂的用量是通过实验来确定的。实验方法是：固定待测组分的浓度且保持其他条件不变，加入不同量的显色剂，测定其吸光度 A 并作图。显色剂的用量对显色反应的影响一般有三种情况，如图 13-11 所示。其中图 13-11(a) 的曲线比较常见，开始随着显示剂用量的增加，吸光度不断增加，当增加到一定值时，吸光度不再增加，出现 ab 平坦部分，这意味着显色剂的用量已足够，可以在 ab 之间选择合适的显色剂用量。图 13-11(b)表明。曲线平坦部分很窄，当显色剂用量增加时，吸光度将降低，因此必须严格控制显色剂的用量。图 13-11(c) 与前两种情况完全不同，当显色剂用量不断增加时，吸光度不断增大，对于这种情况，必须严格控制显色剂的用量，才能得到良好的结果，这种情况一般只用于定性分析而不用于定量分析。

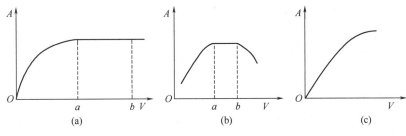

图 13-11　吸光度与显色剂加入量的曲线

（2）溶液的酸度　溶液的酸度对显色剂的影响是多方面的，如影响显色剂的平衡浓度和颜色变化、有机弱酸的配位反应及形成配合物的存在形式等。显色反应的最适宜 pH 范围（酸度），通常也是通过实验作 A-pH 关系曲线图来确定。

（3）显色温度　一般显色反应在室温下能迅速进行完全，而有些显色反应需要加热至一定的温度才能完全反应。合适的显色温度必须通过实验确定，绘制 A-t（℃）曲线，选择 A 较大的温度显色。

（4）显色时间　各种显色反应速率不同，各种有色化合物的稳定性也不同，显色溶液达到色调稳定、吸光度最大的时间有长有短，因此，一般通过绘制 A-t 曲线，即从加入显色剂开始计时，每隔几分钟测定一次吸光度，绘图后，应在 A 保持较大的时间内完成测定。

（5）干扰的消除　分光光度法测定的组分一般较复杂，样品溶液中的共存离子若本身有颜色，或它能与显色剂生成有色物质等都对测定带来干扰，一般通过加入掩蔽剂、氧化剂或还原剂，以及通过选择适宜的显色条件等消除干扰。

三、测定条件的选择

1. 测量波长的选择

一般根据待测组分的吸收光谱，选择最大吸收波长 λ_{max} 作为测量波长。因为在 λ_{max} 处，待测组分每单位浓度产生的吸光度最大，灵敏度最高，而且在该入射光所包含的波长范围内，吸光物质的吸光系数随波长的变化最小，这样对光的吸收定律的偏离不大，可以得到最佳的测量精度。但这只有在待测组分的 λ_{max} 处没有其他组分吸收的情况下才适宜，否则就不宜选择 λ_{max} 作为测量波长。此时应根据"吸收大、干扰小"的原则选择测量波长。

2. 吸光度读数范围的选择

在分光光度法中，仪器误差主要是透光率测量误差。通过实验证明，透光率太大或太小，测得浓度的相对误差均较大；一般精度的分光光度计透光率 T 在 $15\%\sim65\%$（吸光度 A 在 $0.8\sim0.2$）范围内，测得浓度的相对误差较小，是测量的最适宜区域。误差最小的一点 $T=36.8\%$，A 为 0.434。在实际分析时，可通过控制溶液的浓度及选择适当厚度的吸收池使 A 在 $0.8\sim0.2$ 范围内。对于精度高的分光光度计，透光率读数误差将小于 0.01，此时，吸光度误差变小，吸光度读数范围可以比$0.8\sim0.2$ 宽。

3. 参比溶液的选择

参比液也称空白液。测量待测溶液的吸光度时，先用参比液调节透光度为 100%，以消除溶液中其他成分以及吸收池和溶剂对光的反射和吸收所带来的误差。参比液的组成根据试样溶液的性质而定，合理选择参比液对提高准确度起着重要的作用。

（1）溶剂参比液　当溶液中只有待测组分在测定波长处有吸收，而其他组分均无吸收时，可用纯溶剂作参比液。它可消除溶剂、吸收池等因素的影响。

（2）试剂参比液　如果除待测组分外，显色剂和其他试剂在测量条件下也有吸收，可按显色反应相同的条件，不加试样，但同样加入试剂和溶液作为参比液。它可消除试剂中有组分产生吸收的影响。

（3）试样参比液　如果只是试样基体有色，而显色剂无色，并且也不与试样基体显色，则用不加显色剂的试样溶液作为参比液。它适用于试样中有较多的共存成分，加入的显色剂的量不多，且显色剂在测定波长处无吸收的情况。

（4）平行操作参比液　用不含待测组分的试样，在完全相同的条件下与待测试样同时进行处理，由此得到平行操作参比液。它可抵消在分析过程中引入的干扰物质的影响。

第五节　定性和定量分析法

紫外可见分光光度法主要用于有机化合物的分析。有机化合物分子中由于含有在紫外可见光区能产生吸收的基团，因而能显示吸收光谱。不同物质的吸收光谱不同，比较吸收光谱特征可以对纯物质进行鉴定及杂质的检查，有时也用于解析一些有机化合物的分子结构。利用光的吸收定律可以对物质进行定量分析。

一、定性分析

1. 比较吸收光谱的一致性

将待测试样和标准品用相同的溶剂配成浓度相近的溶液，以相同的条件分别绘制它们的吸收光谱图，比较两者吸收光谱图的一些特征，如吸收峰数目和形状、最大吸收波长、摩尔吸光系数等，若两者完全一致，可初步判断是同一物质。结构完全相同的物质，其吸收光谱应完全相同，但吸收光谱完全相同的物质不一定是同一物质。因为吸收光谱是有机物官能团对紫外光的吸收，不是整个分子或离子的特征，主要官能团相同的物质可以产生相似的吸收光谱，需要借助其他方法进一步鉴定证实。若两者吸收光谱不同可以肯定不是同一物质。

如无标准品时，也可以与文献上的标准图谱进行对照、比较，但要注意其测定条件必须一致。

2. 对比吸光度（或吸光系数）的比值

如果化合物有几个吸收峰，可用在不同吸收峰处（或峰与谷）测得吸光度比值作为鉴定依据。同一浓度溶液和同一厚度的吸收池，其吸光度比值等于吸光系数的比值。

如维生素 B_{12} 的吸收光谱有三个吸收峰，分别为 278nm、361nm、550nm，它们的吸光度比值 A_{361nm}/A_{278nm} 在 $1.70\sim1.88$ 之间，A_{361nm}/A_{550nm} 在 $3.15\sim3.45$ 之间。

二、纯度检测

根据吸收曲线的特征可检查样品中有无杂质。如果待测物质在紫外可见光区没有明显的吸收，而杂质有吸收，那么根据吸收曲线可以检查出杂质。例如：在乙醇或环己烷中含有杂质苯，苯在 256nm 处有吸收峰，而乙醇或环己烷无吸收，因此，若样品在 256nm 处有吸收峰时说明样品中含有杂质苯。

另外，根据摩尔吸光系数也可检查有无杂质。若待测物质有较强的吸收而所含杂质在此波长处基本无吸收，杂质的存在将使待测物质的摩尔吸光系数降低。

三、定量分析

紫外可见分光光度法是进行定量分析的常用方法之一。它不仅可以对紫外可见光区有吸收的化合物进行定量分析，而且可以利用"显色反应"使紫外可见光区的非吸收物质与试剂反应生成有强烈吸收的产物，实现对非吸收物质的定量测定。

定量分析的依据是光的吸收定律，通常选择在最大吸收波长处测定溶液的吸光度，吸光度与浓度呈线性关系，即可求出溶液的浓度。

1. 单组分的定量分析法

（1）标准曲线法 配制一系列（5～7 个）不同浓度的标准品溶液，在待测物质的最大吸收波长处，以适当的空白液作参比液，逐一测定各溶液的吸光度 A，以溶液浓度 c 为横坐标，吸光度 A 为纵坐标，绘制 A-c 曲线，将得到一条通过原点的直线，也可以用直线回归的方法，求出回归的直线方程。再在相同条件下，测定未知试样的吸光度，在标准曲线上可以找到与之相对应的未知试样的浓度。

此法对仪器的要求不高，简便易行，尤其适合于大批量样品或常规分析，但操作烦琐。

（2）标准对比法 在相同条件下，配制标准溶液和试样溶液，在最大吸收波长处，分别测定两者的吸光度。根据光的吸收定律：

$$A_{标}＝Kc_{标}L$$
$$A_{样}＝Kc_{样}L$$

标准品与试样是同一物质，在相同条件下并用同一规格的吸收池，则 L 和 K 的数值相等。因此：

$$\frac{A_{样}}{A_{标}}＝\frac{c_{样}}{c_{标}} \tag{13-9}$$

即得：

$$c_{样}＝\frac{A_{样}}{A_{标}}\times c_{标} \tag{13-10}$$

$$c_{原样}＝c_{样}\times 稀释倍数 \tag{13-11}$$

该法操作简便，但误差较大。

标准对照法也可用于测定不纯试样的含量，将试样溶液和标准溶液配制成相同浓度，则

$c_样 = c_标$，在最大吸收波长处分别测定吸光度 A，计算出试样的百分含量。

$$试样\% = \frac{c_x}{c_样} \times 100\% = \frac{c_标 \frac{A_样}{A_标}}{c_样} \times 100\% = \frac{A_样}{A_标} \times 100\% \qquad (13-12)$$

【例 13-2】 不纯的高锰酸钾试样与标准品高锰酸钾各取 0.1000g，分别用 1000mL 容量瓶定容。各取 10.00mL 稀释至 50.00mL，在最大吸收波长 525nm 处，测得 $A_样 = 0.220$、$A_标 = 0.260$，求试样中高锰酸钾的百分含量。

解： 根据已知条件 $c_样 = c_标$

$$KMnO_4\% = \frac{A_样}{A_标} \times 100\% = \frac{0.220}{0.260} \times 100\% = 84.62\%$$

（3）吸光系数法　吸光系数法又称绝对法，是直接利用光的吸收定律 $A = KcL$，在手册或文献中查得 $E_{1cm}^{1\%}$ 或 ε，在最大吸收波长处测得某浓度下该物质的吸光度 A，求该溶液的浓度。

【例 13-3】 维生素 B_{12} 的水溶液，在最大吸收波长 361nm 处，$E_{1cm}^{1\%} = 207$，若测得溶液的吸光度 $A = 0.621$，吸收池厚度为 1cm，求该溶液的浓度。

解： 直接利用光的吸收定律 $A = E_{1cm}^{1\%} cL$

$$c = \frac{A}{E_{1cm}^{1\%} L} = \frac{0.621}{207 \times 1} = 0.003g/100mL = 30\mu g/mL$$

【例 13-4】 已知苯胺的 $\lambda_{max} = 280nm$，$\varepsilon = 1430$，将含有苯胺的化合物配制成 $1.00 \times 10^{-2} mol/L$ 的溶液，用 1cm 的比色皿测得 A 为 0.500，求试样中苯胺的百分含量。

解： 根据公式 $A = \varepsilon cL$，

可求得

$$A_标 = \varepsilon c_标 L = 1430 \times 1.00 \times 10^{-2} \times 1 = 14.3$$

$$苯胺\% = \frac{A_样}{A_标} \times 100\% = \frac{0.500}{14.3} \times 100\% = 3.50\%$$

【例 13-5】 对乙酰氨基酚原料药的含量测定　乙酰氨基酚是乙酰苯胺类解热镇痛药，又名扑热息痛。其分子中含有共轭基团，在 257nm 处具有紫外吸收，对乙酰氨基酚的原料药和主要制剂均可采用紫外分光光度法进行测定。对乙酰氨基酚的结构如下：

$$HO-\langle\bigcirc\rangle-NHCOCH_3$$

操作步骤：精密称取对乙酰氨基酚 0.0420g，置 250mL 容量瓶中，加 0.4% 氢氧化钠溶液 50mL，加水至刻度，混匀，精密量取 5.00mL，置 100mL 容量瓶中，加 0.4% 氢氧化钠溶液 10mL，加水至刻度，摇匀。依照紫外-可见分光光度法，在 257nm 的波长处测得吸光度为 0.585。查手册对乙酰氨基酚（$C_8H_9NO_2$）的百分吸光系数为 719，计算对乙酰氨基酚的百分含量。

解： $$C_8H_9NO_2\% = \frac{\frac{A}{E_{1cm}^{1\%}} \times V \times D}{S} \times 100\% = \frac{\frac{0.585}{719} \times 250.0 \times \frac{100.0}{5.00} \times \frac{1}{100}}{0.0420} \times 100\% = 96.86\%$$

2. 多组分的定量分析法

对于多组分混合物的定量分析，若组分的吸收峰相互重叠，采用单波长单光束或单波长双光束分光光度法测定时，处理结果时必须解方程式，比较麻烦，且误差大。对于成分复杂、背景吸收较大的试样溶液，单波长分光光度法则无法测定。而双波长分光光度法可以同时测定多组分混合物，不需解方程式，也可以测定背景吸收较大的溶液。

双波长分光光度法的理论依据是：开始时，使交替照射到吸收池的两束波长分别为 λ_1 和 λ_2 的单色光的强度相等，都等于 I_0，通过吸收池后，两束光的强度分别为 I_1 和 I_2。设待测组分对 λ_1 和 λ_2 的吸光度分别为 A_1 和 A_2，背景吸收与光散射为 A_s（因 λ_1 和 λ_2 接近，两波长下的 A_s 可视为相等），则有：

$$A_1 = \varepsilon_1 cL + A_s \qquad A_2 = \varepsilon_2 cL + A_s$$

$$\Delta A = A_1 - A_2 = (\varepsilon_1 - \varepsilon_2)cL \tag{13-13}$$

式中，ε_1 及 ε_2 分别为待测组分在 λ_1 和 λ_2 处的摩尔吸光系数。

由式（13-13）表明，ΔA 与溶液中待测组分的浓度 c 成正比。只要 λ_1 和 λ_2 选择适当，就能消除干扰组分的吸收，而不必预先分离或采用掩蔽手段，就可以对化合物进行定量分析。

用双波长分光光度法对两组分混合物中某个组分的测定，常采用等吸收点法消除干扰。等吸收点法是指在干扰组分的吸收光谱上，选两个适当的波长 λ_1 和 λ_2，干扰组分在这两个波长处具有相等的吸光度。选择 λ_1 和 λ_2 时要注意两点：一是干扰组分在 λ_1 和 λ_2 处应具有相等的吸光度，这样，干扰组分的浓度即使发生较大的变化，也不会影响组分的测定值；二是待测组分对这选定波长的吸光度差值应足够大，以便有足够的灵敏度。

以测定阿司匹林中水杨酸的含量为例。先分别测定阿司匹林（d）和水杨酸（e）在纯品状态时的吸收光谱，如图 13-12 所示。

曲线 S 表示混合物的吸收光谱。以曲线 S 上的峰值（280nm）作为测定波长 λ_2，在选定的 λ_2 位置作横坐标的垂线与曲线 d 相交一点 P，再从 P 点作平行于横坐标的直线与曲线 d 相交于另一点 Q，选择与 Q 点相对应的波长（260nm）作为参比波长 λ_1。根据图 13-12 可求出：

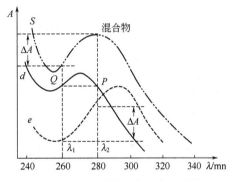

图 13-12 二组分混合物吸收光谱用作图法选择 λ_1 和 λ_2（双波长分光光度法）

混合物在 λ_2 处的吸光度 A_2 为：

$$A_2 = A_2^d + A_2^e$$

混合物在 λ_1 处的吸光度 A_1 为：

$$A_1 = A_1^d + A_1^e$$

$$\Delta A = A_2 - A_1 = A_2^d + A_2^e - A_1^d - A_1^e$$

$$\Delta A = A_2 - A_1 = (\varepsilon_2 - \varepsilon_1)c_{水杨酸}L \quad (A_2^d = A_1^d) \tag{13-14}$$

式（13-14）说明，水杨酸在 λ_1 和 λ_2 处吸光度差值 ΔA 与水杨酸的浓度成正比，而与干扰组分阿司匹林的含量无关。

3. 示差分析法

分光光度法主要用于微量组分的含量测定，当待测组分浓度过高或过低，就会使测得的吸光度太大或太小。由测量条件的选择可知，当测得的吸光度值太大或太小时，即使没有偏离光的吸收定律的现象，也会产生很大的测量误差，使准确度大为降低。采用示差分析法可以克服这一缺点。

示差分析法有高浓度示差法、稀溶液示差法和使用两个参比液的精密示差法。其中以高浓度示差法应用最多，下面重点介绍。

示差分光光度法与一般分光光度法不同之处在于，示差法不是以空白液（不含待测组分的溶液）作为参比液，而是采用比待测液浓度略低的标准液（标准液与待测液是同一物质的溶液）作参比液，然后测定待测液的吸光度，再从测得的吸光度求出它的浓度。

假设参比标准液的浓度为 $c_标$，待测液的浓度为 $c_样$，且 $c_样 > c_标$，根据光的吸收定律得到：

$$A_样 = Ec_样 L$$

$$A_标 = Ec_标 L$$

两式相减得出：$\Delta A = A_样 - A_标 = Ec_样 L - Ec_标 L = EL\Delta c$　　　　　　(13-15)

在实际操作时，用已知浓度的标准溶液作参比液，调节吸光度为零（或透光率为 100%），然后测量待测液的吸光度。这时测得的吸光度实际上是这两种溶液吸光度的差值。根据上式可知，测得的吸光度差值与这两种溶液的浓度差成正比。通过作 ΔA 对应 Δc 的工作曲线图，再根据 ΔA 在图上可找到 Δc 值，从 $c_样 = c_标 + \Delta c$，便可求得待测溶液的浓度。示差分光光度法在药物分析中有较广泛的应用。

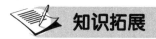 **知识拓展**　　　　　　**导数分光光度法**

根据 Lambert-Beer 定律，吸光度是波长的函数，即 $A = \varepsilon(\lambda)cL$，将吸光度 A 对波长 λ 求导，所形成的光谱称为导数光谱（derivation spectrum）。导数光谱对吸收强度波长的变化很敏感，对重叠吸收带有很好的分辨能力；能选择性地放大窄而弱的吸收带，从而能从一个强干扰背景中检测出较弱的信号；提高狭窄谱带吸收强度，从而提高分析灵敏度。因此，导数分光光度法在多组分同时测定、浑浊试样定性定量分析，消除背景干扰、加强光谱精细结构和复杂光谱的解析等方面有其独特的优点。导数分光光度法在药物分析中广泛的应用。

第六节　紫外-可见分光光度法的应用

紫外-可见分光光度法在医药卫生领域应用相当广泛，如由于大气、饮水、商品、药物、生物材料等样品的分析等。下面介绍几个有关定量分析实例。

一、双硫腙法测定尿中微量镉

镉不是人体必需的微量元素，婴儿出生时体内并没有镉，以后从空气、饮水和食物中摄入微量镉。据文献报道，人体内镉的总含量约有 30mg，其中 1/3 积于肾脏。健康人尿液每升中含镉少于 12.7mg。接触镉化合物者，尿液及血液中镉含量增加，在急性镉中毒时，镉含量明显增加。尿液和血液中镉含量的检测，可作为镉中毒参考数据之一。

常用双硫腙法测定镉离子。将尿液标本处理后，于碱性溶液中应用双硫腙三氯甲烷溶液与镉离子反应，生成红色双硫腙镉化合物。双硫腙镉不溶于水，可溶于三氯甲烷中，故用三氯甲烷萃取后在有机相中进行分光光度法测定。$\lambda_{max} = 520nm$，$\varepsilon = 8.56 \times 10^4$。用本法测定尿镉干扰较少，但应严格控制溶液的酸度，从反应式中可以看出，酸性增强，将促进配合物离解，影响测定结果。

二、原料药地高辛的含量测定

取在 105℃经减压干燥 1h 的地高辛原料药和标准试样，各精确称取相同质量，用体积分数为 70% 的酒精溶解并定容。再各精确量取相同体积，分别加入相同量的新配制的碱性三硝基苯试剂，在 484nm 处测定各自的吸光度，求出地高辛的含量。

三、全血中铁含量的测定

成年人体内铁的总含量为 4～5g，其中 70%～75% 存在于血红蛋白、肌红蛋白及多种酶中，具有生理活性。还有 25%～30% 的铁以铁蛋白质的形式存在。因此，全血中铁的测定需要先将各种形式的铁转化为游离的铁离子。通常用消化法，得到游离 Fe^{3+}，蛋白质用钨酸沉淀除去，取无蛋白的滤液，在一定条件下加 KSCN 显色剂，生成血红色配合物，反应式为：

$$Fe^{3+} + 2SCN^- \rightleftharpoons [Fe(SCN)_2]^+$$

在 520nm 波长处测定吸光度，与标准溶液比较，求出含量。

四、槐花(米)中芦丁含量的测定

对照品溶液的制备：精密称取在 120℃减压干燥至恒重的芦丁对照品 50mg，置 25mL 容量瓶中，加甲醇适量，置水浴上微热使溶解，放冷，加甲醇至刻度，摇匀。精密吸取 10mL，置于 100mL 容量瓶中，加水至刻度，摇匀，即得（每 1mL 中含无水芦丁 0.2mg）。

标准曲线的制备：精密量取对照品溶液（1mL/0.2mg）0.0mL、1.0mL、2.0mL、3.0mL、4.0mL、5.0mL、6.0mL，分别置于 25mL 容量瓶中，各加水至成 6.0mL，加 5% 亚硝酸钠溶液 1mL，充分摇匀，放置 6min。加入 10% 硝酸铝溶液 1mL，充分摇匀，放置 6min。加 1mol/L 的氢氧化钠溶液 1mL，再加水至刻度，充分摇匀，放置 15min，于分光光度计上，以第一份溶液为空白，在 510nm 波长下测定吸光度。以吸光度为纵坐标，浓度为横坐标，绘制标准曲线。

测定方法：取本品粗粉约 1g，精密称定，置索氏提取器中，加乙醚适量，加热回流至提取液无色，放冷，弃去乙醚液。再加甲醇 90mL，加热回流至提取液为无色，移至 100mL 容量瓶中，用甲醇少量洗涤容器，洗液并入容量瓶中，加甲醇至刻度，摇匀。精密量取 10mL，置 100mL 容量瓶中，加水至刻度，摇匀。精密量取 3mL，置 25mL 容量瓶中，照标准曲线制备项下的方法，自"各加水至成 6.0mL"起依次操作，直至测定出样品的吸光度，从标准曲线上读出或由回归方程计算出样品溶液中芦丁的质量（μg），即得。

本品按干燥计，含总黄酮以无水芦丁计，槐花不少于 8.0%，槐米不少于 20.0%。

 **知识链接** **2019 年全国职业院校技能大赛**

"工业分析与检验"赛项仪器分析部分的考核内容和评分细则

2019 年全国职业院校技能大赛"工业分析与检验"技能竞赛，关联的职业岗位涉及石油、化工、医药、生物、农业、林业、卫生和防疫等领域，是目前涉及行业最多的赛项。竞赛内容包括理论知识及液相色谱与质谱联用仿真操作考核和实践操作考核化学分析和仪器分析。仪器分析方面考核学生的仪器操作能力、标准曲线绘制能力、未知物的定量能力，样品移取及滴定分析能力，考核内容和评分细则如下：

一、分光光度法测定未知铁试样(Ⅱ)中铁含量(该测定中玻璃计量器具用标示值)

1. 工作曲线制作

(1) 将化学分析法测定的未知铁试样溶液（Ⅰ）配制成铁标准溶液，该铁标准溶液适合于分光光度法对未知铁试样（Ⅱ）中铁含量测定的工作曲线使用，控制 pH≈2。

(2) 色阶溶液配制：用分刻度吸量管分取不同体积工作曲线使用的铁标准溶液于 7 个 100mL 容量瓶中，配制成分光光度法测定未知铁试样溶液（Ⅱ）中铁含量的标准系列溶液。

(3) 显色：制作工作曲线的每个容量瓶中溶液按以下规定同时同样处理：加 2mL 抗坏血酸溶液，摇匀后加 20mL 缓冲溶液和 10mL 1，10-菲罗啉溶液，用水稀释至刻度，摇匀，放置不少于 15min。

(4) 测定：以不加铁标准溶液的一份为参比，在 510nm 波长处进行吸光度测定。以浓度为横坐标，以相应的吸光度为纵坐标绘制标准工作曲线。

2. 未知铁试样溶液(Ⅱ) 中铁含量的测定

(1) 显色与测定：取一定量的未知铁试样溶液（Ⅱ）三份，另取同样体积的试剂空白溶液一份，分别于四只 100mL 容量瓶中，加 2mL 抗坏血酸溶液，摇匀后加 20mL 缓冲溶液和 10mL 1，10-菲罗啉溶液，用水稀释至刻度，摇匀。放置不少于 15min 后，在 510nm 波长处进行吸光度测定。

(2) 由测得吸光度从工作曲线查出对应溶液中铁的浓度，根据未知铁试样溶液（Ⅱ）的稀释倍数，求出未知铁试样溶液（Ⅱ）中铁含量。同时计算平行测定的极差的相对值。

二、评分细则

1. 过程性评分

序号	作业项目	配分	操作要求	考核记录	扣分说明	扣分	得分
一	基准物的称量	2	检查天平水平		每错一项扣 0.5 分,按配分项扣完为止		
			清扫天平				
			敲样动作正确(有回敲动作)				
			复原天平放回凳子				
二	溶液配制(容量瓶操作)	5	正确试漏		每错一个扣 0.5 分,按配分项扣完为止(其中容量瓶不试漏,扣 0.5 分;转移动作不规范扣 0.5 分)		
			转移动作规范				
			三分之二处水平摇动				
			准确稀释至刻线				
			摇匀动作正确				
三	移取溶液	3.5	润洗方法正确		每错一项扣 0.5 分,扣完为止		
			重吸				
			调刻线前擦干外壁				
			调节液面操作熟练				
			移液管竖直				
			移液管尖靠壁				
			放液后停留约 15s				

续表

序号	作业项目	配分	操作要求	考核记录	扣分说明	扣分	得分
四	滴定操作	5	正确试漏		不试漏,扣0.5分		
			终点控制熟练		每错一个扣1分,按配分项扣完为止		
			终点判断正确				
			按照规范要求完成空白试验		不规范扣1分,扣完为止		
			读数正确		以读数差在±0.02mL为正确,每错一个扣1分,按配分项扣完为止		
			正确进行滴定管体积校正		现场裁判应核对校正体积校正值,否则取消考试资格		
五	紫外-可见分光光度计仪器操作	2.5	仪器不预热,或预热时间不到20min		每错一项扣0.5分,扣完为止		
			不进行吸收池校正或配对				
			手拿吸收池透光面或用滤纸擦吸收池透光面				
			吸收池中溶液量不当(未达到池体积的2/3至4/5)或溢出				
			参比溶液选择不正确				
六	原始记录	1	原始数据记录不用其他纸张记录,及时记录		每错一项扣0.5分,扣完为止		
			测量数据保存和打印				
七	结束工作	1	考核结束,玻璃仪器、吸收池不清洗或未清洗干净		每错一项扣0.5分,按配分项扣完为止		
			考核结束,紫外-可见分光光度计不关				
			考核结束,废液不处理或不按规定处理				
			考核结束,工作台不整理或摆放不整齐				
			使用后天平或紫外-可见分光光度计不进行登记				
八	重大失误倒扣分项		基准物的称量		称量失败,每重称一次倒扣2分		
			溶液配制		溶液配制失误,重新配制的,每次倒扣3分		
			移取溶液		移取溶液后出现失误,重新移取,每次倒扣3分;从容量瓶或原瓶中直接移取溶液,每次倒扣5分		
			滴定操作		重新滴定,每次倒扣5分		
					篡改(如伪造、凑数据等)测量数据的,总分以零分计		
			损坏仪器		每次倒扣5分		
					开始吸光度测量后不允许重配制溶液		
			七个点均匀分布且合理		不均匀或不合理,均扣20分(均匀合理:移取的体积为0.00、1.00mL、2.00mL、4.00mL、6.00mL、8.00mL、10.00mL)		
			未知溶液的稀释方法		出现假平行,扣10分		

说明:得分数值不能超过配分项数值

2. 结果评分

序号	作业项目	考核内容	配分	操作要求	考核记录	扣分说明	扣分	得分
九	数据记录及处理	记录	1	不缺项		每错一个扣 0.5 分,扣完为止		
				使用法定计量单位				
		计算	3	计算过程及结果正确		有计算错误,扣 3 分		
		有效数字保留	1	有效数字位数保留正确或修约正确		每错一个扣 0.5 分,扣完为止		
十	化学分析	称量范围(g)	2	0.5976≤称量值<0.6282		扣 0 分		
				0.5822≤称量值<0.5976		扣 1 分		
				0.6282≤称量值<0.6435		扣 1 分		
				0.6435≤称量值		扣 2 分		
				称量值<0.5822		扣 2 分		
				说明:如果重称,不能重复扣分				
		未知铁试样溶液(Ⅰ)的铁浓度平行测定的精密度	10	相对极差≤0.10%		扣 0 分		
				0.10%<相对极差≤0.20%		扣 2 分		
				0.20%<相对极差≤0.30%		扣 4 分		
				0.30%<相对极差≤0.40%		扣 6 分		
				0.40%<相对极差≤0.50%		扣 8 分		
				相对极差>0.50%		扣 10 分		
		未知铁试样溶液(Ⅰ)测定的准确度	15	|相对误差|≤0.10%		扣 0 分		
				0.10%<|相对误差|≤0.20%		扣 3 分		
				0.20%<|相对误差|≤0.30%		扣 6 分		
				0.30%<|相对误差|≤0.40%		扣 9 分		
				0.40%<|相对误差|≤0.50%		扣 12 分		
				|相对误差|>0.50%		扣 15 分		

续表

序号	作业项目	考核内容	配分	操作要求	考核记录	扣分说明	扣分	得分
十一	仪器分析	未知样吸光度 A 在工作曲线的位置	3	在工作曲线的延长线上,扣全分值				
		未知铁试样溶液(Ⅱ)中铁含量测定的精密度	5	未知液吸光度值的极差=0.001		扣0分		
				未知液吸光度值的极差=0.002		扣1分		
				未知液吸光度值的极差=0.003		扣2分		
				未知液吸光度值的极差=0.004		扣3分		
				未知液吸光度值的极差=0.005		扣4分		
				未知液吸光度值的极差>0.005		扣5分		
		工作曲线线性	20	$r \geqslant 0.999995$		扣0分		
				$0.999995 > r \geqslant 0.99999$		扣4分		
				$0.99999 > r \geqslant 0.99995$		扣8分		
				$0.99995 > r \geqslant 0.9999$		扣12分		
				$0.9999 > r \geqslant 0.9995$		扣16分		
				$r < 0.9995$		扣20分		
		未知铁试样溶液(Ⅱ)中铁含量测定的准确度	20	│相对误差│≤0.5%		扣0分		
				0.5%<│相对误差│≤1.0%		扣4分		
				1.0%<│相对误差│≤1.5%		扣8分		
				1.5%<│相对误差│≤2.0%		扣12分		
				2.0%<│相对误差│≤2.5%		扣16分		
				│相对误差│>2.5%		扣20分		
十二	否决项			称量数据、滴定管读数、吸光度读数未经裁判同意不可更改,否则以作弊、伪造数据论处				

说明:总分最低为零分

🔔**知识链接** **2019 年全国食品药品类职业院校**
"药品检验技术"技能大赛光谱分析技能操作考核内容和评分细则

2019 年全国食品药品类职业院校"药品检验技术"技能大赛涉及的专业大类:食品药品与粮食大类(药品制造类,药品质量与安全 590204);食品药品与粮食大类(药品制造类，药物制剂技术 590209）；医药卫生大类（药学类，药学 620301）。竞赛考核内容包括基础知识及信息化仿真考核、容量分析技能操作考核、光谱分析技能操作考核和色谱分析技能操作考核 4 个竞赛单元。每位选手均参加基础知识与信息化考核、技能竞赛考核，选手按照不同项目抽签顺序完成。光谱分析考核方案：紫外-可见分光光度法测定未知药品（片剂）的含量，考核内容和评分细则如下：

一、定性分析

紫外-可见分光光度计（普析 TU-1810APC 或其它品牌）（标配 1cm 石英比色皿 2 个）；吸收池配套确认、波长范围设置、吸收光谱绘制、未知药品溶液的定性分析。

1. 对照品

任选下列 4 种作为对照品，其中有：甲硝唑、马来酸氯苯那敏、维生素 B_1、西咪替丁、吡哌酸、盐酸二氧丙嗪、桂利嗪。

2. 给出四种对照品吸光度值在 0.3～0.7 的近似浓度

甲硝唑（$13\mu g/mL$），马来酸氯苯那敏（$20\mu g/mL$），维生素 B_1（$12.5\mu g/mL$），西咪替丁（$8\mu g/mL$），吡哌酸溶液（$3\mu g/mL$），盐酸二氧丙嗪溶液，桂利嗪（$7.5\mu g/mL$）。

3. 未知溶液

四种标准溶液中的任意一种作未知溶液。

4. 吸收池配套确认

石英吸收池在 220nm 装蒸馏水，以一个吸收池为参比，调节 T 为 100%，测定另一吸收池的透光率，其偏差应小于 0.5%，可配成一套使用，记录另一个比色皿的吸光度值作为校正值。

5. 根据建议的浓度配制溶液并做溶液的波谱扫描

于 200～350m 的波长范围扫描并绘制吸收光谱图，建议浓度 $10\mu g/mL$。

6. 未知药品溶液配制和定性分析

精密量取未知药品液（由 4 种已知待测药品中的任意一种配得，由赛事承办方提供），定容至 100mL 容量瓶中，摇匀。以赛事承办方准备的参比溶液为参比，于波长 190～350nm 范围内以 1nm 为步长扫描未知药品溶液吸收曲线。将该吸收曲线的形状与标准图谱对照确定未知药品（对照图谱由赛事主办方提供），并从曲线上确定最大吸收波长作为定量测定的测量波长，190～210nm 范围不得选为测量波长。

二、定量分析

1. 未知药品溶液的配制

确定未知液的稀释倍数，并配制待测溶液于 100mL 容量瓶中（需要配制 3 份），以蒸馏水稀释至刻线，摇匀。

2. 未知药品溶液吸光度的测定

根据未知液吸收曲线上最大吸收波长，以蒸馏水为参比，测定吸光度。未知样平行测定 3 次。

3. 按照对照品比较法测定并计算未知药物的含量，测定相对极差

4. 操作案例

选手可以根据以下情况设计方案，未列入的测定未知药品含量部分选手练习查阅《中国药典》（2015 年版）（二部）有关药品的测定。

（1）桂利嗪片（规格：x g，取 y 片研磨）　精密称取片粉适量（约相当于桂利嗪 x g），平行称取 3 份（采用增量法称量），分别置于 250m 容量瓶中，加盐酸溶液（9→1000）约180mL，振摇使桂利嗪溶解，用盐酸溶液（9→1000）稀释至刻度，摇匀，滤过。确定合适的稀释倍数，精密量取适量续滤液，置于 100mL 容量瓶中，用盐酸溶液（9→1000）稀释至刻度，摇匀。照紫外-可见分光光度法，在最大吸收波长处测定吸光度，按桂利嗪 $C_{26}H_{28}N_2$ 的吸收系数（$E_{1cm}^{1\%}$）为 575 计算，即得。《中国药典》（2015 年版）（二部）规定，本品含桂利嗪（$C_{26}H_{28}N_2$）应为标示量的 95.0%～105.0%。

（2）维生素 B_1 片（规格：x g，取 y 片研磨）　精密称取片粉适量（约相当于维生素 B_1 x g），平行称取 3 份（采用减重法称量），置 250mL 容量瓶中，加盐酸溶液（9→1000）约 180mL，振摇 15min 使维生素 B_1 溶解，用上述溶剂稀释至刻度，摇匀，滤过。确定合适的稀释倍数，精密量取适量续滤液，置于 100mL 容量瓶中，再加上述溶剂稀释至刻度，摇匀。照紫外-可见分光光度法，在最大吸收波长处测定吸光度。按维生素 B_1（$C_{12}H_{17}ClN_4OS \cdot HCl$）的吸收系数（$E_{1cm}^{1\%}$）为 421 计算，即得。《中国药典》（2015 年版）（二部）规定，本品含维生素 B_1（$C_{12}H_{17}ClN_4OS \cdot HCl$）应为标示量的 90.0%～110.0%。

5. 结果处理

（1）标示量的百分含量

$$X(\%) = \frac{A_x c_s D_x V \overline{W}}{\overline{A_s} m_x S_{标示量}} \times 100\%$$

式中　X——标示量的百分含量；

A_x——未知溶液校正后吸光度；

$\overline{A_s}$——对照溶液校正后吸光度平均值；

c_s——对照溶液浓度，g/mL；

D_x——稀释倍数；

V——样品初溶体积，mL；

$\overline{W}$——平均片重，g；

m_x——样品药粉称取质量，g；

$S_{标示量}$——药品标示出的药用规格，g。

（2）相对极差的计算：

$$RR_{测定} = \frac{X_{max} - X_{min}}{\overline{X}} \times 100\%$$

三、评分细则

序号	作业项目	考核内容		分值	扣分说明	记录	扣分	得分
一	仪器准备(3分)	玻璃仪器的洗涤		1	未洗净,扣1分			
		容量瓶试漏		1	未进行,扣1分			
		检查仪器(UV)		1	未进行,扣1分			
二	溶液转移制备(13分)	不能从容量瓶直接移液		3	不符合要求每个扣1分,扣完为止			
		吸量管润洗		1	吸量管未润洗或用量明显较多扣1分			
		吸量管调刻度	滤纸擦干管外部	1	不符合要求扣1分			
			管垂直视线与刻度线水平	1	不符合要求扣1分			
		移液	吸量管垂直抵内壁	1	不符合要求扣1分			
			容量瓶倾斜	1	不符合要求扣1分			
			移液结束前停留15s	1	不符合要求扣1分			
			溶液2/3处平摇	1	不平摇扣1分			
			容量瓶定容	3	溶液稀释体积不准确,且没有重新配制,扣1分/个,最多扣3分			
三	比色皿使用(4分)	比色皿操作		2	手触及比色皿光面扣1分,测定时,溶液过少或过多,扣1分(应2/3~4/5)			
		比色皿配套性检验		1	未进行,扣1分			
		测定后,比色皿洗净,控干保存		1	比色皿未清洗或未倒空,扣1分			
四	仪器使用(2分)	参比溶液的正确使用		1	参比溶液选择错误,扣1分			
		测量数据保存和打印		1	不保存每次扣1分			
五	定性测定(7分)	扫描波长范围选择		1	未在规定的范围内扣1分			
		吸收曲线测量方法		2	吸收曲线测量方法不正确扣2分			
		光谱比对方法及结果		4	结果不正确扣4分			
六	定量测定(15分)	测量波长的选择		1	测量波长选择不正确扣1分			
		供试溶液的稀释方法		1	不正确,扣1分			
		空白溶剂测定		1	未测定,扣1分			
		吸光度控制		12	$0.450 \leqslant A \leqslant 0.550$	0		
					$0.400 \leqslant A < 0.450$ 或 $0.550 < A \leqslant 0.600$	3		
					$0.350 \leqslant A < 0.400$ 或 $0.600 < A \leqslant 0.650$	6		
					$0.300 \leqslant A < 0.350$ 或 $0.650 < A \leqslant 0.700$	9		
					$A < 0.300$ 或 $A > 0.700$	12		
七	职业素养(3分)	仪器复原、填写仪器使用记录		2	未进行,扣1分			
		台面整理、废物和废液处理		1	未进行,扣1分			
八	重大失误(最多扣20分)	玻璃仪器		0	损坏,每次倒扣2分			
		普析 UV-1810APC		0	损坏,每次倒扣20分并赔偿相关损失			
		试液重新配制		0	试液每重新配制一次倒扣3分,开始吸光度测量后不允许重新配制溶液			
		重新测定		0	由于仪器本身的原因造成数据丢失,重新测定不扣分,其它情况每重新测定一次倒扣3分			

续表

序号	作业项目	考核内容	分值	扣分说明	记录	扣分	得分
九	原始数据记录、计算、有效数字（13分）	原始数据	2	原始数据不及时记录每次扣0.5分；最多扣2分			
		正确应用计算公式	1	没有使用法定计量单位，扣1分			
		数据记录及时、规范	2	数据未经过裁判确认，扣2分			
		计算正确	3	计算不正确，扣3分			
		有效数字	3	有效数字保留不正确，扣3分			
		报告完整、检验结果正确	2	有空项、不规范、错误，一项扣2分；检验结论不正确，扣2分			
十	总时间	210min 完成	0	比赛不延时，到规定时间中止比赛			
十一	测定结果（40分）	精密度 对照试验	12	吸光度极差≤0.001	0		
				0.001<吸光度极差≤0.002	3		
				0.002<吸光度极差≤0.003	6		
				0.003<吸光度极差≤0.004	9		
				吸光度极差>0.004	12		
		精密度 未知物溶液	12	相对极差≤0.20%	0		
				0.20%<相对极差≤0.40%	3		
				0.40%<相对极差≤0.60%	6		
				0.60%<相对极差≤0.80%	9		
				相对极差>0.80%	12		
		准确度	16	$|RE|\leq 0.2\%$	0		
				$0.2\%<|RE|\leq 0.3\%$	4		
				$0.3\%<|RE|\leq 0.4\%$	8		
				$0.4\%<|RE|\leq 0.5\%$	12		
				$|RE|>0.5\%$	16		
十二	取消比赛资格，不计分			更改数据未经裁判员签字认可，擅自转抄、誊写、涂改、拼凑数据等作弊行为；无报告、虚假报告等情况；严重违反考场纪律，经总裁判长认定成绩无效者			

"光刻机禁售"事件

近年来西方某些国家为了打压中国的芯片产业，采取了一系列限制策略，禁止向我国销售光刻机。光刻机是半导体制造的关键设备之一，禁售会影响我国高科技产业。面对这种情况，我们积极应对，加大研发力度，提高自主创新能力。目前，我们已经成功研发了一系列自主创新的光刻设备，实现自主制造，摆脱对进口设备的依赖。

此事警示我们，真正的核心技术是求不到、买不来的，我们要在工作中努力创新，走自主创新道路。

1. 什么是单色光和复合光？为什么不同的物质会呈现不同的颜色？物质显示什么颜色？
2. 何为透光率、吸光度？两者的关系怎样？

3. 写出光的吸收定律的数学表达式，并说出其意义。

4. 什么是吸收光谱图？作该图的目的是什么？

5. 何为标准曲线？作该曲线的目的是什么？它与吸收光谱图有何异同点。

6. 偏离光的吸收定律的主要原因是什么？在定量分析中如何控制测量条件？

7. 简述紫外可见分光光度计的主要部件及各部件的作用。

8. 紫外可见分光光度法定性和定量分析的依据是什么？各有何具体的方法。

9. 有一浓度为 2.00×10^{-5} mol/L 的有色溶液，在一定吸收波长处，于 0.5cm 的比色皿中测得其吸光度为 0.300，如在同一波长处，用同一比色皿测得该物质的另一溶液的透光率为 20.0%，则此溶液的浓度为多少？

10. 某植物色素在 510nm 处摩尔吸光系数为 3.8×10^3 L/(mol·cm)，

(1) 在 510nm 处采用 1cm 比色皿，2×10^{-4} mol/L 的溶液吸光度是多少？

(2) 溶液的透光率是多少？（营养专业）

11. 测定血清中的磷酸盐含量时，取血清试样 5.00mL 于 100mL 容量瓶中，加显色剂显色后，稀释至刻度。测得吸光度为 0.582；另取该试液 25.00mL，加 0.0500mg 磷酸盐，测得吸光度为 0.693。计算每毫升血清中含磷酸盐的质量。（检验、卫检专业）

12. 将精制的纯品氯霉素（相对分子质量为 323.2）配制成 0.0200mmol/L 的溶液，用 1cm 的比色皿，在最大吸收波长 278nm 处测得溶液的透光率为 24.3%，求出氯霉素的比吸光系数和摩尔吸光系数。（药学、中药专业）

第十四章 原子吸收分光光度法

 **知识导图**

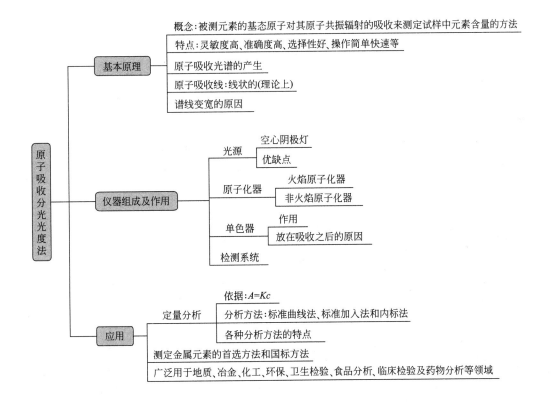

原子吸收分光光度法

基本原理
- **概念**：被测元素的基态原子对其原子共振辐射的吸收来测定试样中元素含量的方法
- **特点**：灵敏度高、准确度高、选择性好、操作简单快速等
- 原子吸收光谱的产生
- 原子吸收线：线状的(理论上)
- 谱线变宽的原因

仪器组成及作用
- 光源
  - 空心阴极灯
  - 优缺点
- 原子化器
  - 火焰原子化器
  - 非火焰原子化器
- 单色器
  - 作用
  - 放在吸收之后的原因
- 检测系统

应用
- 定量分析
  - 依据：$A=Kc$
  - 分析方法：标准曲线法、标准加入法和内标法
  - 各种分析方法的特点
- 测定金属元素的首选方法和国标方法
- 广泛用于地质、冶金、化工、环保、卫生检验、食品分析、临床检验及药物分析等领域

学习目标

1. 掌握原子吸收光谱的产生及其定量分析依据和方法。
2. 熟悉原子吸收光谱仪基本结构、主要部件和使用方法。
3. 了解原子吸收光谱法的基本原理。

原子吸收光谱法（atomic absorption spectrophotometry，AAS）是根据蒸气相中被测元素的基态原子对其原子共振辐射的吸收来测定试样中该元素含量的一种方法。该方法在 20 世纪 60 年代以后得到迅速发展，由于其具有准确度高、灵敏度高、选择性好、适用范围广等优点，已广泛应用于地质、冶金、化工、环保、卫生检验、食品分析、临床检验及药物分析等领域中。原子吸收光谱法被列为金属元素测定的首选方法和国家标准方法。

第一节　原子吸收分光光度法的原理

一、原子吸收分光光度法的特点

1. 灵敏度高

采用火焰原子吸收法，检测限可达 10^{-6} g 数量级，应用石墨炉原子吸收法可达到 $10^{-10} \sim 10^{-14}$ g。

2. 准确度高

测定的相对误差一般在 $1\% \sim 3\%$ 之间。

3. 选择性好

每种元素都有其特定的吸收谱线，大多数情况下共存元素对被测元素还产生干扰，有干扰的也容易克服。

4. 分析速度快

试样经过简单处理便可进行测定，操作简便快捷。

5. 仪器简单、价格低廉

一般实验室都能配备。

6. 应用范围广

能够测定的元素多达 70 多种，常用于微量试样的分析，被广泛地应用于各个方面，是微量和痕量元素分析的首选方法。

由于原子吸收分光光度法具有上述优点，因此被广泛应用于生产、科研、环境保护和医药等各个领域。

原子吸收分光光度法的局限性在于，测定难熔元素如 W、Ta、Zr、Hf、稀土等以及非金属元素的结果还不能令人满意，不能完成多元素的同时分析，每测定不同的元素必须要换对应元素的空心阴极灯。

二、原子吸收分光光度法的基本原理

1. 原子吸收光谱的产生

元素外层电子在稳定状态时所具有的能量称为能级。未受激发的电子所处能级的能量状态称为基态，高于基态的所有能量状态为激发态。原子吸收外界能量后，其最外层电子可跃迁到不同能级（激发态）。电子从基态跃迁到能量最低的激发态时，要吸收一定频率的辐射，称为共振吸收；它再跃回基态时，则发射出同样频率的辐射，称为共振发射。电子的跃迁可以在基态和不同能级间进行，就会对应产生许多的吸收线和发射线，跃迁所需要的能量越低，跃迁越易发生，相对应的吸收线和发射线就越强。原子吸收光谱法中广义地把由基态向高能级的跃迁或高能级直接向基态的跃迁称为共振跃迁。

原子吸收光谱是由基态原子吸收其共振辐射，外层电子由基态跃迁到激发态所产生。原子吸收光谱位于紫外光区和可见光区。每种元素原子特有的吸收线或发射线就称为该元素的特征光谱线。光谱线的波长是定性分析的基础，光谱线的强度是定量分析的依据。

2. 原子吸收线轮廓与谱线变宽

（1）原子吸收线轮廓 以一束不同频率、强度一定的平行光通过原子蒸气，一部分光被吸收，不同元素的原子吸收不同频率的光。从原子吸收实验中观察到，原子对光的吸收不是绝对单色光（即单一频率波长），而是有一定频率宽度。对于不同波长的光，原子蒸气吸收的程度不同，故 I_ν 随频率 ν 的变化而变化。吸收强度随 ν 或吸收系数随 ν 的变化曲线，称为原子吸收线轮廓或谱线轮廓，见图 14-1 和图 14-2。

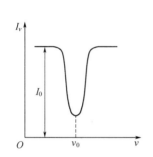
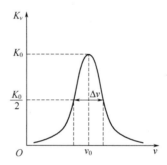

图 14-1 吸收强度与频率的关系图　　图 14-2 原子吸收线轮廓

图 14-2 中，ν_0 为中心频率；K_0 为峰值吸收系数；$\Delta\nu$ 为半峰宽。

原子吸收的特征物理量是中心频率 ν_0 和半峰宽度 $\Delta\nu$。中心频率是指吸收和发射最大强度辐射所对应的光的频率，是由原子的能级决定的，是原子定性的依据。半峰宽是指吸收系数极大值一半处（$K_0/2$），吸收曲线上对应的频率范围为 $\Delta\nu$，原子吸收线的半峰宽度为 0.001～0.01nm。

（2）谱线变宽 原子吸收线理论上是线状的，但实际往往有一定的轮廓，引起谱线变宽的原因主要有两类：一类是原子本身性质决定的，例如自然变宽；另一类是由外界条件影响引起的，如热变宽（多普勒 Doppler 变宽）和压力变宽（洛伦茨 Lorentz 变宽）。谱线变宽对测量的影响会导致原子吸收分析灵敏度下降。

三、原子吸收值与原子浓度的关系

1. 基态原子数与激发态原子数

在原子吸收测定时，试样在高温下挥发并离解成基态原子蒸气，其中一部分基态原子进一步激发成激发态原子，激发态原子总数与基态原子总数之比决定于温度，温度越高比值越大，在一定温度下，当处于热力学平衡时，两者之比遵循玻耳兹曼分布定律。但在常用的温度下（一般低于 3000K），两者的比值小于 10^{-3}，即蒸气中的激发态原子总数远远小于基态原子总数，也就是说，激发态原子可以忽略不计。因此，基态原子总数可代表吸收辐射的原子总数。

2. 原子吸收与原子浓度的关系

当一定频率的光通过原子蒸气时，其入射光强度为 I_0，有一部分光被吸收，其透射光强度为 I_ν，I_ν 与入射光通过原子蒸气的厚度 L 的关系，遵循朗伯-比耳定律，即

$$I_\nu = I_0 e^{-K_\nu L} \tag{14-1}$$

式中，K_ν 表示原子蒸气的吸收系数。

实践证明，在火焰温度低于 3000K 的恒定温度下，峰值吸光系数 K_0 与单位体积原子蒸气中被测元素吸收辐射的原子数 N 成正比。在使用锐线光源的情况下，对于待测元素来说，吸收频率是一定的，因此可用 K_0 代替式中的 K_ν，即得：

$$I_\nu = I_0 e^{-K_0 L} \tag{14-2}$$

即

$$A = \lg \frac{I_0}{I_\nu} = 0.4343 K_0 L \tag{14-3}$$

式中，A 为吸光度。如果将 N_0 从 K_0 中提出来，并近似地看作原子总数 N，令 K_0 的余项与 0.4343 的乘积为 K，则有

$$A = KNL \tag{14-4}$$

式中，K 为常数。该式表示吸光度与待测元素吸收辐射的原子总数成正比，与火焰宽度成正比。在一定浓度范围内，待测元素的原子总数与其溶液的浓度成正比，当原子化器厚度（L）一定时，式(14-4) 可写成

$$A = K'c \tag{14-5}$$

上式说明，在一定实验条件下，通过测定基态原子的吸光度，即可求出样品中待测元素的含量。这是原子吸收光谱法的定量基础。

第二节　原子吸收分光光度计

原子吸收分光光度计由光源、原子化器、单色器及监测系统四个部分组成，如图 14-3 所示。

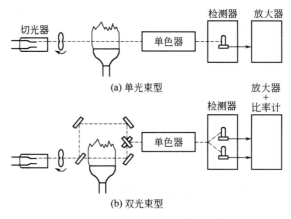

图 14-3　原子吸收分光光度计示意图

仪器构造与紫外可见分光光度计相似，不同之处在于用空心阴极灯做锐线光源代替了连续光源，用原子化器代替了吸收池。单光束型仪器结构简单但光源不稳定，会引起基线漂移；双光束光源被分为两束，一束为测量光，另一束为参比光，克服了光源不稳定造成的漂移影响。

一、光源

原子吸收分光光度法中，光源的作用是发射待测元素的特征谱线。为保证测定的灵敏度

和高选择性，必须使用待测元素制成的谱带窄、强度、纯度与稳定性均高的锐线光源，符合条件的锐线光源（narrow-line source）主要是空心阴极灯（hollow cathode lamp，HCL），另外还有蒸汽放电灯和无极放电灯等。空心阴极灯是一种低压气体放电管，其结构如图14-4所示。

　　空心阴极灯是一种气体放电管，它包括一个阳极（钨棒）和一个空心圆筒的阴极，阴极由待测元素的纯金属或合金制成。阴极和阳极被密封在带有光学窗口的酒瓶状玻璃管内，内充几百帕的低压惰性气体（氖气或氩气）。空心阴极灯的工作原理是：在两极间施加一定电压（300～500V）时，电子从空心阴极内壁高速射向阳极，惰性气体分子因受到碰撞而发生电离，带正电的惰性气体离子在电场作用下，猛力轰击阴极，致使阴极表面的金属原子溅射出来，与电子、惰性气体原子碰撞时受到激发，当其由激发态返回基态时就辐射出待测元素的共振线。不同元素的空心阴极灯都有适合的工作电流范围，该电流影响灯的发射强度。

　　空心阴极灯发射的光谱，主要是阴极元素的光谱，用不同的被测元素做阴极材料，可制成各种被测元素的空心阴极灯。空心阴极灯的主要优点是发射谱线强度高、稳定性好、谱线宽度窄。缺点是在测定不同的元素时，都要更换各自的空心阴极灯，且灯的寿命也比较短。

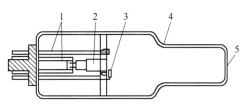

图 14-4　空心阴极灯示意图

1—电极支架；2—空心阴极；3—阳极；
4—玻璃管；5—石英窗

　　在测定金属性较弱、熔点较低的元素，如As、Se、Te、Ge、Hg时，常采用无极放电灯和高强度的空心阴极灯做光源。

二、原子化器

　　原子化器的作用是将样品中的待测元素转变为原子蒸气，并使其进入光源的辐射过程。对原子化器的基本要求为：必须具有足够高的原子化效率；必须具有良好的稳定性和重现性；操作简单及较低的干扰水平等。常用的原子化器有火焰原子化器和非火焰原子化器。

1. 火焰原子化器

　　火焰原子化法中，常用的是预混合型原子化器，它是由雾化器、混合室和燃烧器三部分组成。用火焰使试样原子化是目前广泛应用的一种方式。它是将液体试样经喷雾器形成雾粒，这些雾粒在混合室中与气体（燃气与助燃气）均匀混合，除去大液滴后，再进入燃烧器形成火焰。此时，试液在火焰中产生原子蒸气。

　　（1）雾化器（喷雾器）　喷雾器是火焰原子化器中的重要部件。它的作用是将试液变成细雾。雾粒越细、越多，在火焰中生成的基态自由原子就越多。目前，应用最广的是气动同心型喷雾器。喷雾器喷出的雾滴碰到玻璃球上，可产生进一步细化作用。生成的雾滴粒度和试液的吸入率，影响测定的精密度和化学干扰的大小。目前，喷雾器多采用不锈钢、聚四氟乙烯或玻璃等制成。

　　（2）混合室　混合室的作用主要是将气溶胶的雾粒进一步雾化，使雾粒更小、更均匀，并使燃气和助燃气充分混合后进入燃烧器，以便在燃烧时得到稳定的火焰。其中的扰流器可使雾滴变细，同时可以阻挡大的雾滴进入火焰。一般的喷雾装置的雾化效率为5%～15%。

　　（3）燃烧器　试液的细雾滴进入燃烧器，在火焰中经过干燥、熔化、蒸发和离解等过程后，产生大量的基态自由原子及少量的激发态原子、离子和分子。通常要求燃烧器的原子化程度高、火焰稳定、吸收光程长、噪声小等。燃烧器有单缝和三缝两种。燃烧器的缝长和缝宽，应根据所用燃料确定。目前，单缝燃烧器应用最广。

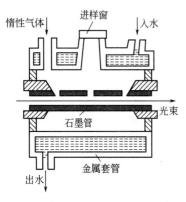

图 14-5　高温石墨炉原子化器示意图

单缝燃烧器产生的火焰较窄，使部分光束在火焰周围通过而未能被吸收，从而使测量灵敏度降低。采用三缝燃烧器，由于缝宽较大，产生的原子蒸气能将光源发出的光束完全包围，外侧缝隙还可以起到屏蔽火焰作用，并避免来自大气的污染物。因此，三缝燃烧器比单缝燃烧器稳定。燃烧器多为不锈钢制造。燃烧器的高度应能上下调节，以便选取适宜的火焰部位测量。为了改变吸收光程，扩大测量浓度范围，燃烧器可旋转一定角度。

2. 非火焰原子化器

非火焰原子化器中，应用最广泛的是高温石墨炉原子化器。图 14-5 为其结构示意图。

将样品置于石墨管中，通电，使石墨管受热升温，待测组分被原子化。为防止石墨管氧化，原子化过程中需不断通入惰性气体（氮气或氩气），石墨炉原子化器最大的优点是原子化效率高，对一些易形成耐熔氧化物的元素，能得到较高的原子化效率。

三、单色器

单色器的作用是将原子吸收所需的共振吸收线分离出来。单色器由入射和出射狭缝、反射镜和色散元件组成，色散元件为衍射光栅。由于原子吸收分光光度计采用锐线光源，吸收测量值采用峰值吸收测定法，吸收光谱本身也比较简单，因而对单色器的分辨率要求不是很高。为防止原子化时产生的辐射不加选择地都进入检测器以及避免光电倍增管的疲劳，单色器通常配置在原子化器后。

四、检测系统

检测系统主要由检测器、放大器、对视变换器和显示装置组成。原子吸收分光光度计广泛使用光电倍增管做检测器。一些高级仪器还设有标度扩展、背景自动校正、自动取样等装置，并用计算机控制。

第三节　原子吸收分光光度法的应用

一、定量分析方法

原子吸收分光光度法主要用于定量分析，其方法有工作曲线法、标准加入法和内标法等。

1. 工作曲线法

原子吸收分析与紫外可见分析都属于吸收光谱，都遵循光的吸收定律，有类似的工作曲线。配制一组含有不同浓度的被测元素的标准溶液，以空白溶液调节零点，将所配制的溶液由低浓度向高浓度依次喷入火焰，分别测出各溶液的吸光度 A。以吸光度 A 为纵坐标，标准溶液浓度 c 为横坐标，绘制 A-c 工作曲线。在完全相同的实验条件下，喷入待测试样溶液，测出吸光度。从工作曲线上查出该吸光度对应的浓度，以此进行计算，可得出试样中被测元素的含量。

工作曲线法仅适用于试样组成简单或共存组分无干扰的情况，在同类试样大批量分析时，具有简单、快速的特点。应用此方法应该注意如下事项。

① 标准系列溶液的浓度，要求在吸光度与浓度成直线关系的范围内，吸光度值为 $0.2 \sim 0.8$，以减小读数误差。

② 标准系列溶液的配制，所用试剂和溶液条件应与待测溶液一致，消除基体干扰，减小误差。

③ 测量条件选择一致，选定好的实验条件如气体流量、缝宽度、燃烧器高度、空心阴极灯的工作电流以及波长等，应保持不变。

2. 标准加入法

当样品基体影响较大，又没有纯净的基体空白，或测定物体纯物质中极微量元素时，可以采用标准加入法。具体做法如下：取几份相同体积的被测溶液，分别加入浓度 0、c_0、$2c_0$、$4c_0$ 的标准溶液，然后稀释至相同体积。在相同的实验条件下分别测定它们的吸光度，绘制 A-c 曲线，如图 14-6 所示。

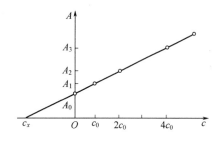

图 14-6　标准加入法图解

如果样品中不含被测元素，则在正确扣除背景后，标准曲线应通过原点。若标准曲线不通过原点，说明样品中含有被测元素。标准曲线在纵坐标轴上的截距所对应的吸光度显然是由样品中被测元素产生的，所以如果外延标准曲线与横坐标相交，则原点至此交点的距离相当的浓度，即为样品中被测元素的浓度。

标准加入法的特点是能消除分析中的基体干扰，不能消除背景干扰，这是因为相同的信号，既加在试样测定值上，也加在增量后的试样测定值上，另外，标准加入法每测定一个样品需要制作一条工作曲线，不适合大批量样品的测定，适合于基体复杂的少量样品的测定。

3. 内标法

内标法是在标准溶液和样品溶液中分别加入一定量的内标元素，测定被测元素与内标元素的吸光度比值，并以吸光度的比值对被测元素浓度绘制校正曲线，根据试液测得的吸光度比值由校正曲线上求得被测元素的含量。内标法是一种精密度和准确度较高的分析方法，在一定程度上还可以消除火焰、喷雾状况以及样品液的物理、物理化学特性不同而带来的干扰。但内标法的应用需要使用双波道型原子吸收分光光度计。

所选的内标元素应与被测元素在原子化过程中有相似的特性。例如测定 Ca 时采用 Sr 作内标元素，测定 Mg 时，采用 Cr 或 Mn 作内标元素。

二、应用与示例

原子吸收分光光度法具有测定灵敏度高、检出限低、干扰少、操作简单快速等优点，已广泛应用于地质、冶金、化工、环保、卫生检验、食品分析、临床检验及药物分析等领域中。原子吸收光谱法被列为金属元素测定的首选方法和国家标准方法，目前，有 70 余种元素可用原子吸收分光光度法直接或间接地进行测定。

1. 直接测定法

用原子吸收分光光度法直接测定的元素，要求有较高的灵敏度，含量不低于检出限范围，目前，经常采用此方法分析的元素和化合物可分为三大类：测碱金属，碱金属易解离，碱金属盐沸点低，可通过火焰即可汽化，适合采用低温贫燃火焰；测碱土金属，碱土金属在火焰中易生成氧化物和极小的 MeOH、MeOH$^+$，宜采用高温复燃火焰，并加入少量的碱金属来抑制电离干扰，提高原子化效率；测含金属原子的有机药物，人体中的痕量元素与人体健康关系密切，为了对这些元素的生理功能进行研究，必须要测定人体内各种元素的含量及其变化，人体里能检测出的金属元素有 K、Na、Ca、Cr、Mo、Fe、Pb、Co、Ni、Cu、Zn 等 30 多种，可以采用直接测定法，例如测定维生素 B$_{12}$，因其是含有钴原子的有机药物，可通过测定钴的含量再换算成维生素 B$_{12}$ 的含量。

应用实例：

（1）发锌的火焰原子化法测定　取枕部发根 1cm 发样 1g，用洗涤剂水溶液浸泡 30min 后，先用自来水洗净后，用蒸馏水冲洗干净，再用去离子水冲洗，抽滤后烘干，存于洁净的密闭容器中备用。精确称取处理好的发样 20mg，放入石英消化管中，加入 HClO$_4$：HNO$_3$=1∶5 的混酸 1mL，湿法消化至白色残渣，然后用 0.5% HNO$_3$ 定容至 10mL。在 213.9nm 下，直接喷入空气乙炔火焰中进行测定。相同条件下测定标准系列，绘制工作曲线，从工作曲线中查出样品含量。

（2）石墨炉原子化法测定血中铅、镉　取血样 0.2mL 注入 1.5mL 带塞聚乙烯锥形管中，加入 0.8mol/L HNO$_3$0.6mL，静置片刻，离心分离，吸出上层清液，用 0.5% HNO$_3$ 稀释 10 倍，进样 20μL，按表 14-1 工作条件测定上清液中铅和镉的吸光度，相同条件下测定标准系列，绘制工作曲线，从工作曲线上查出样品含量。

表 14-1　测量铅、镉吸光度的仪器工作条件

元素	波长/nm	狭缝/nm	干燥		灰化		原子化		烧残（净化）	
			温度/℃	时间/s	温度/℃	时间/s	温度/℃	时间/s	温度/℃	时间/s
铅	283.3	0.5	100	40	380	12	1900	2	2100	2
镉	228.8	0.5	100	40	460	16	2100	2	2300	2

2. 间接测定法

间接测定法是指利用被测组分与可测定金属或非金属，依据反应的化学计量关系，由此计算被测组分含量的方法。此方法适合那些不能直接测定的组分。例如测定有机药物，可利用有机药物与金属生成配合物，然后间接测定有机物。

 **知识拓展**　　电感耦合等离子发射光谱

20 世纪 70 年代以来迅速发展的电感耦合等离子发射光谱法（ICP-AES）是试样中不同元素的原子或离子在光、热或电激发下，由基态跃迁到激发态，当从较高激发态返回到较低激发态或基态时，产生发射光谱，依据特征谱线和谱线强度进行定性和定量分析的方法。该法主要用于元素分析，可对 70 种元素（金属元素及磷、硅、砷、碳、硼等非金属）进行分析，具有灵敏、快速和选择性好等优点，可对一份试样进行多元素分析和多个试样连续分析。

 目标测试

1. 简述原子吸收分光光度法的基本原理。

2. 何为锐线光源？原子吸收分光光度法为什么用锐线光源？

3. 简述原子吸收分光光度法中试样的原子化过程。为何可用基态原子数来表示参加吸收辐射的原子总数？

4. 何为共振吸收线和共振发射线？在原子吸收分光光度法中为何常常选择共振线作为分析线？

5. 简述原子吸收分光光度计的主要构造及其作用。

6. 紫外-可见分光光度法的分光系统放在吸收池的前面，而原子吸收分光光度法的分光系统放在原子化器（吸光系统）的后面，为什么？

7. 原子吸收分光光度法中常采用哪几种定量方法？

8. 用原子吸收法测定某元素 M 时，由一份未知试样得到的吸光度读数为 0.435，在 9mL 未知溶液中加入 1mL100μg/mL 的 M 标准试样。这一混合溶液得到的吸光度读数为 0.835，求未知试样中元素 M 的浓度。

扫码做自测题

资源获取步骤

第一步 微信扫描二维码
第二步 关注"易读书坊"公众号
第三步 进入公众号，在线自测或下载自测题

第十五章　分子荧光光谱法

知识导图

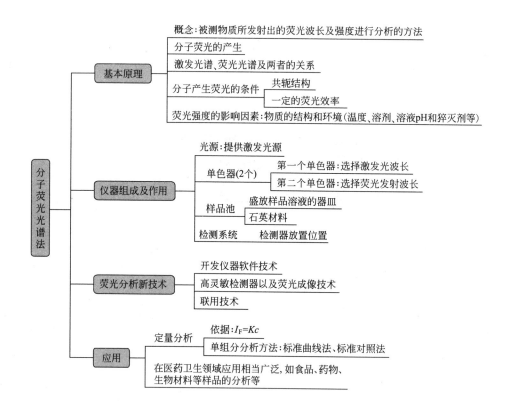

分子荧光光谱法

- 基本原理
  - 概念：被测物质所发射出的荧光波长及强度进行分析的方法
  - 分子荧光的产生
  - 激发光谱、荧光光谱及两者的关系
  - 分子产生荧光的条件
    - 共轭结构
    - 一定的荧光效率
  - 荧光强度的影响因素：物质的结构和环境(温度、溶剂、溶液pH和猝灭剂等)

- 仪器组成及作用
  - 光源：提供激发光源
  - 单色器(2个)
    - 第一个单色器：选择激发光波长
    - 第二个单色器：选择荧光发射波长
  - 样品池
    - 盛放样品溶液的器皿
    - 石英材料
  - 检测系统　检测器放置位置

- 荧光分析新技术
  - 开发仪器软件技术
  - 高灵敏检测器以及荧光成像技术
  - 联用技术

- 应用
  - 定量分析
    - 依据：$I_F=Kc$
    - 单组分分析方法：标准曲线法、标准对照法
  - 在医药卫生领域应用相当广泛，如食品、药物、生物材料等样品的分析等

学习目标

1. 掌握分子荧光光谱的产生及其定量分析依据和方法。
2. 熟悉分子荧光光谱仪基本结构、主要部件和使用方法。
3. 了解分子荧光光谱法的基本原理。

分子荧光光谱法（molecular fluorescence spectrometry）又称为荧光光谱法或荧光分析法，是利用某一波长的光线照射试样，试样中的多原子分子吸收光辐射后，发射出相同波长或较长波长的荧光，根据所发射荧光的波长及强度进行定性和定量分析的方法。分子荧光光谱是一种发射光谱。

与紫外-可见分光光度法相比，分子荧光分析法具有灵敏度高（浓度可低至 $10^{-4} \mu g/mL$）、选择性好、所需试样量少（几十微克或几十微升）等优点，所以被广泛应用于痕量分析，特别适用于生物样品、药物或代谢产物的分析。

第一节　分子荧光光谱法的原理

一、分子荧光的产生

1. 分子的电子能级

物质的分子中存在着一系列的电子能级，它包括基态以及各个激发态，其中能量最低的电子能级为基态，能量较高的电子能级为激发态，激发态按照能量由低到高分为第一激发态、第二激发态……。在每个电子能级中又包含一系列的振动能级。

正常的多原子分子在基态通常具有多对成对的电子，根据 Pauli 不相容原理，一个轨道中的两个电子，自旋方向必须相反，此时分子所在的电子能态为单线态。当基态分子的一个电子吸收光辐射被激发至较高的电子能态，但电子的自旋方向没变，两个电子自旋方向仍相反，此时分子处于激发的单线态；如果电子的自旋方向发生改变，两个电子自旋方向相同，此时分子处于激发的三线态。

如图 15-1 中的 S_0、S_1、S_2 分别表示基态、第一和第二激发态单线态；T_1、T_2 分别表示第一和第二激发态三线态。

2. 荧光的产生

分子在室温时基本处于电子能级的基态，当吸收了紫外-可见光后，基态分子中的电子被激发只能跃迁到单线态的各个不同的振动能级。处于激发态的分子不稳定，激发态分子返回基态时，以辐射跃迁的方式或者无辐射跃迁的方式释放多余的能量，此过程即为失活过程。辐射跃迁主要是指发射荧光或者磷光；无辐射跃迁是指分子以热的形式释放多余的能量，包括振动弛豫、内转换、系间跨越和猝灭，见图 15-1，具体如下：

（1）振动弛豫　在溶液中，受激的溶质分子与溶剂分子碰撞而失去能量，以极快的速度（$10^{-13} \sim 10^{-11}$ s）降至同一电子态的最低振动能级上，这一过程属无辐射跃迁，称为振动弛豫（vibrational relaxation）。

（2）内转换　当两个电子能级非常靠近以致其振动能级有重叠时，如第二激发单重态的某一较低振动能级与第一激发单重态的较高振动能级间有重叠时，位能相同，可能发生电子由高电子能级以无辐射跃迁的方式跃迁至低能级上，这一过程属无辐射跃迁，称为内转换（internal conversion），此过程效率高、速度快（$10^{-13} \sim 10^{-11}$ s）。

（3）系间跨越　是指激发单重态与激发三重态之间的无辐射跃迁。此时，激发态电子自旋反转，分子的多重性发生变化。如单重态（S_1）的较低振动能级与三重态 T_1 的较高振动能级有重叠，电子有可能发生自旋状态的改变而发生系间跨越（intersystem crossing）。含

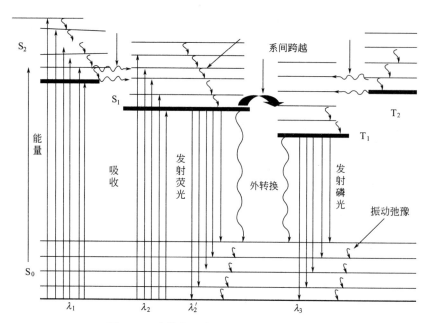

图 15-1 光能的吸收、转换及发射示意图

S_0、S_1、S_2 分别表示基态、第一和第二激发态单线态；

T_1、T_2 分别表示第一和第二激发态三线态；λ_1，λ_2—激发光波长；λ_2'—荧光波长；λ_3—磷光波长

有重原子（如碘、溴等）的分子中，系间跨越最为常见，这是高原子序数的原子中电子自旋与轨道运动之间相互作用较强，更有利于电子自旋发生改变的缘故。

（4）荧光发射　处于激发单重态的最低振动能级的分子，也存在几种可能的去活化过程。若以 $10^{-9} \sim 10^{-7}$ s 的时间发射光量子回到基态的各振动能级，这一过程就有荧光发生，称为荧光发射（fluorescence emission）。

（5）磷光发射　分子经过系间跨越跃迁后，接着就发生快速的振动弛豫，达到三重态 T_1 的最低振动能级（$v=0$）上，再发生辐射跃迁到基态的各振动能级，这一过程就有磷光发生，称为磷光发射（phosphorescence emission）。磷光的发光速率较慢（$10^{-4} \sim 1$s），这种跃迁，在光照停止后，仍可持续一段时间，因此磷光比荧光的寿命长。由于荧光物质分子与溶剂分子间相互碰撞等因素，处于三线态的分子通过无辐射过程失活转移至基态，因此室温下溶液较少呈现磷光，需在液氮冷冻条件下才能检测到磷光，因此磷光分析法不及荧光分析法普遍。

（6）猝灭　激发分子与溶剂分子或其他溶质分子间相互作用，发生能量转移，使荧光或磷光强度减弱甚至消失，这一现象称为"猝灭"（quenching）。

由此可见，处于激发态的分子去活化后回到基态有多种途径，可归纳如图 15-2 所示，其中以速度最快、激发态寿命最短的途径占优势。由于不同物质的分子结构及分析时所处的环境不同，因此各个去活化过程的速率也就不同。如果荧光发射过程比其他去活化过程速率更快，就可观察到荧光现象。相反，如果无辐射跃迁过程具有更大的速率常数，荧光会消失或强度会减弱。

二、荧光激发光谱和荧光光谱

1. 荧光激发光谱和荧光光谱

任何荧光物质都具有两个特征光谱即激发光谱（excitation spectrum）和荧光光谱（flu-

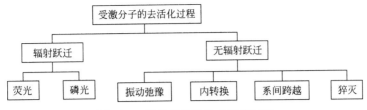

图 15-2　激发态分子的去活化过程

orescence spectrum）。它们是荧光分析中定性、定量的基础。

（1）激发光谱　荧光物质常用紫外光或波长较短的可见光激发而产生荧光。如果将激发光的光源用单色器分光，测定不同波长激发光照射下荧光强度。以激发光波长（λ）为横坐标，荧光强度（I_F）为纵坐标作图，所绘出的曲线即是该荧光物质激发光谱。

（2）荧光光谱　固定激发光波长和强度，让物质发射的荧光通过单色器，然后测定不同波长的荧光强度。以荧光波长（λ）为横坐标，荧光强度（I_F）为纵坐标作图，所绘出的曲线即是该荧光物质的荧光发射光谱，简称为荧光光谱。它表示在该物质所发射的荧光中，各种不同波长组分的相对强度，为鉴别荧光物质、进行荧光分析、选择最佳测定波长提供依据。

激发光谱和荧光光谱可用来鉴别荧光物质，并作为进行荧光测定时选择适当测定波长的依据。荧光物质的最大激发波长（λ_{ex}）和最大荧光波长（λ_{em}）是鉴定物质的依据，也是定量测定时最灵敏的条件。图 15-3 为硫酸奎宁的激发光谱和荧光光谱。

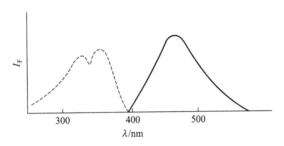

图 15-3　硫酸奎宁的激发光谱和荧光光谱
--- 激发光谱；— 荧光光谱

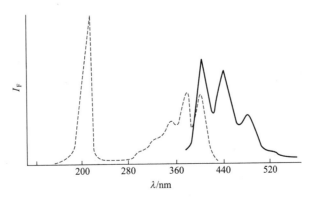

图 15-4　蒽的乙醇溶液激发光谱和荧光光谱
--- 激发光谱；— 荧光光谱

2. 激发光谱和荧光光谱的形状及其相互关系

荧光物质的激发光谱和它的荧光光谱图形相似，呈现大致的"镜像对称"关系，如图 15-4 所示的蒽的乙醇溶液激发光谱和荧光光谱。但因测量信号不同，有些物质的两种图形也不完全相同，如图 15-3 所示的硫酸奎宁的激发光谱和荧光光谱，其激发光谱有两个谱带，荧光光谱只出现了一个谱带。一般把激发光谱看作是荧光物质的表观吸收光谱。

由于激发态分子经过无辐射跃迁回到第一激发态单重态的最低振动能级，然后再回到基态的各个振动能级而发射荧光，无辐射跃迁时损失了部分能量，因此荧光波长一般比激发波长要长。

三、荧光与物质分子结构的关系

能产生荧光的分子称为荧光分子。并不是所有物质的分子都能发射荧光，了解荧光和物质分子结构的关系，可以帮助我们考虑如何将非荧光物质转化为荧光物质，或将荧光强度不大或选择性较差的荧光物质转化为荧光强度大及选择性好的荧光物质，以提高分析测定的灵敏度。

分子产生荧光必须具备两个条件：①物质分子必须具有能吸收一定频率紫外-可见光的特定结构。②物质分子在吸收了特征频率的辐射后，必须具有较高的荧光效率。荧光效率用 Φ_F 表示，其表达式如下：

$$\Phi_F = \frac{\text{发生荧光量子数}}{\text{吸收激发光的量子数}} \tag{15-1}$$

荧光效率的数值一般在 0~1 之间，例如罗丹明 B 的乙醇溶液 $\Phi_F = 0.97$；蒽的乙醇溶液 $\Phi_F = 0.30$。荧光效率大，在相同浓度下，荧光发射的强度 I_F 也大。当 $\Phi_F = 0$ 时，就意味着不能发射荧光。

荧光效率是一个物质荧光特性的重要参数，它反映了荧光物质发射荧光的能力，其值越大，该物质发射的荧光越强。

1. 共轭效应

绝大多数能产生荧光的物质都含有芳香环或杂环，因为芳香环或杂环分子具有长共轭的 $\pi^* \to \pi$ 跃迁。π 电子共轭程度越大，荧光强度（荧光效率）越大，其荧光波长也长移。如苯、萘和蒽的共轭结构与荧光的关系如下：

	苯	萘	蒽
Φ_F	0.11	0.29	0.36
λ_{ex}	205nm	268nm	356nm
λ_{em}	278nm	321nm	404nm

除芳香烃外，含有长共轭双键的脂肪烃也可能有荧光，但此类化合物的数目不多。如维生素 A 是能发射荧光的脂肪烃，其结构如下：

2. 具有刚性平面结构

在结构相似的共轭分子中，分子刚性及共平面性越大，荧光效率越大，并使荧光波长产生长移。例如，在相似的测定条件下，联苯和芴的荧光效率 Φ_F 分别为 0.2 和 1.0，两者的结构差别在于芴的分子中加入亚甲基成桥，使两个苯环不能自由旋转，形成了刚性平面结构，使芴的荧光效率大大增加。

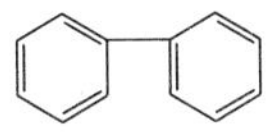

联苯 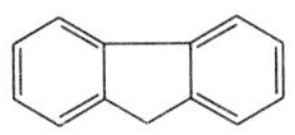　　　　　　　　　　　芴

同样情况还有酚酞和荧光素，它们分子中共轭双键长度相同，但荧光素分子中多了一个氧桥，使分子的三个环成一个平面，其共平面性增加，π 电子的共轭程度增加，因而荧光素具有强烈的荧光，而酚酞的荧光较弱。

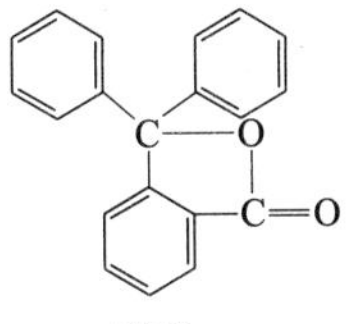

酚酞 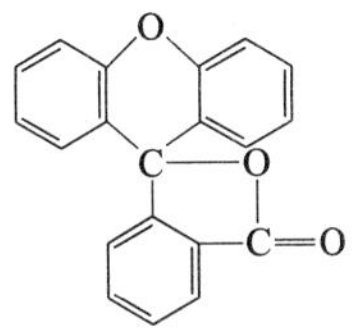　　　　　　　　　　　荧光素

本来不发生荧光或者荧光很弱的物质一旦与金属离子螯合后，其刚性和共平面性增强，就可以发射荧光或增强荧光。例如：8-羟基喹啉是一种弱荧光物质，其与 Mg^{2+}、A^{3+} 形成配合物后，荧光增强。

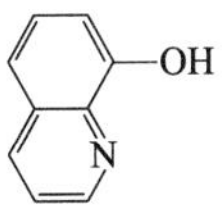

8-羟基喹啉 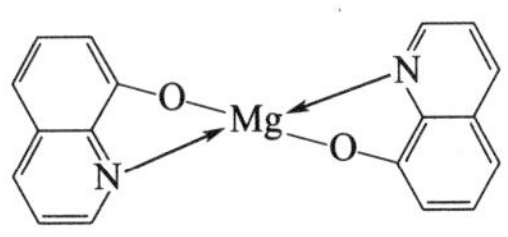　　　　　　　　　8-羟基喹啉镁

相反，如果原来结构中共平面性较好的，但分子上取代了较大基团后，由于位阻的原因，使分子的共平面性下降，因而荧光减弱。例如：1-二甲氨基萘-7-磺酸盐的 Φ_F 为 0.75，而 1-二甲氨基萘-8-磺酸盐的 Φ_F 只有 0.03，这是因为二甲氨基与磺酸盐的位阻效应，使分子的共平面性下降，因而荧光减弱。

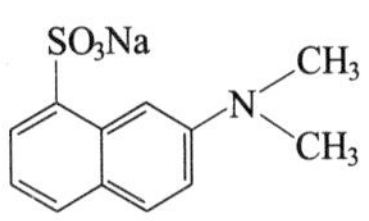

1-二甲氨基萘-7-磺酸盐 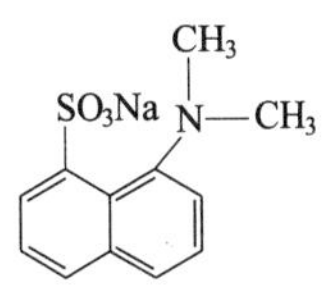　　　　1-二甲氨基萘-8-磺酸盐

同理，对于顺反异构，顺式分子的两个基团在同一侧，由于位阻的原因不能共平面，因此没有荧光。例如：1,2-二苯乙烯，其反式的异构体有强烈的荧光，而顺式的异构体没有荧光。

3. 苯环上取代基效应

芳香烃的苯环上面，不同的取代基对分子的荧光光谱和荧光强度都产生很大的影响。通常有以下三种类型：

（1）给电子基　能增加分子的 π 电子共轭程度，使荧光增强。这类基团包括—OH、

—NH$_2$、—NHR、—NR$_2$、—OR 等。

（2）吸电子基　能减弱分子的 π 电子共轭，使荧光减弱甚至猝灭。这类基团包括 —COOH、—NO$_2$、—C＝O、—NO、—SH、—NHCOCH$_3$ 及卤素等。

（3）与 π 电子体系相互作用较小的基团，对荧光的影响不明显。这类基团包括—R、—SO$_3$H、—NH$_3^+$ 等。

四、影响荧光强度的外部因素

一种物质的吸光强度和荧光效率取决于物质的分子结构，还受其所处的外界环境的影响，例如温度、溶剂、pH、荧光猝灭剂等，了解和利用这些因素的影响，可以提高荧光分析的灵敏度和选择性。

1. 温度的影响

温度对于溶液的荧光强度有显著影响。一般情况下，随着温度的降低溶液中荧光物质的荧光效率和荧光强度会增加。这是由于当温度降低时，溶液中分子的活动性减弱，溶质分子与溶剂分子间碰撞机会减少，降低了无辐射去活概率，使荧光效率增加。如：荧光素的乙醇溶液在 0℃ 以下每降低 10℃，荧光效率增加 3%；冷至 -80℃，荧光效率为 100%。

2. 溶剂的影响

同一物质在不同的溶剂中，其荧光光谱的形状和强度都有差别。溶剂对荧光强度和形状的影响主要表现在溶剂的极性、溶剂的黏度、氢键及配位键的形成等。溶剂极性增大时，通常使荧光波长红移，荧光强度增强；溶剂的黏度减小，可以减小分子间的碰撞机会，使无辐射跃迁概率下降而使荧光强度增加；氢键及配位键的形成更使荧光强度和形状发生较大的变化；另外，若含有重原子的溶剂，如 CBr$_4$ 和 CH$_3$CH$_2$I 等也可使荧光强度减弱。

3. 溶液 pH 的影响

当荧光物质本身是弱酸或弱碱时，其荧光强度受溶液 pH 的影响较大。例如：苯胺在 pH 在 7～12 溶液中会发生蓝色荧光，在 pH<2 或 pH>13 的溶液中都不发生荧光。有些荧光物质在离子状态无荧光，而有些则相反；也有些荧光物质在分子和离子状态时都有荧光，但荧光光谱不同。

4. 溶液荧光的猝灭

荧光物质分子与溶剂分子或其他溶质分子相互作用，引起荧光强度降低、消失或荧光强度与浓度不呈线性关系的现象，称为荧光猝灭。引起荧光猝灭的物质称为猝灭剂（quencher），如卤素离子、重金属离子、氧分子以及硝基化合物、重氮化合物、羰基化合物等均为常见的猝灭剂。

荧光猝灭的形式主要有：

（1）碰撞猝灭　碰撞猝灭是荧光猝灭的主要形式，它是指处于单重激发态的荧光分子与猝灭剂碰撞后，使激发态分子以无辐射跃迁回到基态，因而产生猝灭作用。

（2）静态猝灭　静态猝灭是指荧光分子与猝灭剂生成不能产生荧光的物质。氧分子是最常见的猝灭剂，荧光分析时需要除去溶液中的氧。

（3）三重态的猝灭　荧光分子由激发单重态转入激发三重态后也不能发生荧光。

（4）自吸猝灭　浓度高时，荧光分子发生自吸收现象也是发生荧光猝灭的原因之一。荧光物质的荧光光谱与吸收光谱重叠时，荧光被溶液中处于基态的分子吸收，称为自吸收。

荧光猝灭一般有动态猝灭和静态猝灭，可以通过测定猝灭常数与温度的关系来区分。静态猝灭是由于猝灭剂与荧光基团结合生成不发荧光的物质，因而当温度升高的时候，体系系流程度增加，导致猝灭常数减小；而动态猝灭是由于猝灭剂与荧光基团发生碰撞导致荧光强度减小，因而当温度升高，进而体系系流增加，使碰撞加剧，导致猝灭常数增大。

荧光物质中引入荧光猝灭剂会使荧光分析产生测定误差，但是，如果一个荧光物质在加入某种猝灭剂后，荧光强度的减小和猝灭剂的浓度呈线性关系，则可以利用这一性质测定荧光猝灭剂的含量，这种方法称为荧光猝灭法（fluorescence quenching method）。例如，利用氧分子对硼酸根-二苯乙醇酮配合物的荧光猝灭，进行微量氧的测定。

第二节　荧光分光光度计和荧光分析新技术简介

一、荧光分光光度计

荧光分光光度计的主要部件与其他光谱分析仪器一样，主要由光源（激发光源）、单色器系统、样品池及检测器四部分组成。不同之处在于：荧光分光光度计需要两个独立的波长选择系统，一个为激发单色器，可对光源进行分光，选择激发波长，另一个用来选择发射波长，或扫描测定各发射波长下的荧光强度，可获得试样的荧光发射光谱；另外，检测器检测方向与激发光源方向呈直角。荧光分光光度计的基本结构如图 15-5 所示。

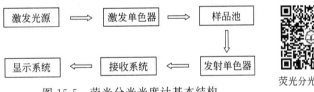

图 15-5　荧光分光光度计基本结构

1. 光源

光源的作用是提供激发光源，激发分子中的电子由基态跃迁到激发态。荧光分光光度计常用的光源是高压汞灯和氙弧灯。高压汞灯的平均寿命为 1500～3000h，常用其发射的 365nm、405nm、436nm 等谱线作为激发光，不是连续光谱，氙灯的寿命大约为 2000h，其发射光强度大，能在紫外、可见光区给出比较好的连续光谱，可用于 200～700nm 波长范围，在 200～700nm 波段内辐射强度几乎相等。但氙灯需要稳定电源以保证光源的稳定，现常用氙灯作为荧光分光光度计的光源。

2. 单色器

荧光分光光度计的单色器有两个，其作用分别是：第一单色器用于选择激发波长，位于光源和样品池之间；第二单色器用于选择荧光发射波长，位于样品池和检测器之间。大多数荧光分光光度计采用光栅作为单色器，它具有较高的灵敏度，较宽的波长范围，能扫描光谱，能给出激发光谱和荧光光谱。采用光栅作为单色器的荧光分光光度计既可用于定性分析，也可用于定量分析。

3. 样品池

荧光分光光度计中的样品池的作用是用来盛放样品溶液的器皿，其材质需用低荧光的玻璃或石英材料制成，常用的是 1cm 方形截面矩形样品池，与紫外-可见分光光度计的吸收池不同的是，荧光分光光度计中的样品池四个面都透光。在荧光分析法中，测定的荧光方向与激发光成直角，这样可在零背景下检测微小的荧光信号，这也是荧光分析法灵敏度高于紫外-可见分光光度法的原因之一。

4. 检测器

荧光分光光度计的检测器的作用是检测光信号，并将光信号转换成电信号，常采用光电倍增管（PMT），其输出信号经放大后输入记录仪中自动描绘光谱图。检测器一般放在样品池的一边，与激发光路呈直角放置，提高了测定的选择性，只让待测物质的特征荧光照射到检测器上进行信号转换，并经信号放大系统进行放大，由数据处理及显示。如果检测器直接对着光源，强烈的激发余光经发射单色器滤去样品池的发射光、溶剂的瑞利散射光、拉曼光以及溶液中杂质所产生的荧光等杂光会对样品的荧光检测产生干扰。

二、荧光分析新技术简介

荧光分析法历史悠久，远在 1575 年门那德（Monades）发现荧光现象以来，进展缓慢，1852 年斯托克斯（Stokes）阐明荧光的发射机理，1867 年人们建立了用铝-桑色素体系测定微量铝的荧光分析法，到 19 世纪末，已经发现包括荧光素、曙红、多环芳烃等 600 多种荧光化合物。1926 年格威拉（Gaviola）进行了荧光寿命的直接测定，1952 年武德（Wood）发现了共振荧光，荧光分析法才逐步发展到现代水平。进入 20 世纪 80 年代以来，由于激光、计算机、光导纤维传感技术和电子学新成就等科学新技术的引入，大大推动了荧光分析理论的进步，加速了各式各样新型荧光分析仪器的问世，使之不断朝着高效、痕量、微观和自动化的方向发展，建立逐步完善的荧光光谱分析技术。

近些年更多的荧光分析转向充分利用或开发仪器软件技术，以期提高发光分析的选择性和灵敏度。在分子二级散射光谱、共振荧光光谱、共振瑞利散射光谱、相调制技术、激光诱导荧光寿命测量以及稀土元素测定等方面取得了丰硕成果。利用导数光谱、多维光谱、偏振光谱、相分辨和时间分辨荧光技术等其中的一种或几种方法的结合并借以化学计量学手段，在提高分析选择性方面具有很大的优越性，在医药临床、环境检测、石油勘探等领域得到广泛应用。高灵敏检测器以及荧光成像技术对提高分析灵敏度、从有限样品中获取更丰富的化学信息显示出大的威力。电感耦合检测器件（CCD）、增强型电感耦合检测器件（ICCD）结合毛细管电泳及激光诱导荧光技术，使得分析检出限显著降低。国外单细胞或单分子检测的研究非常活跃，上述技术的联合应用对此是必不可少的。

荧光分析法因具有灵敏度高、线性范围宽等优点，愈来愈引起人们的重视，尤其是近年来激光、计算机、电子学等新技术的飞速发展，加速了荧光分光光度计与其它技术的结合而形成多种多样的新型荧光分析法。荧光分光光度计的联用技术与紫外-可见分光光度计的联用技术有许多相似之处，首先荧光分光光度计可以作为一种仪器的检测器，其次可以作为一个独立的主体与其它附件相连接，形成一种新的测试系统，最后荧光分光光度计还可以与其它分析仪器相结合构成一种新型的分析仪器，如荧光检测器与高效液相色谱仪联用、荧光检测器与离子色谱仪联用、荧光分光光度计与荧光显微镜联用、荧光检测器与毛细管电泳仪联用、荧光分光光度计与分子吸收技术相结合等，荧光检测器与其他仪器联用具有很好的应用前景。

第三节 分子荧光光谱法的定量方法

进行荧光分析必须满足两个必要条件：第一个必要条件是该物质的分子必须具有能吸收激发光的结构，通常是共轭双键结构；第二个条件是该分子必须具有一定程度的荧光效率，即荧光物质吸光后所发射的荧光量子数与吸收的激发光的量子数的比值。

一、荧光强度与物质浓度的关系

当一束强度为 I_0 的紫外线照射一盛有浓度为 c 的溶液、厚度为 l（cm）的样品液池时，可在液相的各个方向观察到荧光，其强度为 I_F，透射光强度为 I_t，吸收光强度 I_a。由于激发光的一部分能透过液池，因此，一般在激发光源垂直的方向测量荧光强度（I_F），见图 15-6。溶液的荧光强度和该溶液的吸光强度以及荧光物质的荧光效率有关。

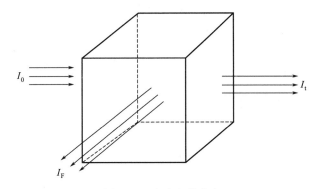

图 15-6　溶液中的荧光

I_0—激发光强度；I_t—透过光强度；

I_F—荧光强度

$$I_F = \Phi_F I_a \tag{15-2}$$

根据朗伯-比耳定律

$$I_a = I_0 - I_t$$
$$I_t / I_0 = 10^{-\varepsilon cl}$$
$$I_t = 10^{-\varepsilon cl} I_0$$
$$I_a = I_0 - 10^{-\varepsilon cl} I_0 = I_0 (1 - e^{-2.303\varepsilon cl}) \tag{15-3}$$

对于很稀的溶液，将上式展开后，再作近似处理后可得：

$$I_F = 2.303 \Phi_F I_0 \varepsilon cl \tag{15-4}$$

当荧光效率（Φ_F）、入射光强度（I_0）、物质的摩尔吸光系数（ε）、液层厚度（l）固定不变时，荧光强度（I_F）与溶液的浓度（c）成正比。可写成

$$I_F = Kc \tag{15-5}$$

式（15-5）即为荧光分析的定量基础。但这种关系只有在极稀的溶液中，当 $\varepsilon cl \leqslant 0.05$ 时才成立；对于 $\varepsilon cl > 0.05$ 较浓的溶液，由于荧光猝灭现象和自吸收等原因，使荧光强度与浓度不呈线性关系，荧光强度与浓度的关系向浓度轴偏离。

二、荧光定量分析方法

分子荧光定量分析时，一般以激发光谱最大峰值波长为激发光波长，以荧光发射光谱最

大峰值波长为发射波长,通过测定样品溶液的荧光强度求得待测物质的浓度。分子荧光分析常采用的定量分析方法有标准曲线法、比较法。

1. 标准曲线法

荧光分析一般采用标准曲线法。具体方法如下:用已知量的标准物质经过与试样相同的方法处理之后,配制一系列不同浓度的标准溶液,在仪器调零后再以浓度最大的标准溶液作为基准,调节荧光强度读数为 100(或某一较高值),然后测出标准溶液的相对荧光强度和空白溶液的相对荧光强度;扣除空白值后,以荧光强度为纵坐标,标准溶液浓度为横坐标,绘制校正曲线;然后将处理后的试样,配成一定浓度的溶液,在同一条件下测定其相对荧光强度,扣除空白值后,从校正曲线上求出试样溶液的浓度,从而求出试样中荧光物质的含量。

由于影响荧光分析灵敏度的因素较多,为了使一个实验在不同时间所测的数据前后一致,在测绘校正曲线时或者在每次测定试样前,常用一个稳定的荧光物质(其荧光峰与试样的荧光峰相近)的标准溶液作为基准进行校正。例如:在测定维生素 B_1 时,用硫酸奎宁作基准。

2. 标准对照法(比较法)

如果荧光分析的标准曲线通过原点,可选择在线性范围内,用标准对照法进行测定。具体方法如下:取已知量纯荧光物质,配成浓度在线性范围内的标准溶液,测定其荧光强度 $I_{F(s)}$,然后在同样条件下测定试样溶液的荧光强度 $I_{F(x)}$。分别扣除空白 $I_{F(0)}$,以标准溶液和试样溶液的荧光强度比,求出试样溶液的浓度,从而求出试样中荧光物质的含量。

$$\frac{I_{F(s)} - I_{F(0)}}{I_{F(x)} - I_{F(0)}} = \frac{c_s}{c_x} \tag{15-6}$$

$$c_x = c_s \frac{I_{F(x)} - I_{F(0)}}{I_{F(s)} - I_{F(0)}} \tag{15-7}$$

【例 15-1】用荧光分析法测定食品中维生素 B_2 的含量:称取 2.0000g 食品,用 10.00mL 氯仿萃取(萃取率 100%),取上层清液 2.00mL,再用氯仿稀释为 10.00mL。维生素 B_2 氯仿标准溶液浓度为 0.100μg/mL。测得空白溶液、标准溶液和样品溶液的荧光强度分别为:$I_{F(0)} = 1.5$,$I_{F(s)} = 69.5$,$I_{F(x)} = 61.5$,求该食品中维生素 B_2 的含量(μg/g)。

解:用公式(15-7):

$$c_x = c_s \frac{I_{F(x)} - I_{F(0)}}{I_{F(s)} - I_{F(0)}}$$

将 $I_{F(0)} = 1.5$,$I_{F(s)} = 69.5$,$I_{F(x)} = 61.5$,$c_s = 0.100\mu$g/mL 代入公式,

解得　　　　　　　　　　$c_x = 0.0880\mu$g/mL

则　　　　食品中维生素 B_2 的含量 $= \dfrac{0.0880 \times 10.00 \times \dfrac{10.00}{2.00}}{2.0000} = 2.2\mu$g/g

【例 15-2】1.0000g 谷物制品试样,用酸处理后分离出维生素 B_2 及少量无关杂质,加入少量 $KMnO_4$,将维生素 B_2 氧化,过量的 $KMnO_4$ 用 H_2O_2 除去,将此溶液移入 50.00mL 容量瓶,稀释至刻度。吸取上述溶液 25.00mL,放入样品池中,测定荧光强度(维生素 B_2 中常含有发生荧光的杂质叫光化黄)。事先将荧光计用硫酸奎宁调至刻度 100.0 处,测得氧化液的荧光强度为 6.0。加入少量连二亚硫酸钠($Na_2S_2O_4$),使氧化态维生素 B_2(无荧光)重新转化为维生素 B_2,这时荧光计荧光强度为 55.0。在另一样品池中重新加入 24.00mL 被

氧化的维生素 B_2 溶液，再加入 1.00mL 维生素 B_2 标准溶液 (0.5000μg/mL)，测得这一溶液的荧光强度为 92.0，计算试样中维生素 B_2 的含量（μg/g）。

解：25.00mL 氧化液的荧光强度为 6.0，相当于空白背景；测定液的荧光强度为 55.0，其中维生素 B_2 的荧光强度为 55.0－6.0＝49.0

24.00mL 氧化液＋1.00mL 维生素 B_2 标准溶液的荧光强度为 92.0，其中维生素 B_2 标准溶液 (0.5μg/mL) 的荧光强度为 92.0－6.0＝86.0

则 25.00mL 测定液中含维生素 B_2

$$0.5000 \times \frac{55.0-6.0}{92.0-6.0} = 0.2849 \ (\mu g)$$

故谷物中含维生素 B_2 $\dfrac{0.2849 \times \dfrac{50.00}{25.00}}{1.0000} = 0.5698 \ (\mu g/g)$

3. 多组分混合物的荧光分析

在荧光分析中，也可以像紫外-可见分光光度法一样，从混合物中不经分离就可测定被测物质的含量。

如果混合物中各组分荧光峰相距较远，且相互间无显著干扰，则可分别在不同波长处测量各个组分的荧光强度，从而直接求出各个组分的浓度。如：Al^{3+} 和 Ga^{3+} 的 8-羟基喹啉配合物的氯仿萃取液荧光峰均为 520nm，但激发峰不同，可分别在 365nm 及 435.8nm 激发，在 520nm 处测定互不干扰。若不同组分的荧光光谱互相重叠，则可利用荧光强度的加和性质，在适宜波长处测量混合物的荧光强度，再根据被测物质各自在适宜荧光波长处的最大荧光强度，列出联立方程式，求算它们各自的含量（可参见紫外-可见分光光度法多组分混合物的定量分析）。

三、应用与实例

分子荧光光谱法在医药卫生领域应用相当广泛，如食品、药物、生物材料等样品的分析等。

1. 有机化合物的荧光分析

绝大多数具有共轭不饱和取代基的芳香族化合物因有共轭体系容易吸收光能，还有中草药中的许多属于芳香性结构的大分子杂环类有效成分，都能产生荧光。因此，荧光分析法在有机物测定方面的应用很广，很多药品、临床样品、天然产物、农药、食品等都能用荧光分析法进行物质鉴别及含量的测定。

（1）核黄素含量的测定 核黄素（维生素 B_2）是一种异咯嗪衍生物，它在中性或弱碱性的水溶液中为黄色并且有很强的荧光。这种荧光在强酸和强碱中易被破坏。核黄素可被亚硫酸盐还原成无色的二氢化物，同时失去荧光，因而样品的荧光背景可以被测定。二氢化物在空气中易重新氧化，恢复其荧光，核黄素的激发光波长范围为 440～500nm（一般为 400nm），发射光波长范围为 510～550nm（一般为 520nm）。利用在稀溶液中核黄素荧光的强度与核黄素的浓度成正比，由还原前后的荧光差数可进行定量测定。根据核黄素的荧光特性亦可进行定性鉴别。

（2）邻羟基苯甲酸和间羟基苯甲酸含量的测定 在弱酸性水溶液中，邻羟基苯甲酸（水杨酸）生成分子内氢键，增加分子的刚性共平面结构，因而有较强的荧光，而间羟基苯甲酸无荧光；在 pH＝12 的碱性溶液中，二者在 310nm 附近的紫外线照射下均会发生荧光，且邻羟基苯甲酸的荧光强度与其在弱酸性时相同。因此，在 pH＝5.5 时可测定邻羟基苯甲酸的含量，间羟基苯甲酸不干扰；另取同量试样溶液调 pH 至 12，从测得的荧光强度中扣除邻羟基苯甲酸产生的荧光即可求出间羟基苯甲酸的含量。

2. 无机化合物的荧光分析

在紫外线照射下能直接发射荧光的无机物并不多，除铀盐等少数例外，一般不显荧光。所以对这些物质进行荧光分析时大部分采用间接测定法，用金属或非金属无机离子和有 π 电子共轭结构的有机化合物形成有荧光的配合物，这些配合物在紫外线照射下能发射出不同波长的荧光素，然后由荧光强度测定出该元素的含量。由于有机荧光试剂的品种繁多，用荧光分析可测定的元素有六十多种。

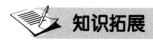 **知识拓展**　　　**激光荧光分析**

激发荧光法与一般荧光法的主要差别在于使用了单色性极好、强度更大的激光光源，大大提高了荧光分析法的灵敏度和选择性。激光具有光子通量大，峰值功率高；空间相干性好，可将光束精确定位于小范围内；时间相干性好，可得皮秒短脉冲，使检测系统将激发信号和发射信号分开；谱线窄且波长可调等特征，可聚焦成很小的光斑，使用不到 1μL 的试样便可进行荧光分析，这极有利于生物化学的研究工作。激发荧光法已成为分析超低浓度物质的灵敏而有效的方法。

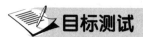 **目标测试**

1. 何为分子荧光光谱法？

2. 何为荧光？何为磷光？两者有何区别？

3. 何为荧光效率？具有何种分子结构的物质有较高的荧光效率？

4. 下列化合物中哪个荧光最强？

　　　A　　　　　　　　　　B　　　　　　　　　　　C

5. 何为荧光猝灭？动态猝灭和静态猝灭如何区分？

6. 写出荧光强度与荧光物质浓度之间的关系式，使用时要满足什么条件？

7. 浓度和温度等条件相同时，萘在 1-氯丙烷、1-溴丙烷、1-碘丙烷溶剂中，哪种情况下有最大的荧光？为什么？

8. 用荧光法测定某片剂中维生素 B_1 的含量时，取供试品 10 片（每片含维生素 B_1 应为 $34.8 \sim 46.4 \mu g$），研细后溶于盐酸溶液中，稀释至 1000mL，过滤，取滤液 5mL，稀释至 10mL，在激发波长 365nm 和发射波长 435nm 处测定荧光强度。如维生素 B_1 对照品的盐酸溶液（$0.2\mu g/mL$），在同样条件下测得荧光强度为 56，则合格的荧光读数应在什么范围内？

第十六章　液相色谱法

知识导图

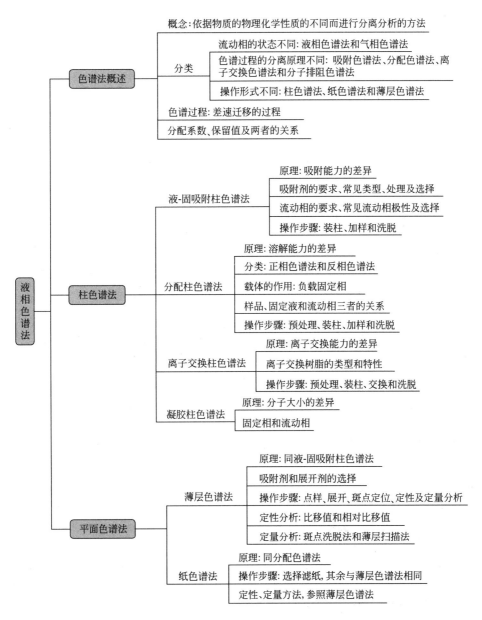

- **液相色谱法**
  - **色谱法概述**
    - 概念:依据物质的物理化学性质的不同而进行分离分析的方法
    - 分类
      - 流动相的状态不同:液相色谱法和气相色谱法
      - 色谱过程的分离原理不同:吸附色谱法、分配色谱法、离子交换色谱法和分子排阻色谱法
      - 操作形式不同:柱色谱法、纸色谱法和薄层色谱法
    - 色谱过程:差速迁移的过程
    - 分配系数、保留值及两者的关系
  - **柱色谱法**
    - 液-固吸附柱色谱法
      - 原理:吸附能力的差异
      - 吸附剂的要求、常见类型、处理及选择
      - 流动相的要求、常见流动相极性及选择
      - 操作步骤:装柱、加样和洗脱
    - 分配柱色谱法
      - 原理:溶解能力的差异
      - 分类:正相色谱法和反相色谱法
      - 载体的作用:负载固定相
      - 样品、固定液和流动相三者的关系
      - 操作步骤:预处理、装柱、加样和洗脱
    - 离子交换柱色谱法
      - 原理:离子交换能力的差异
      - 离子交换树脂的类型和特性
      - 操作步骤:预处理、装柱、交换和洗脱
    - 凝胶柱色谱法
      - 原理:分子大小的差异
      - 固定相和流动相
  - **平面色谱法**
    - 薄层色谱法
      - 原理:同液-固吸附柱色谱法
      - 吸附剂和展开剂的选择
      - 操作步骤:点样、展开、斑点定位、定性及定量分析
      - 定性分析:比移值和相对比移值
      - 定量分析:斑点洗脱法和薄层扫描法
    - 纸色谱法
      - 原理:同分配色谱法
      - 操作步骤:选择滤纸,其余与薄层色谱法相同
      - 定性、定量方法,参照薄层色谱法

色谱法（chromatography）又称层析法，是一种依据物质的物理化学性质的不同（如溶解性、极性、离子交换能力、分子大小等）而进行的分离分析方法。由于色谱法具有很强的分离能力，再加上现代的色谱检测器具有很高的灵敏度，色谱法已成为分离分析复杂混合物的最重要手段，广泛用于医药卫生、食品、环境、材料、化工、农业及生命科学等领域。本章在介绍色谱法基本概念和方法的基础上，重点介绍经典液相色谱法。

第一节　概　　述

一、色谱法的产生和发展

色谱法创办于 20 世纪初。1906 年，俄国植物学家茨维特（Tswett）首先发现液-固洗脱技术能分离植物色素中的各种有色成分。其方法是将植物色素的石油醚提取液倒入装有碳酸钙的玻璃管内，再用石油醚淋洗，发现在管柱上形成了不同颜色的色带。管内填充物称为固定相（stationary phase），淋洗液称为流动相（mobile phase），填充固定相的管柱称为色谱柱（column）。分段收集从管柱中洗脱出的各色带的洗脱液，便可分离得到石油醚提取液中的叶绿素、叶黄素、胡萝卜素等各种色素。现在，色谱法不仅可用于有色物质的分离，而且还大量用于无色物质的分离，但色谱这一名词仍沿用下来。

自从 Tswett 建立以吸附剂为固定相的吸附柱色谱以来，色谱法至今已有一个世纪的历史。在 20 世纪 30～40 年代相继出现了薄层色谱法与纸色谱法，这些方法以液体作为流动相，被称为经典的液相色谱法。50 年代 Martin 等人以气体作为流动相，建立了气相色谱法，并奠定了色谱法的理论基础，1952 年，Martin 因在色谱领域所作出的杰出贡献而获得诺贝尔化学奖。随后，又诞生了毛细管色谱分析法，60 年代气相色谱达到鼎盛期。进入 70 年代，高效液相色谱法问世，弥补了气相色谱法不能直接用于分析难挥发、对热不稳定及高分子试样等的弱点，扩大了色谱法的应用范围。同期还出现了薄层扫描仪，使色谱法的应用大为拓宽。80 年代初出现了超临界流体色谱法，80 年代末毛细管电泳法出现。当前，色谱法正朝着色谱-光谱（或质谱）联用，向多谱色谱和智能色谱方向发展。

二、色谱法的分类

色谱法有多种类型，通常可按以下三种依据加以分类。

1. **按流动相和固定相所处的状态不同分类**

（1）液相色谱法　流动相为液体的称为液相色谱法（liquid chromatography，LC），按固定相的状态不同，又分为液-固色谱法（LSC）与液-液色谱法（LLC）。

（2）气相色谱法　流动相为气体的称为气相色谱法（gas chromatography，GC），按固定相的状态不同，又分为气-固色谱法（GSC）与气-液色谱法（GLC）。

2. **按色谱过程的分离原理不同分类**

（1）吸附色谱法（adsorption chromatography，AC）　是指用吸附剂作固定相，利用吸附剂表面对不同组分吸附能力的差异来进行分离分析的方法。

（2）分配色谱法（distribution chromatography，DC）　是指用液体作固定相，利用不同组分在互不相溶的两相溶剂中的分配系数（或溶解度）的差异而进行分离分析的方法。

（3）离子交换色谱法（ion exchange chromatography，IEC）　是指用离子交换剂作固定相，利用离子交换剂对不同离子的交换能力的差异进行分离分析的方法。

（4）分子排阻色谱法（molecular exclusion chromatography，MEC）　又称凝胶色谱法或空间排阻色谱法。是指用凝胶作固定相，利用凝胶对分子大小不同组分分子有不同的阻滞差异而进行分离分析的方法。

另外，还有亲和色谱法（根据不同组分与固定相的高专属亲和力不同进行分离分析的方法）和生物色谱法（利用各种具有生物活性的材料，如酶、载体蛋白、细胞膜、活细胞等作固定相，利用固定相与各种生物活性物质的选择性而进行分离的色谱法）。

3. **按操作形式不同分类**

（1）柱色谱（column chromatography，CC）　将固定相装于柱管（如玻璃柱或不锈钢柱等）内，构成色谱柱分离混合物的分离分析法。

（2）纸色谱法（paper chromatography，PC）　用滤纸作为载体，以其上吸附的水为固定相，点样后，用流动相（又称展开剂）展开的分离分析方法。

（3）薄层色谱法（thin layer chromatography，TLC）　将固定相涂铺在平板（如玻璃板）上，形成薄层，点样后，用流动相展开的分离分析方法。

三、色谱法的基本原理

1. **色谱过程**

色谱法是一种分离技术，它是被分离物质分子在两相间分配平衡的过程。现以吸附色谱法分离顺式和反式偶氮苯为例来说明色谱过程。由于它们的性质相近，用沉淀、萃取等方法无法分离，而采用吸附色谱法可以将两者较好地分离。

首先在一根下端垫有玻璃棉的玻璃柱中装入吸附剂氧化铝（固定相），将反式和顺式偶氮苯混合物用少量石油醚溶解后加到氧化铝柱的顶端，如图 16-1 所示，两组分被吸附，然后用含 20% 乙醚的石油醚为流动相连续不断地冲洗色谱柱，样品在两相间不断进行吸附，解吸附，再吸附，再解吸附……，由于两组分的性质存在微小差异，因而吸附剂对它们的吸附能力略有不同。经一段时间后，两组分的微小差异逐渐变大，最后彼此分离，而先后流出色谱柱。

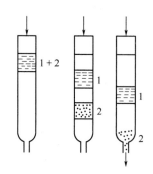 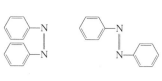

图 16-1　柱色谱分离顺反偶氮苯色谱过程示意图　　　　　顺式偶氮苯　　　反式偶氮苯

2. 分配系数

色谱过程实质是混合物中各组分在固定相和流动相间分配的过程。分配达到平衡时，各组分被分离的程度，用分配系数 K 来表示。

$$K = \frac{组分在固定相中的浓度(c_s)}{组分在流动相中的浓度(c_m)} \tag{16-1}$$

分配系数 K 是指在一定温度和压力下，某组分在两相间的分配达到平衡时浓度（或溶解度）的比值。分配系数与温度、压力、被分离组分、固定相和流动相有关。一般来说，分配系数在低浓度下是一个常数。

当色谱的原理不同时，分配系数的含义也不相同。在吸附色谱中，K 为吸附平衡常数；在分配色谱中，K 为分配平衡常数；在离子交换色谱中，K 为交换系数；在凝胶色谱中，K 为渗透系数。

3. 保留值

某组分从开始洗脱到从柱中被洗脱下来所需要的时间称为保留时间（retention time），通常用符号 t_R 表示。某组分从开始洗脱到从柱中洗脱下来所需要的流动相的体积称为保留体积（retention volume），通常用符号 V_R 表示。保留值是色谱法定性分析的基本参数。

4. 分配系数与保留值的关系

不同的物质有着不同的分配系数 K。K 值越大，该组分在固定相中的浓度越大，移动速度越慢，即保留时间越长，则后出柱；反之，K 值越小，该组分在流动相中的浓度越大，移动速度越快，即保留时间越短，则先出柱。K 值相差越大，各组分越易分离。

由色谱分离过程可知，色谱法是利用混合物中各组分在两相中吸附、分配、离子交换、分子大小等差异，产生差速迁移而进行分离的方法。

色谱法具有取样量少、高灵敏度、高效能、分析速度快及应用范围广等优点。

本章主要介绍柱色谱、薄层色谱和纸色谱。

第二节　柱色谱法

柱色谱是各种色谱法中最早建立起来的方法。按分离原理不同，可分为吸附柱色谱、分配柱色谱、离子交换柱色谱和凝胶柱色谱。

一、液-固吸附柱色谱法

1. 原理

液-固吸附柱色谱是以吸附剂为固定相，以液体为流动相，利用吸附剂对不同组分的吸附能力的差异进行分离的一种色谱法。

（1）吸附作用　固体吸附剂是一些多孔性微粒状物质，其表面有许多活性吸附中心。吸附剂之所以具有吸附作用，主要靠表面的吸附中心起作用。例如，硅胶就是利用其表面上的吸附中心即硅醇基起吸附作用的。

（2）吸附平衡　用吸附色谱分离试样时，试样中组分分子占据吸附中心，即被吸附，当流动相（洗脱剂）分子从吸附中心置换出被吸附的组分分子时，即为解吸。吸附过程就是样品中的溶质分子与流动相分子竞争性占据吸附剂表面活性中心的过程，即称为竞争吸附过程。在一定条件下，当这种竞争吸附达到平衡时，可用吸附平衡常数 K 表示。

$$K = \frac{\text{组分在固定相中的浓度}(c_s)}{\text{组分在流动相中的浓度}(c_m)} \tag{16-2}$$

吸附平衡常数 K 与吸附剂的活性（吸附能力）、组分的性质及流动相的性质有关。组分的 K 越大，保留时间越长，流出色谱柱就越慢。反之就越快。

2. 吸附剂

（1）对吸附剂的基本要求

①具有较大的表面积和足够的吸附能力。

②在所用的溶剂和洗脱剂中不溶解；不与试样各组分、溶剂和洗脱剂发生化学反应。

③颗粒较均匀，有一定的细度，在使用过程中不易破碎。

④具有较为可逆的吸附性，既能吸附试样组分，又易于解吸。

（2）常用的吸附剂　常用的吸附剂分为极性和非极性两大类。极性吸附剂有硅胶、氧化铝、氧化镁、硅酸镁及分子筛等。非极性吸附剂最常见的是活性炭。

①硅胶　色谱硅胶具有微酸性，适用于分离酸性或中性物质，如有机酸、萜类、甾体等。硅胶具有多孔性的硅氧交联 $\left(\begin{array}{c} | \\ -Si-O-Si- \\ | \end{array} \right)$ 结构，其骨架表面有许多硅醇基 $\left(\begin{array}{c} | \\ -Si-OH \\ | \end{array} \right)$。由于这些硅醇基能与极性化合物或不饱和化合物形成氢键，才使得硅胶具有吸附能力。硅胶的吸附能力比氧化铝稍弱，是最常见的吸附剂。硅胶表面能吸附大量的水，而使硅胶失去活性，吸附在硅胶表面的水称为"自由水"，加热到 100℃ 左右就能可逆地被除去。利用这一原理可以对吸附剂进行活化（去水）和脱活化（加水）处理。硅胶的活性与含水量有关，见表16-1所示。

表 16-1　硅胶、氧化铝的含水量与活性级别

硅胶含水量/%	活性级别	氧化铝含水量/%	硅胶含水量/%	活性级别	氧化铝含水量/%
0	I	0	25	IV	10
5	II	3	38	V	15
15	III	6			

由表 16-1 可知，含水量增加，活性级别增大，吸附性减弱。一般硅胶在 105～110℃ 加热活化后即可使用。当硅胶表面"自由水"的含量大于 17% 时，其吸附能力极弱，此时硅

胶上吸附大量的水，可以作为液-液分配色谱的固定相来看待。当硅胶加热到 500℃ 时，由于硅醇结构变为硅氧烷结构，其结构水不可逆地失去，而使硅胶的吸附能力显著下降。

$$\underset{\underset{\text{Si}}{|}}{\text{OH}}\underset{\underset{\text{Si}}{|}}{\text{OH}} \xrightarrow{-\text{H}_2\text{O}} \text{Si} \overset{\text{O}}{\underset{}{\diagdown\diagup}} \text{Si}$$

②氧化铝　是一种吸附能力较强的吸附剂。色谱用氧化铝根据制备方法不同可以分为碱性（pH9～10）、中性（pH≈7.5）和酸性（pH5～4）三种，其中中性氧化铝使用最多。酸性氧化铝适用于酸性色素、羧酸、氨基酸等酸性化合物和对酸稳定的中性化合物的分离。碱性氧化铝适用于生物碱、胺类等碱性化合物和对碱稳定的中性化合物的分离。中性氧化铝适用于烃、生物碱、萜类、甾族、苷类、酯、内酯、醛、酮、醌等化合物的分离。

氧化铝颗粒表面的吸附活性与含水量的关系见表 16-1。

③聚酰胺　聚酰胺是一类由酰胺聚合而成的高分子化合物，其分子中存在很多酚羟基，能与酚类、羧酸类、硝基化合物、醌类等形成氢键。由于聚酰胺与这些化合物形成氢键的能力不同，吸附能力也就不同，从而使这些化合物得到分离。

④活性炭　活性炭属于非极性吸附剂，有着较强的吸附能力，特别适用于水溶性物质的分离。目前用于色谱分离的活性炭可分为粉末状活性炭、颗粒状活性炭。

⑤大孔吸附树脂　大孔吸附树脂是一种不含交换基团具有大孔网状结构的高分子吸附剂，主要用于水溶性化合物的分离纯化，近年来多用于皂苷及其他苷类化合物的分离，对脂溶性化合物如果改变条件使其溶解在水中，依据吸附规律，灵活掌握分离条件，也可达到满意的效果。

除此之外，大孔吸附树脂也可间接用于水溶液的浓缩，从水溶液中吸附有效成分。大孔吸附树脂具有吸附容量大、选择性好、成本低、收率较高、再生容易等优点，所以越来越受到重视。

3. 流动相（洗脱剂）

（1）洗脱剂的基本要求

①对试样组分的溶解度要足够大。

②不与试样组分和吸附剂发生化学反应。

③黏度小，易流动。

④有足够的纯度。

（2）被分离物质的结构、极性与吸附力的关系　被分离物质的结构不同，其极性不同，在吸附剂表面的被吸附能力也不同。极性大的物质易被吸附剂较强地吸附，需要极性较大的流动相才能洗脱。

被测物质的极性取决于它的结构。一般规律如下。

①烷烃系非极性化合物，一般不被吸附或吸附得不牢固。其结构由官能团取代后，则物质极性发生变化。

②不饱和烃分子中双键越多或共轭双键链越长，其极性越强，被吸附力亦越强。

③基本母核相同的化合物，其分子中官能团的极性越大或极性官能团越多，则整个分子的极性越大，被吸附力越强。

④分子中取代基的空间排列对被吸附性也有影响：当形成分子内氢键时，被吸附力减弱。

⑤在同系物中，分子量越大，极性越小，被吸附力越弱。常见官能团的极性由小到大的顺序为：

烷烃＜烯烃＜醚类＜硝基化合物＜酯类＜酮类＜醛类＜硫醇＜胺类＜醇类＜酚类＜羧酸类

（3）流动相的极性　一般依据相似相溶的原则，即极性物质易溶于极性溶剂，非极性物质易溶于非极性溶剂。因此，当分离极性较大的物质时，易选用极性较大的溶剂做流动相；分离极性较小的物质时，则宜选用极性较小的溶剂作流动相。

常用流动相的极性递增次序是：

石油醚＜环己烷＜四氯化碳＜苯＜甲苯＜乙醚＜氯仿

氯仿＜乙酸乙酯＜正丁醇＜丙酮＜乙醇＜甲醇＜水＜醋酸

总之，在选择分离条件时必须从被分离物质、吸附剂和流动相三方面综合考虑。一般原则是：被分离组分的极性较小，应选用吸附活性较大的吸附剂和极性较小的洗脱剂；被分离组分的极性较大，应选用吸附活性较小的吸附剂和极性较大的洗脱剂。

4. 操作方法

液-固吸附色谱法的一般程序可分为装柱、加样和洗脱三大步骤。具体操作见实验内容。

5. 应用——秋水仙碱的测定

色谱柱：柱长 22cm，内径 2.0cm，以丙酮为溶剂湿法装入 3g 硅胶。再装入 3g 氧化铝。

总生物碱的提取：将秋水仙粉末用碱水湿润，使生物碱游离，再用三氯甲烷、二氯甲烷等有机溶剂提取，定量转入容量瓶中。

测定：准确量取 5.00mL 秋水仙碱的提取液，置蒸发皿中，在水浴上与 2g 氧化铝搅拌并蒸干，定量地将混合物加入色谱柱上端，用 200mL 丙酮洗脱，洗脱液蒸干后，残渣在 80℃烘干 30min 后，称重，计算百分含量。

二、分配柱色谱法

在色谱分离中，有些极性强的化合物，如有机酸或多元醇等能被吸附剂强烈吸附，很难洗脱，不适合使用吸附色谱法，采用液-液分配色谱法进行分离可获得良好的分离效果。

1. 原理

液-液分配色谱的流动相是液体，固定相也是液体。其分离原理是利用混合物中不同组分在两个互不相溶的溶剂中溶解性不同，当流动相携带样品流经固定相时，各组分在两相间不断进行溶解、萃取，再溶解、再萃取，即连续萃取，当样品在色谱柱内经过无数次分配之后，而使分配系数稍有差异的组分得到分离。分配系数 K 是指在低浓度和一定温度下，各组分以一定规律分溶于互不相溶的两相中，当达到平衡状态时，组分在固定相和流动相中的浓度比。

根据固定相和流动相的相对强弱，分配色谱又分为正相色谱和反相色谱两大类。其中流动相的极性比固定相的极性弱时，称为正相色谱，反之称为反相色谱。

2. 载体、固定相

载体又称担体，它是惰性物质，在分配色谱中仅起负载固定相的作用。因为固定液不能单独存在，需涂布在惰性物质的表面上。载体应不具吸附作用，且必须纯净，颗粒大小适宜。在分配色谱中常用的载体有吸水硅胶、多孔硅藻土及微孔聚乙烯小球。

正相分配色谱法中固定相为水以及各种水溶液（酸、碱以及缓冲溶液）或甲酰胺、低级醇等强极性溶剂；反相色谱法中固定相为石蜡油等非极性或弱极性溶剂。

3. 流动相（展开剂）

在分配色谱法中，流动相和固定相应互不相溶，否则，色谱平衡难以建立。选择流动相的一般方法是：根据色谱方法、组分性质和固定液的极性，首先选用对各组分溶解度大的单一溶剂作流动相，如分离效果不理想，再改变流动相的组成，即用混合溶剂作流动相，以改善分离效果。

正相色谱法中常用的流动相有：石油醚、醇类、酮类、卤代烃及苯或它们的混合物；反相色谱法中常用的流动相有水、烯醇等。

4. 操作方法

液-液分配柱色谱的操作方法与液-固吸附柱色谱基本相似，不同点在于分配色谱在装柱前必须：

①流动相事先用固定液饱和，否则在洗脱时，当流动相不断经过固定液时就把载体上的固定液逐步溶解，而使分离失败。

②固定液与载体充分混合，使载体将固定液固定在它的表面。

5. 应用

纤维素柱进行糖及其衍生物的制备分离。

（1）方法　将干纤维素粉直接干法装柱，或将纤维素粉悬浮于有机溶剂中湿法装柱，便获得填装均匀的色谱柱。

（2）分离单糖　可选用的溶剂系统有正丁醇的饱和水溶液（含少量氨）；正丁醇-乙醇（19：1）的水饱和溶液或苯酚-水系统。

（3）分离低聚糖　可用异丙醇-正丁醇：水（7：1：2）溶剂系统。

（4）分离甲基苷　可用正丁醇-水系统。

（5）分离甲基化糖　需用石油醚（沸点 $100\sim120℃$）和水饱和的正丁醇混合液梯度洗脱。洗脱起始时比例为 7：3，后为 7：50，最后为水饱和的正丁醇溶液。糖类要在纤维素柱上获得比较好的分离，则宜在较高温度下（60℃）进行。

三、离子交换柱色谱法

离子交换色谱法是以离子交换树脂作为固定相，以水、酸或碱作为流动相，由流动相携带被分离的离子型化合物在离子交换树脂上进行离子交换而达到分离和提纯的色谱分析法。

当被分离的离子随流动相经色谱柱时，便与离子交换树脂上可被交换的离子连续地进行竞争交换。由于不同的离子与交换树脂的竞争交换能力不同，因而在柱内的移动速度不同。交换能力强的离子在柱内移动速度慢，保留时间长，后出柱；交换能力弱的离子在柱内移动速度快，保留时间短，先出柱。

1. 离子交换树脂的分类

离子交换树脂是一类具有网状结构的高分子聚合物。性质一般很稳定，与酸、碱、某些有机溶剂和一般弱氧化物都不起作用，对热也比较稳定。离子交换树脂的种类较多，最常用的是聚苯乙烯型离子交换树脂，它以苯乙烯为单体，二乙烯苯为交联剂聚合而成的球形网状结构。在其网状结构的骨架上引入不同的可以被交换的活性基团。根据活性基团的不同，离子交换树脂可分为阳离子交换树脂和阴离子交换树脂两大类。

（1）阳离子交换树脂　如果在树脂骨架上引入的是酸性基团，如磺酸基（$-SO_3H$）、羧基（$-COOH$）和酚羟基（$-OH$）等。这些酸性基团上的 H^+ 可与溶液中的阳离子发生交换，故称为阳离子交换树脂，根据酸性基团酸性的强弱，可将阳离子交换树脂分为强酸性和弱酸性。阳离子交换反应为：

$$nRSO_3^- H^+ + M^{n+} \rightleftharpoons (RSO_3^-)_n M^{n+} + nH^+$$

反应式中，M^{n+} 为金属离子，当试样经过色谱柱时，试样中的阳离子便和氢离子发生交换，即阳离子被树脂吸附，氢离子进入溶液。由于交换反应是可逆的，因此，已经交换过的树脂可以用适当的酸溶液进行处理，反应逆向进行，树脂又恢复原状，这一过程称为再生或洗脱过程。再生后的树脂可重复使用。

（2）阴离子交换树脂　如果在离子交换树脂骨架上引入的是碱性基团，如季铵基 $[-N^+(CH_3)_3OH^-]$、伯氨基（$-NH_2 \cdot H_2O$）、仲氨基（$-NHCH_3 \cdot H_2O$）等，则这些碱性基团上的 OH^- 可以与溶液中的阴离子发生交换反应，故称为阴离子交换树脂，它也有强弱之分。阴离子交换反应为：

$$RN(CH_3)_3^+ OH^- + X^- \rightleftharpoons RN(CH_3)_3^+ X^- + OH^-$$

2. 离子交换树脂的特性

（1）交联度（degree of cross linking）　交联度是指离子交换树脂中加入的交联剂的量，以质量百分比来表示。交联度与树脂的网状结构上的网孔大小有关。若交联度大，形成的网状结构紧密，网孔就小，大分子不易进入树脂内部，离子交换速度就慢，选择性好，适用于分离分子量较小的离子型化合物；反之，若交联度小，则树脂的网孔就大，离子交换速度就快，选择性差，适用于分离分子量较大的离子型化合物。

（2）交换容量（exchange capacity）　交换容量是指每克干树脂真正参加交换的活性基团数，单位为 mmol/g 或 mmol/mL。交换容量反映了树脂交换反应的能力，它的大小可通过酸碱滴定法测定。

3. 离子交换柱色谱的操作方法

（1）树脂的预处理　商品树脂往往含有无机或有机杂质，使用前必须用酸、碱处理以除去杂质。处理方法为：先将树脂在水中浸泡使其充分膨胀。市售阳离子交换树脂为 Na 型，一般用盐酸浸泡以除去杂质，然后用水洗至中性，这样可使 Na 型转化为 H 型。阴离子交换树脂可用氢氧化钠溶液浸泡冲洗转变为 OH 型。

（2）装柱　取色谱柱一支，底部铺玻璃棉，然后加入蒸馏水，将处理好的树脂连水一起加入柱中，装好的柱要均匀无裂痕。为防止气泡产生，在树脂上面覆盖一层玻璃棉，树脂必须浸泡在液面以下，否则气泡会进入交换层，使一部分树脂起不到交换作用。

（3）交换与洗脱　将待分离混合液加到离子交换树脂上，其中含有待分离离子的总量不要超过树脂交换容量的 10%，以防止交换不完全，然后用洗脱剂将离子洗脱下来。

四、凝胶柱色谱法

凝胶色谱法又称分子排阻色谱法（MEC），其设备简单、操作方便、结果准确，主要用于分离提纯蛋白质及其他大分子物质。它是以化学惰性的多孔性凝胶填料为固定相，按分子大小顺序分离试样中各组分的液相色谱法。对于水溶性试样采用水溶液为流动相，称为凝胶过滤色谱法；对于非水溶液试样采用有机溶剂为流动相，称为凝胶渗透色谱法。

1. 分离原理

凝胶色谱法的分离原理与吸附色谱、分配色谱和离子交换色谱法完全不同，它只取决于凝胶颗粒的孔径大小与被分离组分分子的大小之间的关系。当试样组分进入色谱柱时，体积大于凝胶孔穴的试样组分分子不能渗透到孔穴中，因此不被固定相保留，较早地随流动相流出色谱柱；体积小于凝胶孔穴的试样组分分子可渗透到孔穴的不同深度，并被固定相不同程度地保留，其中体积较大的组分分子在色谱柱中保留时间较短，而体积较小的组分分子在色谱柱中保留时间较长，从而使试样组分分子按其大小先后从柱中流出，得以分离。

2. 固定相和流动相

凝胶色谱法固定相的种类很多，葡萄糖凝胶是最常用的固定相，商品名为 Sephadex，它由葡萄糖经稀盐酸降解后，用环氧丙烷交联制成。葡萄糖凝胶的交联度与其含水量和机械强度有关。凝胶的交联度越小，其网孔就越大，吸水膨胀的程度就越大，其机械强度就越小。通常将吸水量 $>7.5g/g$ 的凝胶归属为软质凝胶（软胶），如 Sephadex G100、G150、G200，软胶适用于水溶液体系，只能在较低的流速和柱压下使用，主要用于分离生物高分子，如酶、蛋白质、核酸和多糖类；吸水量 $<7.5g/g$ 的凝胶归属为刚性凝胶（硬胶），如 Sephadex G15、G25、G50 等，硬胶适用于有机溶剂系统，适于较高压力下使用，常用于大分子物质中除去小分子杂质。

凝胶色谱法的流动相必须能溶解试样，黏度低，与凝胶的浸润性好。常用的流动相有四氢呋喃、甲苯、二氯乙烷、三氯甲烷、苯、二甲基酰胺和水等。

第三节　平面色谱法

上一节介绍的液相色谱法，其固定相是填充在管柱中，固定相也可涂铺或结合在平面载体上，这类液相色谱称为平面色谱法（planar chromatography）。平面色谱法包括薄层色谱法和纸色谱法。

一、薄层色谱法

薄层色谱法是将固定相（如吸附剂）均匀地涂铺在表面光洁的玻璃、塑料或金属板上形成薄层，铺好固定相的板称为薄板，然后在薄板上进行样品分离的方法。

1. 基本原理

（1）分离原理　薄层色谱法按原理不同可分为吸附色谱、分配色谱、离子交换色谱和凝胶色谱等，故又称为敞开的柱色谱。但应用最多的还是吸附色谱。

其原理简述如下：将吸附剂涂铺在薄板上，风干、加热活化，然后将含有 A、B 两组分的试样点于离板一端 2～3cm 处，在密闭色谱缸中用流动相展开。由于两组分的极性不同，吸附剂对它们的吸附能力不同，展开剂对它们的解吸能力不同。当展开剂携带样品经过吸附剂时，两组分在吸附剂和展开剂之间不断吸附、解吸、再吸附、再解吸……，达到平衡时，由于两组分的 $K_A \neq K_B$，因此产生差速迁移，K 值大的组分随展开剂移动较慢；K 值小的组分随展开剂移动得快，过一段时间后，A、B 两组分的距离逐渐拉开，而被完全分离，即在薄板上形成两个斑点。

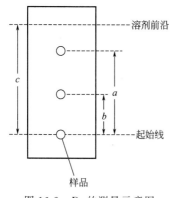

图 16-2　R_f 的测量示意图

（2）比移值和相对比移值

①比移值　样品展开后各组分斑点在薄板上的位置可用

比移值 R_f 来表示，如图 16-2 所示。

$$R_f = \frac{原点到斑点中心的距离}{原点到溶剂前沿的距离} \quad (16\text{-}3)$$

试样中 A、B 两组分移动的距离分别为 a 和 b，则其 R_f 值分别为：

$$R_{f(A)} = \frac{a}{c} \qquad R_{f(B)} = \frac{b}{c}$$

比移值是薄层色谱法的基本定性参数，当色谱条件一定时，组分的 R_f 是一个常数，其值在 0～1 之间，物质不同，结构和极性各不相同，其比移值 R_f 也不相同。因此，利用比移值可对物质进行定性鉴别。

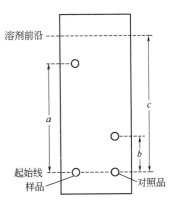

图 16-3 R_s 的测量示意图

②相对比移值 在色谱分析中，由于 R_f 的影响因素很多，很难得到重复的 R_f 值，如果采用相对比移值 R_s（见图 16-3）代替比移值 R_f，则可消除一些实验中的系统误差，使定性结果更可靠。相对比移值是指试样中某组分移动的距离与参照物（对照品）移动的距离的比值，其计算公式为：

$$R_s = \frac{原点到样品组分斑点中心的距离}{原点到对照品斑点中心的距离} \quad (16\text{-}4)$$

对照品可以加入，也可以用试样中的某一组分作为对照品。若 $R_s = 1$，表示试样与对照品一致。

2. 吸附剂的选择

吸附薄层色谱法所用的固定相与吸附柱色谱法所用的固定相基本相同，选择原则基本一致。但薄层色谱的固定相颗粒要求更细、更均匀，分离效果更好。常用的吸附剂有硅胶和氧化铝，颗粒在 200 目（颗粒直径在 10～40μm）左右。

3. 展开剂的选择

薄层色谱中展开剂的选择原则与柱色谱中洗脱剂的选择原则相似。分离极性强的组分，宜选用活性低的薄层板，极性大的展开剂。在薄层分离中一般各斑点的 R_f 在 0.2～0.8 之间，各组分 R_f 值之间应相差 0.05 以上，否则易造成斑点重叠。

在展开时，通常先根据试样组分的极性，用单一溶剂展开，分离的重现性好。但对于难分离物质，常采用多元混合展开剂来调整展开剂的极性，以获得满意的效果。如某物质用单一溶剂苯展开时，R_f 太小，此时可在展开剂中加入适量极性大的溶剂，按一定比例混合进行试验，直到获得满意的比移值（0.2～0.8 之间）为止。如果用单一溶剂苯展开时，比移值太大，则可在展开剂中加入适量极性小的溶剂，以降低展开剂的极性，使比移值符合要求。

薄层色谱法中常用的溶剂，按极性由弱到强的顺序是：

石油醚＜环己烷＜二硫化碳＜四氯化碳＜三氯乙烷＜苯＜甲苯＜二氯甲烷＜氯仿＜乙醚＜乙酸乙酯＜丙酮＜乙醇＜甲醇＜吡啶＜水

若要改变比移值时，除了改变展开剂的极性外，还可通过改变吸附剂的活性来调节。

4. 操作方法

薄层色谱法的一般操作程序可分为制板、点样、展开、斑点定位、定性及定量六个步骤。

5. 定性与定量分析

（1）定性分析　定性分析的依据是：在固定的色谱条件下，相同物质的比移值相同。薄板上斑点位置确定后，便可计算比移值，然后将比移值与文献记载的比移值相比较来鉴定各组分。但由于比移值的影响因素较多，如吸附剂的种类和活度、表面积、颗粒大小及水分多少，展开剂的极性、蒸汽的饱和程度，展开时的温度、展开方式、展开距离等都会给比移值带来影响。因此，要使测定条件与文献规定的完全一致比较困难。通常的方法是用对照法，进一步测定相对比移值，即相对比移值等于1，则可认定该组分与对照品为同一物质。

（2）定量分析

① 斑点洗脱法　试样斑点定位后，将试样斑点连同吸附剂定量取下（如硬板采用刀片刮下，软板用捕集器收集），如图 16-4 所示，再用适当的溶剂将待测组分定量洗脱，然后按照比色法或分光光度法测定其含量。

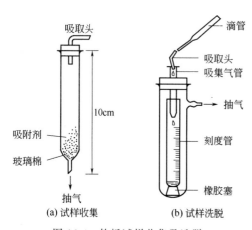

② 薄层扫描定量法　薄层扫描定量法（quantitation by TLC scanning）是应用专门的薄层扫描仪直接在薄层上测量斑点的颜色深浅和大小，从而进行定量分析的方法。薄层扫描是以一定波长和强度的光束照射薄层上的斑点，并用仪器测量照射前后光束强度的变化。由于光束强度的变化与薄层上的斑点深浅和大小有关，所以薄层扫描定量法能精确地求得物质的含量。此法测量的灵敏度和准确度都很高，但需要购置价格较昂贵的仪器。薄层扫描仪的类型和型号较多，目前应用较多、效果较好的是双波长双光束薄层扫描仪，它的原理和结构与双波长分光光度计相似。

图 16-4　软板试样收集及洗脱

6. 应用与示例

薄层色谱法的特点是：可以在一块薄层板上同时分离和测定一批试样和标准品，因此使用效率高；对于难分离的试样，可采用双向展开法进行分离，分离效果较好；另外，还具有样品用量少，分析速度快，所用设备和方法简单等优点。所以，应用非常广泛，在药物检验、法医检验、临床检验以及卫生检验等领域被列为一些物质的标准分析方法。

如：在卫生检验中，薄层色谱用于食品中营养成分及有害物质黄曲霉毒素、残留农药等分析测定；在药物检验领域，薄层色谱法用于《中国药典》中的二百多种药品的分析测定。如中药洋金花注射液中，起麻醉作用的有效成分是东莨菪碱，但不同批号效果不同，经薄层鉴定，发现只有一个斑点的效果好，若有两个斑点，说明还有莨菪碱存在，其副作用大，效果也弱。

二、纸色谱法

20 世纪 40 年代，纸色谱法就在生物化学和分析化学领域开始被普遍使用。由于纸色谱法设备简单、操作方便、需要样品的用量少，属于微量分析法，常用于初步的定性和半定量分析。

1. 基本原理

纸色谱法（paper chromatography，PC）是以滤纸作为载体的色谱法。其分离原理属于分配色谱，也是利用试样中各组分在两个互不相溶的溶剂间分配系数不同而达到分离的方法。

纸色谱的固定相一般是滤纸纤维上吸附的水，流动相为与水不相溶的有机溶剂。但在实际应用中也常选用与水相溶的溶剂作为流动相。因为纸纤维所吸附的水中约有6％能通过氢键与纤维上的羟基结合成复合物，所以这部分水与水相混溶的溶剂，如丙酮、乙醇、丙醇等仍能形成类似不相混溶的两相。除水之外，滤纸还能吸附其他物质作固定相，如甲酰胺、各种缓冲溶液等。

对于非极性物质，如芳香油，可采用反相纸色谱。反相纸色谱固定相的极性很小（如石蜡油、硅油），用水或极性溶剂作为流动相。

2. 操作步骤

（1）滤纸的选择　对滤纸的一般要求如下。

① 质地和厚薄必须均匀，边缘整齐，平整无折痕，无污渍。

② 纸纤维疏松度适当。过于疏松易使斑点扩散，过于紧密则流速较慢。

③ 有一定的强度，不易断裂。

④ 纯度高，不含填充剂，灰分在0.01％以下。否则金属离子杂质会与某些组分结合，影响分离效果。

⑤ 型号选择，结合分离对象、分离目的、展开剂的性质来考虑，一般若试样中各组分比移值差别较大或黏度大、展开速度慢时则采用中速或快速滤纸；若试样中各组分比移值相差较小或展开速度较快时，则宜采用中速或慢速滤纸。

（2）色谱滤纸的预处理　为了适应某些需要，可将滤纸进行预处理，使滤纸具有新的性能。如将滤纸浸入一定pH的缓冲溶液中处理，使滤纸保持恒定的酸碱度，用于分离酸性、碱性物质。用甲酰胺、二甲基甲酰胺等代替固定相，以增加物质在固定相中的溶解度，用于分离一些极性较小的物质，降低比移值，以改善分离效果。

（3）操作步骤　纸色谱法的操作步骤与薄层色谱法基本相似。

① 点样　取滤纸一张，在距纸一端2~3cm处画起始线，在线中心画一"×"，用内径0.5mm的毛细管点样，点样斑点直径不宜超过2~3mm，斑点之间的间距为2cm。若试样浓度太稀，可反复点样，每次点样后用红外灯或电吹风迅速干燥。

② 展开剂的选择　展开剂的选择原则与分配色谱法的选择原则相似，但一般根据分离的效果，选用混合溶剂。选择展开剂时应注意：展开剂不与被测组分发生化学反应；被测组分被该展开剂展开后，比移值应在0.05~0.85之间，比移值的差值要大于0.05；选用的展开剂易于获得边缘整齐的圆形斑点；尽可能不要高沸点的展开剂，便于滤纸干燥。在纸色谱中常用的展开剂有用水饱和的正丁醇、正戊醇、酚等。展开剂预先用水饱和，否则在展开时会将固定相中的水带走。

③ 展开方式　根据色谱纸的形状和大小，选用合适的密闭色谱缸。展开前先用展开剂蒸气饱和，然后将点好样的色谱滤纸一端浸入展开剂中进行展开。展开的方式有上行法、下行法、双向展开法、多次展开法和径向展开法等，其中上行展开法最常用，它是将展开剂借助滤纸的纤维毛细管效应向上扩展，此法适用于分离比移值相差较大的试样。

④ 显色　展开完毕后，取出滤纸，画前沿线，晾干后观察有无色斑，然后置于紫外灯下观察有无荧光斑点，并标出位置、大小，记录颜色和强度。若既无色斑又无荧光斑，则根据被分离物质的性质，选用合适的显色剂（见表16-2所示），但必须注意，选用的显色剂不能具有腐蚀性，以免腐蚀色谱纸。

表 16-2　几类化合物纸色谱的常用展开剂和显色剂

化合物类别	展开溶剂	显　色　剂
有机酸	正丁醇：醋酸：水＝4：1：5 正丁醇：乙醇：水＝4：1：5	溴甲酚绿（溶解 0.04g 溴甲酚绿于 100mL 乙醇中,加 0.01mol/L NaOH 直到刚出现蓝色为止）显黄色斑点
酚类	正丁醇：醋酸：水＝4：1：5 正丁醇：吡啶：水＝2：1：5	氯化铁（溶解 2g 氯化铁于 100mL 0.5mol/L 盐酸溶液中）显蓝色或绿色斑点
糖类	正丁醇：醋酸：水＝4：1：5 正丁醇：乙醇：水＝4：1：5	邻苯二甲酸苯胺（0.93g 苯胺、1.66g 邻苯二甲酸溶于 100mL 水饱和的正丁醇中）于 105℃加热,显红色或棕色斑点
氨基酸	正丁醇：醋酸：乙醇：水＝4：1：1：2 戊醇：吡啶：水＝35：35：30 水饱和的酚	茚三酮（0.3g 茚三酮溶于 100mL 醋酸中）于 80℃加热,呈红色斑点

⑤ 定性　纸色谱的定性分析可以参照薄层色谱中的方法。对有色物质,可以直接观察色斑的颜色、位置（比移值）,并与对照品比较。对于无色物质,可以显色后再鉴定。

⑥ 定量　纸色谱法定量测定,早期应用较多的是剪洗法,与薄层色谱的洗脱法相似。先将确定部位的色谱斑点剪下,经溶液浸泡、洗脱,再用比色法或分光光度法定量。但纸色谱法定量已较少使用。

3. 应用

纸色谱法被广泛用于混合物的分离、鉴定、微量杂质的检查等方面。如对药物尤其是对中草药成分的研究,卫生检验及毒物分析,生化检验中氨基酸、蛋白质、酶等的分离鉴别等都可以采用纸色谱。在分析水溶性成分如糖类、氨基酸类、无机离子等物质方面,其效果优于薄层色谱。

例如,几种氨基酸的纸色谱分离,详见实验手册。

 知识拓展　　镇痛药加合百服宁成分分析

加合百服宁是成人止痛药,本品适用于普通感冒或流行性感冒引起的发热、头痛及缓解轻中度偏头痛、牙痛、神经痛、肌肉痛、痛经及关节痛等,它的主要成分是对乙酰氨基酚和咖啡因。市售 600mg 加合百服宁含片中含有对乙酰氨基酚 500mg 和咖啡因 65mg,可采用薄层色谱法来分离和鉴定这两种组分。具体方法：取 1 片市售加合百服宁片研成粉末状,加 30mL 混合溶剂(无水乙醇：二氯甲烷＝1：2)萃取出两种组分,以乙酸乙酯作展开剂,在硅胶板上展开,通过紫外灯确定斑点,计算比移值 R_f,并将试样与标准品对照确定其成分。

目标测试

1. 名词解释

吸附色谱法；分配色谱法；离子交换色谱法；凝胶色谱法；分配系数；比移值；相对比移值；交联度；交换容量。

2. 色谱法的常见类型有哪些？

3. 吸附剂的活性跟什么有关？何为吸附剂的失活和活化？

4. 经典的色谱法有哪几种类型？分别两两比较有何异同点？

5. 简述薄层色谱法的原理、操作步骤及定性定量分析方法。

6. 什么是正相色谱法和反相色谱法？它们分别适宜分离何种极性的物质？

7. 纸色谱法如何选择色谱滤纸和展开剂？

8. 在同一薄层板上将某试样和标准品展开后，试样斑点中心距原点 9.8cm，标准品斑点中心距原点 8.2cm，溶剂前沿距原点 15.8cm，试计算试样及标准品的比移值和相对比移值。

9. 在氨基酸分析中，蛋白质样品水解成游离氨基酸再上样至离子交换柱。氨基酸采用梯度增加流动相的 pH 值来洗脱。

（1）描述离子交换色谱的原理。

（2）说出阳离子交换树脂和阴离子交换树脂的不同。

（3）解释为什么改变 pH 值使不同氨基酸在不同的时间从柱上洗脱。（营养专业）

10. 今有两种物质相似的组分 A 和 B 混合物的溶液，用纸色谱分离后，它们的比移值分别是 0.45 和 0.63，现欲使分离后两斑点中心间距离为 2cm，问滤纸条应选用多长？（检验、卫检专业）

11. 已知只含有 NaCl 和 KBr 的混合物的质量为 0.3000g，今通过阳离子交换树脂柱，收集流出液，用 0.1000mol/L NaOH 滴定液滴定，终点时消耗 40.88mL，问混合物试样中 NaCl 和 KBr 的百分含量各为多少？（药学、中药专业）

第十七章　气相色谱法

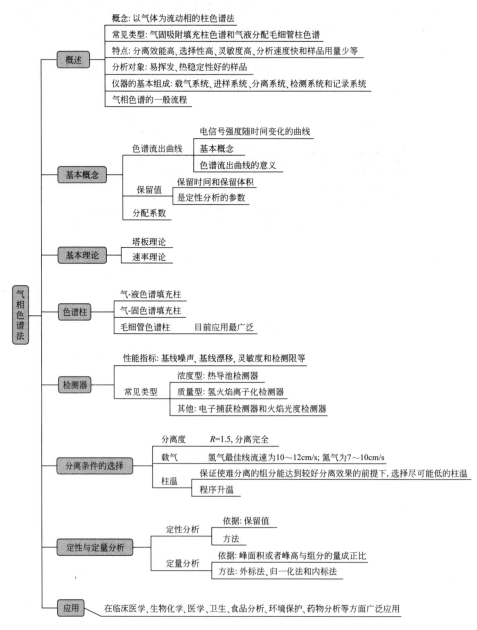

学习目标

1. 了解气相色谱法的分类、特点。
2. 熟悉气相色谱仪的结构及其工作流程。
3. 了解塔板理论和速率理论。
4. 掌握气相色谱法的定量分析依据、定量分析方法及其应用。
5. 熟悉常用固定液及选择依据。
6. 熟悉常用检测器的检测原理、特点及性能。
7. 了解气相色谱法分离条件的选择。

气相色谱法(gas chromatography，GC)是以气体为流动相的柱色谱法。它是 1952 年迅速发展起来的一种重要的分离、分析方法，目前已广泛用于石油化工、有机合成、医药卫生、生物化学、生命科学、食品分析、环境监测、天体气象研究等领域。在药物分析中，气相色谱已成为有关杂质检查、原料药和制剂的含量测定，以及中草药成分分析、药物的提纯、制备等方面不可缺少的分离分析手段。

第一节　概　　述

一、气相色谱法的分类及其特点

1. 分类

（1）根据固定相的状态分类　可分为气-固色谱法和气-液色谱法。

（2）根据分离原理分类　可分为吸附色谱法和分配色谱法。气-固色谱属于吸附色谱；气-液色谱属于分配色谱，是常用的气相色谱。

（3）根据柱内径粗细分类　可分为填充柱色谱法和毛细管柱色谱法。

2. 特点

（1）分离效能高　一般填充柱有几千块理论塔板，而毛细管柱理论塔板数达 $10^3 \sim 10^6$，因而可以分离沸点相近的组分和十分复杂的混合物。例如 60m 长的毛细管柱可将汽油中含 10 个碳以内的组分分离出 240 个色谱峰。

（2）选择性高　气相色谱法可以分离化学结构极为相近的化合物。例如多环芳烃的异构体、二甲苯的三种异构体等，用其他方法分离相当困难，但气相色谱法则比较容易。

（3）灵敏度高　检测限量可以达 10^{-13} g，这是因为用惰性气体作流动相，对被测组分的检出没有干扰，便于选择各种高灵敏度、高选择性的检测器。

（4）分析速度快　一次色谱分析短者几秒钟，长者几分钟到几十分钟完成。特别是目前气相色谱仪可由微处理机控制并配数字处理系统，速度就更快。

（5）样品用量少　由于气相色谱灵敏度高，需要的样品极少，一般进样几微升即能完成全分析。分离和检测能一次完成，这也是气相色谱的特点。其他的分析方法，如紫外、红外、质谱等均需纯品，对混合物则需分步进行分离和检测。

（6）应用范围广　在现有 300 万种有机物中，据统计，能用气相色谱法直接进行分析的有机物大约占 20%。

但是，气相色谱法的应用有其局限性。它适用于分析具有一定蒸气压且稳定性好的样品，对难挥发、易分解样品的分离则受到一定限制；另外它只能测定单一物质的量，不能测定某些同类物质的总量；在进行定性和定量分析时，需要被测物的标准品作为对照，而标准品往往不易获得，这给定性鉴定带来困难。

二、气相色谱仪的基本组成

国内外厂家生产的气相色谱仪型号很多，常见的有美国的安捷伦（Agilent）GC6890系列，日本的GC2010，北京的GC4000A等，尽管型号各异，性能各异，但基本结构大致相同，一般由载气系统、进样系统、分离系统、检测系统及记录系统共五个主要组成部分，见图17-1所示。

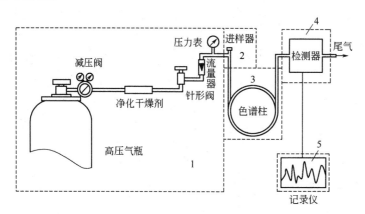

图 17-1　气相色谱仪示意图

1—载气系统；2—进样系统；3—分离系统；4—检测系统；5—记录系统

1. 载气系统

气相色谱仪的载气系统是一个载气连续运行的密闭管路系统，它包括气源（高压钢瓶供给）、气体净化、气体流速控制和测量装置。常用的载气和辅助气有氮气、氢气、氦气和氩气等，选择什么样的气体做载气，这与所用的检测器有关，用热导池做检测器时一般选用氢气或氦气做检测器，灵敏度高，热导率大，用氢火焰离子化检测器时，选用氮气做载气灵敏度高。

2. 进样系统

进样系统包括进样器、汽化室（将液体样品瞬间汽化为蒸气）和温控系统。样品进入汽化室瞬间汽化后被载气带入分离系统。气相色谱进样器的性能对色谱分离与测定有影响，必须满足如下要求：样品在一个小的空间挥发并瞬间进到柱子的起始点；进样时整个柱中的平衡状态不被扰动；多次进样时重复性好，进样量少，分离效能高。

3. 分离系统

分离系统包括色谱柱和柱室，它是气相色谱的心脏，各组分在其中进行分离。

4. 检测系统

检测系统包括检测器和温控装置。检测器将载气中的待分离组分的浓度或质量信号转变成易测的电信号，由记录器记录成色谱图，供定性、定量分析。

5. 记录系统

包括放大器、记录仪或数据处理装置。

三、气相色谱法的一般流程

在气相色谱中，载气经高压瓶供给，减压阀降压，进入净化器脱水及净化后，由针形阀调节载气的压力和流量。流量计和压力表用来表示载气的柱前流量和压力。然后，经过进样器，样品在进样器注入（如样品为液体，则经汽化室瞬间汽化为气体）。由载气携带样品进入色谱柱，将各组分分离，分离后的各组分依次进入检测器，检测器将各组分的浓度（或质量）的变化，经放大后，在记录器上记录下来。

第二节　气相色谱法的基本理论

气相色谱的基本理论，包括热力学理论和动力学理论。热力学理论使用相平衡观点来研究分离过程，以塔板理论为代表。动力学理论使用动力学观点研究动力学因素对柱效的影响，以速率理论为代表。在叙述这两个理论之前，先介绍有关基本概念。

一、基本概念

1. 色谱流出曲线

色谱流出曲线（elution curve）是经色谱柱分离后的样品组分通过检测器所产生的电信号强度随时间变化的曲线，又称色谱图。如图 17-2 所示。

（1）基线（baseline）　在操作条件下，仅有载气通过检测器系统时所产生的响应信号，是一条平行于横轴的直线，称为基线。基线反映检测系统的噪声随时间变化的情况。

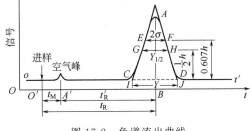

图 17-2　色谱流出曲线

（2）色谱峰（chromatographic peak）色谱流出曲线上突起的部分称为色谱峰。正常的色谱峰为对称型正态分布。不正常的色谱峰有拖尾峰和前延峰两种。

（3）峰高（peak height，h）　色谱峰的峰顶与基线的垂直距离称为峰高。

（4）峰面积（peak area，A）　色谱峰与基线所包围的面积称为峰面积。

（5）标准差（standard deviation，σ）　正态分布曲线上两拐点间距离之半，即 0.607 倍峰高处的峰宽之半。σ 越小，流出组分越集中，越有利于分离，效能越高。

（6）半峰宽（peak width at half-height，$W_{1/2}$）　峰高一半处的宽度。

$$W_{1/2}=2.355\sigma \tag{17-1}$$

（7）峰宽（peak width，W）　通过色谱峰两侧拐点作切线，在基线上的截距。

$$W=4\sigma \tag{17-2}$$

（8）色谱流出曲线的意义　气相色谱流出曲线可提供很多重要的定性和定量信息，如

① 根据色谱流出曲线上峰的个数，可给出该样品中至少含有的组分数；

② 根据组分峰在曲线上的位置（保留值），可以进行定性鉴定；

③ 根据组分峰的面积或峰高，可以进行定量分析；

④ 根据色谱峰的保留值和区域宽度，可对色谱柱的分离效能进行评价。

2. 保留值

保留值是表示样品中各组分在色谱柱中滞留时间的数值，它是定性分析的参数，一般用时间或体积表示。

（1）死时间（dead time，t_M 或 t_0）　不被固定相吸附或溶解的气体，从进样开始到柱后出现浓度最大值所需的时间。气相色谱中通常用空气或甲烷来测定死时间。

（2）保留时间（retention time，t_R）　被测组分从进样开始到某个组分的色谱峰顶点的时间间隔。

（3）调整保留时间（adjusted reten tiontime，t'_R）　它是指保留时间与死时间的差值。

$$t'_R = t_R - t_M \tag{17-3}$$

在实验条件（温度、固定相）一定时，调整保留时间只决定于组分的性质，是色谱定性的基本参数之一。

（4）死体积（dead volume，V_M 或 V_0）　由进样开始至检测器的流路中，未被固定相占有的空间。它是进样器至色谱柱间导管的容积、色谱柱中固定相颗粒间间隙、柱出口导管及检测器内腔容积的总和。

$$V_M = t_M F_c \tag{17-4}$$

式中，F_c 为载气的流速，mL/min。死体积大，色谱峰扩张（展宽），柱效降低。

（5）保留体积（retention volume，V_R）　从进样开始到某个组分的色谱峰峰顶的保留时间内通过色谱柱的载气体积。

$$V_R = t_R F_c \tag{17-5}$$

（6）调整保留体积（adjusted retention volume，V'_R）　由保留体积扣除死体积后的体积。

$$V'_R = V_R - V_M \tag{17-6}$$

调整保留体积与流速无关，它也是色谱定性的基本参数之一。

3. 分配系数

由第十六章可知，分配系数是指在一定温度和压力下，样品中组分在固定相与流动相两相间的分配达到平衡时的浓度比。而在色谱分析中，由于容量因子 k 值易于测定，一般用容量因子代替分配系数。

（1）容量因子（capacity factor，k）　容量因子是指在一定温度、压力下，组分在气液两相间达到平衡时，组分在固定相和流动相中的质量比，它与调整保留时间的关系为：

$$k = \frac{t'_R}{t_M} \tag{17-7}$$

上式表明容量因子是组分调整保留时间与死时间的倍数，k 值越大，调整保留时间越长。

（2）分配系数比（separation factor，α）　分配系数比又称分离因子，是指混合物中相邻两组分的分配系数、容量因子或调整保留时间之比。

$$\alpha = \frac{K_1}{K_2} = \frac{k_1}{k_2} = \frac{t'_{R_1}}{t'_{R_2}} \qquad (17-8)$$

式中，K_1、K_2、k_1、k_2、t'_{R_1}、t'_{R_2} 分别代表组分 1 与组分 2 的分配系数、容量因子、调整保留时间。

混合物中两组分要能分开，它们的保留时间必须不等，因此，容量因子或分配系数不等是混合物样品能进行分离的先决条件。样品的分离过程如图 17-3 所示。

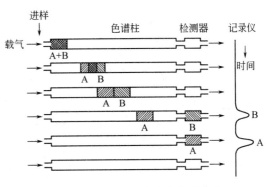

图 17-3　试样中各组分在色谱柱中分离过程示意图

二、基本理论

1. 塔板理论

塔板理论（plate theory）是 1941 年由马丁（Martin）和辛格（Synge）提出的，该理论是把色谱柱比作一个分馏塔，从而把色谱分离过程比作分馏过程。该理论假设色谱柱内有很多层分隔的塔板，在每一层塔板上，组分可达到一次分配平衡。因被分离组分的分配系数不同，经多次分配平衡后，分配系数小的组分（挥发性大的组分）先到达塔顶，即先流出色谱柱。只要色谱柱的塔板足够多，组分的 K 值仅有微小的差别，也可得到较好的分离。

（1）基本假设

① 在色谱柱中的每一小段（塔板）内，组分在气相和液相间进行分配时迅速达到平衡，这一小段柱称为理论塔板，其长度称为理论塔板高度，以 H 表示。

② 流动相（载气）不是连续流过色谱柱，而是脉冲式，每次通过一个塔板体积。

③ 分离开始时样品加在零块塔板上，且样品沿纵向扩散忽略不计。

④ 样品中某组分的分配系数在所有塔板上均为常数，与该组分在某一塔板上的量无关。

（2）理论塔板数（number of theoretical plates，n）和板高（plate height，H）　理论塔板数和板高是衡量柱效的指标，由塔板理论可以导出塔板数和峰宽的关系：

$$n = \left(\frac{t_R}{\sigma}\right)^2 = 5.54\left(\frac{t_R}{W_{1/2}}\right)^2 \qquad (17-9)$$

注意：用上式计算 n 时，保留时间 t_R 与标准差 σ 和半峰宽 $W_{1/2}$ 需用相同单位；此公式计算的是一根色谱柱的塔板数；用不同组分计算同一根色谱柱的塔板数会有差别。

理论塔板高度（H）可由柱长（L）和理论塔板数 n 计算：

$$H = \frac{L}{n} \qquad (17-10)$$

【**例 17-1**】　在 2m，5% 的阿皮松柱，柱温为 100℃，记录纸速为 2.0cm/min 的实验条件下，测得苯的保留时间为 1.5min，半峰宽为 0.20cm，求理论塔板数和理论塔板高度。

解：

$$n = 5.54 \left(\frac{t_R}{W_{1/2}} \right)^2 = 5.54 \times \left(\frac{1.50}{0.20/2.0} \right)^2 = 1.2 \times 10^3$$

$$H = \frac{2000}{1.2 \times 10^3} = 1.7 \text{（mm）}$$

由于保留时间 t_R 包括死时间 t_M，而死时间并不参与柱内分配，所以为了真实反映色谱柱的分离效能，通常用扣除死时间后的调整保留时间 t_R'，并用相应的有效塔板数 n'（effective plate numbers，n_{eff}）或有效塔板高度 H'（effective plate height，H_{eff}）作为柱效能指标。

塔板理论成功地解释了色谱流出曲线的形状、浓度极大点的位置以及柱效的评价。但它的某些假设与实际色谱仪过程不符，只能定性地给出塔板数和塔板高度的概念，不能解释柱效与载气流速的关系，不能说明影响柱效的因素。

2. 速率理论

塔板理论主要说明使色谱峰扩张而降低柱效的因素。1956 年荷兰学者范第姆特（van Deemter）等人提出了影响塔板高度的动力学因素，即速率理论（rate theory），并提出了塔板高度 H 与各种影响因素的关系式——速率方程式，又称范第姆特方程式，即

$$H = A + \frac{B}{u} + Cu \tag{17-11}$$

式中，u 为载气线速度，cm/s；$u \approx \frac{L}{t_M}$；A、B、C 为常数，其中 A 为涡流扩散项，B 为纵向扩散系数，C 为传质阻力系数。

由式（17-11）可见，在 u 一定时，只有 A、B、C 较小时，H 才能较小，峰较锐，柱效才能较高，反之则柱效较低，色谱峰将扩张。下面分别讨论各项的意义。

（1）涡流扩散项 A

$$A = 2\lambda d_p \tag{17-12}$$

式中，λ 为填充不规则因子，填充越不规则，λ 越大。d_p 为填料（固定相）颗粒直径。

组分在色谱柱中遇到填充物颗粒时，会改变原有的流动方向，从而使它们在气相中形成

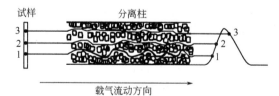

图 17-4　涡流扩散对峰扩展的影响
1—被分离的组分移动慢；2—被分离的组分移动较快；3—被分离的组分移动快

紊乱的涡流状的流动，如图 17-4 所示。涡流扩散是因组分所经过的路径长短不同而引起色谱峰形的扩散。扩散的程度取决于填充物的平均颗粒直径 d_p 和固定相的填充不均匀因子 λ。A 与载气性质、线速度和组分无关。对于空心毛细管柱，A 项为零。

（2）分子扩散项 $\frac{B}{u}$　由于样品组分被载气带入色谱柱后，是以"塞子"的形式进入色谱柱后，随载气在柱中前行时，由于存在浓度梯度，使组分分子产生纵向扩散，即沿着色谱柱的轴项扩散，使色谱柱扩张，塔板高度增大，分离变差，称为分子扩散（molecular diffusion）。

常数 B 称为纵向扩散系数或分子扩散系数。

$$B = 2\gamma D_g \tag{17-13}$$

式中，γ 是反映扩散路径弯曲程度的因素（弯曲因子）；D_g 为组分在载气中的扩散系

数。D_g 与载气分子的平方根成反比，还随柱温的升高而增大，随柱压增大而减小。

分子扩散项与载气的线流速成反比，组分在柱内时间越长，分子扩散越严重。为了缩短组分分子在载气中停留的时间，可采用较高的载气流速，选择分子量大的重载气（如氮气），可降低 D_g，增加柱效。

（3）传质阻力项 Cu　在气相填充柱中，样品中的组分在气-液两相中溶解、扩散、分配的过程称为传质阻抗。影响这个过程进行的阻力称为传质阻力（resistance to mass transfer），传质阻力项包括气相传质阻力 C_g 和液相传质阻力 C_l 两部分。

即
$$Cu = (C_g + C_l)u \tag{17-14}$$

式中，C_g 是指组分从流动相移动到固定相表面及从固定相表面回到流动相时所受的阻力。C_l 是指组分从固定相的气液界面移动到固定相内部，又返回到气液界面时所受到的阻力。因传质过程需要一定的时间，而流动相中的部分组分分子不受传质阻力的影响随着载气流出色谱柱，从而引起峰形扩散。一般传质阻力越大，传质过程进行得越慢，峰形扩散越严重。

由于 C_g 较小，一般 $C \approx C_l$

$$C_l = \frac{2k}{3(1+k)^2} \times \frac{d_f^2}{D_l} \tag{17-15}$$

式中，d_f 为固定液液膜厚度；k 为容量因子；D_l 为组分在固定液中的扩散系数。

由以上讨论可以看出，速率理论不仅指出了影响柱效能的因素，而且也为选择最佳色谱分离操作条件提供了理论指导。它还可以说明填充均匀程度、载气粒度、载气流速、柱温、固定液液膜厚度等柱效的影响。

第三节　色　谱　柱

色谱柱是气相色谱系统的核心，由固定相与柱管组成。按柱的粗细可分为一般填充柱和毛细管柱两类，一般填充柱的柱管多用内径 2~6mm 的不锈钢或硬质玻璃制成，呈螺旋管状，管内填充液态固定相（气-液色谱法）或吸附剂（气-固色谱法），常用柱长 2~4m；毛细管柱常用内径为 0.1~0.5mm 的玻璃或石英毛细管，柱长几十米至几百米，按填充方式又分为开管毛细管和填充毛细管。

按分离原理又分为分配柱和吸附柱，区别主要在于固定相。固定相的选择是色谱分析的关键。

一、气-液色谱填充柱

气-液色谱填充柱的固定相是涂渍在载体上的固定液，下面分别介绍固定液和载体。

1. 固定液

（1）对固定液的要求　固定液一般是一些高沸点的液体，在操作温度下为液体，室温下为液体或固体。其要求如下。

① 在操作温度下呈液态且蒸气压低，蒸气压低的固定液流失慢、柱寿命长、检测信号本底低。

② 固定液对样品中各组分有足够的溶解能力，分配系数较大。

③ 选择性高，两个沸点或性质相近的组分的分配系数比不等于1。

④ 稳定性好，固定液与样品组分或载体不发生化学反应，高温下不分解。

⑤ 黏度小，凝固点低。

（2）固定液的分类　有数千种，合理分类有利于选择。常用的分类方法有化学分类和极性分类。

① 化学分类法　是以固定液的化学结构为依据，即具有相同官能团的固定液编为一组，按官能团名称不同分类，如烃类、硅氧烷类、醇类、酯类等，此类方法的优点便于依据"相似相溶"的原则进行选择固定液。

② 极性分类法　是按固定液的相对极性进行分类，这种方法在气相色谱中应用最广。此方法是 1959 年由罗胥耐德（Rohrschneider）首先提出的。该法规定，极性 β,β'-氧二丙腈的相对极性为 100，非极性的角鲨烷的相对极性为 0，其余固定相的相对极性在 0～100 之间，把 0～100 分为五级，每 20 为一级，用"＋"表示。0 或 ＋1 为非极性固定液，＋2、＋3 为中等极性的固定液，＋4，＋5 为极性固定液。

③ 按相对极性对常用的气相色谱固定液分类，如表 17-1 所示。

表 17-1　常用固定液的相对极性

固 定 液	相对极性	极性级别	最高使用温度/℃	应用范围
角鲨烷（SQ）	0	＋1	140	标准非极性固定液
阿皮松（APL）	7～8	＋1	300	各类高沸点化合物
甲基硅橡胶（SE-30、OV-1）	13	＋1	350	非极性化合物
邻苯二甲酸二壬酯（DNP）	25	＋2	100	中等极性化合物
三氟丙基甲基聚硅氧烷（QF-1）	28	＋2	300	中等极性化合物
甲苯基甲基聚硅氧烷（OV-17）		＋2	350	中等极性化合物
氰基硅橡胶（XE-60）	52	＋3	275	中等极性化合物
聚乙二醇（PEG-20M）	68	＋3	250	氢键型化合物
己二酸二乙二醇聚酯（DEGA）	72	＋4	200	极性化合物
β,β'-氧二丙腈（ODPN）	100	＋5	100	标准极性固定液

（3）固定液的选择　固定液是利用"相似相溶"原理来选择，由于被测组分与固定液具有某些相似性，如官能团、化学键、极性等，则相互间存在较强的作用力，被测组分在固定液中的溶解度也较大，分离效果较好。具体选择固定液的原则如下。

① 非极性组分间的分离，一般选用非极性固定液。样品中各组分按沸点由低至高的顺序依次流出色谱柱。

② 极性组分间的分离，一般选用极性固定液。样品中各组分按极性顺序被分离，极性小的先流出色谱柱，极性大的后流出色谱柱。

③ 非极性和极性组分混合物的分离，一般选用极性固定液。此时，非极性组分先出峰，极性组分后出峰。

④ 对于能形成氢键的组分（如醇、酚、胺和水等）的分离，一般选择极性或氢键型的固定液。样品中各组分根据与固定液形成氢键的能力不同，先后流出色谱柱。不易形成氢键的组分先流出，易形成氢键的组分后流出。

⑤ 对于复杂混合物的分离，常采用特殊的固定液或混合固定液。出峰的顺序由具体样品而定。

在实际工作中，固定液的选择往往根据实践经验或参考文献资料，并通过实验最后确定。

2. 载体

载体是一种化学惰性的多孔性固体颗粒。它的作用是提供一个大的惰性表面，使固定液以液膜状态均匀地分布在其表面上。

（1）对载体的要求

① 比表面积大，空穴结构好。

② 表面没有吸附能力（或很弱）。

③ 不与样品或固定液发生化学反应，且热稳定性好。

④ 粒度均匀，有一定的机械强度。

（2）载体的分类　气相色谱所用的载体有硅藻土和非硅藻土两类，常用的是硅藻土类载体。如 6201 红色载体、101 白色载体等均属硅藻土类载体。

（3）载体的钝化　钝化是除去或减弱载体表面的吸附性能。钝化的方法有酸洗、碱洗、硅烷化及釉化等。酸洗能除去载体表面的铁、铝等金属氧化物，酸洗载体用于分析酸类和酯类化合物。碱洗能除去载体表面的三氧化铝等酸性作用点，碱洗载体用于分析胺类等碱性化合物。硅烷化是将载体与硅烷化试剂反应，除去载体表面的硅醇基，消除形成氢键的能力，硅烷化载体主要用于分析具有形成氢键能力的化合物，如醇、酸、胺类等。

3. 气-液填充柱的制备

（1）固定液的涂渍　根据样品的性质选定固定相和载体后，按照固定液与载体的配比（以完全覆盖载体表面为下限，一般为 3%～20%），准确称取一定比例的固定液溶解于适量的溶剂中（溶剂刚好没过载体即可），待完全溶解后，加称好的载体以旋转的方式慢慢加入，仔细并迅速搅拌，待溶剂完全挥发后，则涂渍完毕。

（2）色谱柱的填充　通常采用真空泵抽气填充法。将色谱柱的尾端（连接检测器的一端）塞上玻璃棉，接真空泵，柱的另一端（接汽化室的一端）接一小漏斗，慢慢倒入涂有固定液的载体，边抽边轻敲柱管，直至装满为止。填充的基本要求是：将固定相填充均匀、紧密，减少空隙和死时间；另外，填充时不要敲打过猛，以免造成载体粉碎，降低柱效。

（3）色谱柱的老化　填充后的色谱柱需进行加热老化，目的是除去残留溶剂及固定液的低沸程馏分和易挥发的杂质，并将固定液更均匀地分布于载体或管壁上。色谱柱老化的方法是：将柱入口与进样室相连，出口不接检测器（以免老化时排出的残余溶剂及杂质污染检测器），接通载气，在低于固定液最高使用温度的条件下加热 4～8h，将出口与检测器连接，继续接通载气，至基线平直为止。

二、气-固色谱填充柱

气-固色谱法一般用表面具有一定空隙的吸附剂作为固定相，主要用于惰性气体、氢气、氧气、氮气、一氧化碳、二氧化碳和甲烷等低沸点有机物的分析。

常用的吸附剂有非极性活性炭、极性氧化铝、强极性硅胶等。由于吸附剂种类不多，加上各批生产的吸附剂性能不易重现，且进样量稍多时色谱峰不对称，有拖尾现象等，所以气-固色谱的应用受到很大的限制。近年来，通过吸附剂表面的改性及一些新型表面吸附剂（如高分子微球、分子筛、石墨化炭黑等）的问世，使气-固色谱法的应用稍有扩大。

三、毛细管色谱柱

填充色谱柱由于柱内填充了填料，载气通过色谱柱时的途径是弯曲与多径的，从而引起涡流扩散，使柱效降低。同时，填充柱的传质阻力大，也会使柱效降低。1957 年，戈雷（Golay）发明了毛细管柱，根据制备方式的不同，毛细管柱分为开管型和填充型。开管型毛细管主要有两种：一种是涂壁毛细管柱（WCOT），即将固定液直接涂在毛细管内壁上；另一种是载体涂层毛细管柱（SCOT），即先在毛细管内壁粘上一层载体，然后将固定液涂在载体上。填充型毛细管已很少使用，这里不再讨论。由于载体涂层毛细管柱具有固定液流失少、柱寿命长等优点，目前应用最广泛，与一般填充柱相比具有以下特点。

（1）柱渗透性好　毛细管柱通常是开口柱或空心柱。由于空心，对载气的阻力很小，故可用高速载气流进行快速分析。

（2）柱效高　一根毛细管的理论塔板数最高可达 10^6，最低也可达几万，而填充柱仅为几千，柱效高的原因是：无涡流扩散项，传质阻力小，柱长（30～100m）。适于异构体和复杂混合物的分析。

（3）柱容量小　由于固定液只有几十毫克，因此进样量小。

（4）定量重复性差　由于进样量很小，很难实现定量重现。因此，毛细管柱多用于分离与定性，较少用于定量。

（5）易实现气相色谱-质谱联用。

第四节　检　测　器

检测器是将经色谱柱分离后的各组分的浓度（或质量）的变化转换为电信号（电压或电流）的装置。它是检知和测定样品的组成及各组分含量的部件，是气相色谱的主要组成部分。气相色谱仪的检测器目前已有 30 多种，根据检测器原理的不同，可分为两大类：浓度型检测器（concentration sensitive detector）和质量型检测器（mass flow rate sensitive detector）。浓度型检测器的电信号大小与组分的浓度成正比，如热导池检测器和电子捕获检测器等。质量型检测器的电信号大小与单位时间内进入检测器的某组分的质量成正比，如氢火焰离子化检测器和火焰光度检测器等。

一、检测器的性能指标

气相色谱对检测器性能的要求主要有四个方面：灵敏度高、稳定性好，噪声低、线性范围宽，死体积小。

1. 基线噪声（baseline noise, N）和基线漂移（baseline drift, M）

在没有样品通过检测器时，由检测器本身及操作条件的波动引起的基线起伏称为基线噪声或噪声。基线随时间朝某一方向的偏离称为基线漂移或漂移。通常噪声用噪声带（峰-峰值）的宽度来衡量，其单位用 mV 或 mA 表示；漂移单位小时用基线水平偏离来表示，其单位为 mV/h 或 mA/h。如图 17-5 所示。

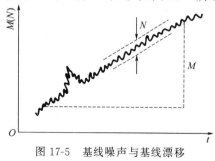

图 17-5　基线噪声与基线漂移

2. 灵敏度

灵敏度（sensitivity，S）又称响应值，它是指单位物质的含量（质量或浓度）通过检测器时所产生的信号变化率，是用来评价检测器质量或比较不同型号检测器的重要指标。灵敏度表示方法有两种。

（1）浓度型检测器的灵敏度 S_c　1mL 载气携带 1mg 的某组分通过检测器所产生的电信号大小，

其单位为 mV·mL/mg。

（2）质量型检测器的灵敏度 S_m　每秒有 1g 某组分通过检测器时所产生的电信号大小，其单位为 mV·s/g。

3. 检测限

检测限（detection limit）又称敏感度，其定义为：某组分的峰高为噪声的二倍时，单位时间内引入检测器中该组分的质量或单位体积载气中所含该组分的量。计算公式为：

浓度型检测器：$$D_c = \frac{2N}{S_c}$$　（单位为 mg/mL）

质量型检测器：$$D_m = \frac{2N}{S_m}$$　（单位为 g/s）

检测限越小，检测器越敏感。

二、常用检测器

1. 热导池检测器

热导池检测器（thermal conductivity detector，TCD）是利用被测组分与载气的热导率不同来检测组分的浓度变化，其特点：结构简单、灵敏度适宜、稳定性好、线性范围广；样品不被破坏；易与其他仪器联用。几乎所有物质都有响应，因此是应用最广、最成熟的检测器之一。

（1）热导池检测器结构　热导池由池体和热丝（热敏元件）两部分构成。池体由铜或不锈钢制成，热丝用钨丝或铼钨丝制成，它们的电阻随温度的升高而增高，将两个材质、电阻相同的热敏元件装入一个双腔池体中构成双臂热导池。如图 17-6 所示，一臂连接在色谱柱前只通载气，称为参考臂；另一臂连接在色谱柱后，称为测量臂。两臂的电阻分别为 R_1 与 R_2。将 R_1、R_2 与两个阻值相等的固定电阻 R_3、R_4 组成桥式电路，如图 17-7 所示。

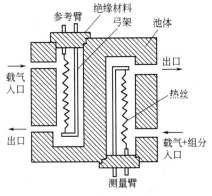

图 17-6　双臂热导池结构示意图

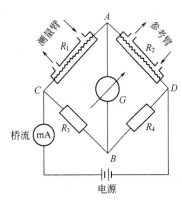

图 17-7　热导池检测原理

（2）热导池检测器的作用原理　热导池检测器是基于不同的气体具有不同的热导率而进行检测的。当电流通过钨丝时，钨丝被加热到一定温度，钨丝的电阻值增加到一定值（一般金属丝的电阻值随温度升高而增加）。在未进样品组分时，热导池的两个池孔（参比池和测量池）都通以载气。因载气的导热作用，使钨丝的温度下降，电阻值减小，而且两个池孔中钨丝温度下降和电阻的减小值完全相同。当样品组分进入时，纯载气只流经参比池，而载气携带样品组分流经测量池。因被测组分与载气所组成的混合气体的热导率与纯载气的热导率不同，使两个热导池中钨丝的散热速度也不同，两个池孔中的两根钨丝的电阻值也发生变化。载气中被测组分的浓度越大，测量池钨丝的电阻值改变也越明显，检测器所产生的响应信号越大，由电位差计记录的响应电位值越大，在记录纸上可记录相应的色谱峰。

（3）影响热导池检测器灵敏度的因素

① 桥路工作电流的影响　当增大桥路工作电流时，钨丝的温度升高，钨丝与热导池体的温差增大，气体就容易将热量传出去，灵敏度就提高。但电流过大时，将使钨丝处于灼热状态，引起基线不稳定，甚至会将钨丝烧坏。一般操作条件下，桥路工作电流应控制在 $100 \sim 200 mA$。

② 热导池池体温度的影响　当桥路电流一定时，钨丝温度也恒定。此时若降低池体温度，池体与钨丝间温差增大，测定灵敏度会提高。但一般池体温度不能低于柱温，否则被测组分会在检测器内冷凝，影响检测。

③ 载气的影响　若载气与样品的热导率相差越大，则检测灵敏度越高。一般载气有氢气、氮气和氦气。因一般物质的热导率都较小，故应选择热导率大的气体（如氢气或氦气）作载气，灵敏度就比较高，氮气作载气时灵敏度低且有时会出倒峰。另外，在相同的桥路电流下，载气的热导率大，则热丝温度低，桥路电流可升高，使热导池的检测灵敏度增大。

（4）热敏元件阻值的影响　一般应选择阻值高、电阻温度系数较大的热敏元件。当温度稍有变化时，即能引起电阻值的显著变化，使测定灵敏度增高。

2. 氢火焰离子化检测器

氢火焰离子化检测器（flame ionization detector，FID）是利用有机物在氢火焰的作用下，化学电离形成离子流，借测定离子流强度而进行检测。它属于质量型检测器，对大多数含碳有机化合物有很高的检测灵敏度，比热导池检测器的灵敏度高几个数量级，能检测至 $10^{-12} g$ 数量级的痕量有机物。同时因其结构简单，响应快，稳定性好，故它也是一种比较理想的检测器。缺点是，一般只能测定含碳有机物，且测量时样品被破坏。

（1）氢火焰离子化检测器的结构　氢火焰离子化检测器的主要部分是离子室。离子室由气体入口、火焰喷嘴、一对电极［极化极（负极）和收集极（正极）］和不锈钢外罩等组成，如图 17-8 所示。

（2）氢火焰离子化检测器作用原理　流出色谱柱的被测组分与载气在气体入口处与氢气混合后一同经毛细管喷入离子室，氢气在空气的助燃下，经引燃后燃烧，在燃烧所产生的高温火焰（约 $2100℃$）下，被测有机物组分电离成正、负离子。因为在氢火焰附近设有收集极（正极）和极化极（负极），在两极之间加有 $150 \sim 300 V$ 的极化电压，形成直流电场，所以产生的正、负离子在收集极和极化极的电场作用下，做定向运动形成电流。此电流大小与进入离子室的被测组分的含量之间存在定量关系。但一般在氢火焰中，物质的电离效率很低，大约每 50 万个碳原子中，只有一个碳原子被电离，因此产生的电流很微弱，需经放大器放大后，才能在记录仪上得出色谱峰。

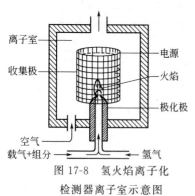

图 17-8　氢火焰离子化
检测器离子室示意图

氢火焰离子化检测
器离子室示意图

氢火焰离子化检测器对大多数有机化合物有很高的灵敏度，故对痕量有机物的分析非常适宜。但对在氢火焰中不电离的无机化合物，如 CO、CO_2、H_2S、水和氮的氧化物等不能检测。

（3）操作条件的选择

① 载气流量　一般用氮气作载气。因载气流量影响分离效能，故对给定的色谱柱和样品，需经实验来选定最佳的流速，使柱的分离效率尽可能提高。

② 氢气流量　氢气流量的大小将直接影响氢火焰的温度及火焰中的电离过程。若氢气流量太小，火焰温度太低，则被测组分分子电离的数太少，产生的电流信号小，检测灵敏度低，且易熄火。但若氢气流量太大，会使噪声变大，故必须控制氢气的流量。当用 N_2 作载气时，一般控制 H_2 和 N_2 的流量比为 （1∶1）～（1∶1.5）。在最佳氢氮比时，检测器不仅灵敏度高，而且稳定性好。

③ 空气流量　空气是助燃气体，并为组分电离成正离子提供氧气。空气流量在一定范围内，对响应值有影响。当空气流量较小时，灵敏度也较低。但当空气流量达到某一值后，对响应值几乎不产生影响。一般氢气与空气的流量比为 1∶10。

④ 极化电压　在氢火焰中电离产生的离子，只有在电场的作用下，才能向两极定向移动产生电流，而且极化电压与检测器的响应值有关。当增加极化电压时，开始阶段响应值增加，而后会趋向一个稳定值。此后继续增加极化电压，检测器的响应值几乎不变。一般选择极化电压为 100～300V 之间。

⑤ 温度　氢火焰离子化检测器的使用温度应控制在 80～200℃ 的范围内。在此温度范围内，灵敏度几乎相同。但在 80℃ 以下时，灵敏度显著下降。

⑥ 管道的清洁　必须保证管道的清洁。因为气体中的杂质或载气中含有的微量有机杂质，将会对基线的稳定性产生很大的影响。

3. 其他检测器

（1）电子捕获检测器（electron capture detector，ECD）　是利用电负性物质捕获电子的能力，通过测定电子流进行检测的仪器。它是一种高选择性、高灵敏度的浓度型检测器，现已广泛用于有机氯农药残留量、金属配合物、金属有机物、多卤或多硫化合物、甾族化合物等的分析。电子捕获检测器的灵敏度随物质电负性的增强而增高，其检测限可达 $10^{-14}g/mL$，但对无电负性的物质无响应。

（2）火焰光度检测器（flame photometric detector，FPD）　是对含硫、含磷化合物具有高选择性和高灵敏度的检测器，又称硫磷检测器。火焰光度检测器与氢火焰离子化检测器联用，可以同时测定含硫、磷化合物和含碳有机物。

第五节　分离条件的选择

气相色谱法分离条件的选择主要是固定相、柱温及载气的选择。选择适宜的分离条件，是为了提高相邻两组分的分离度。

一、分离度

1. 分离度

分离度（resolution）又称分辨率，是色谱柱的总分离效能指标。其定义为相邻两组分色谱峰保留值之差与两个组分色谱峰峰底宽度算术平均值的比值。

$$R = \frac{t_{R_2} - t_{R_1}}{(W_1 + W_2)/2} = \frac{2(t_{R_2} - t_{R_1})}{W_1 + W_2} \tag{17-16}$$

式中，t_{R_1}、t_{R_2} 分别为组分 1、2 的保留时间；W_1、W_2 分别为组分 1、2 色谱峰基线宽度。

显然，两组分的保留时间相差越大，则两峰间距越远，分离度 R 越大；组分色谱峰峰底宽度或半峰宽越窄，分母项越小，则分离度 R 越大，相邻两组分的分离效能越高。

从理论上可证明，若峰形对称且满足正态分布规律，当 $R=0.8$ 时，两组分分离程度可达 89%；当 $R=1.0$ 时，分离程度可达 98%，一般认为两组分可以分离；$R=1.5$ 时，分离程度可达 99.7%，认为分离完全。所以 $R=1.5$ 作为完全分离的指标。

2. 影响分离度的因素

用分离方程式可以把分离度与另三个主要参数（理论塔板数 n、分配系数比 α 和容量因子 k）联系起来：

$$R=\frac{\sqrt{n}}{4}\left(\frac{\alpha-1}{\alpha}\right)\left(\frac{k}{1+k}\right) \tag{17-17}$$

上式表明，分离度由理论塔板数、分配系数和容量因子三个参数决定。

① 塔板数 n 能够反映柱效高低。n 越大，柱效越高，色谱峰越窄。

② 分配系数比 α 能够反映固定液的选择性，是决定分离度的主要因素，α 越大，分离度越大。

③ 容量因子 k 能够反映色谱峰的峰位。其大小主要由组分和固定相的性质决定，也与柱温有关。k 越大，其保留值越大，柱容量越大。

二、实验条件的选择

当选定了固定相后，为了使样品中各组分能在较短时间内获得最佳的分离效果，还必须进一步选择适当的分离操作条件。主要的分离操作条件有以下几方面。

1. 载气及其流速的选择

由速率方程式 $H=A+\dfrac{B}{u}+Cu$ 可知，流速对柱效的影响很大，因塔板高度 H 与分子扩散项中的流速成反比，而与传质阻力项中的流速成正比，故必定有一个最佳流速，能使 H 达到最小，柱效最高。

以不同流速下测得的塔板高度 H 为纵坐标，流速 u 为横坐标作图，可得 $H\text{-}u$ 关系曲线，如图 17-9 所示。

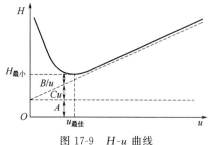

图 17-9　$H\text{-}u$ 曲线

在曲线的最低点，塔板高度 H 最小，而该点所对应的流速即为最佳流速（$u_{最佳}$），此时柱效最高。但在实际工作中，为了缩短分析时间，通常控制的流速稍高于最佳流速。氢气最佳线流速为 $10\sim12\text{cm/s}$；氮气为 $7\sim10\text{cm/s}$。

根据速率理论和速率方程可以选择不同的载气，以便提高柱效。比如，当载气流速较大时，传质阻力项对柱效能的影响是主要的，应选择使 C 值变小的载气。如分子量小的载气，如氢气、氦气等，因为组分在载气中有较大的扩散系数，减小传质阻力，有利于提高柱效；当载气流速较小时，分子扩散项对柱效能的影响是主要的，应选择使 B 值变小的载气。分子量较大的载气，如氮气、氩气等，因使组分在载气中有较小的扩散系数，抑制轴向扩散，有利于提高柱效。另外，选择载气时还应考虑不同检测器的特征。

2. 柱温的选择

柱温是一个非常重要的操作变量，直接影响分离效能和分离速度。首先要考虑每种固定液都有一定的使用温度。柱温不能高于固定液的最高使用温度，以免固定液挥发流失。

柱温对组分分离的影响较大，提高柱温使各组分的挥发程度接近，不利于分离，所以，从分离的角度考虑，宜采用较低的柱温。但柱温太低，会使组分在两项中的传质速率大为降低，峰形变宽，柱效能下降，分析时间延长。因此，选择柱温的原则是保证使难分离的组分能达到较好分离效果的前提下，选择尽可能低的柱温，但以保留时间适宜，峰形正常为限。

对于沸点范围较宽的多组分混合物可采用程序升温，即柱温按设定的程序，随时间呈线性或非线性增加。采用程序升温可以使混合物中低沸点和高沸点的组分都获得良好的分离。一般采用线性升温，即升温速度是恒定的，例如每分钟升高 2℃、4℃、8℃，甚至 20℃ 等。

3. 其他条件的选择

除了上述条件外还应考虑如下几方面的因素。

（1）进样时间和进样量　进样速度应尽可能快，否则会因样品原始宽度的变大，而造成色谱峰的扩张，甚至使峰变形。一般当用注射器或气体进样阀进样时，要求在 1s 内完成进样。进样量应保持在使峰面积或峰高与进样量成正比的范围内。检测器性能不同，允许的进样量也不同。液体样品一般进样 $0.1\sim5\mu L$，气体样品一般进样 $0.1\sim10mL$。

（2）柱长及柱内径　增加柱长可提高分离效果。但柱长过长，使分析时间延长。所以在满足一定分离度的条件下，应选用尽可能短的色谱柱。填充柱的柱内径一般为 $3\sim6mm$，毛细管柱的柱内径为 $0.1\sim0.5mm$。

（3）汽化温度的选择　汽化温度的选择应以保证样品能迅速汽化且不分解为准。适当提高汽化温度对分离及定量都有利。一般选择的汽化温度比柱温高 $20\sim70℃$。

（4）固定液的用量　载体的表面积较大时，固定液用量可多些，允许的进样量也相应增加。但从速率方程式的传质项中可知，为了减小液相的传质阻力，应使固定液的液膜厚度尽可能薄。但固定液液膜太薄，允许的进样量也就越少。因此固定液的用量要根据具体情况决定。

固定液的配比（指固定液与载体的质量比）一般为 $(5:100)\sim(25:100)$。载体的比表面积越大，固定液用量的比例可越高。

（5）载体的性质和粒度　若载体的比表面积大，孔径分布均匀，则固定液易分布均匀，从而可加快传质过程，提高柱效。故应该选用颗粒小且均匀的载体，并尽可能填充均匀，以减少涡流扩散，提高柱效。但粒度过小，填充不易均匀，会使柱压降增大，对操作不利。一般对 $4\sim6mm$ 的柱管，选用 60～80 目或 80～100 目的载体较为合适。

第六节　定性与定量分析方法

一、定性分析方法

色谱定性分析就是鉴别每个色谱峰所代表的是何种组分。

1. 保留值定性法

（1）直接定性法　在完全相同的色谱分析条件下，同一物质应具有相同的保留值。对比样品色谱峰和纯组分的保留值，或将纯组分加入样品后进行色谱分析，来观察色谱峰高度的变化，都可以直接对色谱峰进行定性判断。

（2）相对保留值（relative retention value）定性法　相对保留值表示任意组分 i 与标准物 s 的调整保留值的比值，用 r_{is} 表示：

$$r_{is} = \frac{t'_{Ri}}{t'_{Rs}} = \frac{V'_{Ri}}{V'_{Rs}} = \frac{k_i}{k_s} \tag{17-18}$$

相对保留值只与组分性质、柱温和固定相性质有关，与其他操作条件无关。因此，根据色谱手册或文献提供的实验条件与标准物进行实验，然后将测得的相对保留值与手册或文献报道的相对保留值对比，即可对色谱进行定性判断。

（3）保留指数（retention index）定性法　保留值数又叫 Kovats 指数，用 I 表示。保留指数是一种重现性很好的参数。

$$I_x = 100\left(z + n\,\frac{\lg t'_{R(x)} - \lg t'_{R(z)}}{\lg t'_{R(z+n)} - \lg t'_{R(n)}}\right) \tag{17-19}$$

式中，x 为待测组分；z 与 $z+n$ 分别表示正构烷烃的碳原子数目；n 为自然数，通常 $n=1$。人为规定，正构烷烃的保留指数等于其碳原子数乘以 100。如正己烷、正庚烷、正辛烷的保留指数分别为 600、700 和 800。因此，欲求某物质的保留指数，只需将其与相邻的两个正构烷烃混合在一起，在给定条件下进行色谱实验，按式（17-19）计算其保留指数，然后就可以按色谱手册或文献上的保留指数进行定性判定。

2. 官能团分类定性法

将色谱柱分离后的组分依次分别加入官能团分类试剂，观察是否发生反应（显色或产生沉淀），从而判断相应组分具有什么官能团。例如，鉴别胺类，可将分离后的组分分别通入亚硝基铁氰化钠试剂中，若呈红色，则为伯胺；呈蓝色，则为仲胺。此方法是化学方法的一种，经典的微量化学反应可用于色谱峰的鉴别。

3. 联用仪器定性法

气相色谱法具有分离能力强，分析速度快的特点，但难以对复杂化合物进行最终判断，而质谱（MS）、红外光谱（IR）、核磁共振谱（NMR）对化合物结构具有很强的判断能力。若将气相色谱仪作为其他色谱仪的进样和分离装置，而将其他色谱仪作为气相色谱仪的检测器，则构成联用气相色谱仪。目前，气相色谱-质谱联用（GC-MS）和气相色谱-傅里叶变换红外光谱联用（GC-FITR）最为成功。

二、定量分析方法

1. 定量分析的依据

定量分析的依据是在实验条件下恒定的峰面积与组分的量成正比。因此，峰面积测量的准确与否直接影响定量结果。

2. 峰面积的测量

（1）对称峰峰面积的计算式：

$$A = 1.065h \times W_{1/2} \tag{17-20}$$

式中，A 为峰面积；h 为峰高；$W_{1/2}$ 为半峰宽度；1.065 为常数。

（2）不对称峰　用平均峰宽代替半峰宽，其计算式为：

$$A = 1.065h \frac{W_{0.15} + W_{0.85}}{2} \tag{17-21}$$

式中，$W_{0.15}$ 与 $W_{0.85}$ 分别为 $0.15h$ 及 $0.85h$ 处的峰宽度。

（3）自动积分法 自动积分仪能自动测出由曲线所包围的面积。自动积分仪有机械积分、电子模拟积分和数字积分等类型，是最方便的测量峰面积的工具。此法速度快，线性范围广，精密度一般可达 $0.2\% \sim 1\%$。对不对称峰或较小的峰，也能得出较准确的结果。数字积分仪能自动打印出峰面积和保留时间值，使分析的自动化程度大大提高。

当各种操作条件（如：色谱柱、温度和流速等）严格保持不变，同时在一定进样范围内半峰宽也不变时，可直接应用峰高来进行定量。用峰高定量快速、简便，尤其对狭窄对称峰的定量，比用峰面积定量结果更准确。

3. 定量校正因子（quantitative calibration factor）

气相色谱法的定量依据是在一定的条件下，各组分的峰面积与其进样量成正比。但相同量的不同物质，在检测器中的响应信号大小却不同，即检测器对不同组分的灵敏度不相同，结果反映在色谱图上的峰面积也不同，这样就不能用峰面积来直接计算不同物质的含量。因此，必须对所测得峰面积加以校正，为此引入了定量校正因子。

（1）定义 定量校正因子分为绝对校正因子和相对校正因子。绝对校正因子是指单位峰面积所代表的物质的量。即：

$$f' = \frac{m_i}{A_i} \tag{17-22}$$

绝对校正因子主要由仪器的灵敏度决定，既不易准确测得也无法直接应用，故实际工作中一般采用相对校正因子。相对校正因子是指待测物质（i）与标准物质（s）的绝对校正因子的比值。即：

$$f_{mi} = \frac{f'_{mi}}{f'_{ms}} = \frac{m_i/A_i}{m_s/A_s} = \frac{A_s m_i}{A_i m_s} \tag{17-23}$$

式中，m 表示质量；f_m 表示相对质量校正因子，若物质的量的单位用摩尔或体积来表示，则称为相对摩尔校正因子或相对体积校正因子。

（2）相对校正因子的测量 准确称取一定量的被测物质和基准物质，配成混合溶液，在样品实验条件下，取一定量混合液进行气相色谱分析，测得被测组分和基准物质的峰面积，按式(17-23)进行计算。

4. 定量分析方法

（1）外标法 外标法（external standard method）是用欲测组分的纯物质来制作标准曲线的方法。具体方法是取被测组分的纯物质配成一系列不同浓度的标准溶液，分别取一定量进行色谱分析，得出相应的色谱峰。绘制峰面积（或峰高）对相应浓度的标准曲线。然后在同样操作条件下，分析同样量的未知样品，从色谱图上测出被测组分的峰面积（或峰高），再从标准曲线（工作曲线）上查出被测组分的浓度。

如果工作曲线通过原点，则可用外标一点法（单点校正法）定量。用一种浓度的组分标准溶液，通过测定多次，测出峰面积平均值。然后，取样品溶液在相同条件下操作，测得峰面积，按公式计算含量：

$$c_i = \frac{A_i c_s}{A_s} \tag{17-24}$$

式中，c_i、A_i 分别代表样品溶液中被测组分的浓度及峰面积；c_s、A_s 分别代表标准溶液中被测组分的浓度及峰面积。

外标法操作方便，计算简单，但要求分析组与其他组分完全分离，操作条件必须严格一致，且对标准品的纯度要求很高。

（2）归一化法　归一化法只适用于样品中所有组分全部流出色谱柱，并能被检测器检测，且都在线性范围内，同时又能测出或查到所有组分的相对校正因子的样品。

计算公式如下：

$$被测组分 \% = \frac{f_i A_i}{\sum\limits_{i=1}^{n} f_i A_i} \times 100\% \tag{17-25}$$

式中，f_i、A_i 分别表示样品中被测组分的相对校正因子和色谱峰面积。

若样品中各组分的 f_i 值很接近，如同系物中沸点相近的不同组分，则上式可简化成：

$$被测组分 \% = \frac{A_i}{\sum\limits_{i=1}^{n} A_i} \times 100\% \tag{17-26}$$

归一化法的优点是简便、准确，操作条件或进样量的变动对结果的影响小，但样品组分必须全部出峰，否则不能用此法。

（3）内标法　只需测定样品中某几个组分的含量或样品中的组分不能全部出峰时，可采用内标法（internal standard method）。测定原理是取一定量的纯物质作为内标物，加入到准确称取的样品中，然后测得色谱图。根据内标物和样品的质量及相应的峰面积来计算被测组分的含量。

$$被测组分 \% = \frac{f_i A_i}{f_s A_s} \times \frac{m_s}{m} \times 100\% \tag{17-27}$$

式中，m 表示样品的质量；m_s 表示加入内标物的质量；f_i、A_i 分别表示样品溶液中被测组分的相对校正因子及峰面积；f_s、A_s 分别表示加入的内标物的相对校正因子及峰面积。

由于本法通过测量内标物和被测组分的峰面积的相对值来进行计算，可以抵消由操作条件变化而引起的误差，所以可得到较准确的结果。但内标物的选择必须符合以下几个条件：

① 内标物应为样品中不存在的纯物质；

② 内标物的色谱峰应位于被测组分的色谱峰附近或几个被测组分色谱峰的中间；

③ 内标物的加入量，应接近被测组分的量。

第七节　应用与示例

气相色谱分析法是一种高分辨率、高选择性、高灵敏度和快速的分析方法。它不仅可分析气态试样，也可分析沸点在 500℃ 以下的易挥发或容易转化为易挥发物的液体和固体的无机物或有机物。随着计算机的应用，色谱的操作及数据处理可实现自动化，大大地提高了分析的效率，尤其是近年来发展的高效毛细管色谱、裂解气相色谱、反应气相色谱以及气相色谱与其他分析方法的联用技术，使气相色谱分析法已成为分离、分析复杂混合物的最有效的手段之一，也成为现代仪器分析方法中应用最广泛的一种分析方法。现举例介绍几方面的应用。

【例 17-2】 利用热导检测器分析乙醇、庚烷、苯及乙酸乙酯的混合物。实验测得它们的色谱峰面积分别为 $5.0cm^2$、$9.0cm^2$、$4.0cm^2$ 及 $7.0cm^2$。按归一化法，分别计算它们百分含量。已知它们的相对校正因子 f_g 分别为 0.64、0.70、0.78 及 0.79。

解： 根据公式

$$被测组分\% = \frac{f_i A_i}{\sum_{i=1}^{n} f_i A_i} \times 100\%$$

$$乙醇\% = \frac{5.0 \times 0.64}{5.0 \times 0.64 + 9.0 \times 0.70 + 4.0 \times 0.78 + 7.0 \times 0.79} \times 100\% = 17.6\%$$

$$庚烷\% = \frac{9.0 \times 0.70}{18.15} \times 100\% = 34.7\%$$

$$苯\% = \frac{4.0 \times 0.78}{18.15} \times 100\% = 17.2\%$$

$$乙酸乙酯\% = \frac{7.0 \times 0.79}{18.15} \times 100\% = 30.5\%$$

【例 17-3】 无水乙醇中微量水分的测定（内标法） 可按下法进行：

样品配制 准确量取被检无水乙醇 100mL，称量为 79.37g。用减重法加入内标物无水甲醇约 0.25g，精称为 0.2572g，混匀待用。

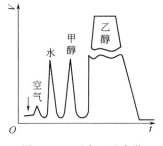

图 17-10 无水乙醇中微量水分测定

实验条件 色谱柱：上试 401 有机载体（或 GDX-203），柱长 2m，柱温 120℃，汽化室温度 160℃。检测器为热导池检测器。载气为氢气，流速 40～50mL/min。实验所得谱图见图 17-10。

测得数据： 水：$h = 4.60cm$，$W_{1/2} = 0.13cm$。甲醇：$h = 4.30cm$，$W_{1/2} = 0.87cm$。

含量计算：

解：
$$被测组分\% = \frac{f_i A_i}{f_s A_s} \times \frac{m_s}{m} \times 100\%$$

(a) 用以峰面积表示的相对校正因子 $f_水 = 0.55$、$f_{甲醇} = 0.58$

$$水\% = \frac{0.55 \times 1.065 \times 4.60 \times 0.13}{0.58 \times 1.065 \times 4.30 \times 0.87} \times \frac{0.2572}{79.37} \times 100\% = 0.23\%$$

(b) 用以峰高表示的相对校正因子 $f_水 = 0.224$、$f_{甲醇} = 0.340$

$$水\% = \frac{0.224 \times 4.06}{0.340 \times 4.30} \times \frac{0.2572}{79.37} \times 100\% = 0.228\%$$

【例 17-4】 归一化法在合成药物中的分析

顶空固相微萃取-气相色谱法测定头孢匹胺钠中多种有机溶剂残留量。

头孢匹胺钠系第三代头孢类抗生素，由于其在生产精制过程中采用了甲醇、乙醇、丙酮、乙腈、N,N-二甲基乙酰胺（DMAC）等有机溶剂，故应对原料药中有机溶剂的残留量进行测定。

色谱条件：ATOV-1301 石英毛细管柱（30m×0.32mm×0.5μm）；程序升温：起始柱温 50℃维持 1min。然后以 2.5℃/min 的速率升至 60℃，再以 30℃/min 的速率升至 250℃

维持 10min。FID 检测器，温度 250℃。分流/不分流进样器，温度 270℃，不分流时间为 1min。氮气为载气，线速度为 20cm/s。

顶空固相微萃取条件：平衡温度为 75℃，平衡时间为 10min。95μm 聚甲基苯基乙烯基硅氧烷/羟基硅油复合涂层固相微萃取器。

样品测定及结果：5 种有机溶剂完全分离，在所考察的浓度范围内具有良好的线性，r 为 0.9992～0.9999，平均回收率为 87.6%～101.8%，精密度，重复性 RSD 均小于 10%，检测限为 0.01～0.2μg/mL。方法快速、灵敏、准确。

【例 17-5】 内标法在复方制剂分析中的应用

4 种重要橡胶膏剂中樟脑、薄荷脑、冰片和水杨酸甲酯含量的气相色谱法测定

用气相色谱法同时测定伤湿止痛膏、安阳精制膏、少林风湿跌打膏和风湿止痛膏中樟脑、薄荷脑、冰片和水杨酸甲酯的方法灵敏、准确、重现性好、通用性强。

色谱条件与系统适用性试验：玻璃柱（3mm×3m），固定相为聚乙二醇（PEG）-20M（10%），FID 检测器。载气 N_2，压力 60kPa，流速为 58mL/min，H_2 压力 70kPa，空气压力 15kPa，柱温 130℃，进样器/检测器温度为 170℃。

样品测定及结果：以萘为内标物，采用内标物预先加入法，用挥发油测定器蒸馏制备供试液。4 种制剂样品中的樟脑、薄荷脑、冰片（异龙脑和龙脑）、水杨酸甲酯及内标物萘均得到良好的分离。方法学研究表明，樟脑、薄荷脑、冰片和水杨酸甲酯的加样回收率都大于 95.54%（RSD≤2.8%）。

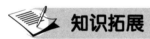 **知识拓展**　　　**衍生化气相色谱法**

气相色谱法具有分离效能高、选择性好、灵敏度高、样品用量少和分析速度快等优点，应用范围较广，但受样品蒸气压的限制，只适用于分析具有一定蒸气压且热稳定性好的样品，只能分析约 20% 的有机物。当被测组分的沸点或极性受到限制时，可以采取化学反应的方法将其转变成衍生物，再用气相色谱法分析，这种方法称为衍生化气相色谱法（derivative gas chromatography）。气相色谱法常用的化学衍生化法有硅烷化反应、酰化反应、酯化反应和烷基化反应等。

衍生化气相色谱法的优点是：扩大了气相色谱法的应用范围，一些挥发性过低或过高，极性很小或热稳定性差，不能或不适于直接取样注入色谱分析仪进行分析，其衍生物可以很方便地进入色谱仪；改善了分离效果，使一些难以分离的组分，转化成衍生物就便于分离和进行定性分析；去除杂质的干扰，样品中有些杂质因不能成为衍生物而被除去。在化学、临床、生命科学、药物分析、环境保护、食品卫生等领域得到广泛应用。

目标测试

1. 气相色谱法分为哪几类？简述气-液色谱的分离原理。

2. 气相色谱仪主要由哪几部分组成？简述各部分的作用。

3. 名词解释：色谱流出曲线；保留值；容量因子；分配系数比；分离度。

4. 气相色谱法的主要理论有哪些？简述其主要观点。

5. 气液色谱法对固定液的要求是什么？怎样选择固定液？

6. 何为程序升温？在什么情况下使用，有何优点？

7. 气相色谱法的定性分析依据是什么？主要有哪些定性方法？

8. 气相色谱法的定量分析依据是什么？常用的方法有哪些？

9. 在色谱柱分离某试样，其中两组分的相对保留时间 $r_{21}=1.16$，若欲使两组分完全分离（$R=1.5$），所需有效塔板数和柱长各为多少？（$H_{eff}=0.1cm$）

10. 欲测某一酒样中有关组分的含量，由标准溶液色谱图测得各组分的校正因子，由酒样的色谱图测得各组分的峰面积，分别如下：

色谱峰	甲醇	乙醇	异丁醇	异戊醇
峰面积	58	6556	458	328
校正因子 f	0.86	1.00	0.94	1.15

用归一化法计算各组分的百分含量。（营养、检验、卫检专业）

11. 冰醋酸的含水量测定，内标物为甲醇，质量为 0.4896g，冰醋酸质量为 52.16g，水：$h=16.30cm$，$W_{1/2}=0.159cm$；甲醇：$h=14.40cm$，$W_{1/2}=0.239cm$。已知用峰高表示的相对校正因子 $f_{水}=0.224$，$f_{甲醇}=0.340$；用峰面积表示的相对校正因子 $f_{水}=0.55$，$f_{甲醇}=0.58$。计算该冰醋酸中的含水量。（药学、中药专业）

第十八章　高效液相色谱法

 **知识导图**

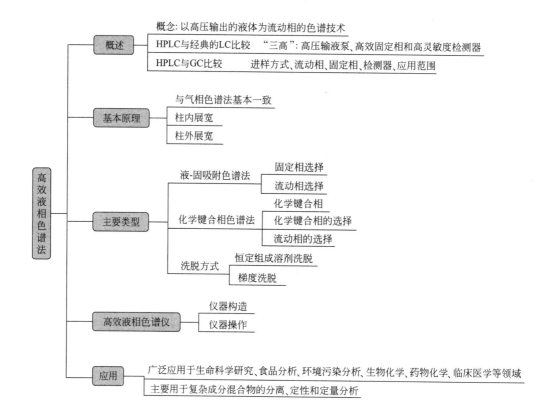

学习目标

1. 掌握化学键合相色谱法、高效液相色谱法应用。
2. 掌握高效液相色谱法的洗脱方式及梯度洗脱的优点。
3. 熟悉高效液相色谱法与经典的液相色谱法和气相色谱法的异同点。
4. 熟悉高效液相色谱仪的构造。
5. 了解高效液相色谱法固定相和流动相的选择。

高效液相色谱法(high performance liquid chromatography，HPLC)是继气相色谱之后，于 20 世纪 70 年代初期发展起来的一种以液体做流动相的新色谱技术，它是以高压输出的液体为流动相的色谱技术。高效液相色谱法是在经典液相色谱法的基础上，引入气相色谱的理论，在技术上采用高压泵、高效固定相和高灵敏度检测器而发展起来的快速分离分析方法。其特点是：分离效率高、检出极限低、操作自动化和应用范围广，流出组分易收集，安全等。

第一节　概　　述

一、高效液相色谱法与经典液相色谱法的比较

经典液相色谱法采用普通规格的固定相及常压输送的流动相，柱效低、分离周期长，一般不具备在线检测，通常作为分离手段使用。而高效液相色谱法由于使用了高压输液泵，流动相可以很快地通过色谱柱，流量也可以精确控制，因此，分析速度快、精度高；由于使用了高效固定相，分离效率显著提高，每米塔板数可达十万到几十万；由于使用了高灵敏度的检测器，提高了分析的灵敏度，降低了检出限，微升级的试样就足以进行完全分析。

二、高效液相色谱法与气相色谱法的比较

1. 应用范围广

气相色谱法仅能分析在操作温度下能汽化而不分解的物质。对高沸点化合物、非挥发性物质、热不稳定化合物、离子型化合物及高聚物的分离、分析较为困难，致使其应用受到一定程度的限制，据统计只有大约 20% 的有机物能用气相色谱分析；而高效液相色谱法则不受样品挥发度和热稳定性的限制，它非常适合分子量较大、难汽化、不易挥发或对热敏感的物质、离子型化合物及高聚物的分离分析，占有机物的 70%～80%，因此，高效液相色谱法的应用范围更加广泛。

2. 分离效率高

在高效液相色谱中，有两个相与组分分子发生相互作用，而且可以选用不同比例的两种或两种以上的液体作流动性，增大了分离的选择性。而气相色谱法中的载气选择余地小，载气作为流动相其主要作用是携带试样，而组分的分离主要由固定相来完成，因此，气相色谱法不如高效液相色谱法的分离效率高。

3. 可用于提纯和制备

气相色谱法不利于回收，有时甚至破坏试样，而高效液相色谱法对馏分容易收集，这对提纯和制备足够纯度的样品十分有利。

但是，与气相色谱法相比，高效液相色谱法还缺乏高灵敏度的通用型检测器，而且仪器比较复杂、昂贵。这两种色谱技术在实践中相互补充，几乎可以分离所有有机物。高效液相色谱法与气相色谱法的比较见表 18-1。

表 18-1　高效液相色谱法与气相色谱法比较

项目	高效液相色谱法	气相色谱法
进样方式	样品制成溶液	样品需加热汽化
流动相	流动相可分为离子型、极性、非极性、溶液,可与被分析样品发生相互作用,能改变分离的选择性	是气体,不与被分析样品发生相互作用
固定相	分离类型多,如吸附色谱、分配色谱、离子交换色谱、排阻色谱、亲和色谱等,可供选择的固定相种类繁多	分离类型有吸附色谱、分配色谱,可供选择的固定相种类较多

续表

项目	高效液相色谱法	气相色谱法
检测器	通用型检测器：UVD，PDAD，FID，ECD 选择性检测器：ELSD，RID	通用型检测器：TCD，FID 选择性检测器：ECD，FPD，NPD
应用范围	可分析高沸点、高分子有机化合物；离子型无机化合物；热不稳定、具有生物活性的生物分子	可分析低分子量、低沸点有机化合物；永久性气体；配合裂解技术可分析高聚物

第二节　基本原理

高效液相色谱法对基本概念和理论，如塔板理论、速率理论、保留值与分配系数的关系、分离度等与气相色谱法基本一致，但由于流动相分别为液体和气体，两者的扩散系数和黏度差别较大，因而在应用色谱基本理论时，必须考虑本身的特点。其中最重要的是速率理论中，各种动力学因素对高效液相色谱峰展宽的影响与气相色谱中有所不同。这种影响可分为柱内因素和柱外因素两类。

一、柱内展宽

柱内展宽是由色谱柱内各种因素所引起的色谱峰扩展，可依据速率理论（即 van Deemter 方程）$H = A + B/u + Cu$ 来讨论。

1. 涡流扩散项 A

涡流扩散项是指组分分子在色谱柱中运动路径不同引起的色谱峰扩展。

$$A = 2\lambda d_p \tag{18-1}$$

此式含义与 GC 完全相同，只是在 HPLC 中，使用的固定相的颗粒直径更小，并采取匀浆法装柱，因此涡流扩散项比 GC 更低。

2. 纵向扩散项 B/u

纵向扩散项是指组分分子本身的运动所产生的纵向扩散而引起的色谱峰扩展。扩展的大小与组分分子在流动相中的扩散系数 D_m 成正比，与流动相的线速度 u 成反比。

$$\frac{B}{u} = \frac{C_d D_m}{u} \tag{18-2}$$

式中，C_d 为单一常数。由于液体的黏度比气体的黏度大很多，分子在液体中的扩散系数比在气体中的扩散系数要小 4～5 个数量级，因此，在液相色谱法中，当流动相的线速度较大（大于 0.5cm/s）时，纵向扩散对色谱峰扩展的影响是可以忽略的；而在气相色谱法中，这一项却是影响色谱峰扩展的重要因素。

3. 传质阻力项 Cu

传质阻力项（mass transfer resistance）是由于组分在两相间的传质过程不能瞬间达到平衡而引起的。与气相色谱不同，在高效液相色谱中传质阻力包括固定项传质阻力项（H_s）、流动相传质阻力项（H_m）和静态流动相传质阻力项（H_{sm}）三项。

$$Cu = H_s + H_m + H_{sm} \tag{18-3}$$

固定相传质阻力项主要发生在液-液分配色谱中，其大小取决于固定液膜厚度和组分分子在固定液内的扩散系数；流动相传质阻力项与固定相颗粒的直径和组分分子在流动相中的扩散系数有关；静态流动相传质阻力项与固定相粒度和孔径大小有关。

二、柱外展宽

速率理论研究的是色谱柱内峰展宽因素，而色谱柱外各种因素引起的峰展宽称柱外展宽。柱外因素主要指低劣的进样技术和包括进样器连接管、接头、检测器在内的管路体积（死体积）。死体积越大，对色谱峰展宽影响越大。

为了减少柱外因素对峰宽的影响，必须尽量减小柱外死体积。如采用进样阀进样，使用"零死体积接头"连接管路各部件，并尽可能使用内腔体积小的检测器。

第三节　高效液相色谱法的主要类型

高效液相色谱法的分类与经典液相色谱法的分类相同。

按固定相的物理状态可分为液液色谱法和液固色谱法两大类。

按分离原理可分为吸附色谱法、分配色谱法、离子交换色谱法、尺寸排阻色谱法、亲和色谱法、化学键合相色谱法以及胶束色谱法（micelle chromatography，MC）等。

近年来，高效液相色谱法发展迅猛，许多新方法不断涌现，又出现了一些其他的分类方法。如果根据固定相和流动相相对极性的大小，液液分配色谱法又可以分为正相液液分配色谱法（normal-phase liquid-liquid partition chromatography，NLLC）和反相液液分配色谱法（reversed-phase liquid-liquid partition chromatography，RLLC），而后者又可进一步分为普通反相液液分配色谱法、离子对色谱法（ion pair chromatography，LPC）和离子抑制色谱法（ion suppression chromatography，ISC）。

本节主要介绍常用的液-固吸附色谱法和化学键合相色谱法。

一、液-固吸附色谱法

液-固吸附色谱法的固定相为固体吸附剂。其分离原理是根据样品中各组分与固体吸附剂表面活性的吸附能力不同而进行的混合物分离。因为不同种类和数目官能团的化合物具有不同的吸附特性，所以液-固吸附色谱法适合分离不同类型的化合物和异构体。但由于它对相对分子质量的选择性较小，因而不适合分离同系物。

1. 液-固吸附色谱法的固定相

吸附色谱固定相可分为极性和非极性两大类。极性固定相主要有硅胶、氧化镁和硅酸镁分子筛等。非极性固定相有高强度多孔微粒活性炭和近来开始使用的 $5\sim10\mu m$ 的多孔石墨化炭黑、高交联度苯乙烯-二乙烯基苯共聚物的多孔微球及碳多孔小球等，其中应用最广的是极性固定相硅胶，主要有表面多孔型硅胶、无定形全多孔硅胶、球形全多孔硅胶、堆积硅珠等类型，如图 18-1 所示。

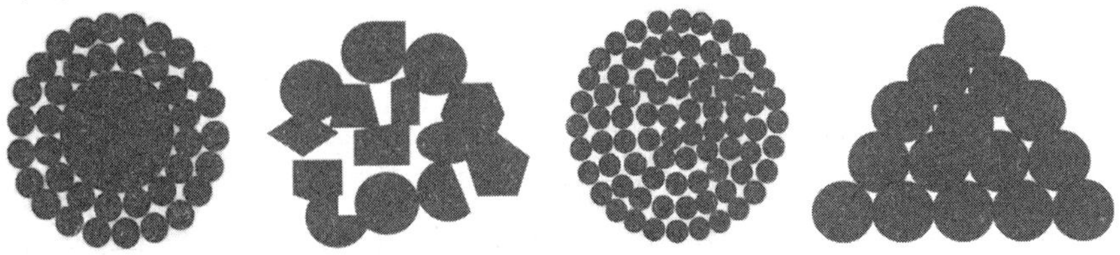

(a) 表面多孔型硅胶　(b) 无定形全多孔硅胶　(c) 球形全多孔硅胶　(d) 堆积硅珠

图 18-1　各种类型硅胶示意图

其中表面多孔型硅胶粒度为 $30 \sim 70 \mu m$，出峰快，适用于极性范围较宽的混合样品的分析，缺点是样品容量小，现已很少使用。无定形多孔硅胶常用粒度 $5 \sim 10 \mu m$，柱效高、样品容量大，但涡流扩散大、渗透性差。球形全多孔硅胶外形为球形，常用粒度 $3 \sim 10 \mu m$，除具有无定形全多孔硅胶的优点外，还有涡流扩散小、渗透性好的优点，是化学键合相的理想载体。堆积硅珠与球形全多孔硅胶类似，常用粒度为 $3 \sim 5 \mu m$。

硅胶的主要性能参数有：形状、粒度、粒度分布、比表面积、平均孔径等。

硅胶是应用范围较广的吸附色谱固定相，主要用于分离能溶于有机溶剂的极性与弱极性混合物及异构体的分离。

2. 液-固吸附色谱法的流动相

在高效液相色谱法中，在液-固吸附色谱法中，流动相的选择原则基本上与经典的液相色谱法相同，其中应重点考虑溶剂的极性。溶剂的极性强弱可用 Snyder 提出的溶剂极性参数 ε^0 来表示。ε^0 为溶剂分子在单位吸附剂表面的吸附自由能。ε^0 越大，说明溶剂的极性越强，洗脱能力就越强。部分纯溶剂在硅胶上的 ε^0 值见表 18-2。

表 18-2　部分纯溶剂在硅胶上的 ε^0 值

溶　剂	溶剂强度 ε^0	溶　剂	溶剂强度 ε^0
正戊烷	0.00	乙酸乙酯	0.48
正己烷	0.00	乙腈	0.52
氯仿	0.26	异丙醇	0.60
二氯甲烷	0.32	甲醇	0.73
二氯乙烷	0.40	水	20.73
乙醚	0.43		

在液-固吸附色谱法中，常常采用二元或二元以上的混合溶剂系统，例如，在低极性溶剂如烷烃中加入适量极性溶剂，如氯仿、醇类以调节溶剂的极性，这样可以找到适合强度的溶剂系统，而且还可以保持溶剂的黏度以降低柱压和提高柱效，此外，还可以提高分离的选择性。

二、化学键合相色谱法

化学键合相色谱法（bonded phase chromatography，BPC）是由液-液分配色谱法发展而来的。液-液分配色谱所用的固定相，最初是用机械涂渍或物理涂渍法将固定液涂在载体上，使用时易流失。近年来，使用化学键合相填料，克服了固定液易流失的缺点。现在是将固定液的官能团通过化学反应键合到载体表面，这样制得的固定相称为化学键合相，简称键合相。以键合相作为固定相的色谱法称为化学键合相色谱法。这类固定相的优点一是耐溶剂冲洗，化学性能稳定，热稳定性好（70℃以下不致破坏），使用寿命长；二是可以通过改变键合官能团的类型来改变分离的选择性；三是传质速度快，柱效高；四是适于梯度洗脱。化学键合相的形成必须具备两个条件：一是载体表面应有某种活性基团（如硅胶表面的硅醇基），二是固定液应有能与载体表面发生化学反应的官能团。

根据键合相与流动相相对极性强弱，可将化学键合相色谱法分为正相键合相色谱法（NBPC）和反相键合相色谱法（RBPC）。正相键合相色谱法的固定相极性比流动相的极性要强，适合于分离中等极性和极性强的化合物。反相键合相色谱法固定相的极性比流动相极性弱，适用于分离非极性至中等极性的化合物，而有机酸、碱及盐等离子型化合物可采用离子抑制色谱法和反相离子对色谱法等。据统计，反相键合相色谱法占整个高效液相色谱法应用的 80% 左右。

1. 化学键合相色谱法的固定相

化学键合相是高效液相色谱较为理想的固定相，在高效液相色谱分析中占有极重要的地位。化学键合相按基团与载体（硅胶）相结合的化学键类型，分为酯化型（Si—O—C）和硅烷化型（Si—O—Si—C）等。酯化型键合相具有良好的传质特性，但易水解、醇解，热稳定性差，已被淘汰。

硅烷化型是利用氯硅烷与硅醇基进行硅烷化反应，生成具有（Si—O—Si—C）键的固定相，这类固定相具有热稳定性好、不易吸水、耐有机溶剂等优点。能在 70℃ 以下、pH 3~8 的范围内正常使用，应用范围广。化学键合相按基团的极性可将其分为非极性、中等极性和极性三类。

（1）非极性键合相（反相色谱键合相）　硅胶表面键合烃基硅烷，为非极性基团，其烃基配基可以是不同链长的正构烷烃，如十八烷基硅烷（octadecylsilane，ODS 或用 C_{18} 来表示）、辛烷基硅烷（用 C_8 来表示），又可以是带有苯基的碳链，其中以含十八个碳原子的烷基硅烷键合相应用最广泛。

（2）中等极性键合相　常见的有醚基键合相。这种键合相可作为正相或反相色谱的固定相，视流动相的极性而定。

（3）极性键合相　该键合相表面基团为极性较大的基团，如氨基或氰基等，分别将氨丙硅烷基 $[—Si(CH_2)_3NH_2]$ 和氰乙硅烷基键合在硅胶表面制成。它们常作为正相色谱的固定相。

2. 化学键合相色谱法的流动相

在化学键合相色谱中，溶剂的洗脱能力（即溶剂的强度）直接与溶剂的极性有关。

3. 固定相和流动相的选择

（1）固定相的选择　分离中等极性和极性较强的化合物可选择极性键合相。其中氨基键合相是分离糖类最常用的固定相；氨基键合相对双键异构或含双键数不等的环状化合物的分离有较好的选择性。

分离非极性和极性较弱的化合物选择非极性键合相，在反相离子抑制色谱和反相离子对色谱中也常用非极性键合相。十八烷基硅烷（ODS）是应用最广泛的非极性键合相，对于各类化合物都有很强的适应能力，此外，苯基键合相适用于分离芳香化合物。

（2）流动相的选择　液相色谱中，改变淋洗液组成、极性是改善分离的最直接因素。液相色谱不可能通过增加柱温来改善传质，因此大多是恒温分析。流动相的选择在液相色谱中显得特别重要，流动相可显著改变组分分离状况。亲水性固定液常采用疏水性流动相，即流动相的极性小于固定相的极性，称为正相液液色谱法；若流动相为极性大于固定液的极性，则称为反相液-液色谱柱。组分在两种类型的分离柱上的出峰顺序相反。

三、流动相的要求和洗脱方式

1. 流动相的要求

在气相色谱法中，由于流动相（载气）对组分和固定相的影响不大，以选择固定相为主。而在液相色谱法中，流动相对组分的溶解能力以及对固定相的作用都有很大的影响，且流动相的选择余地大，当固定相一定时，不同的固定相对分离效果影响很大。因此，在高效液相色谱法中，不仅对固定相的选择很关键，对流动相的要求也很高。

高效液相色谱法对流动相的要求如下。

① 与固定相不互溶，也不发生化学反应。

② 对被分离的样品有适宜的溶解性。

③ 溶剂的纯度高。

④ 溶剂应与检测器相匹配，如使用紫外检测器，流动相在检测波长下不能有吸收。

⑤ 黏度要小，有利于提高传质速度，提高柱效，降低柱压。

2. 洗脱方式

（1）恒定组成溶剂洗脱（isocratic elution） 采用恒定组成及配比的溶剂系统洗脱，是最常用的色谱洗脱方法。其优点是操作简单、柱易再生。但对成分复杂的样品，往往难以取得理想的分离效果。

（2）梯度洗脱（gradient elution） 梯度洗脱又称梯度淋洗或程序洗脱。它是指在一定分析周期内，按一定程序不断改变流动相的组成配比或 pH 等，通过流动相的极性的变化改变被分离组分的分离因素，从而提高分离效果。

在分离复杂样品中，常采用梯度洗脱。它的优点是能缩短分离周期，提高分离效能，改善色谱峰形，增加检测灵敏度。缺点是有时会引起基线漂移及重复性差。

第四节　高效液相色谱仪

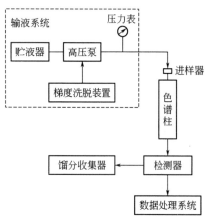

图 18-2　高效液相色谱仪结构示意图

高效液相色谱仪由高压输液系统、进样系统、分离系统、检测系统和数据处理系统五部分组成。高档的高效液相色谱仪还配有梯度洗脱、柱温箱及自动进样器等辅助装置。高效液相色谱仪的结构示意图如图 18-2 所示。

高效液相色谱的工作流程：贮液器中的流动相在高压泵作用下由进样器进入色谱柱，然后从检测器流出。待分离试样由进样器注入，流过进样器的流动相将试样带入色谱柱中进行分离，分离后的各组分依次进入检测器，检测器将分离组分的浓度的变化转变为电信号，进而由数据处理系统将数据采集、记录下来，得到色谱图。

一、高压输液系统

高压输液系统由溶剂贮存器、脱气装置、高压输液泵、梯度洗脱装置和压力脉动阻尼器等组成，其中高压输液泵是核心部件。

1. 溶剂贮存器

溶剂贮存器一般由玻璃、不锈钢或氟塑料制成，容量为 1～2L，用来贮存足够数量、符合要求的流动相。为防止长霉，贮存器中的流动相要经常更换，并经常清洗。

2. 过滤和脱气装置

流动相和样品溶液的过滤很重要，以免其中的细小颗粒堵塞色谱柱以及影响高压输液泵的正常工作。流动相在使用前应根据其性质选用不同材料的滤膜过滤，一般选用市售 0.45μm 的水性和油性滤膜进行过滤。水用水性滤膜过滤，甲醇等有机物用油性滤膜过滤，样品溶液一般用市售的 $0.45\mu m$ 针形滤器过滤。另外，在流动相入口、泵前、泵和色谱柱间有各种各样的滤柱和滤板。

流动相进入高压泵前必须进行脱气处理，以除去其中溶解的气体（如氧气），防止流动相由色谱柱进入检测器时因压力降低而产生气泡，增加基线的噪声，造成灵敏度降低，甚至无法分析。常用的脱气方法有低压脱气法、吹氦脱气法和在线脱气法。目前，许多高档的高效液相色谱仪都配有在线脱气装置。

3. 高压输液泵

高压输液泵是高效液相色谱仪中关键部件之一，其功能是将溶剂贮存器中的流动相以高压形式连续不断地送入液路系统，使样品在色谱柱中完成分离过程。由于液相色谱仪所用色谱柱径较细，所填固定相粒度很小，因此，对流动相的阻力较大，为了使流动相能较快地流过色谱柱，就需要高压泵注入流动相。对泵的要求：输出压力高、流量范围大、流量恒定、无脉动，流量精度和重复性为 0.5% 左右。此外，还应耐腐蚀，密封性好。高压输液泵，按其性质可分为恒压泵和恒流泵两大类。恒流泵是能给出恒定流量的泵，其流量与流动相黏度和柱渗透无关。恒压泵是保持输出压力恒定，而流量随外界阻力变化而变化，如果系统阻力不发生变化，恒压泵就能提供恒定的流量。

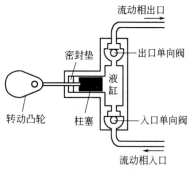

图 18-3 柱塞往复泵示意图

目前，高效液相色谱仪广泛采用的是柱塞往复泵，其结构如图 18-3 所示。这种泵的特点是：流量恒定、易于控制、液缸容积小、容易清洗和更换流动相，很适合梯度洗脱；但输液脉动大，需加脉动阻尼器来克服。

4. 梯度洗脱装置

梯度洗脱（gradient elution）就是在分离过程中使两种或两种以上不同极性的溶剂按一定程序连续改变它们之间的比例，从而使流动相的强度、极性、pH 或离子强度相应地变化，达到提高分离效果、缩短分析时间的目的。

梯度洗脱装置分为两类：一类是外梯度装置（又称低压梯度），流动相在常温常压下混合，用高压泵压至柱系统，仅需一台泵即可。另一类是内梯度装置（又称高压梯度），将两种溶剂分别用泵增压后，按电器部件设置的程序，注入梯度混合室混合，再输至柱系统。

梯度洗脱的实质是通过不断地变化流动相的强度，来调整混合样品中各组分的容量因子 k 值，使所有谱带都以最佳平均 k 值通过色谱柱。它在液相色谱中所起的作用相当于气相色谱中的程序升温，所不同的是，在梯度洗脱中溶质 k 值的变化是通过溶质的极性、pH 和离子强度来实现的，而不是借改变温度（温度程序）来达到。

二、进样系统

进样系统是将样品溶液导入色谱柱的装置。在高效液相色谱法中，对进样装置的要求是具有良好的密闭性和重复性，死体积小。常用的进样方式有注射器进样和六通阀进样两种。前者与气相色谱法类似，进样时用微量注射器刺穿进样器的弹性隔膜，将样品注入色谱柱，其优点是装置简单、价廉、死体积小，缺点是隔膜的穿刺部分在高压情况下容易漏液，而且进样量有限，重复性差，有时需停泵进样。目前普遍采用六通阀进样，如图 18-4 所示。

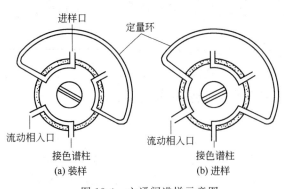

图 18-4   六通阀进样示意图

六通阀进样示意图

在"装样"位置，用注射器将试样注入六通阀的样品定量管中，此时流动相不经过样品管。然后转动六通阀手柄至"进样"位置，试样随流动相进入色谱柱。此法的优点是进样时可保持系统的高压，进样方便、易操作，而且由于进样量是由定量管的体积严格控制，进样准确，重现性好，自动化程度高，适于做定量分析。

目前，许多高效液相色谱仪配有自动进样装置，自动进样装置是由计算机自动控制进样阀、取样、进样、复位、清洗和样品盘的转动全部按预定的程序自动进行。自动进样重现性好，适合大量样品分析，可实现自动化操作。目前比较典型的自动进样装置有圆盘式和链式两种。

三、分离系统

分离系统包括色谱柱、恒温器和连接管等部件。色谱柱一般用内部抛光的不锈钢制成。其内径为 2~6mm，柱长为 10~50cm，柱形多为直形，内部充满微粒固定相。

操作技术对柱效及柱的使用寿命影响非常大，使用时必须注意：样品要用针形滤器过滤除去杂质；流动相的 pH 应控制在色谱柱所允许的范围内；更换流动相时应根据流动相的性质选择合适的溶剂冲洗仪器及色谱柱；使用完毕应选用适当的溶剂冲洗柱子，尤其是流动相含有盐时，应用水冲洗，再用有机溶剂（甲醇或乙腈）冲洗。为了保持色谱柱的性能，通常在分析柱前要使用一个短的保护柱（又称预柱）。

高效液相色谱分析一般在室温下进行，所以高档的仪器一般都配有柱恒温箱，保证分析时温度恒定。

四、检测系统

检测系统是液相色谱仪的关键部件之一。检测器的作用是将样品组成和含量的变化转变为可供检测的信号。对检测器的要求是：灵敏度高、重复性好、线性范围宽、死体积小以及对温度和流量的变化不敏感等。在液相色谱中，有两种类型的检测器，一类是专用型检测器，又称溶质性检测器，它仅对被分离组分的物理或物理化学性质有响应。属于此类检测器的有紫外、荧光、电化学检测器等；另一类是通用型检测器，又称总体性检测器，它对试样和洗脱液总的物理和物理化学性质响应。属于此类检测器的有示差折光检测器等。

五、数据处理系统

早期，高效液相色谱法是通过记录仪绘制图，人工计算峰高或峰面积获得分析结果，十分麻烦。后来，有了积分仪，可以自动打印峰高、峰面积、保留时间以及进行一些简单的计算，但不能进行数据和图谱的储存及再处理。现在广泛使用色谱工作站记录和处理色谱分析数据。工作站的功能非常大，主要包括：自动诊断功能、智能控制功能、数据实时采集和图谱处理功能、进行计量认证功能和多台仪器控制功能等。色谱数据工作站的出现不仅大大提高了色谱分析工作的速度，同时也为色谱分析理论研究、新分析方法的建立创造了有利条件。

第五节　高效液相色谱法的应用

高效液相色谱法由于不受所分析样品挥发性的限制，其应用范围比气相色谱法广泛得多，可广泛应用于生命科学研究、食品分析、环境污染分析、生物化学、药物化学、临床医学等众多领域。

高效液相色谱法主要用于复杂成分混合物的分离、定性和定量分析。

一、定性定量分析

在大多数情况下，色谱分析法的目的不在于分离，而在于对分离后的物质进行定性和定量分析。高效液相色谱法也采用气相色谱法的常用技术，利用色谱过程中的各种特性进行定性和定量分析。

定性时，可采用色谱定性法，如标准对照法、保留值定性法、相对保留值定性法和文献值对照法等。也可收集分离馏分，用专属的化学反应或红外、荧光、质谱等非色谱法定性。

定量分析时，测定方式和计算方法与气相色谱法相同，可用归一化法、内标法、外标法等进行测定。

二、制备纯物质

高效液相色谱除了定性定量分析外，还可用于制备纯物质。其方法是：在色谱仪的出口处，安装一个馏分收集器，按色谱峰的出峰信号起落，逐一收集起来，除去流动相，即可得到物质的纯品，纯度可达 99.99% 以上。

三、分离

高效液相色谱的分离效能和分离速率是经典的液相色谱、精密分馏及一般的化学方法难以比拟的。它不受样品挥发度和热稳定性的限制，非常适合于分离生物药品的大分子、离子型化合物、不稳定的天然产物以及其他高分子量和挥发性差的混合物。因此，它可用于分离的样品范围很广。

在科学研究中，高效液相色谱法不仅分离了大量的无机物（如稀土及各种裂变产物等），同时还对大量的合成有机物、天然产物、核酸、核苷、核苷酸及有关的化合物进行了有效的分离，解决了许多生物学上的重要问题（如蛋白质的结构和氨基酸的快速分离等）。

四、应用

【例 18-1】　磺胺类药物分析

色谱柱：Symmetry C_8，$3.9mm \times 150mm$

流动相：水-甲醇-冰醋酸（79：20：1）

流速：$1.0mL/min$

检测波长：254nm

【例 18-2】　香连丸中生物碱的高效液相色谱法分析

样品处理：将香连丸粉碎后，过 60 目筛，$65℃$ 烘干至恒重，精密称取一定量，置索氏提取器中，加 50mL 甲醇 90℃提取至无色。回收甲醇，残留物用 95％甲醇溶解，上 Al_2O_3 净化柱，95％甲醇洗脱至无色。洗脱液用滤纸滤过，滤液定容于 50mL 容量瓶中，进样 5μL，进行色谱分析。

色谱条件：

色谱柱：μ-Bondapak C_{18}，3.9mm×300mm

流动相：0.02mol/L 磷酸-乙腈（68：32）

流速：1.0mL/min

检测波长：346nm

 **知识拓展**　　　　**生物色谱法**

生物色谱法(biochromatography)是 20 世纪 80 年代中后期问世，由生命科学与色谱分离技术交叉形成的一种极具发展潜力的新兴色谱技术。它利用药物产生效应(或毒性)，一般是通过药物与靶点即生物大分子包括受体、通道、酶等结合的原理，应用于药物活性成分的筛选、药物作用机理的研究。它使效应成分的分离与筛选结合在一起，进而探讨药物的作用机理，是化学成分-效应-作用机理联动的一种药物研究方法，尤其适合于天然药物效应物质基础的研究。

现代生命科学已阐明了细胞、细胞膜的结构组成，并逐步了解了酶、受体、抗体、传输蛋白、DNA、肝微粒体等在生命活动中所起的重要生理作用。若将这些活性生物大分子、活性细胞膜，甚至活细胞作为配体固着于色谱载体上，制成一种生物活性填料，用于现代色谱分析技术，形成一种能够模仿药物与生物大分子、靶体或细胞相互作用的色谱系统，这样药物与生物大分子、靶体间的相互作用就能用色谱中的各种技术参数定量表征，人们就可以方便地研究药物与生物大分子、靶体或细胞间的特异性、立体选择性等相互作用，筛选活性成分，揭示药物的吸收、分布、活性、毒副作用、构效关系、生物转化、代谢等机理，探讨药物间的竞争、协同、拮抗等相互作用。

知识链接　　**2019 年全国食品药品类职业院校**

"药品检验技术"技能大赛色谱分析技能操作考核内容和评分细则

2019 年全国食品药品类职业院校"药品检验技术"技能大赛涉及的专业大类：食品药品与粮食大类（药品制造类，药品质量与安全 590204）；食品药品与粮食大类（药品制造类，药物制剂技术 590209）；医药卫生大类（药学类，药学 620301）。竞赛考核内容包括基础知识及信息化仿真考核、容量分析技能操作考核、光谱分析技能操作考核和色谱分析技能操作考核 4 个竞赛单元。每位选手均参加基础知识与信息化考核、技能竞赛考核，选手按照不同项目抽签顺序完成。色谱分析考核方案：甲硝唑片的含量测定。考核内容和评分细则如下：

一、甲硝唑片的含量测定

1. 色谱条件与系统适用性试验

用十八烷基硅烷键合硅胶为填充剂；以甲醇-水（20：80）为流动相；检测波长为

320nm。理论板数按甲硝唑峰计算不低于2000。

2. 测定法

取本品20片，精密称定，研细，精密称取（增量法）细粉适量（约相当于甲硝唑0.25g），置50mL容量瓶中，加50％甲醇适量，振摇使甲硝唑溶解，用50％甲醇稀释至刻度，摇匀，滤过，精密量取续滤液5mL，置100mL容量瓶中，用流动相稀释至刻度，摇匀，作为供试品溶液，精密量取10μL，注入液相色谱仪，记录色谱图；另取甲硝唑对照品适量，如法配制1mL中约含0.25mg的溶液，同法测定。按外标法以峰面积计算，即得。

3. 具体要求

（1）进针数量　对照品溶液2份，其中一份连续进样5针，另一份进样2针；样品溶液2份，各进2针。

（2）校正因子要求　校正因子为单位面积所代表的质量或浓度，$f=\dfrac{c_s}{A_s}$，c_s 为对照品溶液的浓度，A_s 为对照品溶液的平均峰面积。两份对照品溶液校正因子的比值在0.98～1.02时，取两份对照品溶液校正因子的平均值 $\bar{f}=\dfrac{f_1+f_2}{2}$，进行计算。

（3）样品的含量计算　用供试品溶液两针的峰面积的平均值、校正因子平均值计算含量，得到两个结果，$c_x=A_x\bar{f}$。

（4）流动相的比例　以甲醇-水（20∶80）为流动相，在甲硝唑片的含量测定中。允许甲醇-水（14∶86）～（26∶74）范围中有变化。

（5）管路排气　设定流动相流速要合理。

4. 计算

（1）标示量的百分含量（$X\%$）

$$X\%=A_x\times\bar{f}\times D\times V\times\dfrac{\overline{W}}{m}\times\dfrac{1}{S}\times100\%$$

（2）对照品峰面积相对标准偏差（RSD）（此数据由计算机直接读出）

$$\mathrm{RSD(\%)}=\dfrac{\sqrt{\dfrac{\sum(A_i-\overline{A})^2}{(n-1)}}}{\overline{A}}\times100\%$$

（3）样品测定相对极差

$$RR_{测定}=\dfrac{X_{\max}-X_{\min}}{\overline{X}}\times100\%$$

二、评分细则

序号	作业项目	考核内容	操作要求	配分	扣分说明	考核记录	扣分	得分
一	仪器准备（6分）	基本素质	玻璃仪器的洗涤	1	未清洗干净，扣1分，扣完为止			
			容量瓶试漏	1	未试漏，扣1分，扣完为止			
			色谱柱安装	3	色谱柱方向错误，实验过程色谱柱漏液，每项扣2分，扣完为止			
			仪器自检（正确开关机）	1	频繁开关机，扣1分，扣完为止			

续表

序号	作业项目	考核内容	操作要求	配分	扣分说明	考核记录	扣分	得分
二	称量（10分）	天平准备	天平水平确认、清扫、戴手套	1	每错一项扣0.5分，扣完为止			
		对照品称量	在规定量±5%内	4	不扣分			
			在规定量±5%～±10%		每份扣1分，扣完为止			
			超过规定量的±10%		每份扣2分，扣完为止			
		样品称量	20片总重	4	错误扣0.5分			
			研成细粉		错误扣0.5分			
			在规定量±5%内		不扣分			
			在规定量±5%～±10%		每份扣1分，扣完为止			
			超过规定量的±10%		每份扣2分，扣完为止			
		结束工作	数据记录	0.5	数据记录不规范扣0.5分			
			清扫、登记、复原	0.5	每错一项扣0.5分，扣完为止			
			重新称量	0	重新称量倒扣分，每份扣3分			
三	溶液制备（8分）	溶解	溶解操作准确	1	冲洗前取下漏斗，塞上瓶塞，每错一项扣1分			
		定容	三分之二处水平摇动	0.5	错一项扣0.5分，扣完为止			
			准确稀释至刻度	0.5	错一项扣0.5分，扣完为止			
			摇匀动作准确	0.5	错一项扣0.5分，扣完为止			
		过滤	取续滤液	1	初滤液不弃去，每项扣0.5分，扣完为止			
		移液	润洗2～3次，润洗液体积约为吸量管的1/3	0.5	润洗不正确，错一项扣0.5分			
			吸量管的准确操作	3	调刻线前擦干外壁，每错一项扣0.5分，扣完为止			
					吸空，每错一项扣0.5分，扣完为止			
					移液管竖直，每错一项扣0.5分，扣完为止			
					移液管尖靠壁，每错一项扣0.5分，扣完为止			
					放液后停留15s，每错一项扣0.5分，扣完为止			
				0	重吸，倒扣2分			
		微孔滤膜过滤	微孔滤膜过滤，取续滤液	1	初滤液未弃去，扣1分			
四	流动相的制备（7分）	流动相配制	流动相，甲醇比例（14%～26%）	1	流动相甲醇比例不在范围，扣1分			
		流动相过滤	过滤过程操作正确	2	流动相未经过过滤，扣2分			
		流动相脱气	脱气过程正确	1	流动相未经过脱气操作扣1分；流动相脱气时密闭瓶塞0.5分；脱气不完全扣0.5分			
		流动相更换	更换完成后，管路排气	3	更换完流动相未排气或排气不完全扣3分；排气后流速未调整，大流速冲洗色谱柱扣3分			

序号	作业项目	考核内容	操作要求	配分	扣分说明	考核记录	扣分	得分
五	色谱条件(3分)	参数设置	波长320nm	1	每错一项扣1分,扣完为止			
			流速1mL/min	1				
			压力限制恰当	1				
		说明:第一针确定运行时间,除第一针外,其余样品不得手动停止运行时间						
六	数据采集(5分)	手动进样操作	微量进样器使用前清洗润洗,使用结束清洗	0.5	每错一项扣0.5分,扣完为止			
			进样六通阀模式正确	1	进样六通阀模式错误扣1分			
			微量进样器排气泡	1	进样未排气泡,每错一项扣1分,扣完为止			
			进样量(10μL)	0.5	进样量不准确,每错一项扣0.5分,扣完为止			
		测量数据的采集、保存、记录	文件名规范	1	每错一项扣1分,扣完为止			
			保存路径正确	1	每错一项扣1分,扣完为止			
七	系统适用性(2分)	系统适用性	理论塔板数的确定	2	未达到理论塔板数扣2分			
八	定量分析(4分)	积分参数	目标峰的确定	2	目标峰保留时间判断错误扣2分			
			积分参数的确定(不允许手动积分)	2	使用手动积分扣2分			
九	测定结果(40分)	对照品重现性	RSD(一份连续5针)	12	RSD≤0.30%		0	
					0.30%<RSD≤0.50%		2	
					0.50%<RSD≤1.00%		4	
					1.00%<RSD≤1.50%		6	
					1.50%<RSD≤2.00%		9	
					RSD>2.00%		12	
		对照品精密度	对照品校正因子比值F(较大值比较小值)	8	若RSD>2.00%,此项为0分		8	
					$F=1.000$		0	
					1.000<F≤1.005		2	
					1.005<F≤1.010		4	
					1.010<F≤1.015		6	
					$F>1.015$		8	
		供试品测定结果的精密度	相对极差	12	若RSD>2.00%或$F>1.015$,此项为0分		12	
					相对极差≤0.30%		0	
					0.30%<相对极差≤0.60%		2	
					0.60%<相对极差≤0.90%		4	
					0.90%<相对极差≤1.20%		6	
					1.20%<相对极差≤1.50%		9	
					相对极差>1.50%		12	
			相对误差	8	若RSD>2.00%或$F>1.015$或相对极差>1.50%,此项为0分		8	
					相对误差≤0.30%		0	
					0.30%<相对误差≤0.60%		2	
					0.60%<相对误差≤0.90%		4	
					0.90%<相对误差≤1.20%		6	
					1.20%<相对误差≤1.50%		7	
					相对误差>1.50%		8	

续表

序号	作业项目	考核内容	操作要求	配分	扣分说明	考核记录	扣分	得分
十	原始记录(4分)	记录规范性	原始记录准确,项目无缺失	2	原始记录不完整,每错扣1分,扣完为止			
				2	数据书写不规范,每错扣1分,扣完为止			
十一	计算(6分)	计算过程	计算公式的正确运用	3	计算公式数据代入错误,每项扣1分,扣完为止			
			有效数字	3	错一个扣1分,扣完为止			
十二	测定结束后处理(5分)	冲洗色谱柱、清场	冲洗色谱柱	3	未更换甲醇冲洗或更换后未排气或排气后未调速,使用大流速冲洗色谱柱,每项扣3分,扣完为止			
			仪器使用记录填写	1	未按要求进行扣1分			
			台面整理、"三废"处理	1	未按要求进行扣1分			
十三	重大失误		本项为倒扣分,出现下列失误,最多扣20分	−10	流动相过滤,滤膜选择错误		10	
				−10	进入色谱柱的溶液进样前未用微孔滤膜过滤		10	
				−10	未进行管路排气,或者排气不完全		10	
				−10	色谱柱选择错误		10	
				−10	未出峰样品,经裁判允许后,补进样		10	
				−20	操作失误导致的仪器损坏,倒扣20分,并赔偿相关损失		20	
			此项为倒扣分,出现下列错误,以零分计		多针进样,挑选数据,以零分计			
					不按照实验方案进行,利用定量环进行,以零分计			
					利用积分参数,拟合实验数据,以零分计			
					篡改(如伪造、拟合数据、未经裁判同意修改原始数据等)测量数据,总分以零分计			
					色谱条件(色谱柱规格、流动相比例、波长、流速)错误,以零分计			
十四	实验效率		比赛不允许超时	0	210min,到时交卷			

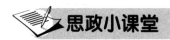
思政小课堂

精密仪器　中国制造

　　我国精密分析仪器的进口率比较高,其中质谱仪、色谱仪进口率尤甚,我国质谱仪的中高端市场几乎被外资品牌垄断,这在很大程度上制约了我国的科技创新。近年来,我们加大了科研投入力度,经过科学家长期的研发,国产的质谱仪不断创新,其中广州某有限公司的CMI-1600全自动微生物质谱检测系统,获广东省药品监督管理局颁发的医疗器械注册证;杭州某有限公司EXPEC5200三重四级杆串联质谱仪,在临床诊断领域得到广泛应用;北京某有限公司的Ebio Reader 3700基质辅助激光解析电离飞行时间质谱系统,首次记录新冠病毒(CDVID-19)肺炎的蛋白指纹图谱,对新冠病毒肺炎诊断和检测迈入准确医疗的高度具有决定性意义。

科技进步离不开科学仪器的发展，科技的重大突破也越来越依赖于先进的科学仪器。我国科学家在精密仪器领域取得的领先技术，让我们由衷地产生强烈的民族自豪感，同学们更要肩负起历史重任，把自己的科学追求融入建设社会主义现代化国家的伟大事业中去。

目标测试

1. 比较高效液相色谱法与气相色谱法有何异同点？

2. 高效液相色谱中影响色谱峰扩展的因素有哪些？如何选择分离操作条件？

3. 何为化学键合固定相？化学键合相色谱法与液液分配色谱法有何关系与不同？

4. 简述高效液相色谱仪的主要构造及其作用。

5. 什么是梯度洗脱？在高效液相色谱法中采用梯度洗脱有何作用？

6. 用某一填充柱分离十八烷和2-甲基十七烷，该柱的理论塔板数为4200片，测得它们的保留时间分别为15.05min和14.82min。计算：（1）分离度 R；（2）如果要使分离度 $R=1$，所需理论塔板数。

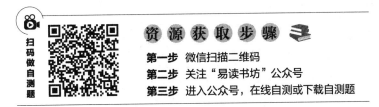

第十九章　联用技术简介

 **知识导图**

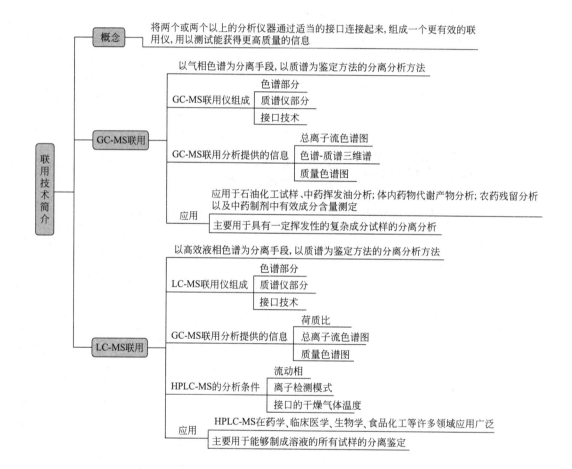

学习目标

1. 掌握色谱-质谱联用技术的优点。
2. 了解色谱-质谱联用技术的应用。

联用技术是将两个或两个以上的分析仪器通过适当的接口连接起来、组成一个更有效的联用仪，用于测试能获得更高质量的信息。联用技术的兴起，起源于对复杂样品分析的日益增长的需求。常用的联用技术有色谱-质谱联用、色谱-光谱联用。色谱法是一种极好的分离技术，具有分离能力强、分离效率高的特点，特别适合于对复杂样品的分离，但它的检测器识别能力差，通常只利用各组分的保留值来定性，不能进行结构分析；质谱和光谱（原子发射光谱、核磁共振、红外光谱等）的识别能力很强，能确定被测组分的组成和结构，但对分析样品要求较高，必须是纯物质。因此，通过联用技术，可以相互取长补短，以扩大应用范围，获得更多的信息，使分离和鉴定同时进行，再借助计算机系统，实现在线分析。联用技术是分析复杂样品的理想选择，也是仪器分析的发展方向。本章重点介绍气相色谱-质谱联用(GC-MS)及液相色谱-质谱联用(LC-MS)，见图19-1。

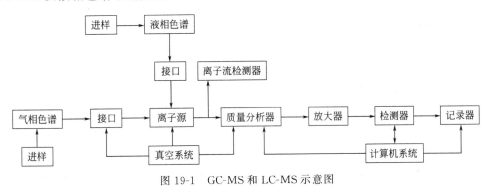

图 19-1　GC-MS 和 LC-MS 示意图

第一节　气相色谱-质谱联用

一、概述

由于气相色谱试样呈气态，流动相也是气体，与质谱仪进样要求相匹配，因此最容易将这两种仪器联用。早在20世纪60年代人们就开始了气相色谱-质谱联用技术的研究，是发展最早、最成熟的联用技术。该法灵敏度高，适合分析需具有一定挥发性，否则需要衍生化和裂解的试样；适合低分子量(小于400)且具有热稳定性的化合物。

气相色谱-质谱联用(gas chromatography-mass spectrometry, GC-MS)法是利用气相色谱仪将试样分离为单一组分，组分的保留时间不同，与载气同时流出色谱柱，通过接口，除去载气，保留组分进入质谱仪离子源。各组分分子被离子化，使试样分子转变为离子，在这个过程中，新生的分子离子接受了过多的能量，进一步裂解，生成各种碎片离子。经分析检测，记录为质谱图。

二、气相色谱-质谱联用仪

气相色谱-质谱联用仪主要由四部分组成：色谱部分、质谱部分、接口部分和数据处理系统，其示意图如图19-2所示。

1. 色谱部分

色谱部分和一般色谱仪基本相同，包括柱温箱、汽化室和载气系统，带有分流或不分流进样系统，程序升温系统，压力、流量自动控制系统等，一般不再带有色谱检测器，而是利

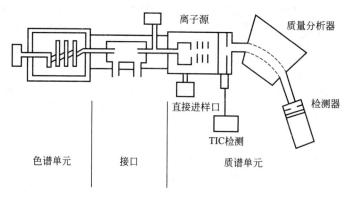

气-质联用仪

图 19-2　单聚焦型气相色谱-质谱联用仪示意图

用质谱仪作为色谱的检测器。在色谱部分，混合试样在合适色谱条件下被分离成单个组分，然后进入质谱仪进行鉴定。

2. 质谱仪部分

质谱仪部分可以是磁式质谱仪、四极杆质谱仪，也可以是飞行时间质谱仪和离子阱。目前使用最多的是四极杆质谱仪。质谱仪离子源能够将被分析的试样分子电离成带电离子，并使这些离子在离子光学系统作用下，会聚成有一定几何形状和一定能量的离子束，然后进入质量分析器被分离。离子源主要是电子轰击源（EI）和化学电离源（CI）。质量分析器主要有四极杆质量分析器和磁式质量分析器，前者扫描速度快，并可从正离子到负离子检测自动切换，而且灵巧轻便，价格便宜，是 GC-MS 中最流行的质量分析器。

3. 接口技术

接口（interface）技术是气质联用系统的关键技术。要实现 GC-MS 联用，首先要解决气压问题，气相色谱仪色谱柱出口通常为大气压力，而质谱仪要求减压进样，故两者必须采用一个接口装置连接起来。其另一功能是排除大量载气，使待测物经过浓缩，进入离子源。常用接口一般分为直接导入型接口和喷射式浓缩型接口。

（1）直接导入型接口　装置结构简单、容易维护，但它无浓缩作用。

（2）喷射式浓缩型接口　具备浓缩载气、去除载气的功能，即具有分子分离的能力。

4. 数据处理

由于计算机技术的提高，GC-MS 数据处理都由计算机系统完成，包括利用标准试样校准质谱仪、设置色谱和质谱工作条件、谱库检索等。

三、色谱-质谱联机分析所提供的信息

全扫描模式（full scanning）是色谱-质谱联用的分析扫描模式，全扫描是质量分析器在给定时间范围内对给定质荷比（m/z）范围进行无间断地扫描，从而获得试样中每一个组分（或在某一特定时刻）的全部质谱。在这种扫描模式下，可以获得试样各种定性和定量信息。主要有总离子流色谱图、色谱-质谱三维图和质量色谱图。

1. 总离子流色谱图

以总离子流强度对时间作图，所得的谱图称为总离子流色谱图（total ion current chromatogram，TIC）。它可给出色谱保留值、峰高及峰面积的信息。色谱保留值可作为定性鉴定的参考信息，峰高及峰面积可作为定量分析的依据。图 19-3 为某试样的总离子流色谱图，

相应信号是每个组分的总离子流强度（所有 m/z 的离子强度的加和）。

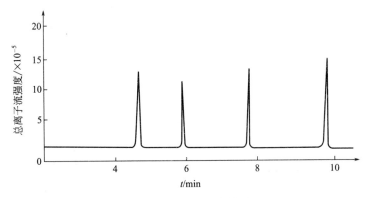

图 19-3 总离子流色谱图

2. 色谱-质谱三维谱

将数据用计算机三维软件绘制出三维总离子流图，即为色谱-质谱三维谱，如图 19-4 所示。图中 X 轴表示质荷比（m/z），Y 轴表示时间或连续扫描次数，Z 轴表示离子流强度。这张三维总离子流图提供了丰富信息。垂直于 Y 轴任一点的截面，就是这一时间的质谱图；垂直于 X 轴任一点的截面，就是该质荷比的质量色谱图；沿 X 轴方向，将具有相同时间的各离子流相加，即是二维平面总离子流色谱图。

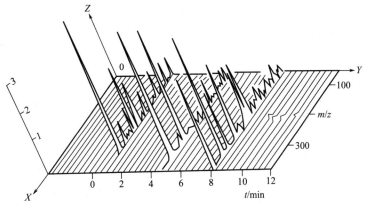

图 19-4 三维总离子流图

3. 质量色谱图

质量色谱图是在一次扫描中，记录单一质荷比的离子强度随时间变化所得到的色谱图。纵坐标为离子流强度，横坐标为时间，如图 19-5 所示。

测定质量色谱图时，质谱仪进行选择性离子监测（selective ion monitoring，SIM），这是色谱-质谱联用的又一分析扫描模式，选择离子监测是对一个或一组特定离子进行检测的技术。选择离子监测分为单离子监测和多离子监测。若只检测一种质荷比的离子强度随时间变化的检测方式称为单离子监测（single ion monitoring，SIM），此时质谱仪不进行质量扫描，只相当于该离子的检测器；多离子监测（multiple ion monitoring，MIM）是指检测时质谱仪在几个质荷比的测定位置上快速转换，只检测这几个质荷比的离子强度随时间变化的质谱色谱的检测方式。选择离子监测把全扫描模式所得到的复杂的总离子色谱图变得简单，

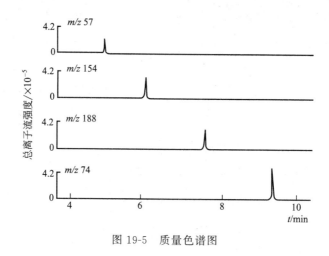

图 19-5　质量色谱图

即获得的质量色谱图，提高了灵敏度，同时有更快的扫描速度。选择离子监测主要用于定量分析。

四、气相色谱-质谱联用法应用

GC-MS 主要用于具有一定挥发性的复杂成分试样的分离分析。主要应用于石油化工试样、中药挥发油分析；体内药物代谢产物分析；农药残留分析以及中药制剂中有效成分含量测定等方面。例如，中药制剂冠心苏合丸有效成分的含量测定，采用水蒸气蒸馏法提取后，用 GC-MS 对其进行分离，通过检索 NIST98 谱图库，并且结合标准质谱图库和有关文献确认挥发性组分中主要化学成分是冰片、异冰片和苯甲酸苄酯，并测定其含量。

第二节　液相色谱-质谱联用

一、概述

液相色谱-质谱联用法（liquid chromatography-mass spectrometry，LC-MS）是以高效液相色谱为分离手段，以质谱为鉴定方法的分离分析方法。LC-MS 是在 GC-MS 基础上发展起来的联用技术。两者有许多相似之处。LC-MS 是当前复杂成分分析的最重要手段，是最重要的两谱联用法之一。

HPLC-MS 除了可以分析 GC-MS 所不能分析的强极性、难挥发、热不稳定性的化合物之外，还具有以下几个方面的优点。

① 分析范围广，几乎可以检测所有化合物。

② 分离能力强，即使被分析混合物在色谱上没有完全分离开，但通过 MS 的特征离子质量色谱图也能分别给出它们各自的色谱图来进行定性定量分析。

③ 定性分析结果可靠，可以同时给出每一个组分的分子量和丰富的结构信息，高灵敏度和高选择性，适用于微量试样和混合物。

④ 分析速度快，HPLC-MS 使用的液相色谱柱为窄径柱，提高了分离效果。但 HPLC-MS 所用的流动相中不能含有非挥发性缓冲盐。若需调节 pH 值，只能用挥发性的酸和碱

（如醋酸和氨水等）。

二、液相色谱-质谱联用仪

LC-MS 联用仪也是由四部分组成，主要有高效液相色谱仪、接口装置、质谱仪和数据处理四部分。其示意图如图 19-6 所示。

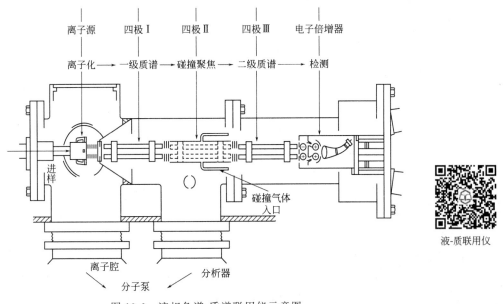

图 19-6　液相色谱-质谱联用仪示意图

1. 色谱部分

色谱部分和一般的高效液相色谱仪基本相同，包括高压输液系统（高压泵及梯度洗脱装置）、进样系统和分离系统。色谱部分的作用是将混合物试样分离后进入质谱仪。

2. 质谱部分

与气-质联用质谱部分相同。作为 LC-MS 联用仪的质量分析器最常用的是四极杆分析器，其次是离子阱质量分析器。

3. 接口技术

接口装置同时就是电离源，与其连接的是质谱仪中的质量分析器。

接口技术仍然是 LC-MS 联用仪中的关键技术。接口装置的首要作用是去除溶剂，液体流动相与组分一起流出液相色谱柱，这些液体挥发成气体，会远远超过质谱仪的真空系统能力。其次是使试样离子化，通常的电子轰击电离法和化学电离法并不适用。为此，大气压电离源（atmospheric pressure ionization，API）的使用解决了这一问题。大气压电离源包括应用最为广泛的电喷雾电离源（electrospray ionization，ESI）和大气压化学电离源（atmospheric pressure chemical ionization，APCI）。下面分别简述电喷雾离子化雾和大气压化学离子化仪器接口的工作原理。

（1）电喷雾离子化接口　是将溶液中试样离子转化为气态离子的一种接口。它包括电喷、离子形成和离子传递三个步骤，如图 19-7 所示。色谱柱流出物移至喷嘴顶端并溢出，形成由细微珠液和溶剂蒸气混合而成的液滴。这些液滴通过氮气干燥气帘，在氮气流下汽化后进入强电场区域。在高压电作用下，小液滴试样离子化，达到极限时液珠分裂，蒸发、电

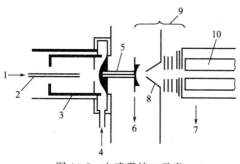

图 19-7 电喷雾接口示意

1—液体进口；2—毛细管喷嘴；3—圆柱形电极；
4—干燥 N_2 气帘；5—金属毛细管；6—第一负压区；
7—第二负压区；8—锥形分离器；
9—静电聚集；10—质量分析器

荷过剩及微珠分裂过程反复进行，最终以单电荷或多电荷离子的形式，从溶液中转移直至进入气相，形成气相离子。在大气压条件下形成离子，经取样孔进入质谱真空区。此离子流分别通过第一、二负压区，经聚焦进入质量分析器。ESI 具有离子化效率高、灵敏度高、分析范围广等优点。它可以形成多电荷离子，可分析高分子化合物，如多肽、蛋白质等，也可形成单电荷离子，可分析较小分子量的极性化合物，如小分子药物及其代谢物，用于农药及化工产品中间体和杂质的鉴定。

（2）大气压化学离子化接口　大气压化学离子化接口是将溶液中组分分子转化为气态的一种接口，其电离示意图见图 19-8。APCI 借助于电晕放电启动一系列气相反应以完成离子化过程，流动相进入具有雾化气套管的毛细管，被氮气流雾化，形成气溶胶，并在毛细管出口前被加热管剧烈加热汽化。在加热管端进行电晕尖端放电，使溶剂分子电离，形成溶剂离子，充当反应气，与气态试样分子碰撞，经过复杂反应后生成准分子离子。正离子通过质子转移、加合物形成或电荷抽出反应而形成；负离子则通过质子抽出、阴离子附着或电子捕获而形成。它们经过筛选狭缝进入质谱仪。全部电离过程是在大气压条件下完成的。APCI 适合分析有一定挥发性、中等极性和弱极性、分子量在 2000 以下的小分子化合物。最大优点是使 HPLC 与 MS 有很高的匹配度，允许使用流速高及含水量高的流动相，极易与液相色谱条件匹配。

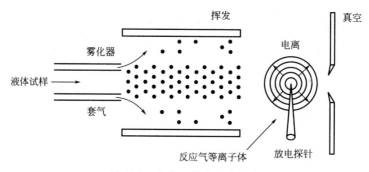

图 19-8　大气压化学电离示意

另外，商品仪器中，ESI 和 APCI 接口都有正负离子测定模式可供选择。可根据试样的性质选择，也可两种模式同时进行。

三、高效液相色谱-质谱联用的分析条件

HPLC-MS 常用流动相为：水、甲醇、乙腈及它们的混合物，需要调节 pH 值时，可用醋酸、甲酸或它们的铵盐溶液，应避免磷酸盐或离子对试剂等。另外，流量对 HPLC-MS 分析有较大影响。

离子检测模式：碱性物质选择正离子检测模式，可用醋酸或甲酸使试样酸化；酸性物质及含有较多强电负性基团的物质，选择负离子检测模式。

接口的干燥气体温度：应高于待分析物沸点 20℃ 左右，同时需考虑物质的热稳定性和流动相中有机溶剂的比例。

四、液相色谱-质谱联用法的应用

HPLC-MS 在药学、临床医学、生物学、食品化工等许多领域应用广泛。在药学中，主要用于血样、尿样、体液中药物代谢产物、中药材及中成药（如银杏叶、熟地黄、牡丹皮、板蓝根药材及注射液等）复杂成分试样的分离分析。理论上可用于能够制成溶液的所有试样的分离鉴定。

 **知识拓展** 液相色谱-质谱联用在 2008 年北京奥运会兴奋剂检测中的应用

色谱-质谱联用技术的长足进步，使检测复杂生物基质中微量成分成为目前的常规检测。2008 年北京奥运会完成迄今奥运会历史上规模最大的兴奋剂检查任务，短时间内总计检测兴奋剂近六千例，为此，中国反兴奋剂检测中心使用了十余台液相色谱单四极杆质谱联用仪。

这些仪器对几千份尿样进行利尿剂、掩蔽剂以及其他禁用物质的检测。检测结果准确可靠，检测到有运动员使用利尿剂，并检出世界反兴奋剂机构（WADA）在兴奋剂检查试样中加入的两个控制试样，未出现漏检事故。检测灵敏度比较高，满足 WADA 的最低检出能力（MRPL）的要求，确保 2008 年北京奥运会顺利进行。

液相色谱单四极杆质谱仪器工作状态稳定、操作简单、自动化程度高，在数据分析软件中使用编写的 MACRO 指令，检测数据容易识别和判断。使用这种仪器分析手段检测利尿剂和其他掩蔽剂，是常规和大型运动会兴奋剂检测的良好方法。

 **目标测试**

1. 色谱与质谱联用后有什么突出特点？
2. 色谱与质谱联用的关键技术是什么？如何解决关键技术问题？

扫码做自测题

资 源 获 取 步 骤

第一步 微信扫描二维码
第二步 关注"易读书坊"公众号
第三步 进入公众号，在线自测或下载自测题

实验部分

第一节　化学实验室规则

1. 实验前应充分预习，写好实验预习方案，按时进入实验室。未预习者，不能进行实验。

2. 在预习的基础上，取出实验中所需仪器。

3. 必须认真完成规定的实验内容。如果对实验及其操作有所改动，或者做自选实验，应先与指导教师商讨，经允许后方可进行。

4. 药品和仪器应整齐地摆放在一定位置，用后立即放回原位。腐蚀性或污染性的废物应倒入废液桶或指定容器内。火柴梗、碎玻璃及实验除药品外的固体废弃物等倒入垃圾箱中，不得随意乱抛。

5. 必须正确地使用仪器和实验设备。如发现仪器有损坏，应按规定的有关手续到实验预备室换取新的仪器；未经同意不得随意拿取别的位置上的仪器；如发现实验设备有异常，应立即停止使用，及时报告指导教师。

6. 实验过程中要保持台面整洁。

7. 实验结束后，将实验记录经指导教师检查签字后方能离开实验室。

8. 清理实验所用的仪器，将属于自己保管的仪器放进实验柜内锁好。各实验台轮流值日，必须检查水、电和煤气开关是否关闭，负责实验室内的清洁卫生。实验室的一切物品不得带离实验室。

第二节　实验室安全规则

进行化学实验会接触许多化学试剂和仪器，其中包括一些有毒、易燃、易爆、有腐蚀性的试剂以及玻璃器皿、电气设备、加压和真空器具等。如不按照使用规则进行操作就可能发生中毒、火灾、爆炸、触电或仪器设备损坏等事故。为了实现预期的教学目标而又不造成国家财产的损失和人身健康的损害，进行化学实验必须严格执行必要的安全规则。

1. 浓酸、浓碱具有强腐蚀性，切勿溅在皮肤或衣服上，眼睛更应注意。稀释浓酸、浓碱时，应将它们慢慢倒入水中，而不能相反进行，以避免迸溅。

2. 有毒药品（如重铬酸钾、钡盐、铅盐、砷的化合物、汞的化合物，特别是氰化物）不得进入口内或接触伤口。剩余的废液也不能随便倒入下水道，应倒入废液缸中。

3. 一切有毒或有刺激性的气体的实验都应在通风橱内进行。

4. 绝对不允许任意混合各种化学药品，以免发生意外事故。

5. 严禁性质不明的物料入口，实验室内不得饮食，离开实验室前应先洗手；若使用过毒物，还应漱口。

6. 加热试管时，不要将管口对着自己或别人，更不能俯视正在加热的液体，以免液体溅出而烫伤。

7. 将玻璃管、温度计、漏斗等插入橡皮塞（或软木塞）时，应涂以水或甘油等润滑剂，并用布垫好，以防玻璃管破碎刺伤。操作时应手持塞子的侧面，切勿将塞子握在手掌中。

8. 实验室所有药品不得携带出室外。用剩的药品应交还给教师。

9. 水、电、煤气一经使用完毕就应立即关闭。

实验一　天平称量练习

一、实验目标

1. 掌握电子分析天平的称量原理，熟悉主要部件的名称和作用。

2. 掌握检查天平和称量方法（直接称量法和减重称量法），能熟练使用电子分析天平。

3. 了解电子分析天平的使用和保管规则。

二、仪器与试剂

1. 仪器

电子分析天平、称量瓶、锥形瓶、托盘天平。

2. 试剂

无水碳酸钠。

三、实验原理

电磁力补偿原理：支承点用弹性簧片取代机械天平的玛瑙刀口。压力变压器取代升降装置，数字显示代替指针刻度，具有性能稳定、操作方便等特点。

四、实验步骤

1. 天平构造的观察

在老师的指导下观察天平的结构，说出各部件的名称和作用。

2. 检查

取下天平罩，叠好，放于天平后。检查天平盘内是否干净，必要的话予以清扫。检查天平是否水平，若不水平，调节底座螺丝，使气泡位于水平仪中心。检查硅胶是否变色失效，若是，应及时更换。

3. 开机

关好天平门，轻按"ON"键，LTD指示灯全亮，松开手，天平先显示型号，稍后显示为 0.0000g，即可开始使用。

4. 称量练习

（1）直接法称量练习　在 LTD 指示灯显示为 0.0000g 时，打开天平侧门，将被测物小心置于秤盘上，关闭天平门，待数字不再变动后即得被测物的质量。打开天平门，取出被测物，关闭天平门。

（2）减重法称量练习　用减重法称取三份固体 Na_2CO_3 样品，每份约 0.5g，称量准确至 0.0001g。

先在托盘天平上称空称量瓶，再在右盘加 1.5～1.7g 砝码。用药匙将样品加入左盘空称量瓶中至平衡。将称量瓶置入已调好零点的电子天平中，按 TAR 键清零。

用滤纸条取出称量瓶，在接收器的上方倾斜瓶身，用瓶盖轻击瓶口使试样缓缓落入接收器中。当估计试样接近所需量（0.5g 或约 1/3）时，继续用瓶盖轻击瓶口，同时将瓶身缓缓竖直，用瓶盖向内轻刮瓶口，使粘于瓶口的试样落入瓶中，盖好瓶盖。将称量瓶放入天平，显示的质量减少量即为试样质量。如果倾出的样品远不足 0.5g 时，则需继续倾出。倾出量允许误差可在倾出量的 ±10%，即在 0.55～0.45g 为宜。

用同样的方法称出第二份、第三份样品，做好记录。

5. 结束

称量结束后，"按 OFF"键关闭天平，将天平还原。

在天平的使用记录本上记下称量操作的时间和天平状态，并签名。

整理好台面之后方可离开。

五、注意事项

1. 在开关天平门，放取称量物时，动作必须轻缓，以免造成天平损坏。

2. 对于过热或过冷的称量物，应使其回到室温后方可称量。

3. 称量物的总质量不能超过天平的称量范围。在固定质量称量时要特别注意。

4. 所有称量物都必须置于一定的洁净干燥容器（如烧杯、表面皿、称量瓶等）中进行称量，以免沾染腐蚀天平。

5. 为避免手上的油脂汗液污染，不能用手直接拿取容器。称取易挥发或易与空气作用的物质时，必须使用称量瓶，以确保在称量的过程中物质质量不发生变化。

6. 天平状态稳定后不要随便变更设置。

7. 天平上门一般不使用，操作时开侧门。

8. 通常在天平中放置变色硅胶做干燥剂，若变色硅胶失效后应及时更换。

9. 实验数据必须记录到称量表格上，不允许记录到其他地方。

10. 注意保持天平内外的干净卫生。

实验二　氯化钡结晶水含量的测定

一、实验目标

1. 巩固电子分析天平的称量方法。

2. 会进行恒重操作。

3. 学会干燥失重的测定方法。

二、仪器与试剂

1. 仪器

电子分析天平、称量瓶、恒温干燥箱、干燥器。

2. 试剂

氯化钡。

三、实验原理

氯化钡（$BaCl_2 \cdot 2H_2O$）中的结晶水，在 105℃时能完全挥发失去：

$$BaCl_2 \cdot 2H_2O \xrightarrow[\triangle]{105℃} BaCl_2 + 2H_2O$$

其中无水氯化钡不挥发，故可根据加热后质量的减少，来测定氯化钡中结晶水的含量。

$$w_{结晶水} = \frac{m_2 - m_3}{m_s}$$

四、实验步骤

1. 空称量瓶的干燥恒重

取称量瓶两只，洗净，置恒温干燥箱中，打开瓶盖斜靠瓶口，于 105℃干燥 1h。取出称量瓶置于干燥器中冷却至室温，盖好瓶盖，准确称其质量，重复上述操作，直至恒重，记为 m_1。

2. 样品干燥失重的测定

取纯 $BaCl_2 \cdot 2H_2O$ 样品两份，各 1.5g 左右分别装入已恒重的称量瓶中，铺平，加盖，精密称其质量为 m_2。置干燥箱中，开盖斜靠瓶口，逐渐升温，并于 105℃烘烤 2h，冷却、称量，直至恒重为止，记为 m_3。两次称量之差即为氯化钡样品中结晶水的质量。

注意：将空称量瓶或盛有样品的称量瓶置入干燥器中冷却时，瓶盖仍要斜放在瓶口上，不要盖紧，以免冷却后不易打开，但称量时应将瓶盖盖好。

实验三　滴定分析仪器的洗涤和使用练习

一、实验目标

1. 仪器的洗涤方法。
2. 掌握容量仪器的正确使用方法。

二、仪器与试剂

1. 仪器

容量瓶（250mL）、移液管（25mL）、吸量管（10mL）、洗耳球、酸式滴定管、碱式滴定管、锥形瓶（250mL）、滴定台。

2. 试剂

0.1000mol/L HCl、0.1000mol/L NaOH、酚酞指示剂。

三、实验步骤

1. 滴定分析仪器的洗涤

滴定分析法中常用的滴定管、容量瓶、移液管、试剂瓶、烧杯等，在使用之前必须洗干净，洗涤时可根据情况选择不同的方法。

一般洗涤可先用自来水冲洗，必要时可用毛刷刷洗，然后再用蒸馏水荡洗。

对沾有油污等较脏的仪器，可用毛刷蘸些肥皂液或洗涤液刷洗，然后用自来水冲洗干净，最后用蒸馏水荡洗。

对一些用上述方法仍不能洗涤干净的容器，可用铬酸洗液。

使用洗液的方法和注意事项：向滴定管中注入洗液的量约为仪器总量的 1/5，然后慢慢转动仪器使仪器内壁全部被洗液润湿，过几分钟再将洗液倒回原洗液瓶中，如仪器内部沾污严重，可将洗液充满仪器浸泡数分钟或数小时后，将洗液倒回原瓶，用自来水把残留在仪器上的洗液冲洗干净。如为碱式滴定管，要把橡皮管取下，换上旧橡皮头，再倒入洗液。

洗液有很强的腐蚀性，能灼伤皮肤和腐蚀衣物，使用时需格外小心，如不慎将洗液溅在皮肤、衣物上或洒在实验台上，应立即用水冲洗。

如果洗液已变为绿色，已不再具有去污能力，则不能继续使用。

洗涤干净的仪器应该均匀被水润湿而不挂水珠，然后用少量蒸馏水荡洗 2～3 次，已洗净的仪器不可再用布或纸擦拭，以免沾污仪器。

2. 滴定管的基本操作

（1）检漏　检查滴定管是否漏水。

（2）涂凡士林　将酸式滴定管玻璃活塞取下，用滤纸将活塞和活塞套的水吸干，练习并学会涂凡士林。

（3）滴定管的洗涤　取酸式滴定管和碱式滴定管各一支，用上述方法将其洗涤干净。

（4）装溶液　用蒸馏水荡洗 2～3 次，每次加入量约为 5mL，然后，用试剂瓶直接倒入 HCl 滴定液，每次倒入 3～5mL，荡洗 2～3 次，让部分溶液从下端尖嘴流出。

（5）调零　滴定管装满后，除去管内滴定液弯月面下缘最低点与"0"刻线相切。

用同样的方法，练习向碱式滴定管中加 NaOH 溶液。

（6）滴定操作练习　用右手拿锥形瓶，左手控制酸式滴定管的活塞，向锥形瓶中放入 25.00mL0.1000mol/L HCl 溶液，加 2 滴酚酞指示剂，用未知浓度的 NaOH 溶液滴定，右手不断地旋摇锥形瓶，近终点时，用洗瓶冲洗锥形瓶的内壁，使沾在壁上的溶液都流入溶液中，充分反应。滴定至溶液由无色变为淡红色，且在 30s 内不消失即为终点。过 1～2s 后，记录消耗 NaOH 溶液的体积，重复滴定 2～3 次。记录数据。

用移液管准确吸取 25.00mL0.1000mol/L NaOH 溶液，置于锥形瓶中，加 2 滴甲基橙指示剂，溶液呈淡黄色，用 HCl 溶液滴定至溶液由黄色变为橙色即为终点。记录消耗 HCl 溶液的体积。重复滴定 2～3 次，记录数据。

通过练习初步掌握滴定操作及滴定终点的观察。

滴定管的读数：在上面滴定练习中，每次的初读数应为 0.00mL 附近，终读数应读至小数点后面第二位，读数时眼睛要与凹液面相切。

练习完毕将滴定管洗净，使尖嘴向上夹在滴定台上，将酸式滴定管活塞打开。

3. 容量瓶的基本操作

（1）检查容量瓶是否漏水。

（2）洗涤容量瓶。

（3）学习向容量瓶中转移溶液，可用自来水或蒸馏水代替溶液做练习。

（4）练习混匀溶液的操作。

4. 移液管基本操作

（1）洗涤移液管，并练习荡洗移液管的操作方法。

（2）反复练习并学会用移液管移取溶液的操作。

实验四　盐酸滴定液的配制和标定

一、实验目的

1. 掌握盐酸滴定液配制与标定的原理和方法。

2. 熟悉用甲基红-溴甲酚绿混合指示剂指示滴定终点。

二、仪器与试剂

1. 仪器

分析天平、托盘天平、称量瓶、滴定管（50mL）、玻璃棒、量筒（10mL、50mL）、锥形瓶（250mL）、试剂瓶（1000mL）、电炉。

2. 试剂

浓盐酸、基准无水碳酸钠、蒸馏水、甲基红-溴甲酚绿混合指示剂。

三、实验原理

浓盐酸易挥发，不能直接配制，应采用间接法配制盐酸滴定液。

标定盐酸的基准物有无水碳酸钠和硼砂等，本实验用基准无水碳酸钠进行标定，以甲基红-溴甲酚绿混合指示剂指示终点，终点颜色由绿色变暗紫色。标定反应为：

$$2HCl + Na_2CO_3 \xrightarrow{\quad\quad} 2NaCl + H_2O + CO_2 \uparrow$$

按下式计算盐酸滴定液的浓度：

$$c_{HCl} = 2 \times \frac{m_{Na_2CO_3}}{V_{HCl} \times M_{Na_2CO_3}} \times 10^3$$

四、操作步骤

1. 0.1mol/L HCl 滴定液的配制

用洁净小量筒量取 4.5mL HCl，加蒸馏水稀释至 500mL，摇匀即得。

2. 0.1mol/L HCl 滴定液的标定

用递减法精密称取在 270～300℃ 干燥至恒重的基准无水 Na_2CO_3 0.12～0.15g，分别置于 250mL 锥形瓶中，加 50mL 蒸馏水溶解后，加甲基红-溴甲酚绿混合指示剂 10 滴，用待标定的滴定液滴定至溶液由绿变紫红色，记下所消耗的滴定液的体积。平行测定 3 次。

实验五　氢氧化钠标准溶液的配制与标定

一、实验目标

1. 掌握差减法称取基准物质的方法。

2. 掌握滴定操作基本技能。

3. 学习用邻苯二甲酸氢钾标定氢氧化钠标准溶液的方法。

二、仪器与试剂

1. 仪器

分析天平、称量瓶、碱式滴定管、移液管、锥形瓶等。

2. 试剂

0.1mol/L NaOH 溶液、$KHC_8H_4O_4$（分析纯）、酚酞指示剂。

三、实验原理

氢氧化钠标准溶液和盐酸标准溶液一样，只能用间接法配制，标定其准确浓度可用基准物质，也可用盐酸溶液进行比较滴定。常用草酸和邻苯二甲酸氢钾作为基准物质，标定氢氧化钠的浓度，本实验采用邻苯二甲酸氢钾标定氢氧化钠溶液，反应的方程式为：

$$KHC_8H_4O_4 + NaOH \longrightarrow KNaC_8H_4O_4 + H_2O$$

到达化学计量点时，溶液显碱性，可选用酚酞作指示剂。按下式计算氢氧化钠溶液的浓度：

$$c_{NaOH} = \frac{m_{KHC_8H_4O_4}}{M_{KHC_8H_4O_4} V_{NaOH}}$$

四、实验步骤

1. 0.1mol/L NaOH 标准溶液的配制

用烧杯由托盘天平迅速称取 2g 固体 NaOH，加约 30mL 无 CO_2 的蒸馏水溶解，稀释至 500mL，转入具橡胶塞试剂瓶中，盖好瓶塞，摇匀，贴好标签备用。

2. NaOH 标准溶液的标定

在分析天平上用差减法准确称取 $KHC_8H_4O_4$ 0.30～0.35g，置于锥形瓶中，加 20mL 蒸馏水溶解，加入 2 滴酚酞指示剂，用 0.1mol/L NaOH 标准溶液滴定至溶液由无色恰好转变成粉红色为止，记录数据。平行测定三次。

五、注意事项

平行实验时，也可以先称取一定量的邻苯二甲酸氢钾基准物质(1.3～1.4g)，少量蒸馏水溶解后，在一定体积的容量瓶(100.0mL)中定容。用移液管准确吸取 25.00mL 于锥形瓶中，加入指示剂后进行滴定。

实验六　食醋中总酸度的测定

一、　实验目标

1. 了解强碱滴定弱酸的反应原理及指示剂的选择。
2. 熟悉移液管和容量瓶的使用方法。
3. 了解酸碱滴定法的实际应用。
4. 学会食醋中总酸度的测定方法。

二、仪器与试剂

1. 仪器

碱式滴定管、移液管、锥形瓶、容量瓶、洗瓶等。

2. 试剂

0.1mol/L 氢氧化钠标准溶液、酚酞指示剂、食醋试液。

三、实验原理

食醋的主要成分是乙酸，此外还含有少量其他弱酸如乳酸等。以酚酞为指示剂，用氢氧化钠标准溶液滴定可测出酸的总含量，其反应为：

$$HAc + NaOH \longrightarrow NaAc + H_2O$$

由于生成的 NaAc 是强碱弱酸盐，水解后溶液呈碱性，化学计量点时的 pH 值约为8.74，因此以酚酞为指示剂，滴至微红色。按下式计算食醋中的总酸度，以醋酸的质量浓度（g/mL）来表示。

$$\rho_{HAc} = \frac{c_{NaOH} \times V_{NaOH} \times 60.05/1000}{10.00 \times \dfrac{25.00}{250.0}} \quad (g/mL)$$

$M_{HAc} = 60.05$ 食醋中乙酸的含量为 3%～5%，浓度较大，必须稀释后滴定。

四、实验步骤

1. 试液的稀释

用移液管准确吸取 10.00mL 食醋试液于 250mL 容量瓶中，用新煮沸并冷却后的蒸馏水（不含 CO_2）稀释至刻度，摇匀备用。

2. 食酸中总酸度的测定

用移液管准确吸取 25.00mL 上述食醋稀释液于 250mL 锥形瓶中，加入 2 滴酚酞指示剂，用 0.1mol/L 氢氧化钠标准溶液滴定至溶液由无色恰好转变成粉红色，半分钟不褪色为止。记录所用氢氧化钠标准溶液的体积。平行测定三次。

五、注意事项

1. 食醋中 HAc 含量较高，且颜色较深，必须稀释后再滴定。

2. 用白醋（食用，总酸量≥6.00g/100mL）作为试液进行测定，有利于终点的观察。若用红醋（食用），稀释后的食醋呈浅黄色且浑浊，终点颜色略暗。若食醋的颜色较深时，经稀释或活性炭脱色后，颜色仍明显时，则终点无法判断。

3. 稀释食醋的蒸馏水应经过煮沸，以除去 CO_2，否则 CO_2 溶于水生成碳酸，将同时被滴定。

实验七　硼砂含量的测定

一、　实验目标

1. 掌握用酸碱滴定法直接测定硼砂含量的原理。

2. 掌握固体样品含量测定的方法。

3. 熟悉用甲基红指示剂指示滴定终点的方法。

二、仪器与试剂

1. 仪器

分析天平、托盘天平、称量瓶、滴定管（25mL）、锥形瓶（250mL）、量筒（50mL）。

2. 试剂

0.1mol/L HCl、固体市售硼砂、蒸馏水、甲基红指示剂。

三、实验原理

硼砂属弱酸强碱生成的盐，宜用盐酸滴定液滴定。滴定反应为：

$$Na_2B_4O_7 + 2HCl + 5H_2O \Longrightarrow 2NaCl + 4H_3BO_3$$

突跃范围为：pH6.2～4.4。以甲基红为指示剂，终点颜色由黄色到橙色，根据下列公式计算硼砂的百分含量：

$$硼砂\% = \frac{\frac{1}{2}c_{HCl}V_{HCl}M_{Na_2B_4O_7 \cdot 10H_2O} \times 10^{-3}}{S} \times 100\%$$

四、实验步骤

精密称取市售硼砂 0.2g，分别置于 250mL 锥形瓶中，加蒸馏水 50mL 使溶解，加甲基红指示剂 2 滴，用 0.1mol/L HCl 滴定液滴至溶液由黄色变为橙色，即为终点。平行测定 3 次。

实验八　混合碱的测定

一、 实验目标

1. 学会用双指示剂法测定混合碱的原理和方法。

2. 进一步掌握滴定操作基本技能，掌握移液管的正确操作。

3. 进一步熟悉分析天平的使用。

二、仪器与试剂

1. 仪器

分析天平、称量瓶、酸式滴定管、移液管、锥形瓶、洗瓶等。

2. 试剂

0.1mol/L 盐酸标准溶液、酚酞指示剂、甲基橙指示剂、混合碱试样、pH=8.3 参比溶液。

三、实验原理

双指示剂法滴定混合碱的原理：设用 HCl 标准溶液滴定混合碱时，用酚酞作指示剂时，消耗的 HCl 体积为 V_1，继续以甲基橙为指示剂时消耗的体积为 V_2，则有：

体积：$V_1 = 0, V_2 = 0, V_1 = V_2, V_1 > V_2, V_1 < V_2$

组成：$NaHCO_3$、$NaOH$、Na_2CO_3、$NaOH + Na_2CO_3$、$NaHCO_3 + Na_2CO_3$

1. 测 $NaOH$ 和 Na_2CO_3 的含量

称取适当量的混合碱于锥形瓶中，加水溶解。加入酚酞，用 HCl 标准溶液滴定至无色，消耗的体积为 V_1，加入甲基橙，继续滴定至橙红，又消耗 HCl 的体积为 V_2，则有

$$NaOH\% = \frac{\dfrac{[c(V_1 - V_2)]_{HCl} \times 40.00}{1000}}{\text{试样质量}} \times 100\%$$

$$Na_2CO_3\% = \frac{\dfrac{(cV_2)_{HCl} \times 105.99}{1000}}{\text{试样质量}} \times 100\%$$

2. 测 $NaHCO_3$ 和 Na_2CO_3 的含量

$$NaHCO_3\% = \frac{\dfrac{[c(V_2 - V_1)]_{HCl} \times 84.01}{1000}}{\text{试样质量}} \times 100\%$$

$$Na_2CO_3\% = \frac{\dfrac{(cV_1)_{HCl} \times 105.99}{1000}}{\text{试样质量}} \times 100\%$$

四、实验步骤

准确移取 25.00mL 混合碱试液 3 份于锥形瓶中，加入 1% 酚酞指示剂 1 滴，用盐酸标准溶液滴定至红色变为无色，记下体积 V_1；然后加 2 滴 1% 甲基橙于此溶液中，继续用 HCl 标准溶液滴定至溶液变为橙色，记下体积 V_2。根据 V_1 和 V_2 计算混合碱的含量。

$$\rho_{NaOH} = \frac{\dfrac{[c(V_1 - V_2)]_{HCl} \times 40.00}{1000}}{V} \text{g/mL}$$

$$\rho_{Na_2CO_3} = \frac{\dfrac{(cV_2)_{HCl} \times 106.0}{1000}}{V} \text{g/mL}$$

五、注意事项

1. 本实验滴定速度宜慢不宜快，接近终点时，应每加 1 滴标准溶液后摇匀，至颜色稳定后再加第 2 滴。否则，由于颜色变化较慢，容易滴过量。

2. 双指示剂法，终点的判断和控制要准确。

实验九　枸橼酸钠含量的测定

一、实验目标

1. 掌握用非水滴定法测定枸橼酸钠含量的原理。

2. 学会利用空白实验来校正实验结果的方法。

3. 熟悉用结晶紫指示剂指示滴定终点的方法。

二、仪器与试剂

1. 仪器

分析天平、托盘天平、称量瓶、滴定管（10mL）、锥形瓶（250mL）、量筒（10mL）。

2. 试剂

0.1mol/L 高氯酸滴定液、枸橼酸钠样品、冰醋酸、醋酐、0.5%结晶紫。

三、实验原理

枸橼酸钠是有机酸的碱金属盐，其酸根离子在冰醋酸溶液中显较强的碱性，故可用高氯酸的冰醋酸溶液滴定。滴定反应为：

$$
\begin{array}{l}
H_2C-COONa \\
| \\
HO-C-COONa + 3HClO_4 \\
| \\
H_2C-COONa
\end{array}
\Longrightarrow
\begin{array}{l}
H_2C-COOH \\
| \\
HO-C-COOH + 3NaClO_4 \\
| \\
H_2C-COOH
\end{array}
$$

以结晶紫为指示剂，终点颜色由黄色到蓝绿色，根据下列公式计算枸橼酸钠的百分含量：

$$
枸橼酸钠\% = \frac{\frac{1}{3}c_{HClO_4}(V-V_{空})_{HClO_4}M_{C_6H_5O_7Na_3} \times 10^{-3}}{S} \times 100\%
$$

四、实验步骤

精密称取枸橼酸钠样品 70mg，分别置于锥形瓶中，加冰醋酸 5mL，加热使之溶解，放冷，加醋酐 10mL，加结晶紫指示剂 1 滴，用 0.1mol/L 高氯酸滴定液滴至溶液由黄色变为蓝绿色，即为终点。用空白实验校正。平行测定 3 次。

实验十　EDTA 滴定液配制及水的总硬度的测定

一、实验目标

1. 掌握直接法配制滴定液的方法。

2. 进一步巩固容量瓶的使用方法。

3. 熟悉 EDTA 滴定法测定水的硬度的方法。

4. 掌握水的硬度表示方法及计算方法。

5. 熟悉掩蔽法及其应用。

二、仪器与试剂

1. 仪器

分析天平、托盘天平、烧杯（100mL）、容量瓶（250mL）、聚乙烯瓶、滴定管（50mL）、移液管（25mL、100mL）、锥形瓶（250mL）、量筒（10mL）、洗耳球。

2. 试剂

$Na_2H_2Y \cdot 2H_2O$（分析纯）、pH＝10 氨-氯化铵缓冲溶液、NaOH 溶液、铬黑 T 指示剂、钙指示剂、水试样（自来水）。

三、实验原理

用 EDTA 滴定液测定水的总硬度时，一般用氨-氯化铵缓冲溶液将水样 pH 调节为 10，以铬黑 T 作指示剂。化学计量点前，Ca^{2+}、Mg^{2+} 与铬黑 T 指示剂形成酒红色配合物，当用 EDTA 滴定液滴定至化学计量点时，EDTA 夺取酒红色配合物中的镁离子，游离出指示剂，使溶液呈现纯蓝色，即达到滴定终点。

滴定前　　　$Mg^{2+} + HIn^- \Longrightarrow MgIn + H^+$
　　　　　　　　　　　　　　（酒红色）

终点前　　　$Ca^{2+} + H_2Y^{2-} \Longrightarrow CaY^{2-} + 2H^+$

　　　　　　　$Mg^{2+} + H_2Y^{2-} \Longrightarrow MgY^{2-} + 2H^+$

终点时　　　$MgIn + H_2Y^{2-} \Longrightarrow MgY^{2-} + HIn^- + H^+$
　　　　　　（酒红色）　　　　　　　　　　（纯蓝色）

水的硬度计算公式如下：

$$总硬度(CaCO_3, mg/L) = \frac{c_{EDTA} V_{EDTA} M_{CaCO_3} \times 10^3}{V_{水样}}$$

有时需要分别测定水中 Ca^{2+}、Mg^{2+} 的含量，方法是在测得水的硬度之后，另取一份同体积水样，加入 NaOH 调节溶液 pH＞12，使 Mg^{2+} 生成 $Mg(OH)_2$ 沉淀而被掩蔽，然后加入钙指示剂，用 EDTA 滴定 Ca^{2+}，即可测得水中 Ca^{2+} 的含量。将测定水的总硬度所消耗的 EDTA 体积 V 减去测定 Ca^{2+} 时消耗的 EDTA 体积 V'，即可求得水中 Mg^{2+} 的含量。可根据如下二式分别计算 Ca^{2+}、Mg^{2+} 两种离子的含量。

$$Ca^{2+}(mg/L) = \frac{c_{EDTA} V_{EDTA} M_{Ca} \times 10^3}{V_{水样}}$$

$$Mg^{2+}(mg/L) = \frac{c_{EDTA}(V-V')_{EDTA} M_{Mg} \times 10^3}{V_{水样}}$$

四、实验步骤

1. 直接法配制 0.01mol/L EDTA 滴定液

精密称取干燥至恒重的分析纯 EDTA 约 0.931g，置于 100mL 小烧杯中，加重蒸馏水溶解（溶解速度慢，可加热），定量转移入 250mL 的容量瓶中，加水至刻度，摇匀。将配好的溶液贮于聚乙烯瓶中保存备用。

$$c_{EDTA} = \frac{m_{EDTA}}{V \times \dfrac{372.2}{1000}}$$

2. 水的硬度测定

精密量取水样 100.0mL，置于 250mL 锥形瓶中，加 pH10 氨-氯化铵缓冲溶液 10mL，铬黑 T 指示剂少量，用 0.01mol/L EDTA 滴定液滴定至溶液由酒红色变为纯蓝色即为终点，记录所消耗 EDTA 滴定液的体积 VmL。平行测定 3 次，计算水的硬度。

3. Ca^{2+}、Mg^{2+} 含量的分别测定

精密吸取水样 100.0mL，置于 250mL 锥形瓶中，滴加 NaOH 溶液，使 Mg^{2+} 生成 $Mg(OH)_2$ 沉淀，并使沉淀完全从溶液中析出后，再滴加 1 滴 NaOH 溶液，仔细观察，当不再出现沉淀，则可加入钙指示剂一小撮，用 0.01mol/L EDTA 滴定液滴定，同时不断振摇，当滴定至溶液由酒红色变为纯蓝色即为终点，记录所消耗 EDTA 滴定液的体积 V' mL。平行测定 3 次，计算水中 Ca^{2+} 的含量。测定水的总硬度和测定 Ca^{2+} 时所消耗 EDTA 滴定液的体积之差（$V-V'$），则为水中 Mg^{2+} 所消耗 EDTA 滴定液的体积，如此可求出水中 Mg^{2+} 的含量。

实验十一　生理盐水中 NaCl 的含量测定

一、实验目标

1. 掌握银量法测定氯含量的原理和方法。
2. 学会 $AgNO_3$ 标准溶液的配制和标定方法。
3. 掌握莫尔法的实际应用。

二、仪器与试剂

1. 仪器

台秤，分析天平，50mL 棕色酸式滴定管，250 mL 锥形瓶，25mL 移液管。

2. 试剂

$AgNO_3$（s，分析纯），NaCl（s，分析纯），5% K_2CrO_4 溶液，生理盐水。

三、实验原理

银量法需借助指示剂来确定终点。根据所用指示剂的不同，银量法又分为莫尔法、佛尔哈德法和法扬司法。用 K_2CrO_4 作指示剂的银量法称为莫尔法。本实验是在中性溶液中以 K_2CrO_4 为指示剂，用 $AgNO_3$ 标准溶液来测定 Cl^- 的含量，其反应如下：

$$Ag^+ + Cl^- \longrightarrow AgCl\downarrow \ （白色）$$
$$2Ag^+ + CrO_4^{2-} \longrightarrow Ag_2CrO_4\downarrow \ （砖红色）$$

由于 AgCl 的溶解度小于 Ag_2CrO_4 的溶解度，所以在滴定过程中 AgCl 先沉淀出来，当 AgCl 定量沉淀后，微过量的 $AgNO_3$ 溶液便与 CrO_4^{2-} 生成砖红色的 Ag_2CrO_4 沉淀，从而指示出滴定的终点。

四、实验步骤

1. 0.1mol/L $AgNO_3$ 标准溶液的配制和标定

配制：在台秤上称取 1.7g $AgNO_3$，加适量不含 Cl^- 蒸馏水溶解后稀释至 100mL。

标定：准确称取 0.15～0.20g NaCl（500～600℃干燥）三份，分别置于三个锥形瓶中，各加 25mL 水使其溶解，加 1mL 5% K_2CrO_4 溶液，在充分摇动下，用 $AgNO_3$ 溶液滴定至溶液刚出现稳定的砖红色即为终点。记录 $AgNO_3$ 溶液的用量。计算 $AgNO_3$ 溶液的浓度。

2. 测定生理盐水中 NaCl 的含量

将生理盐水稀释 1 倍后，用移液管精确移取已稀释的生理盐水 25mL 置于锥形瓶中，加入 1mL 5‰ K_2CrO_4，在不断摇动下，用 $AgNO_3$ 标准溶液滴定至溶液刚出现稳定的砖红色即为终点。平行测定三次，计算 NaCl 含量。

五、注意事项

1. $AgNO_3$ 标准溶液必须装在棕色滴定管中。

2. 为减少沉淀的吸附作用，滴定过程中必须剧烈振荡溶液。

3. 准确分析时，为减少误差，可做空白试验。

4. 配制 $AgNO_3$ 标准溶液的蒸馏水应无 Cl^-，否则配成的 $AgNO_3$ 溶液会出现白色浑浊，不能使用。

5. 如果测定天然水中氯离子的含量，可将 0.1mol/L 硝酸银标准溶液稀释 10 倍，取水样 50mL 进行滴定。

实验十二　碘化钾含量的测定

一、实验目标

1. 掌握法扬司法测定碘化钾含量的方法。
2. 掌握吸附指示剂的变色原理及反应条件。
3. 熟悉吸附指示剂法及其应用。

二、仪器与试剂

1. 仪器

分析天平、托盘天平、称量瓶、滴定管（50mL）、锥形瓶（250mL）、量筒（10mL）。

2. 试剂

0.1mol/L 硝酸银滴定液、稀醋酸、碘化钾、曙红。

三、实验原理

吸附指示剂法（法扬司法）是以硝酸银为滴定液，用吸附指示剂确定终点，测定卤化物含量的滴定分析法。

曙红吸附指示剂是一些有机弱酸染料，在溶液中可电离出指示剂阴离子，该离子很容易被带正电荷的胶态沉淀物吸附，吸附前后产生明显的颜色变化来指示终点。

终点前：(AgI)I＋曙红　　　（淡黄色）

终点时：(AgI)Ag$^+$＋曙红　　　（玫瑰红色）

$$KI\% = \frac{(cV)_{AgNO_3} \times \dfrac{M_{KI}}{1000}}{S_{KI}} \times 100\%$$

四、实验步骤

精密称取含碘化钾试样约 0.3g，置于锥形瓶中，加蒸馏水 50mL，使之溶解。加稀醋酸

10mL，曙红指示剂 10 滴，用 0.1mol/L $AgNO_3$ 滴定液滴定到沉淀由黄色转变为玫瑰红色即为终点。平行测定三次。

实验十三 硫代硫酸钠滴定液的配制与标定

一、实验目标

1. 掌握硫代硫酸钠滴定液的配制方法。
2. 掌握用间接碘量法标定硫代硫酸钠准确浓度的方法和正确使用碘量瓶。
3. 掌握淀粉指示剂终点颜色的判定。

二、仪器与试剂

1. 仪器

25mL 酸式滴定管、250mL 碘量瓶、托盘天平、量筒（50mL）、称量瓶、分析天平、棕色试剂瓶（500mL）。

2. 试剂

3mol/L H_2SO_4、基准 $K_2Cr_2O_7$、KI 固体、$Na_2S_2O_3$ 晶体、淀粉指示剂。

三、实验原理

因硫代硫酸钠晶体中一般含有少量 S、Na_2SO_4、Na_2SO_3 等杂质，因此常用间接配制法配制该溶液，并放置在暗处 8～14 天后标定。

通常用基准物 $K_2Cr_2O_7$，首先在酸性溶液中 $K_2Cr_2O_7$ 与 KI 作用生成定量的碘，再用待标定的 $Na_2S_2O_3$ 溶液滴定生成的碘。淀粉溶液作为指示剂指示终点。

$$K_2Cr_2O_7 + 6KI + 7H_2SO_4 =\!=\!= 4K_2SO_4 + Cr_2(SO_4)_3 + 3I_2 + 7H_2O$$

$$I_2 + 2Na_2S_2O_3 =\!=\!= Na_2S_4O_6 + 2NaI$$

$$c_{Na_2S_2O_3} = \frac{6m_{K_2Cr_2O_7} \times 1000}{V_{Na_2S_2O_3} \times M_{K_2Cr_2O_7}}$$

四、实验步骤

1. 0.1mol/L $Na_2S_2O_3$ 滴定液的配制

粗称 $Na_2S_2O_3 \cdot 5H_2O$ 约 13g，Na_2CO_3 0.1g，用新煮沸放冷的蒸馏水溶解成 500mL。贮于棕色瓶中，放置暗处 8～14 天。

2. 0.1mol/L $Na_2S_2O_3$ 滴定液的标定

精确称取 0.06～0.07g 基准物质 $K_2Cr_2O_7$，置于碘量瓶中，加蒸馏水 5mL 使之溶解，加 2g KI，蒸馏水 50mL，再加 5mL 3mol/L H_2SO_4，密塞、摇匀、水封，在暗处放置 10min。加蒸馏水 25mL 稀释，用 $Na_2S_2O_3$ 滴定液滴到至近终点（浅黄绿色）时，加淀粉指示剂 2mL，继续滴定至蓝色消失，溶液呈明亮绿色即为终点。平行测定三次。

实验十四   维生素 C 的测定

一、实验目标

1. 掌握直接碘量法测定维生素 C 的原理和方法。
2. 掌握 I_2 标准溶液的配制和标定。
3. 掌握有色溶液滴定时体积的正确读法。
4. 掌握碘量法的操作。

二、仪器与试剂

1. 仪器

分析天平、称量瓶、酸式滴定管、锥形瓶、洗瓶等。

2. 试剂

I_2（s，分析纯）、KI（s，分析纯）、$Na_2S_2O_3$（s，分析纯）、KI（20％）、HCl（6mol/L）、淀粉溶液（0.5％）、NaOH（2mol/L）、维生素 C 试样。

三、实验原理

维生素 C（Vc）又叫抗坏血酸，具有强还原性，可用直接碘量法测定其含量，滴定反应为：

Vc 的还原性很强，在空气中极易被氧化，特别在碱性条件下，所以在滴定时，应加入一定量的乙酸使溶液呈弱酸性。按下式计算维生素 C 的含量。

$$Vc\% = \frac{c_{I_2} V_{I_2} M_{Vc}}{m_{Vc} \times \dfrac{25.00}{100.0} \times 1000} \times 100\%$$

$$M_{Vc} = 176.1 \text{g/mol}$$

I_2 标准溶液的配制和标定：用升华法制得的纯碘，可以用直接法配制成标准溶液。市售的 I_2 含有杂质，采用间接法配制，为了减少 I_2 的挥发，同时增加 I_2 在水中的溶解度，一般将 I_2 溶解在 KI 溶液中。I_2 见光、遇热浓度会改变，应保存在棕色瓶中，并置于暗处。常用 $Na_2S_2O_3$ 标准溶液来标定（比较）I_2 标准溶液的浓度。

四、实验步骤

1. 0.05mol/L I_2 标准溶液的配制与标定

用台秤称取已研细的 I_2 约 3.2g，置于 250mL 烧杯中，加 6g KI，再加少量蒸馏水，搅拌，待 I_2 全部溶解后，加蒸馏水稀释到 250mL，混合均匀，贮存在棕色试剂瓶中，放置于暗处。

准确移取 25.00mL I_2 溶液于 250mL 锥形瓶中，加 50mL 蒸馏水，用 $Na_2S_2O_3$ 标准溶液滴定至浅黄色后，加入 2mL 淀粉指示剂，继续滴定至溶液蓝色刚好消失，即为终点。记录消耗的 $Na_2S_2O_3$ 标准溶液的体积。平行测定三次，计算 I_2 溶液的准确浓度。

2. 试样测定

准确称取试样 0.2g 置于 250mL 锥形瓶中，加入新煮沸过的冷蒸馏水 100mL 和 10mL HAc（1∶1），完全溶解后，再加入淀粉指示剂 3mL，立即用 I_2 标准溶液滴定至溶液呈稳定的蓝色。平行测定三次，计算维生素 C 的含量。

五、注意事项

1. 一定要待 I_2 完全溶解后再转移。实验完毕，剩余的 I_2 液应倒入回收瓶中。

2. 碘易受有机物的影响，不可使用软木塞、橡胶塞，并应贮存于棕色瓶内避光保存。配制和装液时应戴上手套。I_2 溶液不能装在碱式滴定管中。为防止碘的挥发，可适当加快滴定速度。

3. 掌握碘标准溶液滴定时体积的正确读法。

4. 平行实验容易产生主观误差，读取滴定管体积时应实事求是，不要受前次读数的影响。

实验十五　脂肪氧化、过氧化值及酸值的测定

一、实验目标

1. 了解影响油脂氧化的主要因素。
2. 了解油脂过氧化值、酸值的意义。
3. 掌握油脂过氧化值、酸值的测定方法。

二、仪器与试剂

1. 仪器

分析天平、托盘天平、50mL 干燥广口瓶六个、滴定管（50mL）、碘量瓶（250mL）。

2. 试剂

丁基羟基甲苯（BHT）、饱和碘化钾（14g 碘化钾，加水 10mL）、三氯甲烷-冰乙酸混合液（三氯甲烷 40mL 加冰乙酸 60mL）、0.0020mol/L $Na_2S_2O_3$、1% 淀粉指示剂油脂。

三、实验原理

过氧化值、酸值是评价油脂氧化程度、酸败变质程度的两个重要指标。脂肪氧化的初级产物是氢过氧化物，氢过氧化物可进一步水解产生小分子的醛、酮、脂肪酸等物质，使油脂产生酸败。因此通过测定脂肪中氢过氧化物的量，可以评价脂肪的氧化程度；同时测定水解产生的游离脂肪酸的多少，常以酸值来表示，可以表示油脂酸败的程度。

过氧化值的测定采用碘量法。在酸性条件下，油脂氧化过程中产生的过氧化物与过量的 KI 反应生成 I_2，以硫代硫酸钠溶液滴定，求出每千克油中所含过氧化物的物质的量（mmol/L），称为脂肪的过氧化值（POV）。

四、实验步骤

1. 油脂的氧化

在干燥小烧杯中，将 120g 油分为两等份，向其中一份加入 0.012g BHT，两份油脂进行同样程度的搅拌至加入的 BHT 完全溶解。向三个广口瓶中各加入 20g 未添加 BHT 的油脂；另三个广口瓶中各加入 20g 已添加 BHT 的油脂，按下表所列编号存放，一星期后测定过氧化值和酸值。

油脂氧化的操作步骤：

实验条件	编号	添加 BHT 情况	实验条件	编号	添加 BHT 情况	实验条件	编号	添加 BHT 情况
室温光照	1	未添加 BHT 的油脂	室温避光	3	未添加 BHT 的油脂	60℃避光	5	未添加 BHT 的油脂
	2	添加 BHT 的油脂		4	添加 BHT 的油脂		6	添加 BHT 的油脂

2. 过氧化值的测定

称取 2.00g 油脂，置于干燥的 250mL 碘量瓶，加入 20mL 三氯甲烷-冰乙酸混合液，轻轻摇动使油溶解，加入 1mL 饱和碘化钾溶液，均匀，加塞，置暗处放置 5min。取出立即加水 50mL，充分摇匀，用 0.002mol/L $Na_2S_2O_3$ 滴定至水层呈淡黄，加入 1mL 淀粉指示剂，继续滴定至蓝色消失，记下体积 V。计算过氧化值（POV）。计算结果保留两位有效数字。

$$POV(mmol/kg) = \frac{(V_{Na_2S_2O_3} - V_{空}) \times c}{m} \times 1000$$

实验十六 pH 计测定溶液的 pH

一、实验目标

1. 了解用 pH 计测定溶液 pH 的原理。
2. 掌握用 pH 计测定溶液 pH 的方法。

二、仪器与试剂

1. 仪器

pB-10 型酸度计、复合 pH 电极、四只 50mL 小烧杯、洗瓶。

2. 试剂

标准缓冲溶液、待测溶液、广泛 pH 试纸。

三、实验原理

1. 原理

电位法测定 pH 一般采用玻璃电极作为指示电极（负极），饱和甘汞电极作为参比电极（正极）与待测溶液组成原电池。

（－）Ag,AgCl｜内参液｜玻璃膜｜待测溶液‖KCl(饱和)｜Hg_2Cl_2,Hg(＋)

　　　　｜←　　　玻璃电极　　　→｜　　　｜←　　饱和甘汞电极　　→｜

2. 计算

用 pH 计测定 pH 时，均采用两次测定法。先选用标准溶液校正 pH 计，然后再测定待测溶液的 pH。

25℃
$$pH_x = pH_s - \frac{E_s - E_x}{0.059}$$

溶液的 pH 变化一个单位，测定电池的电动势变化 0.059V（25℃），此值随温度改变而不同。因此，pH 计上都设有温度调节旋钮来调节仪器。

测量时选用的标准缓冲溶液的 pH_s 值应尽量与样品溶液的 pH_x 值接近。

四、实验步骤

1. 缓冲溶液标准 pH

磷酸混合盐，6.86；硼酸硼砂，4.003；按要求进行准确配制。

2. 测定溶液 pH 的操作步骤

（1）准备　用变压器把仪表连接到电源，按 pH/mV 模式。

（2）校准

①按 SETUP 键，直至显示屏显示 Clear buffer，按 ENTER 键确认，清除以前的校准数据。

②按 SETUP 键，直至显示屏显示缓冲液组"1.684.016.869.1812.46"或你所需要的其他缓冲液组，按 ENTER 键确认。

③将复合电极用蒸馏水清洗，滤纸吸干浸入第一缓冲液（4.01）中，等到数值稳定并出现"S"时，按 STANDARDIZE 键，仪器将自动校准，如果时间较长，可按 ENTER 键手动校准。作为第一校准点数值被存储，显示"4.01"。

④将复合电极用蒸馏水清洗，滤纸吸干后浸入第二缓冲液（6.86）中，等到数值稳定并出现"S"时，按 STANDARDIZE 键，仪器将自动校准，如果时间较长，可按 ENTER 键手动校准。作为第二校准点数值被存储，显示"6.86"。

（3）测量　将复合电极用蒸馏水清洗，滤纸吸干插入待测液，等到数值达到稳定，出现"S"时，即可读取测量值。

（4）保养

①测量完成后，电极用蒸馏水清洗滤纸吸干后，插入 3mol/L KCl 溶液中保存。

②不用拔下变压器，应待机或关闭总电源，以保护仪器。

③如发现电极有问题，可用 0.1mol/L HCl 溶液浸泡电极 30min 再放入 3mol/L KCl 溶液中保存。

实验十七　氟离子选择性电极测定水中的氟

一、实验目标

1. 掌握直接电位法的测定原理。

2. 学会离子选择性电极的测量方法和数据处理方法。

3. 了解总离子强度调节缓冲剂的作用和配制方法。

二、仪器与试剂

1. 仪器

pH-3 型精密酸度计、电磁搅拌器、氟离子选择性电极、饱和甘汞电极、100mL 容量瓶 6 个、10mL 移液管 1 支、10mL 吸量管 1 支、100mL 烧杯 6 个。

2. 试剂

0.100mol/L 氟离子标准溶液：准确称取 120℃ 干燥 2h 并经冷却的优级纯 NaF 4.20g 于小烧杯中，用水溶解后，转移至 1000mL 容量瓶中配成水溶液，然后转入洗净、干燥的塑料瓶中。

总离子强度调节缓冲剂(TISAB)：于 1000mL 烧杯中加入 500mL 水和 57mL 冰乙酸，58g NaCl，12g 柠檬酸钠，搅拌至溶解。将烧杯置于冷水中，在 pH 计的监测下，缓慢滴加 6mol/L NaOH 溶液，至溶液的 pH＝5.0～5.5，冷却至室温，转入 1000mL 容量瓶中，用水稀释至刻度，摇匀，转入洗净、干燥的试剂瓶中。

三、实验原理

饮用水中氟含量的高低，对人的健康有一定的影响。氟含量太低，易得牙龋病，过高则会发生氟中毒，适宜含量为 0.5～1mg/L。目前测定氟的方法有比色法和直接电位法。比色法测量范围较宽，但干扰因素多，并且要对样品进行预处理；直接电位法用离子选择性电极进行测量，其测量范围虽不及前者宽，但已能满足环境监测的要求，而且操作简便，干扰因素少，一般不必对样品进行预处理，因此电位法逐渐取代比色法成为测量氟离子含量的常规方法。

氟离子选择性电极(简称氟电极)以氟化镧单晶片为敏感膜，对溶液中的氟离子具有良好的选择性。氟电极、饱和甘汞电极(SCE)和待测试液组成的原电池，其电动势

$$E = K - 0.059 \lg a_{F^-}$$

式中，K 为常数；0.059 为 25℃ 时电极的理论响应斜率；a_{F^-} 为待测试液中 F^- 活度。

用离子选择性电极测量的是离子活度，而通常定量分析需要的是离子浓度。若加入适量惰性电解质作为总离子强度调节缓冲剂(TISAB)，使离子强度保持不变，则上式可表示为：

$$E = K' - 0.059 \lg c_{F^-}$$

式中，c_{F^-} 为待测试液中 F^- 的浓度。E 与 $\lg c_{F^-}$ 呈线性关系，因此只要作出 E-$\lg c_{F^-}$ 标准曲线，即可由水样的 E 值从标准曲线上求得水中氟的含量。用氟电极测量 F^- 时，最适宜 pH 值范围为 5.0～6.0。

四、实验步骤

1. 将氟电极和甘汞电极分别与离子计正确相接，开启仪器开关，预热仪器 10min。

2. 清洗电极

取去离子水 50～60mL 至 100mL 烧杯中，放入搅拌磁子插入氟电极和饱和甘汞电极。开启搅拌器，使之保持较慢而稳定的转速(注意在整个实验过程中保持该转速不变)，此时会观察到离子计示数升高。

3. 标准溶液的配制

用移液管吸取 10mL 0.100mol/L NaF 标准溶液和 10mL TISAB 溶液，在 100mL 容量

瓶中稀释至刻度，得到 10^{-2} mol/L NaF 标准溶液。再用逐级稀释法配制浓度为 10^{-3} mol/L、10^{-4} mol/L 和 10^{-5} mol/L NaF 标准溶液，在逐级稀释时，加入 9mL TISAB 溶液即可。

4. 电位的测定

将所配制的标准溶液分别倒入 5 个干燥、洁净的塑料烧杯中，放入搅拌子，插入氟离子选择性电极和饱和甘汞电极。启动搅拌器，在搅拌稳定后，由稀到浓分别测量标准溶液的电位值 E，将测量的电位值填入下表。（注意测定次序由稀到浓，每测量一份试液，无需清洗电极，电极表面残留溶液用滤纸吸干即可）。

5. 水样 E 的测定

按步骤 2. 用去离子水浸洗电极，直至电位值大于 10^{-5} mol/L NaF 标准溶液的电位值。取水样 50mL 于 100mL 容量瓶中，加入 10mL TISAB，用蒸馏水稀释定容，然后倒入一干燥、洁净的塑料烧杯中，放入搅拌子，插入电极。启动搅拌器，电位稳定后读出待测液电位值 E_x，将测量的电位值填入下表：

编号	1	2	3	4	5	水样
c	10^{-2} mol/L	10^{-3} mol/L	10^{-4} mol/L	10^{-5} mol/L	10^{-6} mol/L	c_x
E						

6. 实验结果记录和计算

（1）以 F^- 浓度的对数 $\lg c$ 为横坐标，电位值 E 为纵坐标，在方格纸上绘制工作曲线。

（2）根据水样测得的电位值 E_x，在标准曲线上查到其对应的浓度，计算水样中氟离子的含量（以 mol/L）。

（3）判断此水能否作为饮用水。

五、注意事项

1. 测量时浓度应由稀至浓，每次测定前要用被测液清洗烧杯及搅拌子。

2. 测定一系列标准溶液后，应将电极清洗至原空白电位值，然后再测定未知液的电位值。

3. 测定过程中更换溶液时"测量"键必须处于断开位置，以免损坏酸度计。

4. 测定过程中搅拌溶液的速度应恒定。

实验十八　几种金属离子的吸附柱色谱

一、实验目标

1. 熟悉液相柱色谱干法装柱的操作方法。

2. 应用柱色谱法进行几种金属离子的分离方法。

二、仪器与试剂

1. 仪器

长试管（代色谱柱）、脱脂棉、玻璃棒、洗瓶。

2. 试剂

10%$CuSO_4$、10%$FeCl_3$、10%$Co(NO_3)_2$ 混合液、活性氧化铝、蒸馏水（溶剂）。

三、实验原理

不同的金属离子其电子结构不同，所带电荷不同，被氧化铝吸附的能力不同，当用适当溶剂洗脱时，它们在柱中保留时间各不相同，从而达到分离的目的。

四、实验步骤

1. 装柱

从干燥的长滴管广口一端塞入脱脂棉一小团，用玻璃棒轻轻压平。再装入活性氧化铝 10cm 高，边装边敲打色谱管，使填装均匀。在氧化铝上面再塞入棉花一小团，用玻璃棒轻轻压平。

2. 点样

沿柱的管壁加入含 Fe^{3+}、Cu^{2+}、Co^{2+} 三种离子的混合试液 10 滴。

3. 分离

将样品液渗入氧化铝后，沿管壁逐滴加入蒸馏水，直至三种离子分离开来。

实验十九　$KMnO_4$ 吸收曲线的绘制（紫外-可见分光光度法）

一、实验目标

1. 学会 723（721）型分光光度计的准确使用方法。
2. 熟悉测绘吸收曲线的一般方法并能找出最大吸收波长。

二、仪器与试剂

1. 仪器

723(或 721)型分光光度计、容量瓶(100mL，50mL)、吸量管(25mL)、比色皿(2 个/组)。

2. 试剂

样品 $KMnO_4$ 溶液。

三、实验原理

吸收曲线又称吸收光谱。它是在浓度一定的条件下，以波长或波数为横坐标，以吸光度为纵坐标所绘制的曲线。不同的物质由于结构不同，吸收曲线不同。吸收曲线的形状及最大吸收波长与溶液的性质有关，吸收峰的高度与溶液的浓度有关，定量测定的准确度与测定所选的波长有关。因此，吸收曲线是对物质进行定性和定量测定的重要依据之一。

四、实验步骤

1. 标准溶液的配制（教师配）

精确称取基准物 $KMnO_4$ 0.1250g 于小烧杯中溶解，转入 1000mL 容量瓶中定容（含 $KMnO_4$ 0.125mg/mL）。精密吸取上述标准溶液 25.00mL 于 100mL 容量瓶中，加蒸馏水至刻度线，摇匀。

2. 吸收曲线的绘制

（1）波长从 480nm 开始到 600nm（按表格所示）测定吸光度。

（2）每改变一次波长，都需用蒸馏水作空白液，调节透光率为 100% 后再测定。

（3）记录溶液在不同波长处吸光度的数值。

（4）绘制吸收光谱曲线图。

3. 从吸收光谱曲线上找出最大吸收波长 λ_{max} = _____ nm。

实验二十　$KMnO_4$ 的含量测定（工作曲线法）

一、实验目的

1. 巩固 723（721）型分光光度计的使用方法。

2. 掌握测绘标准曲线的一般方法。

3. 掌握测定有色物质含量的方法。

二、仪器与试剂

1. 仪器

723（721）型分光光度计、吸量管（5mL、1mL）、洗耳球、比色管（7 个/组）、比色皿（2 个/组）、烧杯。

2. 试剂

$KMnO_4$ 标准溶液（0.125mg/mL）、$KMnO_4$ 样品溶液。

三、实验原理

根据在同一条件下不同浓度的标准溶液其吸光度与浓度之间呈线性关系这一特点，以吸光度为纵坐标，浓度为横坐标，绘制 A-c 关系曲线，即工作曲线。如符合比耳定律，将得到一条通过原点的直线，再根据样品溶液所测得的吸光度，从标准曲线求得样品溶液的浓度。

四、操作步骤

1. 标准溶液的配制（教师配）

精确称取基准物 $KMnO_4$ 0.1250g，于小烧杯中溶解，转入 1000mL 容量瓶中定容（含 $KMnO_4$ 为 0.125mg/mL）。

2. $KMnO_4$ 样品溶液（0.1mg/mL）的配制。

粗称 $KMnO_4$ 0.1g，于小烧杯中溶解，转入 1000mL 量筒中。

3. 配标准系列及样品溶液

用吸量管吸取标准高锰酸钾溶液（0.125mg/mL）0.00mL、1.00mL、2.00mL、3.00mL、4.00mL、5.00mL 及样品溶液 5.00mL，分别放入 25mL 比色管中，加蒸馏水稀释至刻度，摇匀。

4. 在 525nm 处用 1cm 比色皿，测其吸光度。

以标准溶液的浓度为横坐标，吸光度为纵坐标，绘制 A-c 标准曲线。

5. 通过样品的吸光度，在标准曲线上查其浓度。再进行换算，求得原始样品的浓度。

实验二十一　紫外-可见分光光度法测定废水中微量苯酚

一、实验目标

1. 掌握紫外-可见分光光度计的使用方法。
2. 掌握差值吸收光谱法测定苯酚的原理和方法。

二、仪器与试剂

1. 仪器

754 紫外-可见分光光度计、移液管、25mL 容量瓶等。

2. 试剂

苯酚标准溶液(0.3mg/mL)、KOH 溶液(0.1mol/L)、苯酚未知溶液。

三、实验原理

酚类化合物在酸、碱溶液中发生不同的离解，其吸收光谱也发生。例如，苯酚在紫外区有两个吸收峰，在酸性或中性溶液中，λ_{max} 为 210nm 和 272nm，在碱性溶液中，λ_{max} 位移至 235nm 和 288nm。

$$\lambda_{max}=210nm 和 272nm \qquad \lambda_{max}=235nm 和 288nm$$

在紫外分光光度分析中，有时利用不同的酸、碱条件下光谱变化的规律，直接对有机化合物进行测定。

废水中含有许多有机杂质，干扰苯酚在紫外区的直接测定。如果将苯酚的中性溶液作为参比溶液，测定苯酚碱性溶液的吸收光谱，利用两种光谱的差值，可消除杂质的干扰，实现废水中苯酚的直接测定。这种利用两种溶液中吸收光谱的差异进行测定的方法，称为差值吸收光谱法。

四、实验步骤

1. 开机预热

接通电源，使仪器预热 20～30min。仪器接通电源后进入自检状态。

2. 配制标准溶液和待测液

取 10 个 25mL 容量瓶，按 1～10 编号，其中 1～5 号分别加入 1.00mL、1.50mL、2.00mL、2.50mL、3.00mL 苯酚标准溶液，加入蒸馏水稀释定容。6～10 号分别加入 1.00mL、1.50mL、2.00mL、2.50mL、3.00mL 苯酚标准溶液后，再分别加入 2.5mL KOH 溶液，加入蒸馏水稀释定容。

再取两个 25mL 容量瓶，编号 11、12，其中 11 号加入 2.00mL 苯酚未知溶液，用蒸馏水稀释定容。12 号 2.00mL 苯酚标准溶液后，再加入 2.5mL KOH 溶液，用蒸馏水稀释定容。

3. 波长设置

按动▲▼键或数字键，并观察显示屏上波长值，调整至需要的测试波长。

4. 设置测试模式

按动"测试模式键"，可在 A、T、C、F 四种测试模式间切换（开机默认的测试模式为吸光度测试）。

5. 调零(0%)

按下"调0%T"键，显示屏上显示"ZERO…"，仪器便进入自动调完成调"0%T"状态，当显示器上显示"XXX.X%T"或"－0.XXXA"时变完成调零。

6. 调100%T/0A

将参比样品置样品架，并拉动样品架拉杆使其进入光路。然后按下"调100%T/0A"键，此时屏幕显示"BLANK ··"延时数秒便显示"100.0"（在 T 模式时）或"－.000"".000"（在 A 模式时），即自动完成调100%T/0A。

7. 吸光度的测定

将仪器调至工作状态，设置最大吸收波长，调 T 为零。

依次用 1 号溶液作为参比溶液测定 6 号溶液的吸光度 A_1，用 2 号溶液作为参比溶液测定 7 号溶液的吸光度 A_2，用 3 号溶液作为参比溶液测定 8 号溶液的吸光度 A_3，用 4 号溶液作为参比溶液测定 9 号溶液的吸光度 A_4，用 5 号溶液作为参比溶液测定 10 号溶液的吸光度 A_5，再用 11 号溶液作为参比溶液测定 12 号溶液的吸光度 A_x。

测量完毕，关闭电源，拔下电源插头，取出比色皿，清洗晾干后入盒保存。清理工作台，罩上防尘罩，填写仪器使用记录。清洗容量瓶和其他所用玻璃仪器并放回原处。

五、实验结果记录和计算

	容量瓶编号	1	2	3	4	5	11
参比液	加苯酚标液体积/mL	1.00	1.50	2.00	2.50	3.00	2.00mL 苯酚未知液
测定液	容量瓶编号	6	7	8	9	10	12
	加苯酚标液体积/mL+2.50mL KOH	1.00	1.50	2.00	2.50	3.00	2.00mL 苯酚未知液
	测定吸光度 A	A_1	A_2	A_3	A_4	A_5	A_x
	苯酚的浓度 c/(mg/mL)	0.012	0.180	0.24	0.300	0.360	
	测定吸光度读数						

1. 工作曲线的绘制：以苯酚的浓度 c 为横坐标，吸光度 A 为纵坐标，在方格纸上绘制工作曲线。

2. 根据 A_x 从工作曲线上查出相应的苯酚含量，并计算试样溶液中苯酚的含量。

六、注意事项

1. 转动测试波长调满度后，以稳定 5min 后进行测试为好。

2. 调 T 零和100%T/0A 时不要打开样品室盖、推拉样品架。若测试波长改变，需重新调整"00.0"和"100"。

3. 拿比色皿时，应拿石英比色皿的棱角，比色皿应用测试样品充分洗涤（2～3 次），比色皿

中试样装入量应为 $2/3 \sim 3/4$ 之间,比色皿经过配对测试,不能调换使用。

4. 利用差值光谱进行测定时,两种溶液的被测物浓度必须相等。

实验二十二　牛血清白蛋白(BSA)含量测定(分子荧光法)

一、实验目的

1. 学习荧光分光光度法的基本原理。
2. 学习荧光光谱仪的结构和操作方法。
3. 学习激发光谱、发射光谱曲线的绘制方法。

二、仪器与试剂

1. 仪器

Thermo Fisher-Lumina 荧光光谱仪、比色管（10mL）。

2. 试剂

牛血清白蛋白（BSA）。

三、实验原理

荧光分光光度法（fluorescence spectroscopy，FS）通常又叫荧光分析法，具有灵敏度高、选择性强、所需样品量少等特点，已成为一种重要的痕量分析技术。荧光（fluorescence）是分子吸收了较短波长的光（通常是紫外光和可见光），在很短的时间内发射出比照射光波长较长的光。由此可见，荧光是一种光致发光。

任何荧光物质都有两个特征光谱，即激发光谱（excitation spectrum）和发射光谱（emission spectrum）或称荧光光谱（fluorescence spectrum）。激发光谱表示不同激发波长的辐射引起物质发射某一波长荧光的相对效率。绘制激发光谱时，将发射单色器固定在某一波长，通过激发单色器扫描，以不同波长的入射光激发荧光物质，记录荧光强度对激发波长的关系曲线，即为激发光谱，其形状与吸收光谱极为相似。荧光光谱表示在所发射的荧光中各种波长的相对强度。绘制荧光光谱时，使激发光的波长和强度保持不变，通过发射单色器扫描以检测各种波长下相应的荧光强度，记录荧光强度对发射波长的关系曲线，即为荧光光谱。激发光谱和荧光光谱可用于鉴别荧光物质，而且是选择测定波长的依据。

荧光强度（F）是表征荧光发射的相对强弱的物理量。对于某一荧光物质的稀溶液，在一定波长和一定强度的入射光照射下，当液层的厚度不变时，所发生的荧光强度和该溶液的浓度成正比，即

$$F = Kc$$

该式即荧光分光光度法定量分析的依据。使用时要注意该关系式只适用于稀溶液。

四、实验步骤

1. 开机准备

接通电源，启动计算机。打开光谱仪主机电源，预热 15min。

2. 运行操作软件，设定检测方法和测量参数

EX（激发波长）：280nm

EM（发射波长）：340nm

EX 扫描范围：210～330nm

EM 扫描范围：290～450nm

EX 缝宽：2.5nm，EM 缝宽：2.5nm

扫描速度：240nm/min

PMT 电压：700V

3. 激发光谱和发射光谱的绘制

先固定激发光谱为 280nm，在 290～450nm 测定荧光强度，获得溶液的发射光谱，在 343nm 附近为最大发射波长 λ_{em}；再固定发射波长为 λ_{em}，测定激发波长为 200nm～λ_{em} 时的荧光强度，获得溶液的激发光谱，在 280nm 附近为最大激发波长 λ_{ex}。

4. 退出操作软件，关闭光谱仪主机电源，关闭计算机

五、数据记录与报告

以荧光强度为纵坐标，波长为横坐标，分别绘制激发光谱和发射光谱。

实验二十三　气相色谱法测定正十四烷的含量

一、实验目标

1. 了解气相色谱法的基本原理。
2. 掌握气相色谱的工作流程。
3. 熟悉气相色谱法条件的选择。

二、仪器与试剂

1. 仪器

载气钢瓶、减压阀、净化干燥管、针形阀、流量计、压力表、热导池检测器、放大器、温度控制器、记录仪。

2. 试剂

正三十二烷、正十四烷、正己烷。

三、实验原理

气相色谱法是在以适当的固定相做成的柱管内，利用气体（载气）作为移动相，使试样（气体、液体或固体）在气体状态下展开，在色谱柱内分离后，各种成分先后进入检测器，用记录仪记录色谱谱图。根据色谱上出现的物质成分的峰面积或峰高进行定量分析。峰面积可用面积测定仪测定，按半宽度法求得（即以峰 1/2 处的峰宽×峰高求得）。峰高的测定方法是从峰高的顶点向记录纸横坐标作垂线，找出此垂线与峰的两下端连线的交点，即以此交点至峰顶点的距离长度为峰高。

定量分析方法可分为以下三种：归一化法、外标法和内标法。本次实验采用内标法。

内标法测定是取一定量的纯物质作为内标物，加入准确称取的样品中，然后测得色谱图。根据内标物和样品的质量及相应的峰面积来计算被测组分的含量。

$$w_i = \frac{f_i A_i}{f_s A_s} \times \frac{m_s}{m} \times 100\%$$

四、实验步骤

1. 准备

(1) 打开稳压电源；

(2) 打开氮气阀，打开净化器上的载气开关阀，然后检查是否漏气，保证气密性良好；

(3) 调节总流量为适当值（根据刻度的流量表测得）；

(4) 调节分流阀，使分流流量为实验所需的流量；

(5) 打开空气、氢气开关阀，调节空气、氢气流量为适当值；

(6) 根据实验需要以聚硅氧烷（OV-17）为固定相，涂布浓度为 2%，或以 HP-1 毛细管（100%二甲基聚硅氧烷）为分析柱；柱温 200℃、进样口温度应高于柱温 30～50℃和 FID 检测器温度为 250～350℃。

(7) 打开计算机与工作站；按 FIRE 键点燃 FID 检测器火焰；

(8) 设置 FID 检测器灵敏度和输出信号衰减；

(9) 待所设参数达到设置时，即可进样分析。

2. 测定

取适量准确量正三十二烷振摇溶解于正己烷中，再加入适量准确量的正十四烷，密塞，振摇溶解；取 1～3μL 注入气相色谱仪，观察出峰情况。

3. 关机

实验完毕后，先关闭氢气与空气，用氮气将色谱柱吹净后关机。

实验二十四　高效液相色谱法测定槲皮素的含量

一、实验目标

1. 了解高效液相色谱仪的基本构造和基本操作。

2. 掌握高效液相色谱法分离测定的基本原理。

3. 熟悉高效液相色谱法条件的选择。

二、仪器与试剂

1. 仪器

Aglient 1100 高效液相色谱仪（包括 G1311A 四元泵、G1315B DAD 检测器、G1322 在线脱气机、7725i 手动进样器），Aglient HPLC 系统化学工作站，KQ-500B 超声波清洗器，Sartorus 电子天平（型号 CP225D）。

2. 试剂

甲醇（色谱纯），水为超纯水，对照品槲皮素（中国药品生物制品检定所，批号码 100081-200406）、乙腈、槲皮素样品。

三、实验原理

高效液相色谱法是在经典色谱法的基础上，引用了气相色谱的理论，在技术上，流动相改为高压输送；色谱柱是以特殊的方法用小粒径的填料填充而成，从而使柱效大大高于经典液相色谱（每米塔板数可达几万或几十万）；同时柱后连有高灵敏度的检测器，可对流出物进行连续检测。

本次实验采用标准品比较法测定

$$含量(c_x) = \frac{A_x}{A_s / c_s} \times 100\%$$

四、实验步骤

1. 色谱条件

色谱柱：ZorbaxSB-C$_{18}$（250μm×4.6mm5.0μm）。

流动相：乙腈。检测波长：370m。柱温：30℃。流速：0.8mL/min。

2. 对照品溶液的制备

精密称取干燥至恒重的槲皮素对照品约 5mg，置 5mL 容量瓶中，加甲醇溶解并稀释到刻度，摇匀，作为对照品贮备液（槲皮素对照品溶液的浓度为 1.05mg/mL）。

3. 检测波长的选择

取对照品溶液进样，用 DAD 检测器测定槲皮素的吸收，比较在 300nm、330nm、350nm、360nm、370nm、380nm、400nm 等波长处的吸光度，作吸收曲线，选择槲皮素在特定条件下最大吸收峰所对应的波长作为检测波长。

4. 样品的检测

精密称取样品槲皮素约 5mg，置 5mL 容量瓶中，加甲醇溶解并稀释到刻度，摇匀，作为待测液。在上述同样的条件下，于最大吸收波长处测定样品槲皮素溶液的吸光度。

五、注意事项

1. 流动相

（1）流动相应选用色谱纯试剂、高纯水或双蒸水，酸碱液及缓冲液需经过滤后使用，过滤时注意区分水系膜和油系膜的使用范围。

（2）水相流动相需经常更换（一般不超过 2 天），防止长菌变质。

（3）使用双泵时，A、B、C、D 四相中，若所用流动相中有含盐流动相，则 A、D（进液口位于混合器下方）放置含盐流动相，B、C（进液口位于混合器上方）放置不含盐流动相；A、B、C、D 四个储液器中其中一个为棕色瓶，用于存放水相流动相。

2. 样品

（1）采用过滤或离心方法处理样品，确保样品中不含固体颗粒。

（2）用流动相或比流动相弱（若为反相柱，则极性比流动相大；若为正相柱，则极性比流动相小）的溶剂制备样品溶液，尽量用流动相制备样品液；手动进样时，进样量尽量小，使用定量管定量时，进样体积应为定量管的 3～5 倍。

3. 色谱柱

（1）使用前仔细阅读色谱柱附带的说明书，注意适用范围，如 pH 范围、流动相类型等。

（2）使用符合要求的流动相。

（3）使用保护柱。

（4）如所用流动相为含盐流动相，反相色谱柱使用后，先用水或低浓度甲醇（如 5% 甲醇水溶液），再用甲醇冲洗。

（5）色谱柱在不使用时，应用甲醇冲洗，取下后紧密封闭两端保存。

（6）不要高压冲洗柱子。

（7）不要在高温下长时间使用硅胶键合相色谱柱；使用过程中注意轻拿轻放。

（8）高效液相色谱有关事项见附录。

六、高效液相色谱仪（Aglient 1100 型）的操作规程

1. 开机

（1）开机前准备：流动相使用前必须过 $0.45\mu m$ 的滤膜（有机相的流动相必须为色谱纯；水相必须用新鲜注射用水，不能使用超过 3 天的注射用水，以防止长菌或长藻类）；把流动相放入溶剂瓶中。A 瓶为水相，B 瓶为有机相。

（2）打开计算机，选 Windows 2000，进入 Windows 2000 界面。

（3）双击 CAG Boodp server 图标，放大 CAG Boodp server 小图标，出现窗口，5min 内打开液相各部件电源开关，等待 1100 广播信息后，表示通讯成功连接，关闭 CAG Bood pserve 窗口。

（4）双击 online 图标，仪器自检，进入工作站。

该页面主要由以下几部分组成：

——最上方为命令栏，依次为 File、Run Control、Instrument 等；

——命令栏下方为快捷操作图标，如多个样品连续进行分析、单个样品进样分析、调用文件保存文件等；

——中部为工作站各部件的工作流程示意图，依次为进样器→输液泵→柱温箱→检测器→数据处理→报告；

——中下部为动态监测信号；

——右下部为色谱工作参数：进样体积、流速、分析停止时间、流动相比例、柱温、检测波长等。

（5）从"View"菜单中选择"Method and control"画面。

2. 编辑参数及方法

（1）开始编辑完整方法

从"Method"菜单中选择"New method"，出现 DEF-LC. M，从"Method"菜单中选择"Edit entire method"，选择方法信息、仪器参数及收集参数、数据分析参数和运行时间表等各项，单击 OK，进入下一画面。

（2）方法信息

在"Method Comments"中加入方法的信息，如方法的用途等。单击 OK，进入下一画面。

（3）泵参数设定

进入"Setup pump"画面，在"Flow"处输入流量，如 1mL/min；在"Solvent B"处输入有机相的比例如 $70.0(A=100-B)$，也可在 Insert 一行"Timetable"，编辑梯度；输入保留时间；在"Pressure Limits Max"处输入柱子的最大耐高压，以保护柱子。单击 OK，进入下一画面。

（4）DAD 检测器参数设定

进入 "DAD signals" 画面，输入样品波长及其带宽、参比波长及其带宽（参比波长带宽默认值为 100nm）；选择 Stoptime：as pump；

在 "Spectrum" 中输入采集光谱方式 "store"：选 All；如只进行正常检测，则可选 None；范围 Range：可选范围为 190～950nm；步长 Step 可选 2.0nm；

阈值：选择需要的灯；

Peak width（Response time）即响应值应尽可能接近要测的窄峰峰宽，可选 "2s" 或 4s；Slit-：狭窄缝，光谱分辨率高；宽时，噪声低。可选 4nm。

单击 OK，进入下一画面。

（5）进入 "Signal Details" 画面，单击 OK，进入下一画面。

（6）进入 "Edit Integration Events"（编辑积分结果）画面，单击 OK，进入下一画面。

（7）进入 "Specify report"（积分参数）画面，单击 OK，进入下一画面。

（8）进入 "Instrument curves" 画面，单击 OK，进入下一画面。

（9）进入 "Run Time checklist"（运行时间表）画面，选择 "Date Acquistition" 和 "Standard Date Analysis"，单击 OK，完成参数设定，回到工作站画面。

（10）单击 "Method" 菜单，选中 "Save method as"，输入文件名，单击 OK（路径：e/HPCHEM/1/methods/＊＊＊）。

注意：如果调用一个方法，则在 "Method" 菜单中，选中 "Load method"，选方法名，单击 OK。

（11）从菜单 "View" 中选择 "Online signal"，选中 Window 1，然后单击 Change 钮，将所要绘图的信号移到右边的框中，点 OK ［如同时检测两个信号，则重复（11），选中 Window2］。

3. 运行样品

（1）单击泵（Pump）图标下面的小瓶图标，输入溶剂的实际体积和瓶体积，并且选停泵体积。单击 OK。

（2）手动打开 Purge 阀：逆时针转 2～3 圈。

（3）单击泵（Pump）图标，出现参数设定菜单，单击 Setup pump 选项，进入泵编辑画面。设 Flow：5mL/min，单击 OK。

（4）开泵：直接点 Pump 图标下面的泵开关小图标，或单击 Pump 图标，出现参数设定菜单，单击 Pump control 选项，选中 On，单击 OK。

（5）系统开始排液（Purge），直到管线内（由溶剂瓶到泵入口）无气泡为止，切换通道继续排液，直到所有通道无气泡为止。每个管线内液体约 20mL，在 5mL/min 的流速下，均需 4～5min 才能排完。

（6）单击泵（Pump）图标，出现参数设定菜单，单击 Setup pump 选项，进入泵编辑画面。把 Flow 改为 0.5～1.0mL/min，单击 OK。

（7）等待流速降下来后，关闭排液阀。

待压力稳定后，从 "Instrument" 菜单中选择 "System on" 或单击 GUI 图标的 On 图标启动系统。开始走基线，并可选择观察信号。

注意：仪器运行过程，画面颜色由灰色转变成黄色或绿色，当各部件都达到所设参数时，画面均变为绿色，左上角红色的 "not ready" 变为绿色 "ready"，表明可以进行分析

（此时如果要终止仪器的运行，可单击流程图右下角的"off"，再单击"Yes"，关闭输液泵和检测器氘灯）。

（8）单击最大化按钮，将 online Plot 窗口放大。待基线平稳后，点信号窗口的"Banlance"，调至零点。

（9）等仪器 Ready，从"Run control"菜单中选择 F_5 或"Run method"。

（10）编辑样品信息：从"Run control"菜单中选择"Sample into"选项，选择"Sample Info……"，即打开了样品信息页面，输入操作者（Operator Name）、数据存储通道（Subdirectory）、样品名（Sample Name）、进样瓶号（Vial）、浓缩因子（Multipline）、稀释因子（Dilution），"Data file"中选择"Prefix"，在 Prefix 框中输入批号或日期等，在 Counter 框中输入计算器的起始位，仪器会自动命名［样品量（Sample Amount）、内标量（ISIDA mount）可不选，Location 只对自动进样器有用，不填则走空白，检查干扰峰的来源］，单击 OK。

（11）进样分析

进样阀扳到 Load 位置，插入注射器，注样品，进样后扳动阀至 Inject 位置。

（12）进样分析结束，点 Close 键退出样品分析。

注意：检测完尽量要关 DAD 的灯，以保持灯的寿命。单击 DAD 图标，出现参数设定菜单，单击 control，选择关灯。

4. 数据分析方法编辑（可在 offline 下操作）

（1）从"View"菜单中选"Date analysis"进入数据分析画面。该页面最上方为命令栏，依次为 File、Graphics、Integration……。命令栏下为快捷操作图标，如积分、校正、色谱图、单一色谱图调用、多色谱图调用、调用方法、保存等。

（2）从"File"菜单中选"Load signal"，或单击快捷操作的"单一色谱图调用"图标，选择色谱图文件名，单击"OK"，画面中即出现所调用的色谱图。

（3）做图谱优化，从"Graphics"菜单中选择"Signal options"选项。从 Ranges 中选择 Auto scale 及合适的显示时间，单击 OK，或选择"Use Ranges"调整。反复进行，直到图的比例合适为止。

（4）积分

先调用所要分析的色谱图，从"Integration"中选择"Auto integrate"，从"Integration"中选择"Integration Results"，此时仪器将内置的积分参数给出积分结果。如积分结果不理想，再从"Integration"菜单中选择"Integration Events"选项，或单击快捷操作的"编辑/设定积分表"图标，此时，在屏幕下方左侧出现积分参数表，右侧为积分结果，在积分参数表中按实际的要求输入修改的参数，如斜率（Slope sensitivity）、峰宽（Peak width）、最小峰面积（Area reject）、最低峰高（Height reject）等。

从"Integration"中选择"Integrate"选项或单击快捷操作的"对现有色谱图积分"图标，仪器即按照新设定的积分参数重新积分。

若积分结果不理想，则修改相应的积分参数，直到满意为止。

完成后，单击左边的"✓"图标，将积分参数存入方法。

5. 打印报告

（1）从"Report"菜单中选择"Specify report"选项，或单击最右侧快捷操作的"定义报告及打印格式"（右下角带叉的报告画面）图标，进入打印画面。

（2）根据实际要求选择报告的格式和输出形式等。可在"Calculate"右侧的黑三角中选

"Percent"（面积百分比），其他项不变 [如 "Destination" 项下选择 "Screen"；"Based On" 选 "Area"；"Sorted By" 选 "Signal"；"Report Style" 选 "Short"；选择 "Add chromatogram Output（打印色谱图）"；选择 "With Calibrated Peaks"；选择 "Portrait"；可根据需要选择 "Size"]。

（3）单击 OK。

（4）选择快捷操作的 "报告预览" 图标，可预览报告的全貌。从 "Report" 菜单中，选择 "Print Report"，则报告打印到屏幕上，如想输出到打字机上，则单击 "Print"，即可进行报告的打印。最后，单击 "Close" 退出此操作页面。

6. 定量分析

如果需要进行标准曲线制备，可按此项进行操作。

（1）一级校正表的建立

在 "Data Analysis" 界面下，调用最低浓度的色谱图，在 "Calibration" 栏下，选择 "New Calibration Table"，选择 "Automatic Setup Level"，并设校正级数为 "1"，单击 "OK"。在画下方左侧出现校正表，右侧为校正图。在画面左下侧的校正表中选择所要的色谱峰，输入校正级数、化学物名称及浓度，如果采用内标法，需对内标峰进行标记。单击 OK，工作站提示是否删除 0 浓度行，单击 Yes。

（2）二级校正表的建立

调用第二个色谱图，在命令栏 "Calibration" 下，选择 "Add Level"，设为 "2"，单击 "OK"，在画面左下侧的校正表中输入校正级数、化学物名称及样品浓度（如需对校正表中的某些数据进行重新修正，可调用新的图谱，在命令栏 "Calibration" 下，选择 "Recalibration"，并在校正表中输入校正级数，样品浓度）。此时，校正表右侧自动绘制各组分的标准曲线，并进行线性回归。单击校正表中的 "Print"，可进行打印。

7. 关机

实验二十五　原子吸收分光光度法测定硫酸铜溶液的浓度

一、实验目标

通过使用 TAS-990 原子吸收分光光度计测定硫酸铜溶液的浓度，掌握火焰原子吸收分光光度计的仪器原理、操作方法及定量分析方法。

二、仪器与试剂

1. 仪器

TAS-990 原子吸收分光光度计。

2. 试剂

$1.0\mu g/mL$ 的 $CuSO_4$ 标准溶液、Cu^{2+} 样品溶液、去离子水。

三、实验原理

当光源发出的特定辐射（通常是待测元素的特征谱线），通过待测元素的原子蒸气时，会被蒸气相中待测元素的基态原子所吸收，造成基态原子能级的跃迁，形成特征的吸收谱线，测量吸收的程度即可进行元素定量分析。

四、实验步骤

1. 开机

打开仪器及工作计算机电源，进入计算机工作状态。

选择仪器与工作计算机联机状态，仪器开始自检。等待仪器各项自检"确定"后进行测量操作。

2. 测量

（1）标准曲线的制备　设置元素灯（Cu 灯）参数，包括波长 324.7nm 以及工作电流（1/3 空心阴极灯最大电流），并进行寻峰。

进入"样品设置向导"，根据所配制的标准样品参数：数目、浓度等。

点火：打开空压机电源，排出管道中水汽；打开乙炔气阀门；调节助燃比为 3∶1，点火，等待自检完成。

测量：将毛细管没入 $CuSO_4$ 标准溶液的液面下，稍待稳定，基线平衡后，点击工作计算机操作界面上的"开始"键，即开始测量。把进样吸管放入空白溶液，调整吸光度为零；依次吸入 $0.050\mu g/mL$、$0.10\mu g/mL$、$0.20\mu g/mL$、$0.30\mu g/mL$、$0.40\mu g/mL$ 的 $CuSO_4$ 标准溶液进行测量，标准样品测量完成后，可观察标准曲线的相关系数是否合格，如合格，可进样品进行测量。

（2）样品的测量　以测定标准溶液的同样方法测定未知 $CuSO_4$ 溶液。

峰值吸收系数 K_0 正比于蒸气相中原子浓度；吸光度 A 正比于 K_0；在稳定的操作条件下，A 与试液中待测元素的浓度成正比：$A = Kc$。

3. 关机

测量结束后，先关闭乙炔气阀，待提示火焰熄灭后，关闭空气压缩机；关闭仪器工作灯，关闭仪器电源；关闭工作计算机。

 思政小课堂

保护水资源　人人有责

水是生命之源，是人类赖以生存和发展必不可少的物质，但是世界上可供人类利用的水资源仅占地球水资源的 0.64%。更为严重的是，由于人类活动使大量污染物排入水体，造成水体污染、水质下降，严重威胁人类的生产生活环境、生态安全甚至生命健康。废水污染事件时有发生，比如镉超标的"毒大米"事件，原因是由于当地某金铜硫矿区对周边环境造成的污染。长期食用遭到镉污染的食品，可能导致"痛痛病"，损坏肾小管功能，造成体内蛋白质从尿中流失，久而久之形成软骨症和自发性骨折。

水资源的保护意义重大。同学们在实验过程中既要有严谨求实的科学态度，同时要注意废水的回收和处理，要有水资源保护意识。保护水资源，人人有责。

附　　录

附录一　试剂的规格

化学试剂根据 GB 15346—2012《化学试剂　包装及标志》，分为下列级别。

序号	级别		颜色
1	通用试剂	优级纯	深绿色
		分析纯	金光红色
		化学纯	中蓝色
2	基准试剂		深绿色
3	生物染色剂		玫红色

附录二　常用实验试剂的配制

一、酸溶液

名称	相对密度	浓度/(mol/L)	质量分数	配制方法
浓盐酸	1.19	12	0.3723	
稀盐酸	1.10	6	0.200	浓盐酸 500mL，加水稀释至 1000mL
稀盐酸		1		浓盐酸 85mL，加水稀释至 1000mL
浓硝酸	1.42	16	0.6980	
稀硝酸	1.20	6	0.3236	浓硝酸 375.5mL，加水稀释至 1000mL
稀硝酸	1.07	2	0.1200	浓硝酸 127mL，加水稀释至 1000mL
浓硫酸	1.84	18	0.956	
稀硫酸	1.18	3	0.248	浓硫酸 167mL，慢慢倒入 800mL 水中，并不断搅拌，最后加水稀释至 1000mL
稀硫酸	1.06	1	0.0927	浓硫酸 53mL，慢慢倒入 800mL 水中，并不断搅拌，最后加水稀释至 1000mL
浓醋酸	1.05	17	0.995	
稀醋酸		6	0.350	浓醋酸 353mL，加水稀释至 1000mL
稀醋酸	1.016	2	0.1210	浓醋酸 118mL，加水稀释至 1000mL

二、碱溶液

名称	相对密度	浓度/(mol/L)	质量分数	配制方法
浓氨水	0.90	15	0.25～0.27	
稀氨水	1.10	6	0.10	浓氨水 400mL，加水稀释至 1000mL

续表

名称	相对密度	浓度/(mol/L)	质量分数	配制方法
稀氨水		2		浓氨水 133mL,加水稀释至 1000mL
稀氨水		1		浓氨水 67mL,加水稀释至 1000mL
氢氧化钠	1.22	6	0.197	氢氧化钠 250g 溶于水中,加水稀释至 1000mL
氢氧化钠		2		氢氧化钠 80g 溶于水中,加水稀释至 1000mL
氢氧化钠		1		氢氧化钠 40g 溶于水中,加水稀释至 1000mL
氢氧化钾		2		氢氧化钾 112g 溶于水中,加水稀释至 1000mL

三、指示剂

名称	配制方法
甲基橙	取甲基橙 0.1g,加蒸馏水 100mL,溶解后,滤过
甲基红	取 0.1g 甲基红,加入 100mL 乙醇中,溶解
酚酞	取酚酞 1g,加 95％乙醇 100mL 使溶解
荧光黄	取荧光黄 0.1g,加 95％乙醇 100mL 使溶解后,滤过
曙红	取水溶性曙红 0.1g,加水 100mL 使溶解后,滤过
溴酚蓝	取溴酚蓝 0.1g,加 50％乙醇 100mL 使溶解后,滤过
铬酸钾	取铬酸钾 5g,加水溶解,再稀释至 100mL
硫酸铁铵	取硫酸铁铵 8g,加水溶解,再稀释至 100mL
铬黑 T	取铬黑 T0.1g,加氯化钠 10g,研磨均匀
钙指示剂	取钙指示剂 0.1g,加氯化钠 10g,研磨均匀
结晶紫	取结晶紫 0.5g,加适量的冰醋酸使溶解成 100mL
麝香草酚蓝	取麝香草酚蓝 0.5g,加适量的无水甲醇使溶解成 100mL
淀粉	取淀粉 0.5g,加冷蒸馏水 5mL,搅匀后,缓缓倾入 100mL 沸蒸馏水中,随加随搅拌,煮沸,至释成稀薄的半透明液,放置,倾取上层清液应用。本液应临用时新配制
碘化钾淀粉	取碘化钾 0.5g,加新配制的淀粉指示液 100mL,使溶解。本液配制后 24h,即不适用
甲基红-溴甲酚绿	取 100mL0.2％甲基红的乙醇溶液与 300mL0.1％溴甲酚绿乙醇溶液混匀即可
百里酚蓝-酚酞	取 100mL0.1％百里酚蓝的 50％乙醇溶液与 300mL0.1％酚酞的 50％乙醇溶液混匀即可

四、缓冲溶液

缓冲溶液	pH	配制方法
醋酸-醋酸钠缓冲溶液	3.6	取醋酸钠 5.1g,加冰醋酸 20mL,再加水稀释至 250mL,即得
硼酸-硼砂缓冲溶液		
醋酸-醋酸钠缓冲溶液	4.6	取醋酸钠 5.4g,加水 50mL 使溶解,用冰醋酸调节 pH 至 4.6,再加水稀释至 100mL,即得
磷酸盐缓冲溶液	6.8	取 0.2mol/L 磷酸二氢钾溶液 250mL,加 0.2mol/L 氢氧化钠溶液 118mL,用水稀释至 1000mL,摇匀,即得

续表

缓冲溶液	pH	配制方法
磷酸盐缓冲溶液	7.6	取磷酸二氢钾 27.22g,加水使溶解成 1000mL,取 50mL,加 0.2mol/L 氢氧化钠溶液 42.4mL,再加水稀释至 200mL,即得
氨-氯化铵缓冲溶液	8.0	取氯化铵 1.07g,加水使溶解成 100mL,再加稀氨水溶液(1→30)调节 pH 至 8.0,即得
氨-氯化铵缓冲溶液	10.0	取氯化铵 5.4g,加水 20mL 溶解后,加浓氨水溶液 35mL,再加水稀释至 100mL,即得

附录三 常用基准物质的干燥温度和应用范围

基 准 物 质		干燥温度/℃	标定对象
名　称	分子式		
无水碳酸钠	Na_2CO_3	270～300	酸
草酸钠	$Na_2C_2O_4$	130	$KMnO_4$
硼砂	$Na_2B_4O_7 \cdot 10H_2O$	放入装有 NaCl 和蔗糖饱和溶液的干燥器中	酸
邻苯二甲酸氢钾	$KHC_8H_4O_4$	105～110	碱或 $HClO_4$
氯化钠	NaCl	500～600	$AgNO_3$
锌	Zn	室温干燥器中保存	EDTA
氧化锌	ZnO	800	EDTA
重铬酸钾	$K_2Cr_2O_7$	140～150	还原剂
溴酸钾	$KBrO_3$	150	还原剂
碘酸钾	KIO_3	130	还原剂
三氧化二砷	As_2O_3	室温干燥器中保存	氧化剂

附录四 弱碱的离解常数(18～25℃)

弱 酸	级数	K_b	pK_b
NH_3		1.8×10^{-5}	4.75
NH_2-NH_2(联氨)	1	3.0×10^{-6}	5.52
	2	7.6×10^{-15}	14.12
NH_2OH(羟胺)		9.1×10^{-9}	8.04
$NH_2CH_2CH_2NH_2$(乙二胺)	1	8.5×10^{-5}	4.07
	2	7.1×10^{-8}	7.15
CH_3NH_2(甲胺)		4.2×10^{-4}	3.38
$(CH_3)_2NH$(二甲胺)		1.2×10^{-4}	3.93
$(C_2H_5)_2NH$(二乙胺)		1.3×10^{-3}	2.89
$(HOC_2H_4)_3N$(三乙醇胺)		5.8×10^{-7}	6.24
$(CH_2)_6N_4$(六亚甲基四胺)		1.4×10^{-9}	8.85
C_5H_5N(吡啶)		1.7×10^{-9}	8.77
$C_6H_5NH_2$(苯胺)		4.0×10^{-10}	9.40

附录五　无机弱酸和某些有机弱酸的离解常数(25℃)

弱　酸	级数	K_a	pK_a
$HAsO_2$		6.0×10^{-10}	9.22
H_3AsO_4	1	6.3×10^{-3}	2.20
	2	1.0×10^{-7}	7.00
	3	3.2×10^{-12}	11.50
H_3BO_3		5.8×10^{-10}	9.24
$H_2B_4O_7$	1	1.0×10^{-4}	4.0
	2	1.0×10^{-9}	9.0
HCN		6.2×10^{-10}	9.21
H_2CO_3	1	4.2×10^{-7}	6.38
	2	5.5×10^{-11}	10.25
H_2CrO_4	1	0.105	0.98
	2	3.2×10^{-7}	6.50
HF		6.6×10^{-4}	3.18
HNO_2		5.0×10^{-4}	3.29
H_2O_2		2.2×10^{-12}	11.65
H_3PO_4	1	7.6×10^{-3}	2.12
	2	5.3×10^{-8}	7.20
	3	1.4×10^{-13}	12.38
H_2S(氢硫酸)	1	1.3×10^{-7}	6.88
	2	7.1×10^{-15}	14.15
H_2SO_4	1	1.3×10^{-2}	1.9
	2	6.3×10^{-8}	7.20
H_2SO_4	2	1.1×10^{-2}	1.92
H_2SiO_3	1	1.7×10^{-10}	9.77
	2	1.6×10^{-12}	11.8
$HCOOH$(甲酸)		1.8×10^{-4}	3.75
$H_2C_2O_4$(草酸)	1	5.4×10^{-2}	1.27
	2	5.4×10^{-5}	4.27
CH_3COOH(乙酸)		1.8×10^{-5}	4.75
$CH_2ClCOOH$(一氯乙酸)		1.4×10^{-3}	2.86
$CHCl_2COOH$(二氯乙酸)		5.0×10^{-2}	1.30
CCl_3COOH(三氯乙酸)		0.23	0.64
$C_3H_5O_2$(丙酸)		1.4×10^{-5}	4.87
$C_3H_6O_3$(乳酸、丙醇酸)		1.4×10^{-4}	3.86
$C_3H_4O_4$(丙二酸)	1	1.4×10^{-3}	2.86
	2	2.0×10^{-6}	5.70
$C_4H_6O_6$(酒石酸)	1	9.1×10^{-4}	3.04
	2	4.3×10^{-5}	4.37
C_6H_5OH(苯酚)		1.0×10^{-10}	9.99
C_6H_5COOH(苯甲酸)		6.5×10^{-5}	4.21
$C_6H_8O_6$(抗坏血酸)	1	5.0×10^{-5}	4.30
	2		11.82
$C_6H_8O_7$(柠檬酸)	1	7.4×10^{-4}	3.13
	2	1.7×10^{-5}	4.76
	3	4.0×10^{-7}	6.40

附录六　常见化合物的分子量表

化　合　物	分子量	化　合　物	分子量
$AgBr$	187.77	K_2CO_3	138.21
$AgCl$	143.32	K_2PtCl_6	486.00
AgI	234.77	K_2CrO_4	194.19
$AgNO_3$	169.87	$K_2Cr_2O_7$	294.18
Al_2O_3	101.96	KH_2PO_4	136.09
AS_2O_3	197.82	$KHSO_4$	136.16
$BaCl_2 \cdot 2H_2O$	244.27	KI	166.00
BaO	153.33	KIO_3	214.00
$Ba(OH)_2 \cdot 8H_2O$	315.47	$KIO_3 \cdot HIO_3$	389.91
$BaSO_4$	233.39	$KMnO_4$	158.03
$CaCO_3$	100.09	KNO_3	85.10
CaO	56.08	KOH	56.11
$Ca(OH)_2$	74.10	$MgCO_3$	84.31
CO_2	44.01	$MgCl_2$	95.21
CuO	79.55	$MgSO_4 \cdot 7H_2O$	246.17
Cu_2O	143.09	$MgNH_4PO_4 \cdot 6H_2O$	245.41
$CuSO_4 \cdot 5H_2O$	249.68	MgO	40.30
FeO	71.85	$Mg(OH)_2$	58.32
Fe_2O_3	159.69	$Mg_2P_2O_7$	222.55
$FeSO_4 \cdot 7H_2O$	278.01	$Na_2B_4O_7 \cdot 10H_2O$	381.37
$FeSO_4 \cdot (NH_4)_2SO_4 \cdot 5H_2O$	392.13	$NaBr$	102.91
H_3BO_3	61.83	$NaCl$	58.44
HCl	36.46	Na_2CO_3	105.99
$HClO_4$	100.47	$NaHCO_3$	84.01
HNO_3	63.02	$Na_2HPO_4 \cdot 12H_2O$	358.14
H_2O	18.015	$NaNO_2$	69.00
H_2O_2	34.02	Na_2O	61.98
H_3PO_4	98.00	$NaOH$	40.00
H_2SO_4	98.07	$Na_2S_2O_3$	158.10
I_2	253.81	$Na_2S_2O_3 \cdot 5H_2O$	248.17
$KAl(SO_4)_2 \cdot 12H_2O$	474.38	NH_3	17.03
KBr	119.00	NH_4Cl	53.49
$KBrO_3$	167.00	NH_4OH	35.05
KCl	74.55	$(NH_4)_2SO_4$	132.13
$KClO_4$	138.55	$PbCrO_4$	323.19
$KSCN$	97.18	$C_7H_6O_2$(苯甲酸)	122.1
PbO_2	239.20	$KHC_4H_4O_6$(酒石酸氢钾)	188.18
$PbSO_4$	303.25	$KHC_8H_4O_4$(邻苯二甲酸氢钾)	204.22
ZnO	81.38	$Na_2C_2O_4$(草酸钠)	134.00
HC_2H_3O(醋酸)	60.05	$NaC_7H_5O_2$(苯甲酸钠)	144.11
$H_2C_2O_4 \cdot 2H_2O$(草酸)	126.07	$Na_3C_6H_5O_7 \cdot 2H_2O$(枸橼酸钠)	294.12

附录七　常用元素的原子量表

符号	名称	原子序数	原子量	符号	名称	原子序数	原子量
Ag	银	47	107.87	N	氮	7	14.01
Al	铝	13	26.98	Na	钠	11	22.99
Ar	氩	18	39.95	Nb	铌	41	92.91
As	砷	33	74.92	Nd	钕	60	144.24
Au	金	79	196.97	Ne	氖	10	20.18
B	硼	5	10.81	Ni	镍	28	58.69
Ba	钡	56	137.33	O	氧	8	16.00
Be	铍	4	9.012	Os	锇	76	190.23
Bi	铋	83	208.98	P	磷	15	30.97
Br	溴	35	79.90	Pb	铅	82	207.2
C	碳	6	12.01	Pd	钯	46	106.42
Ca	钙	20	40.08	Pr	镨	59	140.91
Cd	镉	48	112.41	Pt	铂	78	195.08
Ce	铈	58	140.12	Rb	铷	37	85.47
Cl	氯	17	35.45	Re	铼	75	186.21
Co	钴	27	58.98	Rh	铑	45	102.91
Cr	铬	24	52.00	Ru	钌	44	101.17
Cs	铯	55	132.91	S	硫	16	32.07
Cu	铜	29	63.55	Sb	锑	51	121.76
Dy	镝	66	162.50	Sc	钪	21	44.96
Eu	铕	63	151.96	Se	硒	34	78.96
F	氟	9	19.00	Si	硅	14	28.09
Fe	铁	26	55.84	Sm	钐	62	150.36
Ga	镓	31	69.72	Sn	锡	50	118.71
Gd	钆	64	157.25	Sr	锶	38	87.62
Ge	锗	32	72.64	Ta	钽	73	180.95
H	氢	1	1.008	Tb	铽	65	158.93
He	氦	2	4.003	Te	碲	52	127.60
Hg	汞	80	200.59	Ti	钛	22	47.87
I	碘	53	164.93	Tl	铊	81	204.38
In	铟	49	126.90	Tm	铥	69	168.93
K	钾	19	39.10	U	铀	92	238.03
Kr	氪	36	83.80	W	钨	74	183.84
La	镧	57	138.91	Xe	氙	54	131.29
Li	锂	3	6.941	Y	钇	39	88.91
Mg	镁	12	24.31	Yb	镱	70	173.04
Mn	锰	25	54.94	Zn	锌	30	65.41
Mo	钼	42	95.94	Zr	锆	40	91.22

附录八 标准电极电位表(18~25℃)

半 反 应	$E^{\ominus}/V$	半 反 应	$E^{\ominus}/V$
$Li^+ + e^- \rightleftharpoons Li$	-3.045	$Cu^{2+} + 2e^- \rightleftharpoons Cu$	0.340
$K^+ + e^- \rightleftharpoons K$	-2.924	$VO^{2+} + 2H^+ + e^- \rightleftharpoons V^{3+} + H_2O$	0.36
$Ba^{2+} + 2e^- \rightleftharpoons Ba$	-2.90	$Fe(CH)_6^{3+} + e^- \rightleftharpoons Fe(CN)_6^{4-}$	0.36
$Sn^{2+} + 2e^- \rightleftharpoons Sn$	-2.89	$2H_2SO_3 + 2H^+ + 4e^- \rightleftharpoons S_2O_3^{2-} + 3H_2O$	0.40
$Ca^{2+} + 2e^- \rightleftharpoons Ca$	-2.76	$Cu^+ + e^- \rightleftharpoons Cu$	0.522
$Na^+ + e^- \rightleftharpoons Na$	-2.711	$I_3^- + 2e^- \rightleftharpoons 3I^-$	0.534
$Mg^{2+} + 2e^- \rightleftharpoons Mg$	-2.375	$I_2 + 2e^- \rightleftharpoons 2I^-$	0.535
$Al^{3+} + 3e^- \rightleftharpoons Al$	-1.706	$IO_3^- + 2H_2O + 4e^- \rightleftharpoons IO^- + 4OH^-$	0.56
$ZnO_4^{2-} + 2H_2O + 2e^- \rightleftharpoons Zn + 4OH^-$	-1.216	$MnO_4^- + e^- \rightleftharpoons MnO_4^{2-}$	0.56
$Mn^{2+} + 2e^- \rightleftharpoons Mn$	-1.18	$H_3AsO_4 + 2H^+ + 2e^- \rightleftharpoons HAsO_2 + 2H_2O$	0.56
$Sn(OH)_6^{2-} + 2e \rightleftharpoons HSnO_2^- + 3OH^- + H_2O$	-0.96	$MnO_4^- + 2H_2O + 3e^- \rightleftharpoons MnO_2 + 4OH^-$	0.58
$SO_4^{2-} + H_2O + 2e^- \rightleftharpoons SO_3^{2-} + 2OH^-$	-0.92	$O_2 + 2H^+ + 2e^- \rightleftharpoons H_2O_2$	0.682
$TiO_2 + 4H^+ + 4e \rightleftharpoons Ti + 2H_2O$	-0.89	$Fe^{3+} + e^- \rightleftharpoons Fe^{2+}$	0.77
$2H_2O + 2e^- \rightleftharpoons H_2 + 2OH^-$	-0.828	$Hg_2^{2+} + 2e^- \rightleftharpoons 2Hg$	0.796
$HSnO_2^- + H_2O + 2e^- \rightleftharpoons Sn + 3OH^-$	-0.79	$Ag^+ + e^- \rightleftharpoons Ag$	0.799
$Zn^{2+} + 2e^- \rightleftharpoons Zn$	-0.763	$Hg_2^{2+} + e^- \rightleftharpoons 2Hg$	0.851
$Cr^{3+} + 3e^- \rightleftharpoons Cr$	-0.74	$2Hg^{2+} + 2e^- \rightleftharpoons Hg_2^{2+}$	0.907
$AsO_4^{3-} + 2H_2O + 2e^- \rightleftharpoons AsO_3^- + 4OH^-$	-0.71	$NO_3^- + 3H^+ + 2e^- \rightleftharpoons HNO_2 + 2H_2O$	0.94
$S + 2e^- \rightleftharpoons S^{2-}$	-0.508	$NO_3^- + 4H^+ + 3e^- \rightleftharpoons NO + 2H_2O$	0.96
$2CO_2 + 2H^+ + 2e^- \rightleftharpoons H_2C_2O_4$	-0.49	$HNO_2 + H^+ + e^- \rightleftharpoons NO + H_2O$	0.99
$Cr^{3+} + e^- \rightleftharpoons Cr^{2+}$	-0.41	$VO_2^+ + 2H^+ + e^- \rightleftharpoons VO^{2+} + H_2O$	1.00
$Fe^{2+} + 2e^- \rightleftharpoons Fe$	-0.409	$N_2O_4 + 4H^+ + 4e^- \rightleftharpoons 2NO + 2H_2O$	1.03
$Cd^{2+} + 2e^- \rightleftharpoons Cd$	-0.403	$Br_2 + 2e^- \rightleftharpoons 2Br^-$	1.08
$Cu_2O + H_2O + 2e^- \rightleftharpoons 2Cu + 2OH^-$	-0.361	$IO_3^- + 6H^+ + 6e^- \rightleftharpoons I^- + 3H_2O$	1.035
$Co^{2+} + 2e^- \rightleftharpoons Co$	-0.28	$IO_3^- + 6H^+ + 5e^- \rightleftharpoons 1/2I_2 + 3H_2O$	1.195
$Ni^{2+} + 2e^- \rightleftharpoons Ni$	-0.246	$MnO_2 + 4H^+ + 2e^- \rightleftharpoons Mn^{2+} + 2H_2O$	1.23
$AgI + e^- \rightleftharpoons Ag + I^-$	-0.15	$O_2 + 4H^+ + 4e^- \rightleftharpoons 2H_2O$	1.23
$Sn^{2+} + 2e^- \rightleftharpoons Sn$	-0.136	$Au^{3+} + 2e^- \rightleftharpoons Au^+$	1.29
$Pb^{2+} + 2e^- \rightleftharpoons Pb$	-0.126	$Cr_2O_7^{2+} + 14H^+ + 6e^- \rightleftharpoons 2Cr^{3+} + 7H_2O$	1.33
$CrO_4^{2-} + 4H_2O + 3e^- \rightleftharpoons Cr(OH)_3 + 5OH^-$	-0.12	$Cl_2 + 2e^- \rightleftharpoons 2Cl^-$	1.358
$Ag_2S + 2H^+ + 2e^- \rightleftharpoons 2Ag + H_2S$	-0.036	$BrO_3^- + 6H^+ + 6e^- \rightleftharpoons Br^- + 3H_2O$	1.44
$Fe^{3+} + 3e^- \rightleftharpoons Fe$	-0.036	$Ce^{4+} + e^- \rightleftharpoons Ce^{3+}$	1.448
$2H^+ + 2e^- \rightleftharpoons H_2$	0.000	$ClO_3^- + 6H^+ + 6e^- \rightleftharpoons Cl^- + 3H_2O$	1.45
$NO_3^- + H_2O + 2e^- \rightleftharpoons NO_2^- + 2OH^-$	0.01	$PbO_2 + 4H^+ + 2e^- \rightleftharpoons Pb^{2+} + 2H_2O$	1.46
$TiO^{2+} + 2H^+ + e^- \rightleftharpoons Ti^{3+} + H_2O$	0.10	$MnO_4^- + 8H^+ + 5e^- \rightleftharpoons Mn^{2+} + 4H_2O$	1.491
$S_4O_6^{2-} + 2e^- \rightleftharpoons 2S_2O_3^{2-}$	0.09	$Mn^{3+} + e^- \rightleftharpoons Mn^{2+}$	1.51
$AgBr + e^- \rightleftharpoons Ag + Br^-$	0.10	$BrO_3^- + 6H^+ + 5e^- \rightleftharpoons 1/2Br_2 + 3H_2O$	1.52
$S + 2H^+ + 2e^- \rightleftharpoons H_2S(水溶液)$	0.141	$HClO + H^+ + e^- \rightleftharpoons 1/2Cl_2 + H_2O$	1.63
$Sn^{4+} + 2e^- \rightleftharpoons Sn^{2+}$	0.15	$MnO_4^- + 4H^+ + 3e^- \rightleftharpoons MnO_2 + 2H_2O$	1.679
$Cu^{2+} + e^- \rightleftharpoons Cu^+$	0.158	$H_2O_2 + 2H^+ + 2e^- \rightleftharpoons 2H_2O$	1.776
$BiOCl + 2H^+ + 3e^- \rightleftharpoons Bi + Cl^- + H_2O$	0.158	$Co^{3+} + e^- \rightleftharpoons Co^{2+}$	1.842
$SO_4^{2-} + 4H^+ + 2e^- \rightleftharpoons H_2SO_3 + H_2O$	0.20	$S_2O_3^{2-} + 2e^- \rightleftharpoons 2SO_4^{2-}$	2.00
$AgCl + e^- \rightleftharpoons Ag + Cl^-$	0.22	$O_3 + 2H^+ + 2e^- \rightleftharpoons O_2 + H_2O$	2.07
$IO_3^- + 3H_2O + 6e^- \rightleftharpoons I^- + 6OH^-$	0.26	$F_2 + 2e^- \rightleftharpoons 2F^-$	2.87
$Hg_2Cl_2 + 2e^- \rightleftharpoons 2Hg + 2Cl^-$	0.282		

附录九　某些氧化还原电对的条件电极电位

半　反　应	$E^{\ominus}/V$	介　质
$Ag(\text{II})+e^- \Longrightarrow Ag^+$	1.927	4mol/L HNO_3
$Ce(\text{IV})+e^- \Longrightarrow Ce(\text{III})$	1.70	1mol/L $HClO_4$
	1.61	1mol/L HNO_3
	1.44	0.5mol/L H_2SO_4
	1.28	1mol/L HCl
$Co^{3+}+e^- \Longrightarrow Co^{2+}$	1.85	4mol/L HNO_3
$Co(\text{乙二胺})_3^{3+}+e^- \Longrightarrow Co(\text{乙二胺})_3^{2+}$	-0.2	0.1mol/L KNO_3
		$+0.1$mol/L 乙二胺
$Cr(\text{III})+e^- \Longrightarrow Cr(\text{II})$	-0.40	5mol/L HCl
$Cr_2O_7^{2-}+14H^++6e^- \Longrightarrow 2Cr^{3+}+7H_2O$	1.00	1mol/L HCl
	1.025	1mol/L $HClO_4$
	1.08	3mol/L HCl
	1.05	2mol/L HCl
	1.15	4mol/L H_2SO_4
$CrO_4^{2-}+2H_2O+3e^- \Longrightarrow CrO_2^-+4OH^-$	-0.12	1mol/L NaOH
$Fe(\text{III})+e^-+e^- \Longrightarrow Fe(\text{II})$	0.73	1mol/L $HClO_4$
	0.71	0.5mol/L HCl
	0.68	1mol/L H_2SO_4
	0.68	1mol/L HCl
	0.46	2mol/L H_3PO_4
	0.51	11mol/L HCl
$H_3AsO_4+2H^++2e^- \Longrightarrow H_3AsO_3+H_2O$	0.557	1mol/L HCl
	0.557	1mol/L $HClO_4$
$Fe(EDTA)^-+e^- \Longrightarrow Fe(EDTA)^{2-}$	0.12	0.1mol/L EDTA
		pH4~6
$Fe(CN)_6^{3-}+e^- \Longrightarrow Fe(CN)_6^{4-}$	0.48	0.01mol/L HCl
	0.56	0.1mol/L HCl
	0.71	1mol/L HCl
	0.72	1mol/L $HClO_4$
$I_2(\text{水})+2e^- \Longrightarrow 2I^-$	0.628	1mol/L H^+
$I_3+2e^- \Longrightarrow 3I^-$	0.545	1mol/L H^+
$MnO_4^-+8H^++5e^- \Longrightarrow Mn^{2+}+4H_2O$	1.45	1mol/L $HClO_4$
	1.27	8mol/L HCl
$Os(\text{VIII})+4e^- \Longrightarrow Os(\text{IV})$	0.79	5mol/L HCl
$SnCl_6^{2-}+2e^- \Longrightarrow SnCl_4^{2-}+2Cl^-$	0.14	1mol/L HCl
$Sn^{2+}+2e^- \Longrightarrow Sn$	-0.16	1mol/L $HClO_4$
$Sb(\text{V})+2e^- \Longrightarrow Sb(\text{III})$	0.75	3.5mol/L HCl
$Sb(OH)_6^-+2e^- \Longrightarrow SbO_2^-+2OH^-+2H_2O$	-0.428	3mol/L NaOH
$SbO_2^-+2H_2O+3e^- \Longrightarrow Sb+4OH^-$	-0.675	10mol/L KOH
$Ti(\text{IV})+e^- \Longrightarrow Ti(\text{III})$	-0.01	0.2mol/L H_2SO_4
	0.12	2mol/L H_2SO_4
	-0.04	1mol/L HCl
	-0.05	1mol/L H_3PO_4
$Pb(\text{II})+2e^- \Longrightarrow Pb$	-0.32	1mol/L NaAc
	-0.14	1mol/L $HClO_4$
$UO_2^{2+}+4H^++2e^- \Longrightarrow U(\text{IV})+2H_2O$	0.41	0.5mol/L H_2SO_4

参 考 文 献

［1］谢庆娟 . 分析化学 . 北京：人民卫生出版社，2013.

［2］蔡自由，黄月君 . 分析化学 . 北京：中国医药科技出版社，2013.

［3］李发美 . 分析化学 . 北京：人民卫生出版社，2015.

［4］杨根元 . 实用仪器分析 . 北京：北京大学出版社，2017.

［5］赵艳霞，王大红 . 仪器分析 . 北京：化学工业出版社，2017.

［6］郭英凯 . 仪器分析 . 北京：化学工业出版社，2014.

［7］曾元儿 . 仪器分析 . 北京：科学出版社，2018.

［8］郭旭明 . 仪器分析 . 北京：化学工业出版社，2014.

［9］黄沛力 . 仪器分析实验 . 北京：人民卫生出版社，2015.